Horst-Heino v. Borzeszkowski

Renate Wahsner

—

Das physikalische Prinzip

Horst-Heino v. Borzeszkowski
Renate Wahsner

Das physikalische Prinzip

Der epistemologische Status physikalischer Weltbetrachtung

Königshausen & Neumann

Bibliografische Information der Deutschen Nationalbibliothek

Die Deutsche Nationalbibliothek verzeichnet diese Publikation in der Deutschen Nationalbibliografie; detaillierte bibliografische Daten sind im Internet über http://dnb.d-nb.de abrufbar.

Gedruckt auf säurefreiem, alterungsbeständigem Papier
Umschlag: skh-softics / coverart
Umschlagabbildung: Andilevkin: Oryjse © fotolia.com
Bindung: Zinn – Die Buchbinder GmbH, Kleinlüder

Printed in Germany
ISBN 978-3-8260-4847-0
www.koenigshausen-neumann.de
www.buchhandel.de
www.buchkatalog.de

INHALT

EINLEITUNG

Gängige Auffassungen

Der gegenwärtigen Philosophie wird ein Denkwandel nachgesagt, demzufolge sie sich nicht mehr in historische Fragen ihrer eigenen Themen vergräbt und hierdurch unter Naturwissenschaftlern höhere Anerkennung erfährt.[1] Dies läge, so sagt man, an zwei Umwälzungen: am Siegeszug der Analytischen Philosophie und an der damit einhergehenden Internationalisierung des Fachs der Philosophie sowie an deren Schulterschluß mit den Naturwissenschaften.[2] Es scheint hier Verfall mit Progreß verwechselt zu werden. Wenn bezüglich des Verhältnisses von Philosophie und Naturwissenschaften gefordert wird, aus dem Schatten des Übervaters Kant mit dessen Selbstverständnis, daß Philosophie sich keinen Deut um die Empirie zu kümmern brauche und soll, herauszutreten,[3] so wird zum einen nicht verstanden, was hiermit gemeint war, zum anderen Kants Einsicht übersehen worden zu sein, daß die Metaphysik nichts erfinden kann,[4] sondern nur Grundverhältnisse der Erfahrung selbst zu fixieren vermag, indem sie das, was uns zunächst als dunkles komplexes Ganzes gegeben ist, zur Klarheit und Deutlichkeit bringt, seine Struktur durchsichtig macht, aus sich selbst heraus aber kein einziges Moment hinzufügt. (Genauer sagt Kant, daß die Metaphysik in Ansehung des Subjekts sehr wohl etwas erfinden kann, nicht aber in Ansehung des Objekts.[5])

Die nachfolgend zitierten Auffassungen sind in gewisser Weise willkürlich ausgewählt, sie repräsentieren aber gängige Standpunkte der heutigen Zeit.

---

1 Siehe z.B. Spektrum der Wissenschaft, März, April 2011.

2 Vgl. R. Breuer, Auszug aus dem Elfenbeinturm, Spektrum der Wissenschaft, März 2011, S. 56.

3 Vgl. ebd.

4 Vgl. I. Kant, Reflexion 102, in: Reflexionen Kants zur Kritik der reinen Vernunft, hg. von B. Erdmann, Bd. II, Leipzig 1884, S. 33; vgl. auch: Reflexion 278, ebd., S. 86.

5 Vgl. z.B. I. Kant, Untersuchung über die Deutlichkeit der Grundsätze der natürlichen Theologie und der Moral, in: Immanuel Kant, Werkausgabe in 12 Bdn., hg. von W. Weischedel, Frankfurt a.M. 1977, Bd. I/II, S. 746-756; ders., Kritik der reinen Vernunft, in: Werke, a.a.O., Bd. III/IV, S. 15, 33, 37. – Die Philosophie weiß nicht das Wesentliche, sie weiß nicht schon den Gesamtzusammenhang, muß nicht nur hier und da auf die Ausfüllung der Lücken warten (wofür Einzelwissenschaften als notwendig anerkannt werden). Sondern: sie muß die Naturwissenschaften, die Kunst, die Moral, das Alltagsdenken und die Alltagserfahrung usw. als das ihr objektiv Vorgegebene nehmen. Das kann die Träume des Philosophen zerstören. Vermittelt beruht insofern auch die Metaphysik auf Erfahrung.

So wird oftmals die Auffassung vertreten, daß die Naturwissenschaft die Philosophie, die sie braucht, lieber selbst machen solle.[6] Es wird dabei aber vergessen zu fragen, ob bzw. wie das möglich ist. Desgleichen müßte man fragen, welche philosophische Ahnungslosigkeit der Auffassung zugrunde liegt, die Philosophie müsse "der Falle der Selbsthistorisierung entkommen".[7]

Bei dem so gefaßten Begriff von Philosophie verwundert es nicht, wenn dann die Bestimmung des Verhältnisses von Mensch und Tier weit hinter die Hegelsche zurückfällt.[8] Aus der Tatsache, daß Tiere etwas *empfinden*, kann ja nicht geschlossen werden, daß sie Vernunft haben.[9] Reduziert sich Vernunft auf Empfindungsfähigkeit? Folgt daraus, daß der Mensch auch ein natürliches Wesen ist, daß er nur dies und nicht auch ein soziales Wesen ist? Daß es Vorformen menschlichen Verhaltens im Tierreich gibt, impliziert nicht, daß es keine typisch menschlichen gibt. Vorformen müssen sogar sein. Daß Kleinkinder noch nicht alle menschlichen Potenzen entwickelt haben, bedeutet nicht, daß sie tiergleich sind. Es ist eine Potenz, die nur der Mensch hat. Es handelt sich um eine Gattungsentwicklung aus eigener Kraft (eben um eine Entwicklung der Gattung). Daß Tiere Werkzeuge gebrauchen, ist lange bekannt, aber eine Werkzeugherstellung für künftige Zwecke, auf Vorrat, ist ihnen nicht eigen. Das Tier eignet sich (per Dressur und Übung) gewisse Fähigkeiten an, entwickelt sie aber nicht aus sich heraus. Die antrainierten Fähigkeiten werden nicht zum Gattungsverhalten.

Das Tier tauscht nicht, hat keine Religion, arbeitet nicht, ihm wird die Gattung nicht zum Gegenstand. Man müßte, wenn man das anders sieht, Hegel Punkt für Punkt widerlegen. Doch dafür müßte man erst einmal wissen, daß er dazu etwas gesagt hat (und nicht davon ausgehen, daß man ihn einfach übergehen kann).

Die Frage nach dem Selbstbewußtsein wird philosophisch hoffnungslos inkompetent bzw. altmodisch (trotz oder wegen der Berufung auf modernste neurologische Entwicklung) beantwortet, wenn man von der Auffassung startet, es müsse widerlegt werden, daß Geist und Materie nichts miteinander zu tun haben.[10] Doch wann, von wem wurde das je behauptet?

---

6 Vgl. R. Breuer, Auszug aus dem Elfenbeinturm, a.a.O.; J. Nida-Rümelin, "Uns bleiben die unlösbaren Probleme", ebd., S. 57-61.

7 J. Nida-Rümelin, "Uns bleiben die unlösbaren Probleme", ebd.,

8 Vgl. dazu z.B. G.W.F Hegel, Enzyklopädie der philosophischen Wissenschaften Zweiter Teil. Die Naturphilosophie, in: Werke in 20 Bdn., auf der Grundlage der Werke von 1832–1845 neu edierte Ausgabe, Frankfurt a.M. 1986, Bd. 9, S. 430-520 bzw. 539 (§§ 367-370 bzw. 376). Erläuternd dazu auch R. Wahsner, Der Widerstreit von *Mechanismus* und *Organismus*. Kant und Hegel im Widerstreit um das neuzeitliche Denkprinzip und den Status der Naturwissenschaft, Hürtgenwald 2006, S. 231-237 bzw. 252.

9 Zu dieser Annahme siehe: A. Newen, Das Verhältnis von Mensch und Tier, Spektrum der Wissenschaft, April 2011, S. 70 -75.

10 Vgl. ebd., S. 63.

Selbst schon die – durchaus problematische – Frage nach dem Primat von Geist oder Materie widerlegt das. Auf einem solchen Niveau kann die Frage nach der Selbstbestimmung des Menschen nicht angemessen beantwortet werden.

Wenn man die Philosophie dadurch als auf der Höhe der Zeit angekommen sieht, daß sie ihre sogenannten historischen Fesseln gesprengt, sich also von den metaphysischen, insbesondere den erkenntniskritischen Fragestellungen vergangener Zeiten befreit hat und damit ein neues produktives Verhältnis zu den Naturwissenschaften eingehen kann, dann gibt es gemäß dieser Auffassung keine spezifische Sicht der Philosophie mehr, und es ist nur konsequent zu meinen, man könne das Feld ehemaliger philosophischer Fragen den Naturwissenschaftlern überlassen.

Eine radikale Ontologisierung führt in dieselbe Richtung, zu einem Naturalismus, wonach sogar die kulturellen Leistungen des Menschen – der Gegenstand der Geisteswissenschaften – lediglich „Organisationsformen spontaner Ordnungsentstehung auf einer ontologisch frühen Schicht der Materie" darstellen. Hiernach ist die tragende Grundsubstanz aller Prozesse die Materie in stofflichem Sinne. Denn selbst in der Welt der Quanten, des Lebens, der Seele, des Geistes und der Kultur mache niemand mehr Gebrauch von unstofflichen Größen, die keine Beziehung zur Natur der Materie besitzen.[11] Der Begriff *Materie* wird nicht bestimmt, es wird nicht angegeben, ob er im physikalischen oder philosophischen Sinne gemeint ist bzw. ob eine derartige Unterscheidung für unnötig gehalten wird. Der erkenntnistheoretische Standpunkt, von dem aus diskutiert wird, wird als naturalistisch bezeichnet. Ihm zufolge "existiert" eine grundsätzliche erkennbare Gesetzesstruktur, die alle Bereiche des Kosmos von den Tiefen des Weltraums über die Vielfalt der komplexen Welt bis hinein in das Ultramikroskopische der Subquantenwelt überdeckt. Doch was heißt, es existiert eine erkennbare Gesetzesstruktur? Das Erkenntnisproblem und die Erkenntnisweise der Physik, auf die stark Bezug genommen wird, bleibt ungenannt und undiskutiert. Es überrascht nicht, daß dieser Naturalismus vom "Mißtrauen gegen philosophische Systeme der Vergangenheit, insbesondere auch gegen den deutschen Idealismus" geprägt ist,[12] denn letzterer war von der erkenntniskritischen Fragestellung getragen. Der deutsche Idealismus wird als ein rein subjektivistisches Philosophem aufgefaßt und behauptet: Es gibt keine synthetischen Sätze a priori, sondern nur gehaltvolle Aussagen über die Welt und leere formale Sätze. Es gibt keinen Wahrheitsbegriff; am besten käme man – so wird gesagt – mit einem anderen Begriff aus: in den Naturwissen-

---

11 Siehe z.B. B. Kanitscheider, Die Materie und ihre Schatten. Naturalistische Wissenschaftsphilosophie, Aschaffenburg 2007, S. 9.

12 Ebd., S. 37 f.

schaften mit dem der Übereinstimmung eines Satzes mit der Wirklichkeit und in den Sozialwissenschaften mit dem der Zustimmung aller Beteiligten.[13]

Diesem Standpunkt gemäß ist die Subjektivität des Menschen – womit die Fähigkeit des biologischen Individuums *Mensch*, in der ersten Person zu sprechen, gemeint ist – ein Naturphänomen, das mithin auch von der Naturwissenschaft erfaßt wird. Das zeige, daß es keinen Raum für den Apriorismus gibt, und führe zwangsläufig zu der Forderung, nicht in "die literarische Kultur der Philosophie" zurückzukehren, sondern sich in die Postmoderne aufzumachen, d.h. Philosophie zu ersetzen durch Kosmologie, Neurobiologie, Kognitionswissenschaften und Informatik.[14] Nach den kategorialen Bedingungen der Fachwissenschaft wird nicht gefragt.

Von derartigen, von einem Teil der zeitgenössischen Philosophen vertretenen, Philosophiebegriffen aus gesehen ist es dann natürlich zu begrüßen, daß sich Naturwissenschaftler finden, die "philosophieren". Damit sind nicht jene gemeint, die in ihrem Fach auf Probleme philosophischen Charakters stoßen, die sie zu philosophischen Fragestellungen führen, sondern jene, die in fröhlicher philosophischer Unbefangenheit naturwissenschaftliche Begriffe und Zusammenhänge populär darstellen und Lücken zwischen den einzelnen Fachwissenschaften bzw. im Wissen derselben durch Konstruktionen der eigenen Fantasie füllen und so ein Weltbild für den Alltagsgebrauch erstellen. Es kann nicht bestritten werden, daß es dafür einen Markt gibt. Aber welche wissenschaftlichen Einsichten werden damit befördert?

Oft werden Begriffe aus der physikalischen Disziplin *Quantentheorie* verwendet, um eine esoterische Subjekt-Objekt-Mystik zu entwickeln und phantastische Geschichten über das Erleben der sogenannten Subjekte in einer von mikroskopischen Gesetzen beherrschten Welt zu erzählen, oder man entwürdigt Begriffe aus der Relativitätstheorie zu Termini, die es ermöglichen, eine dem unmittelbaren Erleben des Lesers scheinbar zugängliche phantastische Welt der raum-zeitlichen Wurmlöcher und der Schwarzen Löcher als dunkle Fallen der Raum-Zeit aufzubauen – ganz zu schweigen von den Elaboraten über den Kosmos.

Solche Texte werden oft sogar von renommierten Fachleuten verfaßt, und man muß annehmen, daß dies nicht nur dem Kommerz zuzuschreiben ist. Zwar wird auch der eine Rolle spielen, denn Infotainment, also Wissenschaftsunterhaltung verkauft sich besser als ein auf wissenschaftliche Information gerichteter und daher manchmal auch anstrengender Text. Aber es ist wohl schlimmer: Diese aus den Fachdisziplinen kommenden Autoren meinen es ernst, mit dem, was sie darin über Grundlagen, Themen und Perspektiven ihres Fachs darle-

---

13 Vgl. ebd., S. 39 f.

gen, und dokumentieren damit den Verfall des Verständnisses für den Geist der Physik. Sie zeigen den Einbruch postmodernen Denkens in die Physik.

Ein charakteristisches Anzeichen für diesen Einbruch findet sich in der "kosmologisierenden" Art, in der man Grundsatzfragen der Physik formuliert bzw. in der man Formalismen der theoretischen Physik auffaßt. Dabei wird ohne jede Ahnung von den erkenntnistheoretischen Problemen und ohne Rücksicht auf die physikalisch-mathematischen Schwierigkeiten bei der Bestimmung des Begriffs *Kosmos*, d.h. ohne Bewußtsein der besonderen Stellung der Kosmologie im Rahmen der Physik,[15] z.B. ganz unpassend als Auftakt zu einer Darstellung von Aspekten der klassischen und Quantenphysik gefragt: "Wie, wann und warum entstand das Weltall?"[16] Heute – so liest man – stellen Naturwissenschaftler solche Fragen plötzlich ganz ernsthaft, während Theologen und Philosophen ihrer müde geworden sind.[17]

Und wenn es darum geht, einen physikalischen Formalismus allgemeinverständlich darzustellen, dann bedient man sich zunehmend nicht nur gewisser anschaulicher Bilder, sondern nimmt diese Bilder ernst. So will – um nur ein Beispiel zu nennen – der amerikanische Harvard-Professor für theoretische Physik, Michio Kaku, in einem seiner Bücher unter anderem plausibel machen, warum die Physiker in ihrem Bestreben, zu einer einheitlichen Theorie aller bekannten physikalischen Kräfte bzw. Wechselwirkungen zu kommen, Formalismen einführten, die einen zehndimensionalen Raum voraussetzen.[18] Da der physikalische Erfahrungsraum (genauer: die physikalische Raum-Zeit) nur vierdimensional ist, ist es natürlich auch vonnöten, zu erklären, wie diese beiden Räume zusammenhängen bzw. wie und unter welchen Umständen der höherdimensionale Raum (Hyperraum genannt) in den vierdimensionalen übergeht. All das wird schön plausibel gemacht. Aber dabei bleibt es nicht, es wird vielmehr ein kosmologisches Szenarium entworfen, das man nur als Science-Fiction bezeichnen kann. Zunächst schildert der Autor die Gefahren für die Menschheit bzw. allen Lebens auf der Erde, die sich ergeben durch heute oder demnächst mögliche atomare und ökologische

---

14 Vgl. ebd., S. 44 f.

15 Zu dieser Problematik siehe: H. Bondi, Cosmology, Cambridge 1960; H.-J. Treder, Relativität und Kosmos, Berlin 1968; H.-H. v. Borzeszkowski und R. Wahsner, Kosmologie – Physik oder Metaphysik? Dt. Zs. für Philosophie 26 (1978), 242-246; H. Goenner, Einführung in die Kosmologie, Heidelberg–Berlin,–Oxford 1994, S. 1-6.

16 Vgl. J. D. Barrow, Theorien über Alles. Die Suche nach der Weltformel, Heidelberg–Berlin–NewYork 1994, S. 13.

17 Vgl. ebd. – In einer erweiterten Fassung (J. D. Barrow, New Theories of Everything, Oxford 2007), welche neuere Entwicklungen der Stringtheorie und Kosmologie einbezieht, wird zwar die "naive Erwartung vieler", in naher Zukunft zu einer eindeutigen *Theory of Everything* zu kommen, gedämpft, aber die generelle Sicht der ersten Fassung beibehalten.

18 Vgl. M. Kaku, Hyperspace. Die Reise durch den Hyperraum und die zehnte Dimension, Oxford 1994.

Katastrophen, Kometeneinschläge und eine neue Eiszeit, den fernen "Tod" der Sonne (die sich, wenn ihr Wasserstoffbrennstoff in fünf Milliarden Jahren erschöpft ist, in einen sogenannten Roten Riesen verwandeln und die Erde aufsaugen wird) oder den "Tod" der Galaxis (die in einigen Milliarden Jahren mit der Andromedagalaxie zusammenstoßen könnte).[19] Dann kommt Kaku zur kosmologischen Katastrophe. Diese ist insofern eine theoretische Option, als kosmologische Modelle konstruiert wurden, die besagen, daß der Kosmos nach einer Phase der Expansion wieder kontrahiert und im Laufe von mehreren Zehnmilliarden kollabiert. Kaku meint nun, daß das nicht das Ende intelligenten Lebens bedeuten müsse, da eine "Rettung mittels einer höheren Dimension" möglich sei. Denn: "Wenn die gesamte Raumzeit in einer feurigen Endkatastrophe in sich zusammenstürzt, dann kann man dem nur entkommen, indem man Raum und Zeit verläßt – Entkommen mittels des Hyperraums."[20] (Ähnlich abenteuerliche Geschichten werden über Schwarze Löcher und Wurmlöcher erzählt.[21])

Fragen nach der Erkenntnisweise der Naturwissenschaft, deren Gesetzesbegriff, dem ihr zugrunde liegenden Subjekt-Objekt-Verhältnis und der Basis ihrer Objektivität, der Art ihrer Realitätsfassung, also eigentlich philosophische Fragen, treten in Darlegungen dieser Art selbstredend nicht auf. In dem weiten Feld wissenschaftstheoretischer Bestrebungen scheinen sich allerdings manche Arbeiten dieser Fragen anzunehmen. Aber da Vertreter dieser Richtung ebenfalls von den "Fesseln philosophischer Systeme der Vergangenheit" befreit sind –[22] und zwar dadurch, daß sie diese Systeme nicht kennen oder sie so mißverstehen, daß sie darauf nicht aufbauen können und wollen – fallen ihre Antworten (vor allem in Hinblick auf die Physik) dürftig aus. So wird verkannt, daß Fragen wie die nach der Objektivität und der Idealisierung nicht nur immer "allgegenwärtige" Aspekte, sondern notwendigerweise durchgängige Themen der Geschichte der Erkenntnistheorie und der Wissenschaft überhaupt sind. Dieses verkennend kann man keine Einsicht in die großen Probleme der Wissenschaftsentwicklung wie in das Problem der wissenschaftlichen Bewegungsfassung und damit kein Verständnis für die Physik gewinnen.

Welchen Vorteil es haben soll, in die Postmoderne aufzubrechen, ist schwer einzusehen . Aber man kann sich den Reiz vorstellen, den sie darstellt, wenn man etwas Neues machen will, ohne zu begreifen, worin der vorgängige philosophische Fehler besteht. Um unerwünschte Phantastereien zu vermeiden, kann man dann auch schnell ins Gegenteil verfallen –

19 Vgl. ebd., S. 328-332.
20 Vgl. ebd., S. 370.
21 Vgl. ebd., S. 264-303.
22 Vgl. z.B. L. Daston and P. Galison, Objectivity, New York 2007.

indem man meint, man würde erkennen, wie es ist, wenn man jegliche theoretische Voraussetzungen vermeidet, wenn man sich auf Wissenschaften stützt, die noch sehr phänomenologisch sind, wenn man nicht begreift, daß man sich an höchstentwickelten Wissenschaften orientieren muß, um allgemeine Prinzipien der Wissenschaftsentwicklung zu erkennen.

So sehen Daston und Galison einen Gezeitenwechsel in den Beobachtungswissenschaften,[23] als im Laufe des neunzehnten Jahrhunderts Wissenschaftler, von den Astronomen bis zu den Bakteriologen, begannen, in Atlanten und Lehrbüchern, ihre Tradition der idealisierenden Darstellung in Zweifel zu ziehen. Das Gestrüpp des Zufälligen zu beseitigen hatte lange Zeit als höchst bewundernswertes Ziel gegolten; jetzt wurde es ihres Erachtens zu einem wissenschaftlichen Laster. Dieser Wechsel ist das Thema ihrer Arbeit. Sie behandeln die wissenschaftliche Objektivität als Schaffung einer neuen epistemischen Tugend, einer Tugend, die Wissenschaftler zum Umschreiben und Neuentwurf der Richtlinien trieb, anhand deren die Natur in ihre grundlegenden Gegenstände eingeteilt wird. Das Buch handelt von der Suche nach dieser neuen Form des Blindsehens ohne Vorurteile und ohne interpretierendes Denken – genannt "wissenschaftliche Objektivität".

Objektivität sei nicht Wahrheit und Gewißheit, sondern bewahre das Artefakt, das im Namen der Wahrheit ausgelöscht werden würde. Objektiv sein heiße, auf ein Wissen aus zu sein, das keine Spuren des Wissenden trägt. Objektivität sei Blindsehen. Es wird untersucht, wie und warum Objektivität als eine neue Weise der Naturforschung und des Forscherdaseins aufkam.[24]

Gegen die Auffassung, daß die Geschichte der Epistemologie und der Objektivität zusammenfielen, wird gesagt, daß die Geschichte der Objektivität nur ein Teil – wenn auch ein äußerst wichtiger Teil – der viel längeren und weitergefaßten Geschichte der Erkenntnistheorie sei.[25] Doch selbst unter dieser Annahme könnte nach Meinung der Autoren der Skeptiker fragen, warum die mathematische Naturphilosophie Newtons nicht auch als ein Kapitel in der Geschichte der Objektivität angesehen wird. Die Antwort: Eine abstrakt entwickelte Erkenntnistheorie ist nicht einfach gleich ihrer Anwendung. Epistemische Werte (Genauigkeit ohne Wahrheit oder Objektivität) sind nicht nur abstrakt gesehen vielfältig, sondern auch in ihrer praktischen Umsetzung.[26] Für Newton hätten – so die Autoren – andere wissenschaftliche Tugenden gegolten als für das 19. Jahrhundert. Objektivität als Sache und als Wort seien neu.

---

23 L. Daston und P. Galison, a.a.O.
24 Vgl. ebd, S. 17.
25 Ebd., S. 32.
26 Ebd., S. 35.

Die Männer der Wissenschaft des 19. Jahrhunderts sahen ein neues Hindernis auf dem Weg zum Wissen: die Hürde, die sie selbst darstellten, das subjektive Selbst.[27]

Doch manche Autoren blicken durchaus vornehmlich auf die messende und rechnende Wissenschaft *Physik*, allerdings auch in naturalistisch-kategoriefreier, d.h. begriffsloser Manier, die die Rolle der Idealisierung in der Wissenschaft als Sichentfernen von der Wahrheit versteht, und versucht, sich an Fallbeispielen mit dem Gesetzesbegriff der Physik kritisch auseinanderzusetzen. Nicht unerwartet negiert dies den physikalischen Gesetzesbegriffs. Die Fakten des Empiristen sind dann das Wahre. Meistens scheitern Versuche, den Gesetzesbegriff zu fassen zudem daran, daß man meint, man könne Gesetze auf der Ebene von Dingen und deren Eigenschaften erklären.

Eine naturalistische, kategoriefreie Vorstellung von der Grundlage der messenden und rechnenden resp. physikalischen Wissenschaft empfindet natürlich jede Idealisierung als Verfälschung. Doch keinesfalls bedeutet die den naturwissenschaftlichen Gesetzen inhärente Idealisierung, daß alles *nur* Konstruktion, nichts Wirkliches ist. Es ist mithin eine Fehldeutung, wenn die für die Fachwissenschaften notwendige Konstruktion ihrer Objekte so aufgefaßt wird, als benötigten sie "falsches Reden"[28] bzw. als würden die physikalischen Gesetze lügen.[29] Inwieweit sich die naturwissenschaftlichen Gesetze auf Wirkliches beziehen, kann letztlich nur durch messende Experimente festgestellt werden. Voraussetzung hierfür ist es natürlich, einen angemessenen Begriff von Gesetz und Experiment zu haben.

In dem genannten Buch wird zwischen phänomenologischen und theoretischen Gesetzen unterschieden. Erstere sollen Erscheinungen betreffen, letztere die Realität hinter den Erscheinungen. Hiernach betreffen phänomenologische Gesetze Dinge, die wir wenigstens im Prinzip beobachten können, während theoretische Gesetze nur durch indirekte Schlüsse erkannt werden können. Es wird dabei unterstellt, daß "phänomenologisch" und "theoretisch" für Philosophen im allgemeinen den Unterschied zwischen "beobachtbar" und "unbeobachtbar" markiert. Anders der Physiker. Für ihn habe die Unterscheidung von theoretisch und phänomenologisch nichts damit zu tun, ob etwas beobachtbar ist, vielmehr betreffe dieser Unterschied für ihn den zwischen einer erklärenden bzw. fundamentalen und einer beschreibenden Darstellung, was auf die Unterscheidung von Realisten und Antirealisten hinausläuft.

---

27 Vgl. ebd, S. 36.

28 Vgl. Marxistische Blätter; 09-5, 2009, S. 16 (Editorial).

29 Vgl. z.B. N. Cartwright, How the Laws of Physics Lie, Oxford 1983.

nicht erklärt und der zufällige nomische Zugang ("nomic view") wenigstens eine Eigenschaft oder Relation voraussetzen muß, die notwendig ist. Birds eigener Versuch, die Naturgesetze auch auf der Basis von Dingen und Eigenschaften als notwendige Zusammenhänge nachzuweisen, zeigt die ganze Problematik dieser Basis. Er muß zu diesem Ende annehmen, daß alle fundamentalen Eigenschaften Potenzen sind.[34] Diese hätten dann notwendige Naturgesetze zur Konsequenz.

Physiker, die sich mit grundlegenden Fragen ihrer Disziplin befassen und nicht nur ein phantasievolles buntes Weltbild malen wollen, finden im Naturalismus keine Antwort. Sie sind vor allem an Einsichten interessiert, die auf die Fragen antworten: Was ist real? Was ist die physikalische Realität? Was ist objektiv? Welche Rolle spielen die Mathematik und – im Experiment – der "Beobachter"? Diese Fragen stellen sich vielen durch die von der Quantenmechanik aufgeworfenen erkenntnistheoretischen Probleme. Viele Physiker wurden erst durch die Quantenmechanik aus ihrem dogmatischen Schlummer geweckt, in dem sie für real hielten, was uns die klassische Physik sagt, wobei deren Begriffe und Beziehungen fälschlicherweise weitgehend mit dem aus der Alltagswelt Bekannten identifiziert wurden. Da nun diese Identifizierung in der Quantenmechanik offensichtlich nicht mehr aufrecht zu erhalten ist, versucht man, auf eigene Weise Auswege zu finden. So wird an der Auffassung von der Wirklichkeit als einer vom Subjekt unabhängigen Außenwelt festgehalten, die durch Begriffe der klassischen Physik bestimmt ist. Sie sei aber – wie die Quantentheorie uns lehrt – "verschleiert", so daß wir sie als eigentliche nicht erkennen können.[35] Oder es wird dieser Standpunkt aufgeben und nach der Rolle des menschlichen Verstandes bzw. Bewußtseins in der Physik gefragt und die Antwort darauf als ein (vorläufiges) Rätsel angesehen.[36] Oder es wird nach der Rolle des Bewußtseins gefragt, die Antwort aber in physikalistischer Manier dahingehend erwartet, daß ein naturwissenschaftliches Modell des Gehirns und des Nervensystems alles aufklären wird.[37] Schließlich gibt es auch bei Physikern die klare Einsicht, daß diese Fragen philosophischer Natur sind und daß man sich vor allem auf Kants Werk besinnen müsse, ohne es blind zu übernehmen.[38]

---

34 "Some natural properties are *potencies* – properties that have dispositional essences." (Ebd., S. 204).

35 Vgl. B. d'Espagnat, On Physics and Philosophy, Princeton–Oxford 2006.

36 Vgl. R. Penrose, The Road to Reality. A Complete Guide to the Laws of the Universe, London 2004.

37 Vgl. P.W. Bridgman, The nature of physical "knowledge", in: The Nature of Physical Knowledge, ed. by L.W. Friedrich, Edinburgh and London 1960, S. 13-24.

38 Vgl. H. Margenau, Does physical "knowledge" require for undemonstrable presuppositions, in: The Nature of Physical Knowledge, ed. by L.W. Friedrich, Edinburgh and London 1960, S. 47-68.

So macht sich der bekannte Physiker Bernard d'Espagnat ernsthaft mit dem philosophischen System Kants bekannt, um die von der Physik, namentlich der Quantenmechanik aufgeworfenen erkenntnistheoretischen Probleme zu lösen.[39] Er geht davon aus, daß es eine reale Außenwelt gibt, wir diese aber nicht als solche erkennen können, nicht so wie man dies vom Standpunkt der klassischen Physik bzw. des gewöhnlichen Bewußtseins aus zu können glaubte.

D'Espagnat vertritt eine Weltanschauung, die er "Philosophie der verschleierten Wirklichkeit" nennt. Keinem der vielen Weltbilder der Physik, die es gab, könne man vertrauen. Deshalb sollen Scheingewißheiten unserer naiven Vorstellung des Wirklichen als solche entlarvt werden. So sei es z.B. unrichtig, daß das Ergebnis einer Messung etwas Wirkliches ist.[40]

Letzteres habe die Quantenmechanik offenbart. Sie widerspricht nach d'Espagnat nicht der Möglichkeit, die Welt zu erkennen, sondern besagt, daß die Dinge, von denen wir ein Wissen erlangen können, geistiger Natur sind, daß sie nicht als Elemente der Außenwelt angesehen werden können. Der Idealismus glaube deshalb, daß uns nur gewisse Repräsentationen von ihnen zugänglich sind, d.h. gewisse Phänomene, und daß das einzig legitime Ziel der Wissenschaft deshalb nur die Erforschung und Ordnung dieser Phänomene sein kann.[41]

Wenn manche Forscher meinten, man könne über die Messung zu den Dingen an sich, also zu der Welt, wie sie an sich ist, vordringen, so irrten sie sich, denn das, was der Dämon – ein mikroskopisches Wesen – mißt, sei nicht die Makrowelt, sondern die Mikrowelt. D'Espagnat gelangt zu diesem Schluß, da er die Messung verkennt, übersieht, daß ihre Hauptfunktion darin besteht, zwischen beiden zu vermitteln.

Kants Idealismus wird hervorgehoben, da er insofern von anderen idealistischen Denkarten abweiche, als die rohen Sinnesdaten nicht als Elemente der Realität an sich angesehen werden, hingegen angenommen wird, daß zu jedem *Ding für uns* ein unbekanntes *Ding an sich* existiert, das ihm entspricht. Es sei nachgewiesen, daß es aus der Sicht unserer gegenwärtigen Kenntnis keine Elemente gibt, die das Konzept einer versteckten Realität widerlegen.[42]

Allerdings sei es schwierig, mit Kant bezüglich seines Apriorismus übereinzustimmen. Wenn er recht hätte, könnte man – meint d'Espagnat – nicht das Radfahren erlernen. Kant ignoriere die Fähigkeit, die wir haben, etwas durch Übung zu erlernen. Er habe noch nichts von der Entwicklung der Arten gewußt. Aber wir, die wir davon wissen, könnten nicht aus-

---

39 Vgl. B. d'Espagnat, On Physics and Philosophy, a.a.O,.

40 B. d'Espagnat, Auf der Suche nach dem Wirklichen, Berlin–Heidelberg–NewYork 1983, S. 4.

41 Vgl. B. d'Espagnat., On Physics and Philosophy, a.a.O., S. 21 f.

42 Vgl. ebd., S. 291.

schließen, daß der "reale Raum" immer existiert und der Begriff des Raumes das Ergebnis einer Entwicklung unserer Erkenntnis ist. Daher könne man die These "der Raum ist apriorisch" nicht als bewiesen ansehen und auch nicht glauben, daß man sie philosophisch beweisen kann.[43]

D'Espagnat meint, gezeigt zu haben, daß bezüglich der Natur der Sinnesempfindungen und deren Beziehung zur Realität die Sicht der Quantenmechanik und der zum Transzendentalismus neigenden Denker gemeinsame Punkte aufweisen. Offen bleibe aber die Frage nach der Bedeutung des Begriffs *verborgene Realität.* Obwohl er nicht gefaßt werden kann, sei er doch der angemeßendste. Einen solchen Schluß kann man aber nur ziehen, wenn man versucht, die Kantsche Transzendentalphilosophie auf der Basis des gesunden Menschenverstandes zu rezipieren.

Zu den Physikern, die sich mit grundlegenden Fragen ihrer Disziplin befassen, gehört auch Roger Penrose. Nachdem er über tausend Seiten hinweg eine Allgemeinverständlichkeit anstrebende Darstellung der Grundlagengebiete der modernen Physik gegeben hat, konstatiert er,[44] daß er trotz des außerordentlichen Fortschritts der Physik in den vergangenen zweieinhalb Jahrtausenden nicht glaubt, daß wir schon den "Weg zur Realität" gefunden haben. Manche meinten, die Einheit der Natur als ganze im Rahmen eines mathematischen Schemas erfassen zu können, sei nicht mehr als ein "frommer Wunsch". Andere hielten den Begriff *physikalische Realität* im Sinne wahrhaft objektiven Natur, der unabhängig ist von dem Gesichtspunkt, unter dem wir auf die Realität blicken, für ein Hirngespinst.[45]

Beachtenswert sei es, daß vom Standpunkt der modernen Wissenschaft meist nicht mehr gefragt wird, *was* die physikalische Realität ist, sondern eher, *wie* sie sich verhält. Die kategoriale Wende, die hinter dieser Änderung steht und deren Implikationen sind Penrose aber unbekannt. So bleibt unbegriffen, daß die Naturwissenschaft hierdurch überhaupt erst möglich wurde. Es wird gefragt: Wie beschreiben wir die Gesetze, die unser Universum und seinen Inhalt regieren? Doch wir beschreiben nicht die Gesetze, sondern damit wir überhaupt welche konstatieren können, substantivieren wir geeignete Verhalten und setzen sie miteinander in Beziehung, machen so das Verhalten zum Gegenstand. Der Hintergrund dieses Vorgehens bleibt jedoch verschlossen, mithin die Notwendigkeit des Wie-Fragens. Nur deshalb kann der Autor eine Differenz zwischen dem Universum und seinem Inhalt sehen.

---

43 Vgl. ebd., S. 284 f. – Zur Apriorität siehe den Abschnitt "Geometrie und Apriorität".

44 Vgl. R. Penrose, The Road to Reality, a.a.O.

45 Vgl. ebd., S. 1027 f.

Die Wie-Frage – so Penrose – ist für viele enttäuschend, denn die Antwort auf sie scheint uns nicht viel darüber zu sagen, *was* das ist, was sich so verhält. *Warum* verhalten sich die Dinge in unserem Universum gerade so, wie sie sich verhalten? Ohne zu wissen, *was* die Dinge sind, sei es schwer zu sehen, *warum* sie gerade das und nichts anderes tun sollten. Es sind dies allerdings – muß man bedenken – zwei verschiedene Fragen. Auch wenn man wüßte, *was* etwas ist, wüßte man nicht, warum es das ist, was es ist.

Es sieht so aus, meint Penrose, als suche die moderne Physik die "Realität" in der Platonischen Welt der mathematischen Ideale zu finden. (Man könnte auch sagen: es ist modern geworden, sie dort zu suchen.) Das gelte besonders für diejenigen, die eine sogenannte "theory of everything" anstreben. Unabhängig davon, ob man glaubt, daß es so etwas jemals geben könnte, könne man sagen, daß wir davon weit entfernt sind. Doch – so die Behauptung – je tiefer wir in die Geheimnisse der Natur eindringen, desto weiter werden wir in Platos Welt der mathematischen Ideale hineingetrieben. Penrose billigt dieser Welt (ohne dies hinreichend zu begründen) eine Art von Realität zu, identifiziert diese aber nicht mit der physikalischen Realität.[46]

Da die rein naturwissenschaftliche Behandlung seiner erkenntnistheoretischen Fragen diese nicht beantworten kann, ist er genötigt, drei Welten zu konzipieren: die Platonisch-mathematische, die physikalische und die mentale. Jede habe ihre eigene Realität und sie seien voneinander nicht unabhängig. Es gebe eine zyklische Abhängigkeit, insofern jede tief und rätselhaft in der vorhergehenden begründet sei. Die Platonische Welt wird als die ursprünglichste angesehen, da Mathematik eine Art Notwendigkeit ist, die ihr eigentliches Selbst tatsächlich allein durch die Logik zur Existenz bringt. Jede dieser drei Welten scheint nach Penrose fähig zu sein, die nachfolgende in ihrer Gänze zu umfassen, während sie selbst nur von einem kleinen Teil ihres Vorgängers abzuhängen scheint.[47]

Mit diesem angenommenen Sachverhalt kommt Penrose zu dem Problem: *The roles of mentality in physical theory.* Das heißt zu fragen nach der Rolle des Verstandes in den physikalischen Theorien und danach, wie die Geistigkeit in den physikalischen Strukturen zustande kommt, mit denen sie im Gehirn assoziiert ist.

Der Physiker Bridgman hat keine so hochfliegenden Pläne wie Penrose. Er ist ein Physikalist, er redet nicht von Metaphysik und Philosophie. Er spricht auch nicht von der verhüllten Wirklichkeit, wie etwa d'Espagnat. Bridgman meint, die Quantenmechanik zeige, daß wir nicht mehr denken können, das Objekt der Erkenntnis konstituiere eine Realität, die vom In-

---

46 Vgl. ebd., S. 1028 f.

strument unserer Erkenntnis enthüllt wird. Beide zusammen, Objekt und Subjekt, konstituierten ein Ganzes und sind so innig miteinander verknüpft, daß es sinnlos ist. getrennt von Objekt und Instrument zu sprechen. Daher sei das Gehirn das eigentliche Instrument der Erkenntnis. Seine Natur bestimme und beschränke die Erkenntnis. Bridgman meint zudem, daß das Gehirn letztlich in seiner atomistischen Struktur zu beschreiben ist. Damit sei dann alles getan. Dieser Standpunkt werde auch durch die Konstruktion von komplizierten Computern und durch die Fortschritte im Verständnis der Hirnstruktur und der Hirnfunktion gestützt. Das Problem, daß das Gehirn nach Bridgmans Verständnis auch quantenmechanisch zu beschreiben ist und es damit keinen Unterschied zu den von ihm betrachteten Instrumenten gibt, wird dadurch zu lösen bzw. zu umgehen versucht, daß man bei der Beschreibung des Gehirns als eines "unvorstellbar komplizierten Systems" folgendes zu beachten habe: "Some modification in this formulation will doubtless be necessary to include quantum phenomena, but it seems to be the present thought that any such modifications will not obscure the expectation that as complete the a description as possible in physical terms will tell the whole story."[48] Wenn dem aber so ist und es keine Eins-zu-Eins-Korrespondenz zwischen dem, was im Gehirn und dem, was in der äußeren Welt gschieht, gibt, dann ist die Erkenntnis nach Bridgman selbstredend beschränkt.

Henry Margenau diskutiert in erster Linie die Frage der "Bewiesenheit" verschiedener physikalischer Thesen bezüglich ihrer empirisch bestätigten Abhängigkeit voneinander.[49]

Zur deduktiven Demonstration sagt er, es ist nicht berechtigt, *S*, d.h. theoretische Prämissen, Theorien, plus Annahmen, die den betrachteten Spezialfall betreffen, (um z.B. zum Boyleschen Gesetz *T* zu führen) als bestätigt anzusehen, wenn *T* wahr ist (was bei Margenau heißt: experimentell mit einer gewissen Wahrscheinlichkeit bestätigt). Denn *T* könnte auch durch ein anderes *S* eine Erklärung finden. Physik kann sich ihrer Postulate nie sicher sein. Das sei der Preis, den sie zahlt für ihren Dynamismus, für die Mühelosigkeit, mit der die sich selbst korrigieren kann, für ihre beeindruckende Entwicklungsgeschwindigkeit.

Bezüglich der induktiven Demonstration kommt er zu dem bekannten und allgemein akzeptierten Schluß, daß diese ebenfalls niemals die Gewißheit der Prämissen der Physik zeigen könne.[50] Doch Margenau betont, daß anders als induktive Demonstrationen deduktive eine nicht numerisch zu bestimmende intrinsisch logische Art der Ungewißheit involvieren (man

---

47 Vgl. ebd., S. 1029.

48 P.W. Bridgman, The nature of physical "knowledge", a.a.O.

49 Vgl. H. Margenau, Does physical "knowledge" require for undemonstrable presuppositions, a.a.O.

kann keine Wahrscheinlichkeit für ihre Güte angeben).[51] Die deduktive Ungewißheit besage die radikale Wahlfreiheit in der Konstruktion der Hypothesen. Die Übereinstimmung unter den Wissenschaftlern in Hinblick auf akzeptable Erklärungen bleibe so lange ein historisch erstaunlicher Fakt wie man ihn nur unter rein logischem Aspekt betrachtet. Der deduktiven Ungewißheit würden durch pre-empirische (metaphysische) Absprachen (commitments) Grenzen gesetzt werden. Philosophen sprächen von Denkkategorien, die Irrelevanzen der Erklärung abschneiden. Physiker benutzten Phrasen wie Denkökonomie, Einfachheit und Eleganz der Erklärung.

In der heutigen Physik (1960) werde das besonders deutlich, weil das Problem der sogenannten kausalen Interpretation der Quantenmechanik eines transempirischen "commitment" bedürfe.[52]

Metaphysisch meint Margenau im Sinne Kants zu verstehen, wonach Metaphysik (wenigstens teilweise) die Theorie der wissenschaftlichen Erkenntnis bedeute, mit der primären Aufgabe, den Weg zu erhellen, durch den solche Erkenntnis akzeptierbar and objektiv wird.

An Kant kritisiert er, daß für diesen die Kategorien, die als Vorläufer der hier untersuchten metaphysischen Prinzipien angesehen werden können, ewige Formen des Denkens von völlig apriorischem Ursprung gewesen seien. Die Geschichte der Physik belege seither diesen Vorwurf; sie zeige, daß die Prinzipien pragmatische Hilfsmittel von großer Tragweite sind, etabliert durch ein beeindruckendes Crescendo wissenschaftlicher Erfolge, die aber niemals der sorgfältigen Prüfung und Modifikation enthoben sind (siehe z.B. die Kausalitätsdiskussion in der Quantenmechanik). Trotz des Eingeständnisses der Sterblichkeit der Kategorien müsse man jedoch über die Langlebigkeit metaphysischer Prinzipien erstaunt sein: ihre Leben beziffere sich in Jahrtausenden, während physikalische Theorien heute nur Jahrzehnte leben und Fakten in Monaten sterben könnten.

Margenaus Einsicht, daß die physikalische Erkenntnis metaphysischer Prinzipien bedarf, diese aber weder mit physikalischen Mitteln bewiesen werden können noch müssen, zeigt allerdings ihre Begrenzung, wenn man sich ansieht, was er unter metaphysischen Prinzipien versteht.

Es geht nicht darum, ob – wie er selbst vermutet – die Liste der von ihm in seinem Buch *The Nature of Physical Reality* angegebenen metaphysischen Prinzipien verlängert werden

50 Vgl. ebd., S. 52 f.

51 Vgl. ebd., S. 54 f.

52 Vgl. ebd., S. 55.

muß (durch kulturelle und soziale Faktoren, durch Intersubjektivität und geometrische Abstraktion), sondern darum – kurz gesagt –, den Gattungscharakter des Menschen zu begreifen, das Allgemeine des Menschen, mithin einzusehen, daß dieses Allgemeine nicht mit Intersubjektivität erfaßt ist.

Alles in allem zeigen die Diskussionen eine Philosophieabwehr, sei es aus Unwilligkeit oder Unverständnis.

So trifft auch die mitunter geäußerte Auffassung, daß die Evolutionäre Erkenntnistheorie "eine erfreuliche Erneuerung der Naturphilosophie" sei,[53] nicht zu. Es ist keineswegs der Fall, daß diese Theorie – wie sie selber meint – das, "was das heliozentrische System für die Physik leistet, die Abstammungslehre für die Biologie und die vergleichende Verhaltensforschung für die Psychologie, … die evolutionäre Erkenntnistheorie für die Philosophie" leistet.[54] Denn sie beantwortet keine einzige philosophische Frage.[55] Die Erkenntnisse der Naturwissenschaften werden für die Wirklichkeit als solche gehalten, gar für das Ding an sich. Wie diese Erkenntnisse möglich sind, wird nicht gefragt, sondern dieses Vermögen auf die phylogenetische Entwicklung des Menschen abgeschoben – infolgedessen nur ein ontogenetisches Apriori zugegeben werden müsse. Kants Frage "Wie ist Erfahrung möglich?" wird in ihrer Notwendigkeit für die Philosophie nicht erkannt. Wie Kant sagt: "Er [der gemeine Verstand – d.V.] will etwas haben, womit er zuversichtlich anfangen könne. Die Schwierigkeit, eine solche Voraussetzung zu begreifen, beunruhigt ihn nicht, weil sie ihm (der nicht weiß, was Begreifen heißt) niemals in den Sinn kommt, und er hält das für bekannt, was ihm durch öfteren Gebrauch geläufig ist. Zuletzt aber verschwindet alles spekulative Interesse bei ihm vor dem praktischen, und er bildet sich ein, das einzusehen und zu wissen, was anzunehmen, oder zu glauben ihn seine Besorgnisse oder Hoffnungen antreiben."[56]

Von einigen Philosophen wird für die Beantwortung all dieser Fragen die Besinnung auf den deutschen Idealismus, insbesondere auf Kant und Hegel, durchaus angefordert. Dabei wird dann aber mitunter übersehen, daß es nicht darum geht, heutige physikalische Theorien mit Begriffen Kants oder Hegels zu interpretieren bzw. deren Systeme mit heutigen physikali-

---

53 Vgl. z.B. H. Sachsse, Geleitwort zu: G. Vollmer, Was kölnnen wir wissen?, Bd. 2. Die Erkenntnis der Natur, Stuttgart 1986, S. XIII.

54 G. Vollmer, Was können wir wissen?, Bd. 1. Die Natur der Erkenntnis, Stuttgart 1985, S. 321.

55 Vgl. z.B. H. Putnam, Why reason can't be naturalized, Synthese *52*(1982), 3-33, insbes. S. 6; W. Stegmüller, Evolutionäre Erkenntnistheorie, Realismus und Wissenschaftstheorie, in: Evolutionstheorie und menschliches Selbstverständnis, hg. von R. Spaemann, P. Koslowski und R. Löw, Weinheim 1984, S. 12, 20. – Vollmer erwähnt zwar diesen Einwand, wehrt ihn aber mit Argumenten ab. die der Erkenntnistheorie einen anderen epistemologischen Status zuschreiben als der Philosophie, die die Erkenntnistheorie bezüglich ihres epistemolgischen Status der Naturwissenschaft gleichsetzen.

56 I. Kant, Kritik der reinen Vernunft, a.a.O., S. 448 (B 501; A 473).

schen Theorien zu deuten. Es müssen vielmehr diese philosophischen Systeme auf die adäquate oder inadäquate Rezeption der Physik ihrer Zeit hin analysiert und die hierbei gewonnenen Erkenntnisse der philosophischen Rezeption heutiger Physik zugrunde gelegt werden.

Ist man von der Sinnhaftigkeit der philosophischen Systeme der deutschen klassischen Philosophie überzeugt und versucht lediglich, die fachwissenschaftlichen Ergebnisse danach auszurichten, ohne das Verhältnis bzw. den jeweiligen Status von Philosophie und Wissenschaften resp. die Bedeutung der in ihnen verwandten unter Umständen gleichlautenden Termini zu untersuchen, gewinnt man auch keine erkenntnisrelevanten Einsichten. Dies ist etwa der Fall, wenn man glaubt, aus dem Begriff des Körpers ableiten zu können, daß die Lichtgeschwindigkeit (gemäß der Speziellen Relativitätstheorie) Grenzgeschwindigkeit ist[57] und so gezeigt zu haben, daß die (Hegelsche) Naturphilosophie durch den Bezug auf Erkenntnisse der modernen Physik empirisch konkretisiert und aktualisiert werden kann. Es ist verfehlt zu meinen, durch ein derartiges Vorgehen könne man zeigen, daß moderne physikalische Theorien Hegelsche naturphilosophische Forderungen einlösen[58] bzw. belegt zu haben, "daß – obwohl sich die Naturwissenschaften so weit weg von denjenigen der Zeit Hegels entwickelt haben" – Hegel uns dennoch etwas zu sagen habe, weil ja seine "Realphilosophie den Anspruch erhebt, überzeitliche logische Strukturen aus dem Begriff zu entwickeln, die erst in einem zweiten Schritt interpretiert werden, d.h. in Bezug gesetzt werden zu empirischen Theorien".[59] Man unterstellt hierbei, daß es nicht auszuschließen sei, "daß heutige wissenschaftliche Theorien einerseits eine adäquatere Interpretation der Hegelschen Naturphilosophie leisten und andererseits in Hegels Naturphilosophie die Kategorien grundgelegt sind, jene philosophisch zu begreifen".[60] Man denkt, es sei möglich, "von Hegels prinzipientheoretischem Ansatz her Grundbestimmungen der *modernen* Physik – Raum, Zeit, Bewegung – zu erklären und darüber hinaus eine philosophische Interpretation des in der speziellen Relativitätstheorie relevant gewordenen Zusammenhangs zwischen Relativitätsprinzip und absoluter Bewegung sowie zwischen Materie und Licht zu leisten".[61] Man unterstellt dies, ohne auf die

57 Vgl. z.B. D. Wandschneider, Raum, Zeit, Relativität. Grundbestimmungen der Physik in der Perspektive der Hegelschen Naturphilosophie, Frankfurt a.M. 1982, S. 123, 200-204, 219.

58 Vgl. z.B. B. Falkenburg, Die Form der Materie. Zur Metaphysik der Natur bei Kant und Hegel, Frankfurt a.M. 1987, S. 226.

59 V. Hösle, Hegels System. Der Idealismus der Subjektivität und das Problem der Intersubjektivität, Hamburg 1988, S. 284 f.

60 Ebd.

61 Ebd.

Argumente einzugehen, die einer solchen Möglichkeit widersprechen.[62] Hierbei verkennt man sowohl das Anliegen der Hegelschen Philosophie als auch das physikalischer Theorien (die klassische Mechanik eingeschlossen) und öffnet grenzenlosen Phantastereien das Tor. Beziehungsweise kommt man zu einander widersprechenden Aussagen. So wird einerseits gesagt, daß man Hegel nicht die Antizipation von Aussagen, etwa der Relativitätstheorie, nachsagen darf und andererseits gibt es im selben Text Ausführungen, in denen es heißt, daß Hegels Auffassung von Raum, Zeit und Materie in einigen grundlegenden Zügen durch die Entwicklung der Allgemeinen Relativitätstheorie bestätigt wurde,[63] daß es eine Konvergenz der Begriffsbildung des Mechanik-Kapitels von Hegels Naturphilosophie mit der späteren Entwicklung der Physik gibt. Diesem Urteil liegt die unzutreffende Auffassung zugrunde, daß es zu Hegels Zeit keine vollausgebildete Theorie der Mechanik gab –[64] eine Auffassung, die sich ergibt, weil man nicht zwischen der de facto vorhandenen naturwissenschaftlichen Theorie und deren weltanschaulicher Rezeption unterscheidet.

Notwendig ist also – das sei hier wiederholt – eine kritische Analyse dieser klassischen philosophischen Systeme aus heutiger Sicht, nicht deren blinde Übernahme. Notwendig ist, die Systembestimmtheit sowohl der philosophischen als auch der physikalischen Begriffe zu beachten.

Den zitierten Auffassungen ist zumindest einer der folgenden Mängel inhärent:

- Man beachtet nicht, daß die neuzeitliche Philosophie ebenso wie die neuzeitliche Naturwissenschaft auf einem kategorial anderen Denkprinzip beruht als die antike und mittelalterliche.
- Man unterscheidet nicht zwischen dem epistemologischen Status der Philosophie und dem der Fachwissenschaften, fragt nicht einmal nach deren Status.
- Infolge dessen weiß man nicht, daß es stets bestimmter Prinzipien (z.B. Meßbedingungen, apriorischer Bestimmungen) bedarf, um erkennen zu können. Man begreift nicht, daß es keine bedingungslose Erkenntnis gibt und erkennt sich selbst mithin nicht als voraussetzungsbedingtes Wesen, als eine in bestimmter Weise beschaffene Vorbedingung.

---

62 Vgl. z.B. H.-H. v. Borzeszkowski, Antizipierte Hegels Naturphilosophie Aspekte der modernen Physik?, in: Hegels Naturphilosophie in der Dritten Moderne. Bestimmungen, Probleme, Perspektiven, hg. von O. Breidbach und W. Neuser (Ernst-Haeckel-Haus-Studien. Monographien zur Geschichte der Biowissenschaften und Medizin, Bd. 13), Berlin 2010, S. 41-48.

63 Vgl. B. Falkenburg, Die Form der Materie, a.a.O. – Man vergleiche z.B. die Darlegungen auf S. 220 f. und die Ausführungen auf S. 226 f.

64 Vgl. ebd., S. 225.

- Die Unterscheidung von Erkenntnisobjekt und Erkenntnissubjekt ist unpräzise bzw. unphilosophisch; das Erkenntnismittel wird gar nicht gedacht (weshalb man auch *Konstruktion* lediglich als eine Entfernung vom Realen bzw. als Lüge versteht).
- Der Mensch wird wesentlich nur als Individuum gefaßt, das Ich infolgedessen nur als psychologisches bzw. biologisches gedacht.

Der erstgenannte Punkt wird durchgängig übersehen, obwohl die philosophischen Systeme der klassischen deutschen Philosophie gerade darin ihre Aufgabe sahen, diese kategoriale Wende auf den Begriff zu bringen. Explizit wurde sie außer von den Neukantianern noch nie richtig ernst genommen.

Doch aufgrund der in der neukantianischen Rezeption enthaltenen Schwachpunkte hat man sich mit diesem Konzept bezüglich des Verhältnisses von Philosophie und Einzelwissenschaft nicht hinreichend auseinandergesetzt. In einem einschlägigen Artikel[65] werden diese Schwachpunkte klar gefaßt. Sie bestehen in einer überzogenen, einseitigen Hervorhebung der Mathematik und (durchaus damit verknüpft) der Verkürzung des naturwissenschaftlichen Gesetzes zu einer Reihe. Mit diesen beiden zu Recht kritisierten Aspekten wurden aber die dieser Rezeption inhärente tiefe Einsicht gleich mit verworfen, indem der (weltanschaulich und sozial bedingte) kategoriale Umbruch, der dem geänderten Denkprinzip zugrunde liegt, übersehen wurde. Mithin wurde auch übersehen, daß der Umbruch notwendig war, um die Naturwissenschaft, also ihr unabdingbares Fundament, überhaupt begründen zu können.

Damit verbunden ist die von denjenigen, die eine neue, der Naturwissenschaft angemessene Philosophie konzipieren wollen, fast nie gesehene Notwendigkeit, an dem formallogischen Prinzip der Widerspruchsfreiheit festzuhalten. Das heißt, es wird verkannt, daß durch das "Funktionsdenken" die formale (aristotelische) Logik nicht aufgehoben wird (obzwar sie natürlich nicht hinreicht), und daß die formale Logik Regeln über das Verhältnis von Aussagen enthält, nicht über Realitäten. Von einem völligen Unverständnis zeugt es, wenn logische Widerspruchsfreiheit und naturgesetzliche Unmöglichkeiten aneinander gemessen werden.[66]

Für Hegel war – vorbereitet durch Kant, Lambert und andere – die Notwendigkeit des Umbruchs der Grund, seine sogenannte dialektische Logik zu entwickeln (was nicht ohne gewisse Unstimmigkeiten gelang).

---

65 G. Heymanns, Zur Cassirerschen Reform der Begriffslehre, Kant-Studien *33*(1928), 109-128.

66 Vgl. z.B. A. Newen, Wer bin ich?, Spektrum der Wissenschaft, März 2011, S. 62.

Um die Kritik an den zitierten Auffassungen zu begründen, ist es unabdingbar, die Philosophie bezüglich bestimmter Probleme detailliert auf ihrer höchsten Stufe darzustellen, d.h. – obwohl es als Umweg erscheinen kann – die philosophischen Systeme Kants und Hegels, wenn man deren nachfolgende konstruktive Entwicklung und Kritik mitdenkt, einzubeziehen.

Prinzipien, die die physikalische Denkbewegung bestimmen

Den Naturwissenschaften obliegt es, worauf die Philosophie in ihrer höchstentwickelten Form verweist, der Philosophie den Stoff entgegenzuarbeiten. Es ist nun allerdings ein weitverbreitetes Mißverständnis, diesen Stoff selbst schon als Philosophie zu behandeln. Erkenntnistheoretisch gründet dieser Irrtum in der Ontologisierung wissenschaftlicher Begriffsbildungen, darin, für das wirkliche Sein zu halten, was ein Mittel zur Erkenntnis des wirklichen Seins ist. Unter dieser Voraussetzung ist es zwangsläufig, daß der Unterschied von Wissenschaft (Einzelwissenschaft, Naturwissenschaft) und Philosophie nicht gedacht wird.[67] Verwischt man aber diesen Unterschied, also etwa den zwischen Physik und Philosophie oder zwischen Naturwissenschaft und Naturphilosophie, so entsteht stets Metaphysik im alten, vorkantischen Sinne.[68]

Die nachfolgende Arbeit soll der Aufklärung des genannten Unterschieds dienen, indem sie untersucht, wie die Erfahrungswissenschaft *Physik* – im Vergleich zur Philosophie – die Bewegung begrifflich faßt. Denn der Gegenstand der Physik ist die Bewegung (nicht sich bewegende Dinge resp. Gegenstände).[69] Dabei wird unter Bewegung nicht nur die Ortsbewegung verstanden, also die Änderung des Ortes mit der Zeit, sondern auch die Änderung (bzw. die Änderung der Änderung) verschiedener physikalische Systeme charakterisierender Grö-

---

67 Gemeint ist wirklich das Unterscheiden, nicht das Auseinanderreißen von Wissenschaft und Philosophie, gemeint ist nicht das Trennen, das Vereinzeln der Unterschiede. Der Terminus "unterscheiden" wird hier und in der gesamten Arbeit in dem Sinne gebraucht, daß die Pole eines Gegensatzes zwar unterschieden, aber nur in Einheit wirklich sind.

68 Nach Hegel charakterisiert die Metaphysik die erste Stellung des Gedankens zur Objektivität. Sie ist jenes unbefangene Verfahren, das noch ohne das Bewußtsein des Gegensatzes des Denkens in und gegen sich den Glauben enthält, daß durch das bloße Nachdenken die Wahrheit erkannt werde, daß durch das bloße Nachdenken das, was die Objekte wahrhaft sind, vor das Bewußtsein gebracht werde. Etwas metaphysisch betrachten bedeutet, dialektische Gegensätze gegeneinander veräußerlicht zu denken. [Vgl. Enzyklopädie der philosophischen Wissenschaften im Grundrisse (1830). Erster Teil. Die Wissenschaft der Logik. Mit den mündlichen Zusätzen, in: Werke, a.a.O., Bd. 8, S. 93 (§ 26).]

69 Mit der These, daß die Bewegung der Gegenstand der Physik sei, ist natürlich nicht behauptet, daß die Physik die einzige Wissenschaft sei, die die Bewegung behandelt, sondern es soll betont werden, daß die Physik nicht von Dingen in ihren Beziehungen resp. Bewegungen handelt, sondern von der Bewegung als Bewegung, wobei sie verschiedene Bestimmungsstücke der Bewegung in ihren Beziehungen untersucht.

ßen. – Bewegung als Gegenstand der neuzeitlichen Wissenschaft wurde schon von Hegel erkannt. In einer frühen Arbeit liest man: "... sie [die Bewegung – d.V.] ist der Begriff der wahren Seele der Welt. Wir sind gewohnt, sie als Prädikat, [als] Zustand anzusehen, als das Reale, aber das sich Bewegende oder Bewegte. Aber sie ist in der Tat das Selbst oder das *Subjekt* als Subjekt."[70] *Die Bewegung ist das Selbst, das Subjekt als Subjekt.*

Das neuzeitliche Denkprinzip

Grundvoraussetzung dafür, die Bewegung, also ein Verhalten, als Gegenstand zu denken, war der Übergang zu einem neuen Denkprinzip. Dem neuzeitlichen Umbruch war eine Neubestimmung des Verhältnisses von Mensch und Natur inhärent, die sowohl im Begriff *Mensch* als auch im Begriff *Natur* das technische Verhalten einschloß und die ihrerseits zur Voraussetzung für die theoretische Naturforschung, für eine Wissenschaft von der Natur wurde.[71] Die erste Naturwissenschaft im heutigen Sinne, die klassische Mechanik, hob nicht nur die Trennung von Himmel und Erde auf, sondern auch die von Natur und Kunst resp. Technik. Ihre Begründung ging mit einem sozialen und weltanschaulichen Umbruch einher, der sich in einer *kategorialen* Neufassung der Welt niederschlug.[72] Dieser kategoriale Wechsel, der die neuzeitliche Denkweise im Unterschied zu der antiken und mittelalterlichen charakterisiert, wird bestimmt als Übergang von der Verwendung des Denkmittels der Substantialität zu der des Denkmittels der Variabilität oder als Umbruch vom Substanzdenken zum Funktionsden-

---

70 G.W.F. Hegel, Jenaer Realphilosophie. Vorlesungsmanuskripte zur Philosophie der Natur und des Geistes, hg. von J. Hoffmeister, Berlin 1969, S. 16 f.

71 Vgl. R. Wahsner, Die beseelte Natur und der sinnliche Mensch. Widerlegt die heutige Gesellschaft das neuzeitliche Welt- und Menschenbild?, in: TOPOS 27. Welt-Sichten, Napoli 2007.

72 Vgl. K. Lasswitz, Geschichte der Atomistik, Hamburg–Berlin 1890; E. Cassirer, Substanzbegriff und Funktionsbegriff. Untersuchungen über die Grundfragen der Erkenntniskritik, Darmstadt 1990; ders., Das Erkenntnisproblem in der Philosophie und Wissenschaft der neueren Zeit, Darmstadt 1994, Bd. I-IV, insbes. Bd. I, S. 18-61. Zu diesem Umbruch siehe auch: E. J. Dijksterhuis, Die Mechanisierung des Weltbilds, Berlin–Göttingen–Heidelberg 1956; M. Wolff, Geschichte der Impetustheorie. Untersuchungen zum Ursprung der klassischen Mechanik, Frankfurt a.M. 1978; B. Heidtmann, Die sich selbst bewegende Substanz. Zu Voraussetzungen und Konsequenzen des philosophischen Grundsatzprogramms Hegels, in: Arbeit und Reflexion. Zur materialistischen Theorie der Dialektik – Perspektiven der Hegelschen Logik, hg. von P. Furth, Köln 1980; R. Wahsner, Mensch und Kosmos. Die copernicanische Wende, Berlin 1978, insbes. S. 6-70, 95-359; dies., Zur Kritik der Hegelschen Naturphilosophie,. Über ihren Sinn im Lichte der heutigen Naturerkenntnis, Frankfurt a.M.–Berlin–Bern–NewYork–Paris–Wien 1996, S. 11-19, 54-60, 116-121, 217-221; H.-H. v. Borzeszkowski und R. Wahsner, Die Natur technisch denken? Zur Synthese von τέχνη und φύσις in der Newtonschen Mechanik oder das Verhältnis von praktischer und theoretischer Mechanik in Newtons Physik, in: Wiener Jahrbuch für Philosophie XXXV (2003), Wien 2004, hg. von H.-D. Klein, S, insbes. S. 9-12, 19-26.; R. Wahsner, Naturwissenschaft (Bibliothek dialektischer Grundbegriffe), Bielefeld 1998 und 2002, S. 8-14.

ken.[73] Beruhte die antike Philosophie auf der kategorialen Fassung substantivierter Eigenschaften (das Bewegliche, das Wahre, das Gute, das Schöne), so beruht die neuzeitliche auf der kategorialen Fassung substantivierten Verhaltens. Das Wirken der Gegenstände ist hiernach ihr Sein. Das Wirken ist das Sein. Die Bewegung selbst kann damit zum Gegenstand werden, zum Gegenstand der neuzeitlichen Naturwissenschaft. Nicht mehr bewegliche Gegenstände und die Relationen zwischen bewegten Gegenständen, nicht mehr das Bewegliche ist das Thema, sondern – wie gesagt – Bewegung als Bewegung, Bewegung verstanden als Veränderung und als Veränderung von Veränderungen (bestimmter Meßgrößen) und deren Beziehung. Als Folge dieses veränderten Seinsbegriffs wird das Erkennen nicht mehr schlechthin als das Abbild der konkreten sinnlichen Wirklichkeit gefaßt, erscheinen die Begriffe der Wissenschaft nicht mehr als Nachahmungen dinglicher Existenzen, sondern als "Zeichen" bzw. "Symbol" für Ordnungen, funktionale Verknüpfungen wirklicher Verhältnisse. Da diese Ordnungen sich erst in der intellektuellen Arbeit, in dem tätigen Fortgang von bestimmten Grundelementen zu immer komplexeren Schlußfolgerungen und Bedingungszusammenhängen fassen lassen, bestimmt sich fortschreitend der Begriff des Seins selbst erst in dieser Gesamtbewegung des Denkens. "Funktion ist das Dasein, in Tätigkeit gedacht, … ."[74]

Diese "Revolution der Denkart" hatte Konsequenzen für die Auffassung des Verhältnisses von Objekt und Subjekt, Sinnlichkeit und Denken, empirischer Wissenschaft und Metaphysik, Philosophie und Mathematik, für den Begriff des Unendlichen und des Allgemeinen. Genau dies wollte Hegel mit seiner Logik in reiner Gestalt fassen. Dies bedenkend ist die bekannte Kritik, die seinen grundlegenden Fehler darin sieht, die Bewegung selbst zum Subjekt gemacht zu haben, die Aktion als den Akteur zu denken, durch die Verwandlung der Tätigkeit zum Subjekt, Subjekt und Prädikat zu verkehren, problematisch. Aus neuzeitlicher Sicht ist es eben nicht einfach falsch, wenn Hegel Verben substantiviert und sie zu den Akteuren des Geschehens macht resp. als Subjekt nimmt. Zu fragen bleibt vielmehr, wie er sie substantiviert und ob beim Übergang von der Naturwissenschaft zur Philosophie das Subjektsein der Bewegung, des Verhaltens, aufzuheben ist oder nicht. Grundsätzlich muß jedoch erst einmal fixiert

---

73 Der Terminus "Funktionsdenken" bezeichnet hier nicht mathematisches Denken; er wird von Cohen und Cassirer übernommen, weil die sachlich treffenderen Bezeichnungen "Verhältnisdenken" oder "Prinzip-des-kollektiven-Individuums-Denken" zu holprig wären und zudem ebenfalls Mißverständnisse nicht ausschlössen.

74 J.W. v. Goethe, Principes de Philosophie Zoologique, in: ders., Ausgewählte Schriften über die Natur, Weimar 1961, S. 236.

werden, daß Hegel mit der oft kritisierten Verkehrung von Subjekt und Prädikat die epistemologische Verfaßtheit der neuzeitlichen Naturwissenschaft reflektiert.[75]

Sollte Hegel mit *seiner* Transformation der Aktion zum Akteur die Verfaßtheit der neuzeitlichen Naturwissenschaft nicht *adäquat* reflektiert haben, dann muß die Art und Weise dieser Transformation untersucht, bestimmt und der Grund für diese bestimmte Transformation erkundet, nicht aber diese Transformation als solche rückgängig zu machen versucht werden. Der Gegenstand der Philosophie ist das Allgemeine. Dieser wurde – wie gesagt – in der antiken Philosophie in der Gestalt einer substantivierten Eigenschaft gedacht. Wenn Aristoteles, um seine Syllogistik darzustellen, Sätze von der Form wählte "Das Sterblichsein kommt allen Menschen zu", "Das Menschsein kommt dem Sokrates zu", "Also kommt das Sterblichsein dem Sokrates zu", dann war das ebensowenig natürliche Sprache wie die Hegelsche, in der das Setzen bzw. das Denken als Satzsubjekt auftritt. Das Allgemeine zum Gegenstand zu machen, ist Ausdruck der Theoretizität, sei es nun in fachwissenschaftlicher oder in philosophischer Form. Die Kritik an Hegel kann nur im Nachweis bestehen, daß die zum Subjekt und zur Substanz erhobene Bewegung nicht als gegenständliche gedacht wird, d.h. – trotz der gegenteiligen Absicht Hegels – nicht als Einheit von Gegenstand und Verhalten. Anderwärts wurden Gründe für die Vermutung angeführt, daß eine Analyse des Hegelschen Arbeitsbegriffs einen Weg anzeigen könnte, diesen Mangel zu beheben.[76]

Es war Hegel durchaus bewußt, daß es der Analyse der epistemologischen Verfaßtheit der neuzeitlichen Wissenschaft, der Kunst, der Religion usw. bedarf, um die neue Logik entwickeln zu können. Er meinte, dies auch getan zu haben. Er schreibt: "So erhält das Logische erst dadurch die Schätzung seines Werts, wenn es zum Resultate der Erfahrung der Wissenschaften geworden ist; es stellt sich daraus als die allgemeine Wahrheit, nicht als eine *besondere* Kenntnis *neben* anderem Stoffe und Realitäten, sondern als das Wesen alles dieses sonstigen Inhalts dem Geiste dar."[77] Man muß hier zwischen der *Darstellung* des Systems, das seinen Anfang mit der Logik nimmt, und ihrer *Erkenntnis* unterscheiden. Allerdings ist nicht ganz klar, ob Hegel meint, der *Wert* der Logik zeige sich erst nach der Erfahrung der Wissenschaften, die neue Logik selbst jedoch schon kraft ihres eigenen Verfahrens aus der aristotelischen

---

75 Ernst Cassirer findet den Grund für diese Verfaßtheit darin, daß erst dadurch, daß man die Bewegung als Gegenstand nimmt, etwas als Substanz gefaßt wird, was quantifizierbar ist, ohne daß jene Quantifizierung auf reine Mathematik hinausläuft. Die Bestimmung des beweglichen Gegenstandes als Substanz läßt dagegen nur Zählung zu bzw. die Aufstellung von Zahlenverhältnissen. (Vgl. E. Cassirer, Substanzbegriff und Funktionsbegriff, a.a.O.)

76 Vgl. R. Wahsner, Zur Kritik der Hegelschen Naturphilosophie, a.a.O., S. 175-202 (Anhang); dies., Die Macht des Begriffs als Tätigkeit (§ 208). Zu Hegels Bestimmung der Betrachtungsweisen der Natur, in: Wiener Jahrbuch für Philosophie XXXIV (2002), Wien 2003, S. 101-142.

entwickelt werden kann. Auf alle Fälle aber nimmt Hegel sie als das Allgemeine der Wissenschaften, er bestimmt die Wissenschaften nur inadäquat. Seine Logik erklärt: "Das Fortschreiten der Bildung überhaupt und insbesondere der Wissenschaften, selbst der empirischen und sinnlichen, indem sie im allgemeinen sich in den gewöhnlichsten Kategorien (z.B. eines Ganzen und der Teile, eines Dinges und seiner Eigenschaften) bewegen, fördert nach und nach auch höhere Denkverhältnisse zutage oder hebt sie wenigstens zu größerer Allgemeinheit und damit zu näherer Aufmerksamkeit hervor."[78] (In der Physik z.B. ist dies nach Hegel der Gang von der Denkbestimmung *Kraft* zu der der *Polarität*, d.i. zu der Bestimmung von einem Unterschied, in welchem die Unterschiedenen *untrennbar* verbunden sind.) Mit Blick hierauf hätte Hegel sein Werk *Wissenschaft der Logik* daher auch *Logik der Wissenschaft* nennen können.

Hegels Logik ist also nicht unabhängig von der Bestimmung der Gedankenbewegung, von der Bestimmung der Stellung des Gedankens zur Objektivität in den einzelnen Bereichen bzw. Bewußtseinsstufen. Nun wurde aber gezeigt, daß das "Denken in der Physik", die Entwicklung des Gedankens resp. die Bewegung der Gedankenbestimmungen in der Physik anders bzw. partiell anders ist, als Hegel unterstellt.[79] Man weiß, daß Hegel in *logischer* Absicht den Differentialkalkül sehr ausführlich diskutiert und dabei einen grundlegenden begrifflichen Mangel seiner Sicht offenbart.[80] Und es gibt begründete Zweifel daran, daß der für die Hegelsche Logik grundlegende Begriff der *bestimmten Negation* haltbar ist, daß er Hegels eigenen

---

77 G.W.F. Hegel, Wissenschaft der Logik. Erster Teil, in: Werke, a.a.O., Bd. 5, S. 55.

78 Ebd., S. 21.

79 Vgl. z.B. R. Wahsner, Naturwissenschaft zwischen Verstand und Vernunft, in: Vom Mute des Erkennens. Beiträge zur Philosophie. G.W.F. Hegels, hg. von M. Buhr und T. I. Oiserman, Berlin 1981; dies., The Philosophical Background to Hegel's Criticism of Newton, in: Hegel and Newtonianism, hg. von M. J. Petry, Dordrecht 1993, S. 81-90; dies., Die Newtonsche Vernunft und ihre Hegelsche Kritik, Dt. Zs. für Philosophie *43*(1995), 789-800; dies., Zur Kritik der Hegelschen Naturphilosophie, a.a.O., insbes. auch S. 57-59; dies., Ist die Naturphilosophie eine abgelegte Gestalt des modernen Geistes? Man and World. An International Philosophical Review *24*(1991), 199-218; dies., Die Macht des Begriffs als Tätigkeit (§ 208), a.a.O.; dies., Der Widerstreit von *Mechanismus* und *Organismus*, a.a.O.; H.-H. v. Borzeszkowski, Hegel's Interpretation of Classical Mechanics, in: Hegel and Newtonianism, a.a.O., S. 73-80; H.-H. v. Borzeszkowski und R. Wahsner, Physikalischer Dualismus und dialektischer Widerspruch. Studien zum physikalischen Bewegungsbegriff, Darmstadt 1989; dies., Die Wirklichkeit der Physik. Studien zu Idealität und Realität in einer messenden Wissenschaft, Frankfurt a.M.–Berlin–Bern–NewYork–Paris–Wien 1992; dies., Action and Reaction. Studies on Motion and Contradiction in Physics, Berlin 2001.

80 Vgl. R. Wahsner, "Der Gedanke kann nicht richtiger bestimmt werden, als Newton ihn gegeben hat." Das mathematisch Unendliche und der Newtonsche Bewegungsbegriff im Lichte des begriffslogischen Zusammenhangs von Quantität und Qualität, in: Hegels Seinslogik – Interpretation und Perspektiven, hg. von A. Arndt und C. Iber, Berlin 2000; H.- H. v. Borzeszkowski und R. Wahsner, Infinitesimalkalkül und neuzeitlicher Bewegungsbegriff oder Prozeß als Größe, in: Jahrbuch für Hegelforschung 2002/2003, hg. von H. Schneider, Sankt Augustin 2004, S. 197-271.

Kriterien gerecht wird.[81] Daher ist eine Kritik der Hegelschen Logik, und zwar eine konstruktive Kritik, unausweichlich (Hegel selbst hielt seine Logik für verbesserungsbedürftig)[82] und ist eine Untersuchung der Frage, ob eine aus der Vorgehensweise der Physik abstrahierte "Logik der Physik" eine Vorstufe zu einer konstruktiv aufgehobenen Begriffslogik im Hegelschen Sinne sein kann, ein möglicher (obzwar keineswegs einziger und keineswegs hinreichender) Zugang hierzu. [83]

Man kann sogar vermuten, daß eine solche Diskussion das, was Hegel eigentlich meinte, besser belegt, als er selbst es zeigen konnte. Denn Hegel beanspruchte, mit seiner Logik, Metaphysik und Logik im Sinne der ihm vorgängigen philosophischen Systeme synthetisiert zu haben, die Trennung von Form und Inhalt aufgehoben, mithin gezeigt zu haben, daß die Denkbestimmungen ebensosehr objektiven Wert und Existenz haben.[84] Die spezifische Methode der Physik, die sowohl deren Gegenstände konstituiert sowie deren Begriffs- und Theorienbildung grundlegend prägt, kann diesem Anspruch vielleicht ein Fundament geben, ein Fundament, auf das Hegel sich nicht stellte.

Diese Vermutung beruht darauf, daß es der Physik gelingt, auf der Basis des modifizierten atomistischen Denkprinzips[85] die Bewegung als daseienden Widerspruch, also genau im Hegelschen Sinne,[86] zu fassen, aber unter Beachtung der Spezifik der Physik als messender und rechnender Wissenschaft (wodurch mithin der Unterschied von Physik und Philosophie nicht verflacht wird sowie *Gegenstand* und *Verhalten* nicht getrennt werden).[87]

---

81 Zu einer Diskussion dieses Problems siehe z.B.: Seminar: Dialektik in der Philosophie Hegels, hg. von R.-P. Horstmann, Frankfurt a.M. 1978; S. Siemens, Nichts – Negation – Anderes. Eine Kritik an Henrichs "Formen der Negation in Hegels Logik", in: Jahrbuch für Hegelforschung, Bd. 12-14, hg. von H. Schneider, Sankt Augustin 2010, S. 225-266, sowie die darin zitierte Literatur. – Siehe auch den Abschnitt "Objektivierung durch Verteilung der Momente".

82 Vgl. z.B. G.W.F, Hegel, Wissenschaft der Logik. Erster Teil, a.a.O., S. 33 f.

83 Vgl. den Abschnitt "Der Hamilton-Lagrange-Formalismus als Modell einer Logik der Physik?".

84 Vgl. ebd., S. 13-62 (Vorrede zur ersten Ausgabe; Vorrede zur zweiten Ausgabe; Einleitung).

85 Vgl. hierzu: Einleitung zu: Voltaire, Elemente der Philosophie Newtons/ Verteidigung des Newtonianismus/ Die Metaphysik des Neuton, hg, eingeleitet und mit einem Anhang versehen von Renate Wahsner und Horst-Heino v. Borzeszkowski, Berlin–NewYork 1997, S. 1-74; R. Wahsner, Das Aktive und das Passive. Zur Bedeutung des Atomismus für die erkenntnistheoretische Begründung der Physik – dargestellt an Newton und Kant, Berlin 1981; dies., Nicht die Einzelheit herrscht in der Natur der Dinge. Zum Wissenschaftsprinzip des kollektiven Individuums, in: dies., Prämissen physikalischer Erfahrung. Zur Helmholtzschen Kritik des Raum-Apriorismus und zur Newton-Marxschen Kritik des antiken Atomismus, Berlin 1992; dies., Die fehlende Kategorie. Das Prinzip der kollektiven Einheit und der philosophische Systembegriff, in: Wiener Jahrbuch für Philosophie XXXI (1999), hg. von H.-D. Klein, Wien 2000, S. 43-60. – Siehe auch den Abschnitt "Objektivierung durch Verteilung der Momente" sowie die dort zitierte Literatur.

86 G.W.F. Hegel, Wissenschaft der Logik. Zweiter Teil, in: Werke, a.a.O., Bd. 6, S. 76.

87 Vgl. H.-H. v. Borzeszkowski und R. Wahsner, Physikalische Bewegung und dialektischer Widerspruch, Dt. Zs. für Philosophie *30*(1982), 634-644; dies., Physikalischer Dualismus und dialektischer Widerspruch, a.a.O.; dies., Action and Reaction, a.a.O., sowie die jeweils zitierte Literatur.

Die formal-logisch widerspruchsfreie Fassung des als Bewegung daseienden Widerspruchs

Da die Philosophie die Bewegung als daseienden Widerspruch bestimmt, erhebt sich die Frage: Inwiefern kann die Physik als messende und rechnende Wissenschaft den Widerspruch zum Gegenstand haben und auf welche Weise gelingt es ihr, ihn zu fassen? Die Problematik dieser Frage wird offensichtlich, erinnert man sich der von Hegel gegebenen Bewegungsbestimmung. Hegel erklärt in der *Wissenschaft der Logik*: "Es bewegt sich etwas nur, nicht indem es in diesem Jetzt hier ist und in einem andern Jetzt dort, sondern indem es in einem und demselben Jetzt hier und nicht hier, indem es in diesem Hier zugleich ist und nicht ist. Man muß den alten Dialektikern die Widersprüche zugeben, die sie in der Bewegung aufzeigen; aber daraus folgt nicht, daß darum die Bewegung nicht ist, sondern vielmehr, daß die Bewegung der *daseiende* Widerspruch selbst ist."[88]

Nun wird mitunter gemeint, daß die moderne Wissenschaft indifferent gegenüber der philosophischen Bewegungsproblematik sei.[89] Es gibt aber auch die Auffassung, daß durch die Mengenlehre Hegel überhaupt widerlegt sei und die philosophischen, namentlich die Zenonschen, Bewegungsparadoxien als Trugschlüsse nachgewiesen worden seien. In diesem Sinne äußert sich Bertrand Russel und kommt zu dem Ergebnis: "Bewegt sich ein Körper, so läßt sich darüber nur aussagen, daß er sich zu dem einen Zeitpunkt an einem Ort und zu einem anderen Zeitpunkt an einem anderen Ort befindet."[90] Ausführlich schreibt er: "Früher dachte man, wenn sich etwas verändert, muß es sich in einem Zustand der Veränderung befinden, und wenn sich etwas bewegt, muß es sich in einem Zustand der Bewegung befinden. Heute weiß man, daß diese Ansicht falsch ist. Bewegt sich ein Körper, so läßt sich darüber nur aussagen, daß er sich zu dem einen Zeitpunkt an dem einen Ort und zu einem anderen Zeitpunkt an einem anderen Ort befindet. Wir dürfen nicht sagen, daß er sich im nächsten Moment an dem angrenzenden Ort befinden wird, denn es gibt keinen nächsten Moment. Die Philosophen behaupten oft, daß ein Körper, der sich bewegt, seinen Standort innerhalb eines Moments wechselt. Dieser Ansicht trat Zenon vor langer Zeit mit der fatalen, aber treffenden Aussage

---

88 G.W.F. Hegel, Wissenschaft der Logik. Zweiter Teil, a.a.O., S. 76.

89 Vgl. z.B. A. Grünbaum, Modern Science and Zeno's Paradoxes, London 1968; A. Grünbaum, Philosophical Problems of Space and Time, Dordrecht–Boston 1973, S. 158-176.

90 B. Russell, Die Mathematik und die Metaphysiker, in: Kursbuch 8 {1968), hg. von H. Enzensberger, S. 15 f. Die originale Version findet sich unter dem Titel "Recent Works on the Principles of Mathematics" (1901) in: Collected Papers of Bertrand Russell, vol. 3, London and NewYork 1993, S. 363-379 (371 f.) bzw. unter dem Titel "Mathematics and the Metaphysicans" in: B. Russell, Mysticism and Logic and other Essays, London 1918, S. 74-96 (83 f.).

entgegen, daß sich jeder Körper stets nur dort befindet, wo er ist; aber einem derartig einfachen und kurzen Gegenargument pflegen Philosophen ja kein Gewicht beizumessen. ... Die Philosophie war offenbar in eine Sackgasse geraten. Diese führte zu den Kantischen Antinomien und somit, mehr oder weniger indirekt, zu einem Großteil der Hegelschen Dialektik."[91] Doch diese Polemik wurde schon vor langer Zeit mit dem Argument entkräftet, daß man so nicht die Bewegung selbst erfaßt, sondern nur ihr Resultat beschreibt, daß man so die Bewegung als Summe von Ruhezuständen auffaßt, wodurch der die Bewegung ausmachende Widerspruch aber keineswegs beseitigt, sondern nur verdeckt wird.[92]

Daß die Physik fähig ist, die Bewegung in der Hegelschen Bestimmung zu fassen, wird zumeist bezweifelt – was zwangsläufig ist, unterscheidet man nur zwischen Analytik und Dialektik, wobei man Physik nicht für Philosophie hält.[93] Die Zweifel gründen darin, daß man meint, die Aussage "... ist zu einem bestimmten Zeitpunkt an einem Ort und an einem anderen Ort" laufe bei physikalisch-mathematischer Betrachtung auf einen logischen Widerspruch hinaus, indem sie nämlich bedeute, zum Zeitpunkt t sei der Ort des Körpers gleich x und zugleich ungleich x, ein und dieselbe Größe habe also zwei verschiedene Werte. Dieses Mißverständnis entsteht dadurch, daß man glaubt, die Physik gebe den Bewegungszustand eines Körpers zum Zeitpunkt t nur durch seine Ortskoordinate x an. Das trifft aber nicht zu, denn die Physik beschreibt den Bewegungszustand eines Körpers zum Zeitpunkt t durch die Angabe zweier Größen, der Ortskoordinate x und der Geschwindigkeit v.[94] Die Formulierung "... ist und ist nicht ..." bezieht sich also auf zwei verschiedene Größen, wobei die Geschwindigkeit (zum Zeitpunkt t am Orte x) tatsächlich einen Bezug auf Orte ungleich x impliziert. (Dies drückt Newton mit den Worten aus: ... die *letzte* Geschwindigkeit, *mit* welcher ...".[95]) Daß es hierbei nicht zu einem logischen Widerspruch kommt, liegt daran, daß es sich um zwei verschiedene, algebraisch voneinander unabhängige Größen handelt, die man ein und demselben Körper zu ein und demselben Zeitpunkt t an ein und demselben Ort zuordnen kann. Für die geradlinig gleichförmige Bewegung ist die Größe Geschwindigkeit bekanntlich

---

91 B. Russell, Die Mathematik und die Metaphysiker, a.a.O., S. 15 f.

92 Einen Überblick über die Diskussion zu der zitierten Bewegungsbestimmung durch Hegel gibt M. Wolff in seinem Buch: Der Begriff des Widerspruchs. Eine Studie zur Dialektik Kants und Hegels, Meisenheim a.Glan 1981, bes. S. 25-36.

93 Vgl. B. Hartmann, Bewegung und Widerspruch, Dt. Zs. für Philosophie *28*(1980), 848-858.

94 Die Koordinate x bezeichnet hier abkürzend die drei Ortskoordinaten x, y. z und v die entsprechenden Geschwindigkeitskomponenten.

95 Vgl. I. Newton, Mathematischen Prinzipien der Naturlehre, hg. von J.Ph. Wolfers, Berlin 1872, S. 52-55. Siehe auch die hierüber in den nachfolgend genannten Arbeiten geführte Diskusssion: R. Wahsner, "Der Gedanke kann nicht richtiger bestimmt werden, als Newton ihn gegeben hat.", a.a.O.; H.- H. v. Borzesz-

dadurch definiert, daß man eine Ortsdifferenz zu einer Zeitdifferenz ins Verhältnis setzt $\left(\frac{x'-x}{t'-t}\right)$, sich also auf zwei verschiedene Orte bezieht. Historisch bestand die Schwierigkeit nun darin, eine Methode zu finden, mit der auch für eine ungleichförmige Bewegung einem bestimmten Ort eine bestimmte Geschwindigkeit zugeordnet werden kann, was im Falle der geradlinig gleichförmigen Bewegung relativ unproblematisch war. Die Infinitesimalrechnung liefert diese Methode, indem sie von dem Differenzenquotienten $\frac{x'-x}{t'-t}$ den Grenzwert $\lim_{t'\to t}\frac{x'-x}{t'-t}=\frac{dx}{dt}$ bildet, also die Zeit t' gegen die Zeit t und somit auch die entsprechenden Orte x' und x gegeneinanderstreben läßt. Durch diese mathematische Operation erhält man eine neue Größe, die Geschwindigkeit, die jeweils einem bestimmten Zeitpunkt t und somit auch dem dazugehörigen Orte x zugeordnet werden kann und muß. Diese Bewegungsbeschreibung erfolgt also dadurch, daß zwar nur mit den Größen Raum und Zeit operiert wird, aber mit Hilfe der Differentialrechnung eine Dualisierung in Raum-Zeit und Geschwindigkeit vorgenommen werden kann. Zugleich macht die Art und Weise, in der die Größe Geschwindigkeit gebildet wurde, deutlich, daß diese Größe stets den Bezug auf (infinitesimal) benachbarte Orte enthält. Es entsteht also eine neue Qualität, nicht nur eine neue Größe, sondern eine Größe von neuer Art, nämlich $v=\frac{dx}{dt}$. Sie ist nur als Ganzes zu nehmen, hat dennoch aber eine quantitative Bestimmung.

Zum Verhältnis von Mathematik und Physik (bei Hegel)

Mittels der Differentialrechnung war es mithin möglich, die Bewegung zu fassen, und zwar nicht etwa als bloße Aufeinanderfolge punktueller Ereignisse bzw. Ruhelagen, sondern, selbst schon unter rein kinematischem Aspekt, durchaus im Sinne der Bestimmung von Hegel als Widerspruch – natürlich in einer für die mathematisch–physikalische Betrachtungsweise typischen Form. Ohne in logische Widersprüche zu geraten, gelingt es, den behaupteten Sachverhalt, daß ein bewegter Körper zu ein und demselben Zeitpunkt an einem Ort ist und nicht an ihm ist, in einer Weise darzustellen, die Berechnung und Messung zuläßt. Aber um das zu erreichen, mußten die beiden Momente "ist an einem Ort" und "ist an einem anderen Ort" auf verschiedene, zwar zusammengehörige, aber mathematisch voneinander unabhängige Größen

kowski und R. Wahsner, Infinitesimalkalkül und neuzeitlicher Bewegungsbegriff oder Prozeß als Größe, a.a.O.

verteilt werden. Nach dem hier dargestellten Prinzip wird in der Physik nicht nur die Ortsbewegung, also die Änderung des Ortes mit der Zeit, sondern werden auch alle anderen physikalischen Bewegungsformen, z.B. Änderungen thermodynamischer Zustandsfunktionen mit der Zeit oder Änderungen physikalischer Felder mit dem Ort und der Zeit behandelt.

Die Infinitesimalrechnung eröffnete eine derartige Möglichkeit, die Bewegung physikalisch zu fassen. Damit wurde es möglich, das in der Antike entwickelte Prinzip, das die Bewegung logisch widerspruchsfrei denkbar werden ließ,[96] in eine Form zu bringen, die nicht nur die *Denkbarkeit*, sondern auch die *Meßbarkeit* und *Berechenbarkeit* erlaubt. Als dieser Kalkül entwickelt wurde, die Mathematik damit also das Unendliche, das nichts Quantitatives ist, ihr daher zunächst nicht zugehört, einbezog, überschritt sie ihre bisherige Grenze und wurde für die physikalische *Bewegungslehre* relevant.[97]

Hegel hat nun wie kein anderer seiner Zeitgenossen die philosophische Relevanz des Differential- resp. Infinitesimalkalkül erkannt. Er interessierte sich so stark für ihn, da er in ihm die Möglichkeit sah, über die Formierung eines Verhältnisses den *Übergang von der Quantität zur Einheit von Quantität und Qualität* grundsätzlich zu demonstrieren. Aus diesem Grunde behandelte er diesen Kalkül auch in der Logik, nicht in der Naturphilosophie. Damit wird auch verständlich, daß die Ergänzungen, die Hegel der zweiten Auflage der *Logik* hinzufügte, an erster Stelle den Quantitätsabschnitt betreffen.[98] Auch die Tatsache, daß diese Ergänzungen für Anmerkungen, als die sie erschienen, außergewöhnlich lang sind, läßt darauf schließen, daß Hegel in der hier behandelten Thematik einen tiefen Sinn vermutete, den er erfassen wollte. Insbesondere schien es ihm, daß der von Newton aufgestellte Begriff der Fluxionen als *verschwindend Teilbare* bzw. als *letzte Verhältnisse* dem entspricht, wie sich in seiner Darstellung die unendliche Größe aus der Reflexion des Quantums in sich ergeben hatte.[99]

In diesem Kalkül – schreibt er – operiert die Mathematik mit qualitativen Größenformen und geht damit über das gewöhnliche Begreifen hinaus, "indem das Quantum, indem es unendlich ist, als ein Aufgehobenes, als ein solches zu denken gefordert wird, das nicht ein Quantum ist und dessen quantitative Bestimmtheit doch bleibt".[100] Dieses mathematisch Unendliche entspringt in seiner Sicht daher dem Begriff des wahrhaft Unendlichen. Als unendli-

---

96 Vgl. R. Wahsner, Das Aktive und das Passive, a.a.O., insbes. S. 21-66.

97 Zur diesbezüglichen Problematik siehe auch den Abschnitt "Das Verhältnis von Logik, Mathematik und Physik. Maß und Bewegungsgesetz".

98 Vgl. F. Hogemann und W. Jaeschke, Einleitung zu: Georg Wilhelm Friedrich Hegel, Wissenschaft der Logik. Erster Teil. Die objektive Logik. Erster Band. Die Lehre vom Sein (1832), Berlin 1990, insbes. S. XV-XVIII.

99 Vgl. G.W.F. Hegel, Wissenschaft der Logik. Erster Teil, a.a.O., S. 298 f.

ches Quantum ist es keine Größenbestimmtheit, die ein Dasein als Quantum hätte, sondern es hat nur Bedeutung als Verhältnis, als Einheit der zueinander im Verhältnis Stehenden, es ist außer diesem Verhältnisse Null. (Mathematischer gesagt: Nur das *Verhältnis* der unendlichen, der unbestimmten Quanta dx und dt, also nur der Differentialquotient dx/dt, ist etwas Bestimmtes. Sowohl der Limes der Ortsdifferenzen als auch der Limes der Zeitdifferenzen für sich ergibt Null.) Das unendliche Quantum ist also bestimmt als etwas, das nur als wesentliche Einheit mit seinem Anderen ist; es ist somit Größenbestimmtheit in qualitativer Form. Dem Einwurf gegen den Differentialkalkül, es könne keinen Mittelzustand zwischen Sein und Nichts geben, was dieser Kalkül aber behaupte, wenn er daran festhielte, daß jene Quantitätsbestimmungen verschwindende Größen, also solche seien, die nicht mehr irgendein Quantum, aber auch nicht nichts, sondern noch eine Bestimmtheit gegen anderes, gegeneinander, sind, begegnet Hegel mit dem Satz: Es "ist die Einheit des Seins und des Nichts kein *Zustand*", sondern das Verschwinden, ebenso das Werden, also die Mitte oder die Einheit selbst ist allein ihre Wahrheit.[101]

Trotz dieser Hochschätzung erkennt Hegel nicht die Bedeutung dieses Kalküls für die Bewegungslehre. Er kommt infolge seiner Untersuchungen zu dem Ergebnis: "Für sich bietet so die Anwendung des Differentialkalküls auf die elementarischen Gleichungen der Bewegung kein *reelles* Interesse dar; das formelle Interesse kommt von dem allgemeinen Mechanismus des Kalküls."[102] Nun trifft es gewiß zu, daß kein mathematischer Formalismus für sich eine reelle Bedeutung hat. Für sich gewiß nicht. Aber der im Zusammenspiel mit der Herausbildung der Mechanik entwickelte Differentialkalkül war wesentlich für die Möglichkeit, die Bewegung physikalisch zu fassen – und zwar die Bewegung genau im Sinne der Hegelschen begriffslogischen Bestimmung als daseiender Widerspruch.

Daß Hegel selbst diese Potenz nicht sieht, ist wesentlich seinem Begriff des Differenzierens und des Verhältnisses geschuldet. Denn die physikalische Bewegung wird durch Gleichungen als ganze beschrieben, genau genommen durch Gleichungssysteme, nicht durch einzelne Terme, auch nicht wenn diese "Potenzverhältnisse" sind. Eine Änderung der Änderung (z.B. des Weges nach der Zeit, was ja mit dem Begriff der Beschleunigung ganz wesentlich für die physikalische Bewegungsfassung ist) kann nach der Hegelschen Methode nicht gedacht werden, denn einen solchen Begriff gewinnt man nur, wenn man ein und dieselbe Funk-

---

100 Ebd., S. 283.
101 Ebd., S. 297.
102 Ebd., S. 348.

tion in ihrer Ganzheit zweimal differenziert. Zu diesem Zweck muß aber die erste Ableitung wieder eine Gleichung sein. Die Ableitung dieser Ableitung muß als $f''(x)$ die zweite Ableitung der Ausgangsfunktion $f(x)$ sein.

Um die Bewegung als Widerspruch auch nur kinematisch fassen zu können, bedarf es zumindest dreier Relate, des Ortes, der Zeit und der Geschwindigkeit, wobei letztere Größe zugleich eine Beziehung zwischen den beiden ersten fixiert. Ein "punktuell" gefaßtes Verhältnis, der begriffslogisch als Verhältnis von *Anzahl* und *Einheit* sowie *extensiver* und *intensiver* Größe interpretierte Bruch, leistet das nicht. Die Limesbildung kann nur als Werden in Einheit mit dem Produkt dieses Werdens gefaßt werden. Mit Blick hierauf diskutierte Hegel den Differentialkalkül. Aber sein Begriff der Funktion ist durch seinen Begriff des Verhältnisses geprägt.[103] Doch das Verhältnis ist – wie gesagt – die ganze "Gleichung", und zwar die Gleichung in der Gesamtheit von ursprünglicher Funktion und ihren Ableitungen. Hegels Behandlung des Infinitesimalkalküls unter der Kategorie des Quantums ist unpassend. Nicht ohne Grund ordnet er den Widerspruch, der die Beziehung zum Begriff der Bewegung herstellt, nicht in die Lehre vom Sein, sondern in die vom Wesen ein. Der neuzeitliche Funktionsbegriff ist nur unter der Kategorie der *Relation* zu fassen.[104] Nach Kantischer (und noch älterer) Tradition sind aber die Kategorien der Quantität andere als die der Relation. Hegel ist durch diese Tradition zweifelsfrei geprägt, obwohl er sie aufheben will. Aufheben will er sie, indem er eben eine Logik entwickelt, die den Übergang von der Quantität zur Einheit von Quantität und Qualität im Maß und von diesem zum Wesen demonstriert. Doch seine Logik knüpft – so hat man oftmals den Eindruck – Zusammenhänge an Stellen, die noch offen sind, nach dem

---

103 Zur Kritik des Hegelschen Funktionsbegriffs siehe: H.- H. v. Borzeszkowski und R. Wahsner, Infinitesimalkalkül und neuzeitlicher Bewegungsbegriff oder Prozeß als Größe, a.a.O.; R. Wahsner, "Der Gedanke kann nicht richtiger bestimmt werden, als Newton ihn gegeben hat", a.a.O. – Auch alle nachfolgend genannten Arbeiten kritisieren ebenfalls den Hegelschen Funktionsbegriff, wenn auch in verschiedener Hinsicht: C. Frantz, Die Philosophie der Mathematik, Leipzig 1842; M. Rehm, Hegels spekulative Deutung der Infinitesimalrechnung, Diss. Köln 1963; A. Moretto, Hegel e la "mathematica dell'infinito", Trento 1984 [rezensiert von W. Bonsiepen in: Berichte zur Wissenschaftsgeschichte 8(1985), 58-61]; M. Wolff, Hegel und Cauchy. Eine Untersuchung zur Philosophie und Geschichte der Mathematik, in: Hegels Philosophie der Natur, hg. von M. J. Petry, Stuttgart 1986; W. Bonsiepen, Hegels Theorie des qualitativen Quantitätsverhältnisses, in: Konzepte des mathematisch Unendlichen im 19. Jahrhundert, hg. von G. König, Göttingen 1990; A. Moretto, Hegels Auseinandersetzung mit Cavalieri und ihre Bedeutung für seine Philosophie der Mathematik, in: ebd.; A. Klaucke, Hegels Lagrange-Rezeption, in: ebd. – Zu Hegels Begriff des Verhältnisses siehe auch R. Wahsner, Zur Kritik der Hegelschen Naturphilosophie, a.a.O.

104 Schon Margarete Rehm kam in ihrer Untersuchung zu dem Ergebnis, daß das Problem der Hegelschen Rezeption des Differentialkalküls darin liegt, der Mathematik keine Logik der Relationen zugrunde gelegt zu haben. Denn "es ist die Kategorie der Relation, unter welche die Begriffsbestimmungen und Deduktionen auch in der reellen Analysis gestellt werden müssen". (M. Rehm, Hegels spekulative Deutung der Infinitesimalrechnung, a.a.O., S. 117, 113-125.)

Prinzip, daß eine als notwendig erwiesene Bedingung als hinreichende resp. notwendige und hinreichende behandelt wird.

So wird der Infinitesimalgedanke – von dem Hegel sagt, daß er nicht besser bestimmt werden konnte, als Newton ihn gegeben hat – uminterpretiert, um ihn als unendliches Quantum fassen zu können.[105] Bewegung läßt sich aber nicht als unendliches Quantum denken, sie wird jedoch meßbar und berechenbar (mithin physikalisch faßbar) vermittels dessen, was Hegel das mathematisch Unendliche nennt. Würde ein *qualitatives Quantitätsverhältnis* mit einem anderen als dem Hegelschen Verhältnisbegriff fundiert, einem durch das Funktionsdenken geprägten, könnte es vielleicht den logischen Status der Bewegung, der Bewegung, insofern sie meßbar und berechenbar ist, charakterisieren.

Hegels Auffassung vom Verhältnis *Mathematik – Physik* ist entscheidend dafür, daß er, der den Differentialkalkül *in der Logik* so ausführlich diskutiert, dessen Bedeutung für die "Bewegung des Gedankens" in der Physik, für den *physikalischen* Begriff *Bewegung* übersieht, nur erkennt, *daß* er große Bedeutung hat, diese aber nicht angemessen zu bestimmen vermag.

Er glaubte nämlich, auf der Basis des Infinitesimalkalküls sei eine "philosophische Mathematik" möglich, die zu einer "Wissenschaft der Maße" führe. Die Infinitesimalrechnung allein kann jedoch die Brücke zwischen Denken und Sein nicht schlagen, sie reicht nicht hin, um die Bewegung messen zu können, sie allein beschreibt die Bewegung noch nicht physikalisch. Es ist erforderlich, die Physik in ihrer Gesamtheit, die Physik in ihrer erkenntnistheoretischen Grundlegung als Dynamik zu betrachten, will man die spezifisch physikalische Fassung des Widerspruchs untersuchen.

Da Hegel die Spezifik *wissenschaftlicher* Erfahrung nicht untersuchte, blieb es ihm verschlossen, daß mit dem Differentialkalkül die mathematische Voraussetzung gegeben war, die Einheit der Diskontinuität und Kontinuität des Raumes mit der Kontinuität und Diskontinuität der Zeit – als die er bei der philosophischen Analyse der eleatischen Paradoxien die Bewegung bestimmte – meßbar zu machen. Hegel erkennt im Zusammenhang mit der Diskussion jener Paradoxien, daß das Denken gezwungen ist, die in der Wirklichkeit miteinander verknüpften Momente eines Gegenstandes in ihrer Unterscheidung auseinanderzuhalten, woraus eben die Schwierigkeit des Denkens entspringt.[106] Und er glaubte, nur durch die Philosophie seien diese Momente wieder zusammenzubringen. Dies ist letztendlich wohl wahr. Genaugenommen aber nur deshalb, weil es schon auf der Ebene der voll ausgebildeten Einzelwissen-

105 Vgl. auch W. Bonsiepen, Hegels Theorie des qualitativen Quantitätsverhältnisses, a.a.O., S. 125.

schaften gültige Formen dieses Zusammenbringens gibt und weil die Philosophie auf diese Wissenschaften angewiesen ist, insofern sie ohne dieselben Denken und Sein nicht vermitteln kann, weil die Vermittlung der zuvor notwendigerweise getrennten Momente nur unter dieser Voraussetzung möglich ist.

Notwendigkeit einer neuen Logik?

Als Hegel seine dialektische Logik entwickelte, waren zwei Aufgaben zu lösen, die er allerdings nicht klar voneinander unterschied. Zum einen ging es darum, das neuzeitliche Denkprinzip als *Logik* zu fassen, zum anderen zu belegen, daß die wissenschaftliche Denkweise nicht auf formale Logik reduziert werden, diese aber auch nicht liquidiert werden kann.

Da die Logik das allgemeine Bewegungsgesetz des Denkens erfassen soll, muß sie gekannt werden, um etwas über die Denkweise der Physik sagen zu können. Die Logik soll das *allgemeine* Bewegungsprinzip des Denkens darstellen oder den sein Wesen denkenden Geist,[107] eben das Reich des Gedankens, des reinen Gedankens, in seiner eigenen immanenten Tätigkeit.[108] Dabei kann die Logik gerade in Hegels Verständnis des Verhältnisses vom Allgemeinen zum Besonderen *nicht unabhängig* von der Entwicklung des Gedankens in den verschiedenen einzelwissenschaftlichen Bereichen begründet werden.

"Das Bedürfnis einer Umgestaltung der Logik" war nach Hegel "längst gefühlt worden".[109] Aber der neue Geist, der der Wissenschaft ebenso wie der Wirklichkeit aufgegangen sei, habe sich in der Logik noch nicht verspüren lassen.[110] Das Ungenügende der seinerzeitigen Logik sah Hegel darin, daß die Bestimmungen ihres Inhalts als unverrückbar fest galten und nur in äußerliche Beziehungen miteinander gebracht wurden. Da die Operation des Urteilens und Schließens vornehmlich auf das Quantitative der Bestimmungen zurückgeführt und gegründet werde, beruhe alles auf einem äußerlichen Unterschiede, auf bloßer Vergleichung und werde so ein völlig analytisches Verfahren und begriffloses Kalkulieren.[111] Der bisherige Begriff der Logik beruhe auf der vorausgesetzten Trennung des *Inhalts* von der *Form* der Erkenntnis.

---

106 Vgl. G.W.F. Hegel, Vorlesungen über die Geschichte der Philosophie I, in: Werke, a.a.O., Bd. 18, S. 314.
107 Vgl. G.W.F. Hegel, Wissenschaft der Logik. Erster Teil, a.a.O. S. 17.
108 Vgl. ebd., S. 19, 30; siehe auch S. 27, 43, 44.
109 Ebd., S. 46.
110 Vgl. ebd., S. 15.
111 Vgl. ebd., S. 47.

Es werde mithin unterstellt, "daß der Stoff des Erkennens als eine fertige Welt außerhalb des Denkens an und für sich vorhanden, daß das Denken für sich leer sei, als eine Form äußerlich zu jener Materie hinzutrete, sich damit erfülle, erst daran einen Inhalt gewinne und dadurch ein reales Erkennen werde".[112] Somit wird das Objekt als ein für sich Vollendetes, Fertiges angesehen, das Denken hingegen als etwas Mangelhaftes, das sich erst an einem Stoff vervollständigen kann. Nach Hegel drücken diese Ansichten über das Verhältnis des Subjekts und Objekts zueinander die Bestimmungen aus, die unser gewöhnliches, das erscheinende Bewußtsein ausmachen. Aber in die Vernunft dürfe dieses Verhältnis nicht übertragen werden.[113] Das Gehaltlose der logischen Formen liegt Hegel zufolge nicht in den Formen an sich, sondern "allein in der Art, sie zu betrachten und zu behandeln".[114]

Hegels Anliegen war es also *nicht*, die ihm vorgängige sogenannte formale Logik durch die Begründung einer dialektischen zu liquidieren, sondern das tote Gebein dieser Logik durch den Geist zum Inhalt zu beleben.[115] Damit das gelingt, "muß ihre Methode diejenige sein, wodurch sie allein fähig ist, reine Wissenschaft zu sein",[116] d.h. Vernunft oder Philosophie in freier Bestimmung.

Die bekannten Denkformen gelten Hegel als wichtige Vorlage, geradezu als notwendige Voraussetzung. Der dürre Faden, zu dem sie durch ihre scholastische Handhabung verkommen sind, wird nicht mit der aristotelischen Syllogistik identifiziert. Es wird hingegen konstatiert, daß sich die neuere Zeit an keiner Philosophie so vergangen habe, wie an der des Aristoteles; daß man die logische Wissenschaft "im Widerspiele" zu dem aristotelischen Konzept zu den bloßen Mitteln des Denkens gerechnet habe.[117] Das "unsterbliche Verdienst" des Aristoteles sieht Hegel darin, daß er die Formen des Denkens von dem Stoffe befreit hat, in den sie im Anschauen, Vorstellen, Begehren und Wollen versenkt sind, daß er diese Allgemeinheiten für sich herausgehoben und zum Gegenstand der Betrachtung gemacht, diese Formen erkannt und bestimmt hat.[118] Aristoteles scholastische Spitzfindigkeiten vorzuwerfen, zeuge nur davon, daß man glaube, ein Recht zu haben, "die Abstraktion sich zu ersparen". Die Fähigkeit, "Allgemeines aushalten zu können" müsse erst durch die "Arbeit des Denkens" erworben

---

112 Vgl. ebd., S. 37.

113 Vgl. ebd.

114 Vgl. ebd., S. 41.

115 Zu Hegels Auffassung des Verhältnisses seiner Logik zu der vormaligen siehe: ebd., S. 13-62; ders., Vorlesungen über die Geschichte der Philosophie II, in: Werke, a.a.O., Bd. 19, S. 238-246.

116 Vgl. G.W.F. Hegel, Wissenschaft der Logik I, a.a.O., S. 48, siehe auch 23, 44.

117 Vgl. ebd., S. 23; ders., Vorlesungen über die Geschichte der Philosophie II, a.a.O., S. 242.

118 Vgl. G.W.F. Hegel, Wissenschaft der Logik. Erster Teil, a.a.O., S. 22; ders., Vorlesungen über die Geschichte der Philosophie II, a.a.O., S. 237.

werden.[119] Solange man der Spekulation noch nicht fähig sei, des Fassens des Entgegengesetzten in seiner Einheit, des Positiven im Negativen, müsse man im abstrakten Denken üben, Begriffe in ihrer Bestimmtheit festzuhalten, der Gedanke gewinne dadurch Selbständigkeit und Unabhängigkeit.[120]

Hierbei jedoch stehengeblieben zu sein bezeichne die Schranke des Aristoteles. Die von ihm dargestellten Formen seien nur Formen des verständigen Denkens, nicht die Logik des spekulativen Denkens. Viele Wissenschaften kennten und bräuchten jedoch nur jene. Diese Formen des endlichen Denkens machten die allgemeine Methode für die endlichen Wissenschaften aus. Das Wahre jedoch könne in solchen Formen nicht gefaßt werden. Hegel hält es für erforderlich zu bemerken, daß die Philosophie des Aristoteles nicht auf jenes verständige Verhältnis gegründet ist. Wenn Aristoteles – meint er – nach den Formen des syllogistischen Schlusses verführe, so würde er nicht dieser spekulative Philosoph sein, als den wir ihn erkannt haben; keiner seiner Sätze, seiner Ideen könnte aufgestellt, behauptet werden, könnte gelten, wenn er sich an die Formen dieser gewöhnlichen Logik hielte. Man solle nicht glauben, daß Aristoteles, wenn er spekulativ ist, nach dieser seiner Logik, nach diesen Formen im *Organon* gedacht und bewiesen hätte. Denn dann hätte er keinen Schritt forttun können, dann wäre er zu keinem spekulativen Satz gekommen.[121]

Letzteres trifft nun zweifelsfrei insofern zu, als der Metaphysik des Aristoteles nicht lediglich syllogistische Schlüsse zugrunde liegen. Insofern jedoch gemeint sein soll, Aristoteles hätte bei seinen spekulativen Überlegungen die Formen der gewöhnlichen Logik verletzt und, insofern behauptet wird, diese Logik sei die allgemeine Methode der endlichen Wissenschaften, hat Hegel unrecht. In seinem Urteil liegt das Problem des Verhältnisses von formaler und dialektischer Logik verborgen.

Aus der Bestimmung der aristotelischen Schranke leitet Hegel jedenfalls seine eigene Aufgabe ab, die er darin sieht, die Logik (und Philosophie) des Aristoteles umzuschmelzen. Die Aufgabe der nacharistotelischen Zeit sei es gewesen, dem Bedürfnis nach der Einheit des Begriffs nachzukommen.[122] Dies sollte geleistet werden, indem zunächst entwickelt und bewußt gemacht wird, was *an sich* in den endlichen Formen enthalten ist. "Diese *logische* Natur, die den Geist beseelt, in ihm treibt und wirkt, zum Bewußtsein zu bringen, dies ist die Aufga-

---

119 Ebd., S. 243 f.

120 Vgl. G.W.F. Hegel, Wissenschaft der Logik I, a.a.O., S. 52-55.

121 Vgl. G.W.F. Hegel, Vorlesungen über die Geschichte der Philosophie II, a.a.O., S. 241.

122 Vgl. ebd., S, 241-244.

be."[123] Nachdem über das konkrete Unmittelbare hinausgegangen, es bestimmt und getrennt wurde, muß die Vernunft eben auch noch hierüber hinausgehen und diese Bestimmungen aufeinander beziehen, was zur Einsicht ihres notwendigen Widerstreits führt. "Die Erhebung über jene Bestimmungen, die zur Einsicht des Widerstreits derselben gelangt, ist der große negative Schritt zum wahrhaften Begriffe der Vernunft."[124]

Das Hauptergebnis einer solchen Umgestaltung der Logik, mithin den Hauptunterschied zwischen der aristotelischen und seiner Logik sieht Hegel darin: "Der Schluß verständig gemacht, wie er in der gewöhnlichen logischen Form vorkommt, hat den Sinn, daß ein Inhalt zusammengeschlossen wird mit einem anderen. Der vernünftige Schluß dagegen hat den Inhalt, daß das Subjekt usf. sich mit sich selbst zusammenschließt."[125] Es ist hiernach völlig klar, daß Hegel seine Logik, seine dialektische Methode, als ein Verfahren der Philosophie resp. als Philosophie ansieht, nicht als eine Vorgehensweise der Einzelwissenschaften oder des lebensweltlichen Denkens. Er nennt sie die absolute Methode.[126] Es ist ihm bewußt, daß dies Voraussetzungen hat. Die reine Wissenschaft, also die Philosophie als freie Bestimmung, setzt die Befreiung von dem Gegensatze des Bewußtseins voraus. Diese Voraussetzung will Hegel mit der *Phänomenologie des Geistes* gegeben haben.[127] Inwiefern die Kritiken, z.B. von Schelling und Feuerbach, an Hegels Umgang mit der Gegenständlichkeit berechtigt sind, ist noch nicht damit ausgemacht, daß Hegel davon spricht, das Bewußtsein sei von seinem Gegensatz befreit. Zunächst ist dies nur als Formulierung der Aufgabe einer jeden Philosophie, sofern sie diesen Namen verdient, zu nehmen: die Einheit von Subjekt und Objekt zu denken, die Welt nicht lediglich – was für die Naturwissenschaft hingegen unabdingbar ist – unter der Form des Objekts zu denken.[128] Geprüft werden muß, ob die "Befreiung" in der *Phänomenologie*, die dortige Lösung der Aufgabe, der Kritik bedarf.

Mißversteht man nun das Hegelsche Anliegen, hält man die dialektische Logik für ein allgemeingültiges überlegenes, überall anwendbares Verfahren sowie für ein System von Sätzen über Sachverhalte, strebt nach einer Dialektisierung der Wissenschaften,[129] dann strebt man

---

123 G.W.F. Hegel, Wissenschaft der Logik. Erster Teil, a.a.O., S. 27.

124 Ebd., S. 39.

125 G.W.F. Hegel, Vorlesungen über die Geschichte der Philosophie II, a.a.O., S. 241.

126 G.W.F. Hegel, Wissenschaft der Logik. Erster Teil, a.a.O., S. 17, 19.

127 Vgl. ebd., S. 15-18, 42-48.

128 Zu dieser Notwendigkeit der Naturwissenschaft vgl. E. Schrödinger, Die Natur und die Griechen, Wien 1955; H.-H. v. Borzeszkowski und R. Wahsner, Erwin Schrödingers Subjekt- und Realitätsbegriff, Dt. Zs. f. Philosophie *35*(1987), 1109-1118; dies., Die Wirklichkeit der Physik, a.a.O., S. 82-95, 271-285; R. Wahsner, Naturwissenschaft, a.a.O.

129 Zum Verhältnis von Dialektik und (Natur-)Wissenschaft siehe z.B.: H.-H. v. Borzeszkowski und R. Wahsner, Über die Notwendigkeit der Philosophie für die Naturwissenschaft, a.a.O.; dies., Noch einmal über das

auch – selbst wenn man dies radikal ablehnt – nach ihrer Metaphysizierung. Bei einem solchen Vorgehen kann man sich nicht auf Hegel berufen, aber auch nicht beanspruchen, die Mängel seiner Philosophie aufgehoben zu haben. Der Unterschied von Philosophie und (Natur-)Wissenschaft in ihren jeweiligen erkenntnistheoretischen Ausgangspunkten ist nicht begriffen, wird auf der Grundlage des letzteren Philosophie begründet oder auf der Grundlage des ersteren Einzelwissenschaft betrieben. So verfahren zu wollen ist in der Tat ein Vorgehen, das hinweggeräumt werden muß.

Hegel will also in einem scholastische Verkrümmungen der aristotelischen Logik korrigieren und deren An-sich-Gehalt zur expliziten Subjekt-Objekt-Einheit entwickeln. Hierbei kommt das oben offengelassene Problem, warum denn der hochverehrte Philosoph Aristoteles nach seiner Logik gar nicht verfahren durfte, wollte er spekulativ schließen, zum Tragen. Hegel hat bei seinem Urteil in gewisser Weise recht, aber aus einem anderen Grund als er meint. Die aristotelische Metaphysik *begründet* die aristotelische Syllogistik, letztere ist nicht die spekulativ-reine Darstellung ersterer.[130] Sie kann also gar nicht nach ihr verfahren (was – wie gesagt – nicht heißt, daß sie die Gesetze der formalen Logik verletzt). Aristoteles weist sogar nach, daß es eine apodeiktische, also eine beweisende (oder formalisierbare) Wissenschaft sowohl vom Sein als Sein als auch vom Einzelnen nicht geben kann, sondern nur vom Besonderen,[131] d.i. nur von den Dingen, "deren Begriff eine Definition ist",[132] also nur von den Dingen, die durch die Angabe der übergeordneten Gattung und des artbildenden Unterschieds definiert werden können. Das von einer jeden (Einzel-)Wissenschaft vorausgesetzte γένος oder der Gegenstand einer solchen kann mithin weder das Sein als solches noch ein Einzelnes, ein Individualbegriff sein.

Aristoteles hat auf der Grundlage der von Sokrates und Platon erarbeiteten philosophischen Voraussetzungen die Logik als "eigenständige" Wissenschaft geschaffen. Er nannte sie Analytik, d.h. Anleitung zu der Kunst der Untersuchung, und er behandelte sie als wissenschaftliche Methodologie. Das wissenschaftliche Erkennen bestand hiernach in der Ableitung des Besonderen aus dem Allgemeinen, des Bedingten aus seinen Ursachen, um *das schon gewußte Besondere* oder Bedingte *als notwendig* nachzuweisen. Aristoteles realisierte damit metho-

---

Bedürfnis der Naturwissenschaften nach Philosophie, in: Dialektik 5. Darwin und die Evolutionstheorie, Köln 1982, 170-179; dies., Physikalischer Dualismus und dialektischer Widerspruch, a.a.O.; R. Wahsner, Ist die Naturphilosophie eine abgelegte Gestalt des modernen Geistes?, a.a.O.; dies., Naturwissenschaft, a.a.O.

130 Ausführlicher hierzu: R. Wahsner und H.-H. v. Borzeszkowski, Zum Verhältnis von Formal-Logischem und Wissenschaft bei Aristoteles, in: dies., Die Wirklichkeit der Physik, a.a.O., S. 173-194.

131 Vgl. z.B. Aristoteles, Erste Analytik, in: ders., Organon, Erster und Zweiter Teil, Leipzig 1948, S. 60.

dologisch bewußt das Neue im griechischen Denken, den Beweisanspruch.[133] Insofern liegt der Sinn der aristotelischen Logik in der Beantwortung der Frage: Wie ist Wissenschaft möglich? Die Logik wird als eine Voraussetzung der Theorie, der als Theorie gefaßten (Einzel-)-Wissenschaft, begründet.

Hegel kommt zu seinem oben zitierten Urteil, da er die begründende Rolle der Philosophie für die Einzelwissenschaft unberücksichtigt läßt, die Rolle, die den Hauptgegenstand der *Metaphysik* des Aristoteles und seiner *Zweiten Analytik* bildet. Hegel mißt hier die Wissenschaft der Logik oder die Logik der Wissenschaft an den Bedürfnissen der Philosophie, verkennt das berechtigte Eigeninteresse einzelwissenschaftlichen Vorgehens und übersieht so die Bestimmung der Form durch den Inhalt in der aristotelischen Syllogistik.

Die aristotelische Syllogistik geht nicht davon aus, daß die logische Form an und für sich gilt. Dennoch ist sie eine formale Logik, ist sie eine Logik, die auch heute gültig sein muß, die aber nicht hinreicht, die Denk-Form der neuzeitlichen Naturwissenschaft zu erfassen (oder die Wahrheit zu erkennen). Sie ist als notwendige Bedingung eine Theorie über die zulässigen Beziehungen verschiedener Aussagen zueinander.

Das Sein, die Existenz, kann nach Aristoteles nicht (logisch) bewiesen werden, sondern das Sein bzw. die Existenz wird in den Wissenschaften, die (logisch) beweisen, vorausgesetzt. Die Metaphysik hingegen ist die Wissenschaft, die das Sein als Sein untersucht und die allgemeinsten Quellen (ἀρχαί) bestimmt. In den Einzelwissenschaften hingegen geht es um das Sein in *Hinsicht* auf das jeweilige γένος. Das heißt, die einzelnen Wissenschaften beziehen sich auf das Sein in verschiedenen Hin-Sichten, wobei das γένος vorausgesetzt wird, und zwar als das Wesen, über das ausgesagt wird.[134] Der Gegenstand der jeweiligen Wissenschaft, das Worüber (ὑποκείμενον) wird vorausgesetzt.[135]

---

132 Aristoteles, Metaphysik, übers. und hg. von F. Bassenge, Berlin 1960, S. 157 (1030a).

133 Vgl. K. v. Fritz, Die ἀρχαί in der griechischen Mathematik, Archiv für Begriffsgeschichte *1*(1955), 13; O. Becker, Frühgriechische Mathematik und Musiklehre, Archiv für Musikwissenschaft *14* (1957), 157; Á. Szabó, Anfänge der griechischen Mathematik, München–Wien 1969, S. 243-263, insbes. S. 245. An letztgenannter Stelle liest man: "Der hervorstechendste Zug der griechischen Mathematik, ... ist eben jene Tatsache, daß in dieser die Behauptungen, die *Sätze* immer *bewiesen werden.* Der Beweis hat in der griechischen Mathematik dieselbe unerläßliche Rolle wie in der heutigen Wissenschaft. Ja, die Beweise bei Euklid sind auch ebenso vollkommen, wie sie nur in der Mathematik sein können."

134 Vgl. Aristoteles, Metaphysik, a.a.O., S. 143 (1025b), 154 (1028b-1029a).

135 Hegel hat mit seiner Bemerkung, daß die Wissenschaften im Gegensatz zur Philosophie den Gegenstand ihrer Untersuchung voraussetzen, als von der Vorstellung gegeben ansehen könnten (siehe z.B. § 1 der Enzyklopädie), offensichtlich auf das aristotelische Konzept Bezug genommen, es aber fehlinterpretiert, indem er den Sachverhalt, daß eine jede besondere Wissenschaft ihr erkenntnistheoretisches, ihr kategoriales Fundament, das ihre Begriffs- und Theorienbildung leitet, voraussetzen muß, als Gegebenheit ihrer Gegenstände ansah.

Cartwright argumentiert für eine Art von Antirealismus, der das Phänomenologische akzeptiert und das Theoretische ablehnt.[30]

Dabei unterstellt die Autorin oder meint ableiten zu können, daß die offensichtliche erklärende Kraft der fundamentalen Gesetze nicht deren Wahrheit bezeugt. Vielmehr spreche die Art, wie sie in der Erklärung gebraucht wird, für ihre Unwahrheit. Denn das, was man als Erklärung versteht, sei eine Kombination von Ursachen und Approximationen, die das verbessern, was die fundamentalen Gesetze diktieren. Der Anschein von Wahrheit beruhe auf einem schlechten Modell von Erklärung, einem Modell, das die Gesetze direkt an die Realität anknüpft. Um die hieraus folgenden Mängel zu beseitigen, wird darauf verwiesen, daß der Weg von der Theorie zur Realität erst zu einem Modell führt, dann von diesem Modell zum phänomenologischen Gesetz. Daraus wird geschlossen, daß die phänomenologischen Gesetze tatsächlich (oder möglicherweise) die Objekte in der Realität, die fundamentalen hingegen die Objekte im Modell betreffen.

Auf dieser seltsamen Grundlage ergibt sich eine Spannung zwischen kausaler und theoretischer Erklärung. Dabei strebten Physiker beides an, aber die beiden Forderungen paßten nicht zusammen. Denn eine der wichtigsten Aufgaben der kausalen Erklärung bestehe darin zu zeigen, wie die verschiedenen Ursachen sich kombinieren, um das betrachtete Phänomen zu produzieren. Theoretische Gesetze hingegen seien nur dann wesentlich, wenn sie zur Berechnung der "Ursache" beitragen. Das könnten sie aber nicht, wenn sie buchstäblich wahr wären. Denn um diese Aufgabe zu erfüllen, müssen sie das Wirken der Gesetze aus anderen Theorien ignorieren.[31] Das übergreifende Fazit aus dieser Konstruktion: Die theoretische Erklärung ist ihrer eigentlichen Natur nach redundant.[32]

Einen unzulänglichen Gesetzesbegriff unterstellt auch A. Bird,[33] obzwar er die Versuche von Wissenschaftstheoretikern, Gesetze auf der Ebene von Dingen und deren Eigenschaften zu erklären, kritisch analysiert. Dabei betrifft seine Kritik vornehmlich den Umstand, daß die so bestimmten Gesetze aus der Systematisierung von Fakten abgeleitet werden, während sie die Belange der einzelnen Fakten leiten und erklären sollten bzw. er kritisiert, daß diese nur behaupten, die Gesetze so aus den Dingen und ihren Eigenschaften ableiten zu können, daß sie die Regularitäten der Welt erklären, ohne das aber wirklich zu leisten. Insbesondere zeigt er, daß die Sicht der Regularitätstheorie ("regularity theory") das Auftreten von Gesetzen

---

30 Vgl. N. Cartwight, How the Laws of Physics Lie, a.a.O., S. 2.

31 Vgl. ebd., S. 11 f.

32 Vgl. ebd., S. 16 f.

33 Vgl. A. Bird, Nature's Metaphysics. Laws and Properties, Oxford 2007.

Aristoteles zielt darauf ab, alle Beweisvoraussetzungen herauszuarbeiten. Dabei wird im *Organon* sachlich die *Metaphysik* vorausgesetzt und damit auch die *Begründung* eines der wichtigsten Prinzipien, des *principium contradictionis*, das in der *Metaphysik* mehrfach und ausführlich diskutiert wird.[136] Den Hintergrund für die explizite Formulierung des Widerspruchprinzips bildet der Kampf gegen die Sophisten.[137] Aristoteles' metaphysisches Hauptargument für das Prinzip des ausgeschlossenen Widerspruchs besteht darin, daß das Seiende nur dem Vermögen, nicht aber der Vollendung nach unbestimmt ist.[138] Dabei geht Aristoteles davon aus, daß in den Sinnendingen die Natur des Unbestimmten herrscht, jedoch nicht nur die Sinnendinge Seiendes sind.[139] Letzteres zu leugnen bedeute zu "heraklitizieren". Im wesentlichen begründet Aristoteles das *principium contradictionis* dadurch, daß er die Folgen aufzeigt, die sich ergeben, wenn man es nicht annimmt.

Es ist eine Errungenschaft, daß man das *principium contradictionis* benötigt und daß man es denken kann. Denn erst mit der Unterscheidung von Hinsichten wird es überhaupt möglich, den Widerspruch zu denken. Das *principium contradictionis* braucht man erst, wenn Widersprüche entstehen *können. Die Bestimmungen müssen wechseln können, während die Substanz bleibt.* Die Syllogistik ist die Theorie über den Zusammenhang der Prädikate bezüglich bestimmter Subjekte. Das griechische Denken war (zumindest seit den Eleaten) gekennzeichnet durch die Suche nach einer Möglichkeit, Verschiedenes, das aber nicht entgegengesetzt ist, miteinander zu verknüpfen. Es mußte also auch entschieden werden, was eine logische Negation oder was ein kontradiktorischer Gegensatz ist. Die Syllogistik gab eine Lösung dieser Probleme.[140]

Der Satz von dem zu vermeidenden Widerspruch ist die unabdingbare Voraussetzung für das Denken vom Sein. Andererseits braucht nur das Denken das *principium contradictionis.* Denn nur das Denken, nicht die Sinnlichkeit, kann sich von seinem Gegenstand distanzieren (eigentlich nur das reflektierende Denken). Wer mit sich eins ist, der braucht das *principium contradictionis* nicht.

---

136 Vgl. z.B. Aristoteles, Metaphysik, a.a.O., S. 75-102 (1003a-1012b), 254-260 (1061b-1064a).

137 Sie zwangen den Gegner, etwas zu verneinen, was er zuvor bejaht hatte. Wollte man sich hiergegen wehren, so mußte zunächst der Grundsatz, nach dem sich Bejahung und Verneinung ausschließen, völlig klar ausgesprochen werden. Genau das besagt das principium contradictionis. Es wurde letztendlich formuliert, weil man am Funktionieren der Demokratie, mithin an der Festschreibung eines objektiven Kriteriums der Einigung interessiert war.

138 Vgl. Aristoteles, Metaphysik, S. 87 (1007b), 92 (1009a).

139 Vgl. ebd., S. 94 (1010a).

140 Vgl. z.B. ebd., S. 88 (1008a). Ausführlich zur Herausbildung von Logik und Dialektik siehe: Á. Szabó, Zur Geschichte der Dialektik des Denkens, Acta Antiqua Academiae Scientiarum Hungaricae II (1954) Fasc. 1-2, 17-62.

Als noch heute gültige Erkenntnis der – im Interesse einer Objektivierung begründeten – aristotelischen Syllogistik kann man festhalten: 1. Jede Einzelwissenschaft bedarf vorausgesetzter Prinzipien, die sie nicht selbst begründet; nur dadurch ist sie apodeiktisch oder exakt, nur dadurch kann sie rechnen und messen. 2. Weder vom Einzelnen noch von der Welt als Ganzes kann es eine (rechnende und messende) Wissenschaft geben. Nicht oder nicht hinreichend gelöst hatte sie das Problem, welcher Art die vorausgesetzten Prinzipien sind.

Vermutlich würde eine nähere Untersuchung der aristotelische Logik zeigen, daß bei Hegels Umschmelzung auch einiges verlorenging, was der Erhaltung im heutigen Wissenschaftsinteresse wert gewesen wäre. Um die Hegelsche Logik einordnen zu können, ist auf alle Fälle eine derartige Untersuchung erforderlich.

Im Vergleich von aristotelischer und Hegelscher Logik kann man – bezüglich des Verhältnisses von Philosophie und Einzelwissenschaft – eine nahezu umgekehrte Aufgabenstellung konstatieren. Hieraus könnten sich Zweifel ergeben, ob durch eine begriffslogisch lineare Entwicklung aus der aristotelischen die neue Logik entstehen kann. Es ist dies ein sehr berechtigter Zweifel. Doch ist Hegels Bedürfnis einer Umgestaltung der Logik zweifelsfrei *de facto* dadurch begründet, daß sich das neuzeitliche Denkprinzip von dem antiken maßgeblich unterscheidet.

Hegel reflektiert mit seiner Logik das neuzeitliche Denkprinzip, aber das Prinzip *allen* neuzeitlichen Denkens, nicht nur des der Philosophie. Er müßte dieses Denken "nur" auf den Begriff bringen, *dieses* Denken, nicht das der antiken Syllogistik. Das läuft dann sehr wohl auch darauf hinaus Subjekt und Objekt in Einheit zu denken (zu welchem Ziel Hegel ja die alte Logik umgestalten wollte), mithin die Form des Objekts, unter der die (Natur-)-Wissenschaft und das Alltagsdenken die Welt fassen, aufzuheben. Es müßte das Objektivierungsprinzip der neuzeitlichen Wissenschaft, das Prinzip, die Welt unter der Form des Objekts zu fassen, aufgehoben werden, das die alte Logik gar nicht enthält.

Physikalischer Dualismus und daseiender Widerspruch

Die Physik faßt also die Bewegung als Widerspruch, als dialektischen Widerspruch, obzwar aufgrund ihrer Spezifik als messende und rechnende Wissenschaft auf besondere Weise. Diese besondere Weise wurde als physikalischer Dualismus bezeichnet.[141] Dieser Sachverhalt schlägt sich darin nieder, daß die begriffliche Basis der Physik dualistisch verfaßt ist, daß die Physik in ihren begrifflichen Grundlagen auf Dualismen beruht, dem Dualismus von Raum-Zeit und physikalischer Wechselwirkung resp. von Geometrie und Dynamik, von Teilchen und Feld, von passiven und aktiven Prinzipien.[142] Mit Blick auf Hegels Anspruch, mit seiner Begriffslogik die vormalige Logik und Metaphysik synthetisiert zu haben, ist es besonders interessant, daß in diese physikalische Dualität die Synthese von antiker Mechanik und antiker Naturphilosophie, von τέχνη und φύσις eingeht,[143] also die Synthese des Wissens von dem Allgemeinen des Tuns und des Wissens von dem Allgemeinen des Seins.

Der physikalische Dualismus charakterisiert und ermöglicht die physikalische Erfahrung als wissenschaftliche Erfahrung. Insbesondere eine Analyse des Dualismus *Geometrie – Dynamik* verdeutlicht das. Detailliert wurde dies an der klassischen Mechanik, der Relativitätstheorie, der Quantenmechanik, der Thermodynamik und verschiedenen kosmologischen Theorien untersucht.[144] Aus diesen Untersuchungen resultiert, daß genau bestimmte, Messung ermöglichende Forderungen an jede, einer physikalischen Theorie zugrunde gelegte raum-zeitliche Geometrie gestellt werden müssen. Insbesondere muß die geochronometrische Struktur so beschaffen sein, daß raum-zeitliche Etalons definiert werden können und ihr Zustand unabhängig ist von dem Weg, den sie bei ihrem für den Fernvergleich notwendigen Transport durch die Raum-Zeit genommen haben. Anders könnten die untersuchten physikalischen Prozesse nicht reproduzierbar sein, und das hieße, man könnte niemals zu wissenschaftlichen Tatsachen gelangen.[145] In der Notwendigkeit dieser Postulierungen äußert sich die physikalische Gegenständlichkeit des Raumes (und der Zeit). Die etablierten Meßmög-

---

141 "Dualismus" ist ein von uns gewählter Terminus zur Bezeichnung der spezifischen Fassung oder spezifischen Erscheinung des (dialektischen) Widerspruchs in der Physik, also in einer empirischen mathematisierten Wissenschaft. Der hier in Rede stehende Dualismus hat nichts gemeinsam mit dem Dualismus, von dem die Logik bzw. die Mathematik spricht oder mit der Verstandesmetaphysik, die Hegel "Dualismus" nennt. [Vgl. G.W.F. Hegel, Enzyklopädie I, a.a.O., S. 201 (§ 95 A).] Er wird also weder in dem Sinne benutzt, in dem Hegel ihn gebraucht, noch in dem, in dem er in der Logik auftritt, oder in sonst einem anderen festgeschriebenen Sinne. Er ist lediglich ein gewählter Name, um die spezifische Erscheinungsform des als Bewegung daseienden Widerspruchs in der Physik zu bezeichnen.

142 Diese Terminologie geht auf Newton zurück, der in der 31. Frage zu seiner *Optik* seine diesbezüglichen Gedanken niederlegte. Ausführlicher zur Charakterisierung der aktiven und passiven Prinzipien siehe: H.-H. v. Borzeszkowski und R. Wahsner, Newton und Voltaire. Zur Begründung und Interpretation der klassischen Mechanik, Berlin 1980; R. Wahsner, das Aktive und das Passive, a.a.O.

143 Siehe H.-H. v. Borzeszkowski und R. Wahsner, Die Natur technisch denken?, a.a.O.

144 Vgl. z.B. H.-H. v. Borzeszkowski und R. Wahsner, Physikalischer Dualismus und dialektischer Widerspruch, a.a.O.; dies., Die Wirklichkeit der Physik, a.a.O.

145 Vgl. H.-J. Treder, Die Eigenschaften physikalischer Prozesse und die geometrische Struktur von Raum und Zeit, Dt. Zs. f. Philosophie *14*(1966), S. 562-565; ders., Die Geometrisierung der Physik und die Physikali-

lichkeiten stellen dann den quasi-apriorischen Anteil der jeweiligen physikalischen Theorie dar.[146]

Meßtheoretische Bestimmungen müssen also der Dynamik vorausgesetzt werden. Doch sie müssen auch an sie angeschlossen werden. Dies ist der Grund dafür, daß die Physik ihren Gegenstand, die Bewegung, in der genannten Dualität faßt, daß sie – anders gesprochen – den dialektischen Widerspruch als *Dualismus* faßt.

Die Spezifik des Dualismus gegenüber dem Widerspruch ergibt sich aus der Notwendigkeit, die Momente eines Konkretums nicht nur zu unterscheiden, sondern zu trennen, wenn man messen will. Daher die Zweiteilung. Doch es fallen die beiden Seiten des Dualismus auch nicht auseinander, da sie durch die Zwänge der Messung aufeinander bezogen sind, derart daß sie außerhalb dieser Beziehung keine Bedeutung haben. Dabei sind die beiden Seiten der Dualismen im Rahmen einer bestimmten physikalischen Theorie durchaus nicht gleichrangig, sondern die erstgenannte hat, bezogen auf die zweitgenannte, jeweils den Charakter einer Voraussetzung, die im wesentlichen meßtheoretisch bestimmt ist. Das Verhältnis der beiden Seiten eines Dualismus ist das zweier gegensätzlicher Bestimmungen eines Widerspruchs, von denen die eine gewissermaßen als Etalon festgeschrieben wird, während die andere das darstellt, was an diesem Etalon gemessen wird. So legt die klassische Mechanik den Schnitt zwischen geradlinig gleichförmige und beschleunigte Bewegung, wobei sie erstere als Bewegungsetalon bestimmt. Das heißt, daß die Physik selbst in ihrer elementarsten Form, als klassische Mechanik, die notwendige Aufspaltung nicht zwischen Ruhe und Bewegung bzw. zwischen bewegungslosem Gegenstand und ungegenständlicher Bewegung vollzieht.

Das heißt, das oftmals der klassischen Mechanik unterstellte Konzept von der Inaktivität der Materie kommt in der klassischen Mechanik nicht einmal auf der Seite der passiven Prinzipien vor. Bezüglich der aktiven Prinzipien sei zudem daran erinnert, daß der physikalische Kraftbegriff geradezu die Wirkfähigkeit der Naturkörper erfaßt, daß er diese Fähigkeit auf den (naturwissenschaftlichen) Begriff bringt.[147]

Inwiefern die Physik befähigt und sogar genötigt ist, die Selbstbewegung der Materie zu fassen, und inwiefern sie es grundsätzlich nicht kann, da sie eben messende Wissenschaft und

---

sierung der Geometrie, in: ders., Große Physiker und ihre Probleme. Studien zur Geschichte der Physik, Berlin 1983, insbes. S. 204-220.

146 Siehe den Abschnitt "Geometrie und Apriorität" und die dort zitierte Literatur.

147 Siehe H.-H. v. Borzeszkowski und R. Wahsner, Über die Notwendigkeit der Philosophie für die Naturwissenschaft, a.a.O.; R. Wahsner, Das Aktive und das Passive, a.a.O.

nicht Philosophie ist, kann hier zunächst nur angedeutet werden.[148] Die folgenden Ausführungen sollen es gründlicher belegen. Zudem muß natürlich die Kenntnis der Physik unterstellt werden. Denn es ist ein für das Wissenschaftsverständnis historisch bedeutsam gewordener Irrtum, zu meinen, das Studium philosophischer Literatur über die Physik bzw. philologische Studien physikalischer Originalwerke reichten aus, um diese Fachdisziplin philosophisch zu begreifen.

Obzwar oftmals bezweifelt, ist es tatsächlich so, daß die Naturwissenschaft an sich und ihrem eigenen Ursprung nach, nämlich als die klassische Physik Newtons, nicht mechanistisch ist bzw. gewesen ist.[149] Falls die Zweifel berechtigt wären, so wäre der gewaltige (theoretische und praktische) Erfolg der klassischen Mechanik ein großes Wunder, es sei denn, man schlußfolgerte aus ihm, daß die "Inaktivität der Materie" für ein bestimmtes, nicht ganz kleines Gebiet seine Berechtigung habe, was man dann aber beweisen müßte.

Untersuchungen zeigen, daß die Physik niemals auf empiristischen oder rationalistischen erkenntnistheoretischen Grundlagen beruhte. Daraus folgt nicht, daß Physiker niemals Empiristen oder Rationalisten waren. Das ist aber kein Widerspruch. Denn es geht um die in der Physik sozusagen festgeschriebene, "geronnene" Philosophie, also um ihr quasi objektives philosophisches Fundament. In dem Moment, in dem eine physikalische Theorie zu wissenschaftlichen Erkenntnissen gelangt, in dem sie sich zuvor herausgebildet habende physikalische Probleme löst, beruht sie auf bestimmten erkenntnistheoretischen Grundlagen (weil man eben in ganz bestimmter Weise vorgehen muß, um die Bewegung berechnen und messen zu können). Diese werden nicht nachträglich hineingedeutet, sondern nur aufgedeckt. Es gibt hier auch keinen grundsätzlichen Unterschied zwischen der klassischen und der modernen Physik, wie mit Arbeiten zur klassischen Mechanik und zur Allgemeinen Relativitätstheorie, der Quantenmechanik und Irreversiblen nichtlinearen Thermodynamik demonstriert.[150] Es

---

148 Zu den Debatten innerhalb der klassischen deutschen Philosophie über die Selbstbewegtheit der Natur siehe z.B.: C. Warnke, Systemdenken und Dialektik in Schellings Naturphilosophie, in: H. Bergmann, U. Hedtke, P. Ruben, C. Warnke, Dialektik und Systemdenken. Historische Aspekte. Nikolaus von Kues, Französische Aufklärung, Schelling, Berlin 1977, S. 99-146.

149 Zum Beleg dessen siehe: P. Ruben, Mechanik und Dialektik, untersucht am Streit zwischen Cartesianern und Leibnizianern über das wahre Maß der bewegenden Kraft, in: Mikrokosmos - Makrokosmos, hg. von H. Ley und R. Löther, Bd. II. Berlin 1967; H.-G. Schöpf, Newton zwischen Physik und Theologie, Neue Zeitschrift für Systematische Theologie und Religionsphilosophie, *33*(1991), 262-281; H.-H. v. Borzeszkowski und R. Wahsner, Die Mechanisierung der Mechanik. Rezeption und Popularisierung der klassischen Mechanik durch Voltaire, in: Newton-Studien, Berlin 1978; dies., Newton und Voltaire a.a.O; dies., Einleitung zu: Voltaire, Elemente der Philosophie Newtons/ Verteidigung des Newtonianismus/ Die Metaphysik des Neuton, a.a.O., S. 1-77.

150 Vgl. H.-H. v. Borzeszkowski und R. Wahsner, Physikalischer Dualismus und dialektischer Widerspruch, a.a.O.; dies., Die Wirklichkeit der Physik, a.a.O.; dies., Did the Nonlinear Irreversible Thermodynamics Revolutionize the Classical Time Conception of Physics?, Foundations of Physics *14*(1984), 653-670.

geht bei der Bestimmung der erkenntnistheoretischen Grundlagen der Physik nicht darum, was einzelne Physiker über jene Grundlage meinen, nicht einmal darum, was eine soziale Klasse darüber denkt (obwohl natürlich unter anderem Aspekt auch das und dessen Ursache zu erkunden ist). Wenn vom nicht-mechanistischen Charakter der Physik oder der Naturwissenschaften gesprochen wird, so heißt das nicht, daß diese Wissenschaften von jeher philosophisch richtig interpretiert, also philosophisch begriffen wurden. Aber ein richtiges Herangehen an die Begründung (und erst recht an die Anwendung) einer Wissenschaft führt zu gewissen Ergebnissen bzw. Erfolgen (die natürlich konsistent sein müssen). Diese Konsistenzen und Erfolge kann man bemerken, ohne die philosophischen Grundlagen, auf denen sie beruhen, zu erkennen. Wie allgemein, so ist auch hier die Tat nicht identisch mit dem Bewußtsein über diese Tat. Was das Bewußtsein über das erkenntnistheoretische Fundament der messenden und berechnenden Naturwissenschaft betrifft, so ist dieses wahrhaftig erst vom Standpunkt einer begreifenden Philosophie aus möglich. Erst von einer solchen aus ist es dann auch möglich, die physikalische Bewegungsfassung als Dualismus des daseienden Widerspruchs zu erkennen. Diese Fassung ist die naturwissenschaftlich-produktive Verwendung dessen, was Hegel als äußerliche Dialektik beschreibt.[151]

Selbstredend kann der berechenbare und meßbare Widerspruch seinem Wesen nach niemals der philosophisch-konkrete, der dialektische Widerspruch sein. Aber umgekehrt ist auch der dialektische Widerspruch nicht voll zu begreifen, hat der Gedanke nicht den Weg über diesen berechen- und meßbaren Widerspruch, mithin über die physikalischen Dualismen, genommen und auf diese Weise der Philosophie den Stoff entgegengearbeitet.

Der Hamilton-Lagrange-Formalismus als Modell einer Logik der Physik?

Nimmt man Hegels Vorhaben, das Bewegungsprinzip des neuzeitlichen Denkens in einer allgemeinen Logik zu fixieren, konstruktiv-kritisch auf, so ergibt sich die Notwendigkeit, die Denkbewegung in den neuzeitlichen Wissenschaften jeweilig vom gegenwärtigen Standpunkt aus neu zu studieren, was Hegel nicht tat, sondern er beurteilte nur die ihm vorgängigen *philosophischen Rezeptionen* dieser Wissenschaften. Man kann aber eine Logik in der von Hegel

151 Vgl. G.W.F. Hegel, Vorlesungen über die Geschichte der Philosophie I, a.a.O., S. 303. – Erläuternd hierzu H.-H. v. Borzeszkowski und R. Wahsner, Physikalischer Dualismus und dialektischer Widerspruch, a.a.O., S. 159-161 bzw. 168-172.

angestrebten Art nicht abstrakt-allgemein entwickeln. Das erforderliche Studium der Vorgehensweise der neuzeitlichen Wissenschaften ist jedoch nur schrittweise möglich. Hier kann nur von der Denkbewegung der Physik die Rede sein (nicht, weil wir diese als identisch mit der aller anderen Wissenschaften ansehen, sondern weil wir nur diese untersucht haben).

Es wäre gewiß sinnlos, für jedes Fachgebiet eine eigene Logik zu unterstellen. Es scheint geradezu dem Begriff *Logik* zu widersprechen, versteht man darunter das *allgemeine* Bewegungsprinzip des Denkens oder mit Hegel den sein Wesen denkenden Geist,[152] das Reich des Gedankens, des reinen Gedankens, in seiner eigenen immanenten Tätigkeit dargestellt.[153] Aber – wie schon gesagt – kann die Logik gerade in Hegels Verständnis *nicht unabhängig* von der Entwicklung des Gedankens in den verschiedenen Bereichen begründet werden. In diesem Sinne spricht nichts von vornherein gegen eine Diskussion der Frage, ob der Hamilton-Lagrange-Formalismus als Modell einer Logik der Physik aufgefaßt werden kann –[154] außer dem maßgeblichen Einwand, daß Mathematik und Logik nicht aufeinander reduziert werden können.

Die Physik hatte natürlich nicht den Vorsatz, in ihren Theorien die begriffslogische Bestimmung von Bewegung zu realisieren. Vielmehr ergab sich, um *physikalische Probleme* zu lösen, die Notwendigkeit, den untersuchten Gegenstand, also die Bewegung, durch ein Methode zu beschreiben, die durch ein duales Größentupel bestimmt wird, ein Tupel, in dem die beiden Größen voneinander unabhängige Variable sind, die sich aber dennoch in bestimmter Weise aufeinander beziehen, wobei die *Art* ihrer Beziehung durch das jeweilige dynamische Gesetz bestimmt ist.

Die große Bedeutung des Hamilton-Lagrange-Formalismus zeigt sich insbesonders in der Quantentheorie. Dieser an der klassischen Mechanik gebildete Formalismus bietet die Möglichkeit, in dieser Theorie, in der der Darstellungs- und der Meßraum nicht mehr identisch sind,[155] die Dynamik in einer Form darzustellen, die es gestattet, die durch sie bestimmte Be-

---

152 Vgl. G.W.F. Hegel, Wissenschaft der Logik. Erster Teil, a.a.O., S. 17.

153 Vgl. ebd., S. 19, 30; siehe auch S. 27, 43, 44.

154 An dieser Stelle seien einige klassische Darstellungen und Untersuchungen zur formalen Ausgestaltung der klassischen Mechanik genannt: E. Mach, Die Mechanik in ihrer Entwicklung – historisch-kritisch dargestellt, hg. von R. Wahsner und H.-H. v. Borzeszkowski, Berlin 1988; A. Sommerfeld, Vorlesungen über theoretische Physik, Bd. I. Mechanik Wiesbaden 19494; E.T. Whittaker, Encyklopädie der mathematischen Wissenschaften, Bde. IV1und IV2: Mechanik, Leipzig 1901-35 und Handbuch der Physik, Bd. V. Grundlagen der Mechanik der Punkte und starrer Körper, Berlin 1927; L. Nordheim, Handbuch der Physik, Bd. V. Die Prinzipien der Dynamik, Berlin 1927; F. Klein, Vorlesungen über die Entwicklung der Mathematik im 19. Jahrhundert, für den Druck bearbeitet von R. Courant und St. Cohn-Vossen, New York 1950; H. Goldstein, Klassische Mechanik, Frankfurt a.M. 1963.

155 Vgl. R. Wahsner und H.-H. v. Borzeszkowski, Physikalischer Dualismus und dialektischer Widerspruch, a.a.O., S. 82-108; dies., Die Wirklichkeit der Physik, a.a.O, insbes. S. 252-271; dies. Non-locality versus

ziehung zwischen den den Zustand beschreibenden Größen so zu fassen, daß sie auf den Meßraum übertragbar ist. Der Hamilton-Lagrange-Formalismus ist so gebildet, daß er sowohl die dynamischen Gleichungen im Darstellungsraum als auch die für die Messung relevanten Beziehungen enthält und damit Meß- und Darstellungsraum aufeinander bezieht. Daher könnte die gesamtphysikalische Relevanz jenes Formalismus bestätigen, daß – wie erwähnt – die Physik in ihren Grundfesten notwendigerweise auf Dualismen beruht, und der Hamilton-Lagrange-Formalismus gerade so aufgebaut ist, daß er diese dualistische Grundkonstruktion formalisiert.[156] Daher die Frage, ob dieser Formalismus nicht sogar als "Logik der Physik" zu interpretieren ist.

Es gibt Argumente, die dafür sprechen, daß der genannte Formalismus wesentliche Seiten der logischen Struktur der Physik (nicht der Wissenschaft im allgemeinen) erfaßt, die also den "Verdacht" stützen, daß der Hamilton-Lagrange-Formalismus mit seinen Größenpaare bildenden Tupeln als allgemeine logische Form des physikalischen Dualismus aufgefaßt werden kann. Und wenn dies so wäre, dann könnte dies vielleicht ein Anfang für eine konstruktive Aufhebung der Hegelschen Logik sein – Aufhebung im Sinne der Begründung einer Logik, die die Hegelschen Mängel vermeidet, aber seinem Anliegen nachkommt.

Mit Blick auf dieses (ferne) Ziel wird zunächst der Übergang von der Newtonschen Axiomatik zu diesem später für die gesamte Physik relevant werdenden Formalismus dargestellt und in diesem Kontext der Charakter desselben diskutiert. [157]

Die Tatsache, daß der Hamilton-Lagrange-Formalismus wegen seiner Art der Bewegungsfassung die Funktion einer Art von Logik übernehmen kann, zeigt sich vor allem dann, wenn man ihn sich in der sogenannten kanonischen, also der Hamiltonschen Version ansieht. In ihr tritt die dualistische Fassung des daseienden Widerspruchs durch die Physik am deutlichsten zu Tage. Das liegt daran, daß sie das Hegelsche "zu ein und demselben Zeitpunkt an einem Ort sein und nicht an ihm sein" durch ein duales Größentupel (bestehend aus dem mehrdimensionalen Ort und dem dazu kanonisch konjugierten Impuls) bestimmt wird. Dabei sind die beiden Größen des Tupels (bzw. im mehrdimensionalen Fall: der Tupel) voneinander un-

---

Locality: The Epistemological Background of the Einstein-Bohr Debate, in: Classical and Quantum Nonlocality, ed. by P.G. Bergmann, V. de Sabbata, J. N. Goldberg, Singapore–NewJersey–London–Hon Kong 2000, pp. 21-50.

156 Ein "negativer" Beleg für diese These ergibt sich bei dem Versuch, eine Quantentheorie der Gravitation zu begründen. [Vgl. H.-H. v. Borzeszkowski und H.-J. Treder, The Physical Meaning of Canonical Quantization in Terms of Reference Systems, General Relativity and Gravitation *25*(1993), 291-306.]

157 Ausführlicher wurde dies dargestellt in: R. Wahsner und H.-H. v. Borzeszkowski, Die Wirklichkeit der Physik, a.a.O, S. 173-210. – Vgl. auch den Abschnitt "Der Hamilton-Lagrange-Formalismus als Modell einer Logik der Physik?".

abhängige und dennoch in bestimmter Weise aufeinander bezogene Variable – zum einen dadurch, daß sie zueinander kanonisch konjugiert sind, zum anderen durch das dynamische Gesetz in Form der Hamiltonschen Differentialgleichungen. Dies gilt sowohl in der klassischen Mechanik, der Quantenmechanik als auch in der Quantenfeldtheorie.[158]

Wenn Ernst Mach über die Newtonschen Prinzipien und die spätere Entwicklung der Mechanik schrieb: "Die Newtonschen Prinzipien sind genügend, um ohne Hinzuziehung eines neuen Prinzips jeden praktisch vorkommenden mechanischen Fall, ob derselbe nun der Statik oder der Dynamik angehört, zu durchschauen" und meinte, wenn sich hierbei Schwierigkeiten ergeben würden, so seien diese immer nur mathematischer (formeller) und keineswegs mehr prinzipieller Natur,[159] so bestimmte er die Tragweite der Mechanik völlig korrekt. Allerdings ist die Formulierung "nur mathematischer (formeller) und keineswegs mehr prinzipieller Natur" mißverständlich. Insbesondere vermag diese Bestimmung nicht zu erklären, warum an der Mechanik gebildete Formalismen in ihrer Bedeutung weit über die Mechanik hinausgehen. Maßgeblich ist, daß der Hamilton-Lagrange-Formalismus grundsätzliche Einsichten, die mit der Mechanik über die physikalische Zustands- und Bewegungsbeschreibung gewonnen wurden, herauskristallisierte und festschrieb. Dabei wurde deutlich, daß die an der Mechanik gebildeten großen Formalismen von ihren Begründern zwar erdacht wurden, um auch feste Körper, Flüssigkeiten und Gase als mechanische Systeme beschreiben und entsprechende Aufgaben lösen zu können, diese Erweiterungen des Anwendungsbereiches der Newtonschen Mechanik andererseits aber nur dadurch gelangen, daß man sich auf Systeme beschränkte, die einen bestimmten Typ von Nebenbedingungen genügen, womit andere mit den Newtonschen Prinzipien verträgliche ausgeschlossen werden. Damit wurden durch die formelle Ausgestaltung der Mechanik etwas eingeschränkte Typen von Kraftwirkungen bevorzugt. Diese Einschränkung des nach der Newtonschen Axiomatik Zulässigen zahlt sich in einer Erweiterung des Anwendungsbereiches der Mechanik aus. Für die Physik überhaupt konnte gerade der so gewonnene, der so zurechtgemachte Formalismus über die Mechanik hinaus in der Physik fruchtbar werden.

Zur näheren Erklärung dieses Sachverhalts sei folgendes gesagt:

---

158 Wenn hier auf die Hamiltonsche Version des Formalismus abgehoben wird, so heißt das nicht, daß es nicht manchmal auch vorteilhafter sein kann, in einer anderen, diesem Formalismus mathematisch und physikalisch äquivalenten Version zu arbeiten, sondern nur, daß der kanonische Formalismus für die hier diskutierten Belange besonders aufschlußreich ist.

159 E. Mach, Die Mechanik in ihrer Entwicklung – historisch-kritisch dargestellt, hg. von R. Wahsner und H.-H. v. Borzeszkowski, a.a.O., S. 302. – Die von d'Alembert, Lagrange und Hamilton im Anschluß an Newton geleistete Arbeit wird dann von Mach in seiner *Mechanik* unter der Überschrift "Die weitere Verwendung der Prinzipien und die deduktive Entwicklung der Mechanik" abgehandelt.

Die Newtonsche Mechanik ist durch die drei Newtonschen Axiome gegeben, wobei das zweite in der Form

$$m_i \ddot{\vec{x}}_i = \sum_{j=1}^{N} \vec{F}_{ij} + \vec{F}_i^{(e)} \tag{1}$$

geschrieben werden kann.

[Die Größe m_i bezeichnet hier die träge Masse des i-ten Teilchens eines Systems von N Teilchen, $\ddot{\vec{x}}_i$ seine Beschleunigung. $\vec{F}_{ij}$ ist die Kraft, die das j-te auf das i-te Teilchen ausübt, so daß $\sum_{j=1}^{N} \vec{F}_{ij}$ die gesamte der durch die anderen $N-1$ Teilchen des Systems auf das i-te Teilchen ausgeübte Kraft angibt. $\vec{F}_i^{(e)}$ ist schließlich eine von außen einwirkende (d.h. eine nicht von den N Teilchen des betrachteten Systems ausgeübte) Kraft.]

Die nach der Newtonschen Mechanik möglichen Kräfte werden durch die drei Newtonschen Axiome bestimmt, so daß jeder Kraftterm für die $\vec{F}_{ij}$ und $\vec{F}_i^{(e)}$ in der Mechanik zulässig ist, der mit diesen Axiomen verträglich ist.

Die im Prinzip richtige Aussage, daß mit den drei Newtonschen Axiomen alle mechanischen Aufgaben gelöst werden können, sofern man jeweils bestimmte, mit den Axiomen verträgliche Kraftterme auf der rechten Seite von (1) einsetzt, ist natürlich höchst problematisch. Denn woher weiß man das, bevor man alle mechanischen Probleme gelöst hat, bzw. wie bestimmt man die Gesamtheit aller mechanischen Probleme? Letztlich kennt man immer nur den Teil der Gesamtheit aller mechanischen Probleme, den man gelöst hat. Den Gültigkeits- und Anwendungsbereich der Mechanik bestimmen heißt also auch mittels der Mechanik Aufgaben lösen.

Doch bei der Lösung mechanischer Aufgaben stieß man vor allem auf die Schwierigkeit, daß man viele Probleme für mechanische, also mittels der Mechanik lösbare, halten mußte, dennoch aber nicht alle dabei auftretenden Kräfte angeben und daher die Probleme nicht tatsächlich lösen konnte. So war es z.B. schwer, die mathematische Form der Kräfte anzugeben, die eine Ebene auf ein auf ihr rollendes Rad ausübt oder die N Massen aufeinander ausüben, um einen starren Körper zu bilden, oder die die Wände eines Behälters auf in ihm befindliche Teilchen derart ausüben, daß diese den Behälter nicht verlassen. In allen diesen und in anderen Fällen können die auftretenden Kräfte (man nennt sie Zwangskräfte) nicht explizit angegeben werden. Sie sind vielmehr nur hinsichtlich ihrer Wirkung auf die Bewegung bekannt. (Die Newtonschen Gleichungen sind gewissermaßen hinsichtlich dieser Kräfte schon integriert.) Trotzdem sollten derartige Probleme im Rahmen der Newtonschen Mechanik behandelbar sein. In dieser Erwartung wurde man auch dadurch bestärkt, daß die Newtonsche Mechanik zunächst für *die* physikalische bzw. naturwissenschaftliche Theorie überhaupt gehalten wurde. Die Identifizierung von Mechanik, Physik und Naturwissenschaften, die teilweise bis gegen Ende des 19. Jahrhunderts vorgenommen wurde, ließ kaum eine andere Denkmöglichkeit zu und hat maßgeblichen Anteil an der formalen Ausgestaltung der Mechanik durch d'Alembert, Euler, Lagrange, Hamilton, Jacobi und Helmholtz. Dabei gehen wesentliche Gedanken zur Lösung dieses Problems auf Jakob Bernoulli zurück.

D'Alembert fand dann die vollständige Lösung, die als d'Alembertsches Prinzip in die Literatur eingegangen ist. Ausgangspunkt ist der Kunstgriff, das zweite Newtonsche Axiom (1) als Gleichgewichtsbedingung zu schreiben:

$$\vec{F}_i - \dot{\vec{p}}_i = 0 \qquad (2)$$

($\vec{F}_i$ bezeichnet die Summe der "angewandten" (beschleunigenden) Kräfte $\vec{F}_i^{(a)}$ und der sogenannten Zwangskräfte $\vec{f}_i$, $\dot{\vec{p}}_i$ den Ausdruck $m_i \ddot{x}_i$.) Diese Beziehung (2) hat die Gestalt einer Gleichgewichtsbedingung, da sie besagt, daß die Gesamtheit der am i-ten Teilchen angreifenden Kräfte, nämlich der im Sinne der Newtonschen Mechanik tatsächlich ausgeübten Kräfte $\vec{F}_i$ und der "entgegengesetzt wirkenden Kraft" $-\dot{\vec{p}}_i$, gleich Null ist. Betrachtet man nun die virtuelle Arbeit, so folgt aus (2) unter der Voraussetzung, daß die virtuelle Arbeit der Zwangskräfte gleich Null ist, also gilt:

$$\sum(\vec{F}_i^{(a)} - \dot{\vec{p}}_i)\delta\vec{x}_i = 0 . \qquad (3)$$

Das ist die mathematische Formulierung des d'Alembertschen Prinzips. Seine Bedeutung besteht darin, daß nun nur noch die mit $\vec{F}_i^{(a)}$ bezeichneten angewandten, nicht aber die Zwangskräfte $\vec{f}_i$ auftreten, die so schwer explizit anzugeben sind. Nach diesem Prinzip kann man die an einem physikalischen System angreifenden Kräfte in zwei Gruppen zerlegen, von denen die eine (nämlich $\vec{F}_i^{(a)}$) in der Beschleunigung der Massen des mechanischen Systems zutage tritt, während die andere (nämlich die der Zwangskräfte $\vec{f}_i$) so beschaffen ist, daß sie – allein wirkend – zu einem statischen Gleichgewicht führen würde.

Da man – ausgehend von den Newtonschen Axiomen – nur dann zum d'Alembertschen Prinzip gelangt, wenn man postuliert, daß die virtuelle Arbeit der Zwangskräfte gleich Null ist, stellt dieses Prinzip nicht einfach eine Umformulierung der Newtonschen Axiomatik dar, die ihr völlig äquivalent ist. Es folgt nur unter einer Zusatzbedingung über die Zwangskräfte, die z.B. die mechanische Beschreibung von Prozessen ausschließt, bei denen Reibungskräfte auftreten. Die manchmal gemachte Bemerkung, daß das keine Einschränkung bedeute, da Reibungskräfte ein makroskopisches Phänomen seien, also nur in der makroskopischen Näherung und nicht in der eigentlichen, also mikroskopischen Theorie auftreten, stellt sie Situation auf den Kopf. Richtiger wäre es zu sagen, daß diese Zusatzbedingung – in Hinblick auf die Newtonschen Axiome – durchaus eine Einschränkung bedeutet. Gerade diese Einschränkung hat sich als bedeutsam erwiesen, indem sie es ermöglicht, die im Endeffekt eine Beschleunigung bewirkenden Kräfte – wir wollen sie Grundkräfte nennen – zum zentralen Thema der physikalischen Bewegungstheorie zu machen.

Ähnliche Modifizierungen zeigen sich auch bei der Darstellung des weiteren formalen Ausbaus der Mechanik. Dieser Ausbau, der auf ein erweitertes Anwendungsgebiet der Mechanik abzielt, wird teilweise dadurch erkauft, daß nicht mehr alle von den Newtonschen Axiomen zugelassenen Kräfte erlaubt werden. Auf diesem Wege werden die Grundkräfte der Physik formal herausgehoben. Es sind gerade diese den Gültigkeitsbereich der Mechanik in mancher Hinsicht erweiternden und in anderer etwas einengenden Modifizierungen, die die Mechanik in eine zu einem Kalkül der gesamten Physik werdende Form brachten.

Als Resümee läßt sich sagen: Das d'Alembertsche Prinzip enthält eine Festlegung darüber, was man als Zwangskräfte anzusehen hat und wie man sie eliminieren kann. Und da alles, was nicht im Sinne dieses Prinzips Zwangskraft ist, gemäß diesem Prinzip beschleunigende Kraft oder Grundkraft ist, enthält es die Forderung, diese Kräfte anzugeben bzw. die dadurch verursachten Bewegungen zu untersuchen. Damit stellt das d'Alembertsche Prinzip erstens eine Einschränkung der Newtonschen Axiomatik für ihren Gebrauch in der Mechanik dar, die präzisiert, was Mechanik ist, und zweitens enthält es einen Hinweis darauf, wie man mit der Newtonschen Axiomatik gewonnene Einsichten formalisieren kann, um sie für die Lösung nicht-mechanischer physikalischer Probleme verwenden zu können. Unterstellt man das Prinzip der virtuellen Arbeit, dann erscheint das d'Alembertsche Prinzip nur als Umformulierung des zweiten Newtonschen Axioms. Aus der Sicht des d'Alembertschen Prinzips ist also jedes Problem ein mechanisches Problem, für das man die Kräfte $\vec{F}_i^{(a)}$ angeben kann. Darüber hinaus gibt das d'Alembertsche Prinzip den Hinweis auf den Umgang mit den nicht-mechanischen Problemen dadurch, daß es zugleich der Ausgangspunkt für die zum Hamilton-Lagrange-Formalismus führende formelle Ausgestaltung der Newtonschen Axiomatik ist, die auch für andere als mechanische Gebiete wichtig sein kann.

Die verschiedenen Schritte der formalen Verallgemeinerung, die im Hamilton-Lagrange-Formalismus münden, führen immer weiter vom euklidischen Raum weg und gehen stattdessen zu abstrakten Konfigurations- und Phasenräumen über. Gerade dadurch konnte das formale Gerüst der Mechanik in andere Gebiete der Physik übernommen werden. Die obigen Darlegungen zeigen nun, daß der Hamilton-Lagrange-Formalismus für die Physik so furchtbar werden konnte, weil er bei dem Übergang zu abstrakten Räumen grundsätzliche Einsichten der Mechanik für die physikalische Bewegungsfassung festschrieb und formal verallgemeinerte. Diese Einsichten betreffen die Bedeutung der Dualismen für die physikalische Zustands- und Bewegungsbestimmung. Das zeigt sich auf allen untersuchten Stufen der Formalisierung. So kann man durch mathematische Umbildungen der Newtonschen Axiome die Lagrangeschen Gleichungen gewinnen. Man bedarf in dem neuen Formalismus aber wieder eines Tupels $(q,\dot{q})$ zur Beschreibung des physikalischen Zustandes – selbst dann, wenn q und $\dot{q}$ gar nicht mehr die Bedeutung von Koordinaten und Geschwindigkeiten im euklidischen 3-dimensionalen Ortsraum haben –, und die Größen q und $\dot{q}$ dieses Tupels müssen in derselben Weise wie $\vec{x}$ und $\dot{\vec{x}}$ in der Mechanik verknüpft sein. Man kann dann noch einen Schritt weiter gehen und die Lagrangeschen Gleichungen durch die Hamiltonschen ersetzen. Damit treten verallgemeinerte (kanonische) Koordinaten q und p an die Stelle von q und $\dot{q}$, die ebenfalls mit Größen aus anderen physikalischen Gebieten als der Mechanik identifiziert werden können. Sie müssen aber wiederum in einer bestimmten "dualen" (durch die Hamiltonschen Gleichungen festgelegten) Beziehung zueinander stehen. Nur dann kann das Tupel (q,p) seinen physikalischen Bewegungszustand beschreiben. In dem Maße, in dem die Newtonsche Axiomatik formal verallgemeinert wird und zu immer abstrakteren Darstellungsräumen übergeht (vom 3-dimensionalen Ortsraum zum 3N-dimensionalen Konfigurationsraum und schließlich zum 6N-dimensionalen Phasenraum), in dem Maße wird der Charakter physikalischer Zustandsbeschreibungen immer deutlicher. Es ist dies die Zustandsbeschreibung der Physik, die die physikalische Fassung der Bewegung – wie sie die Mechanik erkannt hat – erst möglich macht.

Der an der Mechanik gebildete Hamilton-Lagrange-Formalismus hat nur eine ganz bestimmte Einsicht der Mechanik formalisiert. Diese betrifft vornehmlich den durch das zweite Newtonsche Axiom gegebenen Zusammenhang der beiden einen physikalischen Zustand beschreibenden dualen Größen ($\vec{x}$ und $\dot{\vec{x}}$, q_i,$\dot{q}_i$ und p_i etc.). Schon der erste Schritt auf dem Wege zu dem diskutierten Formalismus, nämlich der zum d'Alembertschen Prinzip (3), stellt eine reine Umformulierung des zweiten Newtonschen Axioms und nicht der gesamten Axiomatik dar. Das dritte Newtonsche Axiom findet in der Verallgemeinerung keine vollständige Entsprechung. Es werden nur bestimmte Aspekte desselben im Hamilton-Lagrange-

Formalismus berücksichtigt und zwar vornehmlich die im dritten Axiom enthaltene Aussage, daß die aktiven Ladungen, d.h. die Kraft- bzw. Feldquellen, den passiven Ladungen, d.h. den sogenannten Kopplungskonstanten, äquivalent sind. Gerade dieser Aspekt erlaubt es, von den verschiedenen Potentialfunktionen zu dem generellen Potential U überzugehen, das die Einführung der Lagrange-Funktion L erlaubt.[160] Indem das erste und partiell das dritte Newtonsche Axiom nicht zum verallgemeinerten Teil gehören, und das zweite Newtonsche Axiom (unter anderem dadurch) nicht in seiner konkreten mechanischen Bestimmung, sondern nur in seiner formalen Verallgemeinerung erhalten bleibt, ergibt sich die Möglichkeit, diesen Formalismus auch in physikalischen Theorien zu verwenden, in denen die Standardbewegung und die davon abweichenden "erzwungenen" Bewegungen anders als in der Mechanik zu bestimmen sind.

In den von der Mechanik verschiedenen physikalischen Theorien wird das erste Newtonsche Axiom nur in dem Sinne berücksichtigt, daß die Forderung aufgestellt wird, die "freie Bewegung" der Teilchen und Felder (als Pendant der kräftefreien Bewegung in der Mechanik) habe ebenso wie in der Mechanik als Spezialfall aus den allgemeinen Bewegungsgleichungen zu folgen. Das erste Newtonsche Axiom, das in der Mechanik aber mehr besagt als diese Forderung (es bestimmt im Zusammenhang mit den anderen Axiomen, was eine kräftefreie Bewegung ist) und daher neben dem zweiten Axiom explizit aufgeführt werden muß, erfährt keine Verallgemeinerung.

Der "Verlust" des ersten und partiell des dritten Axioms zeigt sich deutlich in Unbestimmtheiten von Theorien, die gemäß dem Hamilton-Lagrange-Formalismus gebildet sind. So treten in der Quantenfeldtheorie derartige Unbestimmtheiten als sogenannte Divergenzen auf, die erst dadurch beseitigt werden können, daß man zusätzliche Forderungen ("Renormierungsforderungen") einführt, die den verlorengegangenen Bezug auf die Standardbewegung ersetzen. In der Newtonschen Mechanik bedarf es dieser zusätzlichen Forderungen und Regeln nicht, da die drei Axiome derartige Unbestimmtheiten ausschließen.[161]

Im Ergebnis der hier zugrunde gelegten Analyse ergibt sich als Antwort auf die Frage nach der Ursache des Erfolgs des Hamilton-Lagrange-Formalismus: Dieser Formalismus ist für die gesamte Physik bedeutsam, weil er die Denkweise, mittels der die Physik die Bewegung faßt,

---

160 Vgl. R. Clausius, Die Potentialfunction und das Potential. Ein Beitrag zur mathematischen Physik, Leipzig 1859; H.-J. Treder, Galilei Invariance, Action-Reaction Principle, and Center of Mass Theorem, in: Quantum, Space and Time – The Quest Continues, ed. by A.O. Barut, A. van der Merwe and J.-P. Vigier, Cambridge 1984.

161 Über den Zusammenhang der drei Newtonschen Axiome siehe: H.-H. v. Borzeszkowski und R. Wahsner, Physikalischer Dualismus und dialektischer Widerspruch, a.a.O. insbesondere S. 31-39, 64-66, auch 24-30;

allgemein-formal fixiert, ohne dabei seine Herkunft aus der klassischen Mechanik zu verleugnen. Er erfaßt das Bewegungsprinzip physikalischen Denkens. [162]

Die Aspekte, unter denen die Frage, ob es eine Logik der Physik als Vorstufe einer philosophischen Begriffslogik im Sinne Hegels gibt, bzw. ob der Hamilton-Lagrange-Formalismus als "Logik der Physik" angesehen werden kann, hier untersucht wurde, können – wie schon erwähnt – natürlich nicht zu einer abschließenden Antwort führen. Die durchgeführte Untersuchung liefert aber eine Reihe von Argumenten, die dafür sprechen, daß die Frage bejaht werden kann. Dabei erweist sich das Verhältnis des Hamilton-Lagrange-Formalismus zum Physikalisch-Inhaltlichem von ähnlicher Beschaffenheit wie das des Formal-Logischem zum Inhaltlichen bei Aristoteles.

Die formale Logik kann als unabdingbares Denkprinzip vom Gesamtsystem der peripatetischen Philosophie abgehoben werden. Jenes Abheben darf aber nicht als totale Trennung von Form und Inhalt verstanden werden. Aufgrund des von Aristoteles unterstellten Zusammenhangs von Logisch-Formalem und Wissenschaft muß etwas von seiner philosophischen Begründung der Logik erhalten bleiben. Dieses Bleibende besteht in der Begründung der Kategorie *Substanz*. Ebenso kann der Hamilton-Lagrange-Formalismus von der Newtonschen Mechanik abgehoben werden, ohne daß jedoch der Bezug zum physikalischen Inhalt der Mechanik völlig aufgegeben werden darf. Der verbleibende Mechanik-Bezug ist durch die besondere Rolle der Mechanik für die Messung und damit durch ihre besondere Stellung im Gesamtgebäude der Physik begründet.[163]

Dem Einwand, der eventuell vorgebracht wird, daß eine Argumentation, die auf der Beziehung mathematischer Formalismen und physikalischer Begriffe gründet, der spekulativen Stufe der Hegelschen Begriffslogik nicht angemessen ist, kann mit dem Hinweis begegnet werden, daß Hegel bekanntlich selbst *in begriffslogischer Absicht* den Infinitesimalkalkül sehr ausführlich analysiert hat. Daher ist es nicht abwegig, die Frage zu diskutieren, ob es eine Logik der Physik als Vorstufe zu einer konstruktiv aufgehobenen Hegelschen Begriffslogik gibt – zumal dann, wenn man erkannt hat, daß die wirkliche Denkweise der Wissenschaften noch intensiver untersucht werden muß.

*

---

dies., Nachwort zu: Ernst Mach, Die Mechanik in ihrer Entwicklung, a.a.O., S. 534-536, 600-604.

162 Siehe auch den Unterabschnitt "Der Begriff der Kausalität".

163 Vgl. H.-H. v. Borzeszkowski und R. Wahsner, Einleitung zu: Voltaire, Elemente der Philosophie Newtons/ Verteidigung des Newtonianismus/ Die Metaphysik des Neuton, a.a.O.; dies., Physikalischer Dualismus und dialektischer Widerspruch, a.a.O.; dies., Action and Reaction, a.a.O.; dies., Die Wirklichkeit der Physik, a.a.O., S. 271-285.

Der Dualismus, von dem hier als grundlegendes Prinzip physikalischer Bewegungsfassung gesprochen wurde, bedeutet ebenso wie die Dualität bei Kant (z.B. die von Anschauung und Begriff) nicht Trennung oder separate Bestimmung, sondern die beiden Seiten sind als Aspekte, als Momente aufzufassen, die nur in Einheit zur Erkenntnis führen und etwas Bestimmtes sind. Diese Einheit muß natürlich konkret bestimmt sein. Es reicht nicht zu wissen, *daß* beide Momente notwendig sind.

ERKENNTNISKRITISCHE BETRACHTUNGEN ZUR PHYSIK

Ausgehend davon, daß heutige Probleme der wissenschaftlichen Erkenntnis nicht ohne Rückgriff auf Kant gelöst werden können (was nicht heißt, daß man seine Lösungen unkritisch übernimmt, sondern daß man nicht hinter seine "copernicanische Wende" zurückfällt), seien einige Konzepte untersucht, die sich am intensivsten und am ernsthaftesten mit Kants erkenntniskritischen Betrachtungen der neuzeitlichen Wissenschaft beschäftigt haben. Dabei gerät man zwangsläufig an den Neukantianismus, dessen konstruktive Leistungen unseres Erachtens (vermutlich wegen der ihm auch anhaftenden Mängel) gegenwärtig in Vergessenheit geraten sind bzw. noch nicht angemessen philosophisch verarbeitet wurden.

Als man es noch nicht objektivistisch für das interessanteste Problem hielt zu fragen "Woher kommt unser Universum?", "Wohin geht es?", als man es noch nicht für möglich hielt, daß die Ethik als Erste Philosophie fungieren könnte, man noch die erforderliche Beschaffenheit des Subjekts untersuchte, um erkennen zu können, war eines der beunruhigendsten Probleme der Verdacht, man ginge der Kausalität verlustig.[164] Er drängte sich vor allem durch die Entwicklung der Physik auf und wurde sowohl von Naturwissenschaftlern als auch von Philosophen lebhaft diskutiert. Im Ergebnis der Diskussion kam man zu der Einsicht, daß *Kausalität* anders als bisher gefaßt werden muß (wenn auch alte Vorstellungen nicht generell ausgemerzt wurden).

164 Siehe z.B. M. Planck, Physikalische Gesetzlichkeit im Lichte neuerer Forschung, Die Naturwissenschaften *14*(1926), 249-261; ders., Die Kausalität in der Natur, in: ders., Vorträge und Erinnerungen, Stuttgart 1949, S. 250-269; ders., Determinismus oder Indeterminismus, in: ebd., S. 334-349; E. Schrödinger, Über Indeterminismus in der Physik, in: Zwei Vorträge zur Kritik der naturwissenschaftlichen Erkenntnis, Leipzig 1932; Ph. Frank, Das Kausalgesetz und seine Grenzen, Wien 1932; M. Born, Vorhersagbarkeit in der klassischen Mechanik, Zs. für Physik *153*(1958), 372-388; Dialectica *2*(1947), 307-422 (hier diskutierten Pauli, Bohr, Einstein, de Broglie, Heisenberg, Reichenbach u.a. die epistemologischen Probleme der Quantenmechanik); W. Heisenberg, Der Teil und das Ganze. Gespräche im Umkreis der Atomphysik, München 1969.

Krise der Anschauung?

Ergebnisse und Probleme der modernen Physik diskutierend versuchte der Neukantianismus zu klären, was der "gewaltige und gefährliche 'Sprengkörper' der Quantentheorie", dessen Wirkungen sich auf das ganze Gebiet der Physik erstrecken für die "allgemeinen erkenntnistheoretischen Grundanschauungen, wie sie von Kant entworfen worden sind, bedeutet.[165] Dabei kam er zu dem wohlbegründeten Schluß, daß es sich, entgegen der seinerzeit stark verbreiteten Ansicht, nicht um eine Krise der Kausalität handelt, versteht man – wie Kant – Kausalität vorrangig als gesetzmäßigen Zusammenhang, sondern vielmehr um eine Krise der Anschauung.[166] Diese Krise sah er durch eine kritische Umbildung, durch eine neue Fassung des Objektbegriffs bedingt,[167] was – vorweg gesagt – insofern zutrifft, als die Entwicklung der modernen Physik es ermöglichte, tiefer zu verstehen, was ein physikalisches Objekt ist.[168]

Im Jahre 1936 auf eine Krise der Anschauung zu schließen war nicht neu, nicht einzigartig. Schon als Helmholtz die Möglichkeit nicht-euklidischer Geometrien diskutierte, argumentierte man mit der Begrenztheit des menschlichen Anschauungsvermögens, die aber nichts gegen die (logisch konsistente) Denkbarkeit dieser Geometrien sage.

Später dann, eben mit der Begründung der Quantenmechanik, sah man die Grenze unseres Anschaungsvermögens dadurch gegeben, daß ein Objekt nicht vorstellbar sei, das sich nicht wie ein klassisches Teilchen verhält. Doch auch die gegenteilige Auffassung wurde durch die Quantenmechanik genährt, die Hoffnung, daß sich durch die Quantentheorie der "Durchstoß zur Anschauung" anbahnt und die Naturwissenschaft dadurch ihr vermeintlich abstraktes, auf reiner Quantität beruhendes Wesen ablegt und wieder dialektisch wird. In seinem 1949 erschienenem Buch *Subjekt – Objekt* äußerte Ernst Bloch diese Hoffnung. Denn seines Erachtens bietet eine Physik, die hauptsächlich auf der Abstraktion von allen Qualitäten beruht, was wiederum unabdingbar sei, um dem mathematischen Kalkül zugänglich zu sein, kaum Aussichten, diesen "Durchstoß" seiner Realisierung näherzubringen. Er führt aus: "Gerade di133
e neueste Physik enthält eine Fülle ungewußter Dialektik; und es liegt nur an der Klassenschranke der Physiker, nicht an der Qualitätsfreiheit ihrer Sache, wenn ein so deutlich dialektisches Wesen wie die Quantentheorie nicht auch als solches gewußt gemacht wird. Trotzdem

165 Vgl. E. Cassirer, Determinismus und Indeterminismus in der modernen Physik, in: ders., Zur modernen Physik, Darmstadt 1957, S. 150.

166 Vgl. ebd., S. 313 ff., 325, 345.

167 Vgl. ebd., S. 138.

168 Vgl. ebd., S. 346.

finden die eigentlichen Qualifikationsbestimmungen, an denen gerade Hegels Naturdialektik so reich ist, in dieser Welt – sei sie subatomar, sei sie makroskopisch – sinngemäß keinen Platz; der *Durchstoß zur Anschauung*, zu einem konkret auftretenden 'Bild', einem spezifischen Quale bahnt sich hier erst an. Vor allem ist die seit dreihundert Jahren aufgebaute Physik eine, welche nicht nur von Wertungen, sondern auch von Farben, Tönen, kurz von allen Qualitäten abstrahiert ... mithin, alles qualitative Sein wäre danach quantitativ, alles Leben mechanisch." Es sei dies der Sieg Demokrits, der als erster die Physik als Zurückführung qualitativer Bestimmungen auf quantitative gedacht hat und an den sich später Galilei lückenlos angeschlossen haben soll. Eine ebenfalls mögliche andere, qualitativ bestimmte, Physik habe sich nicht entwickelt, denn sie sei "mit dem kapitalistischen Interesse an einer Art Betriebskalkulation der Natur unverträglich: wie an der Ware nur der Preis wichtig ist, so an der Natur nur die quantitative Berechenbarkeit, nicht der qualitative Inhalt".[169] – Daß der hier unterstellte Status der Physik und infolgedessen der angenommene Begriff der Anschauung den wahren Sachverhalt nicht erfaßt, wurde in der Literatur aufgezeigt.[170]

In beiden Fällen wird versucht, der Anschauung durch die Vermittlung gängiger Vorstellungen auf die Sprünge zu helfen. Aber beantwortet dies die Frage, ob sich der Begriff *Anschauung* (mithin die Apriorität von Raum und Zeit) in der Krise befindet, und wie er gegebenenfalls da herauskommen kann?

Auch die heutige (maßlose) Bebilderung ist kein Ausweg. Denn Kants Begriff *Anschauung* (und um den geht es hier) meint nicht Bilder, hat nichts mit einer anschaulichen Vermittlung wissenschaftlicher Erkenntnisse zu tun. Allgemein kann man sagen: Theoretische Zusammenhänge können nicht durch Bilder erfaßt werden. Und spezifisch-kantisch gesprochen: Das Denken kann nicht durch Anschauung und Anschauung nicht durch Bilder (Veranschaulichung) ersetzt werden und Anschauung nicht durch Denken. Genau das war Kants Erkenntnis.

Weshalb nun aber kommt ein Kenner der Philosophie Kants wie Cassirer, der mit deren Begriff *Anschauung* wohl vertraut war, auf die Idee, man hätte es mit einer Krise der Anschauung zu tun? Hat die philosophische Nachwelt Kants dessen Begriff *Anschauung*, infolgedessen dann auch die Begriffe des Raumes und der Zeit, falsch oder mangelhaft rezipiert?

---

169 E. Bloch, Subjekt – Objekt. Erläuterungen zu Hegel (erweiterte Ausgabe), in: Ernst Bloch Gesamtausgabe in 16, Bden., Frankfurt a.M. 1977, Bd. 8, S. 207 f. (Hervorhebung – d.V.).

170 Vgl. z.B. H.-H. v. Borzeszkowski und R. Wahsner, Physikalischer Dualismus und dialektischer Widerspruch, a.a.O.; dies., Die Wirklichkeit der Physik, a.a.O.

Hat Kant ihn mangelhaft bestimmt? Oder hat die wissenschaftliche, vor allem die physikalische, Entwicklung Kants Begriff aufgehoben?

Bestrebungen, die Anschauung zu "naturalisieren",[171] zu "logifizieren"[172] oder gar als "metaphysisches Element" aus der Mathematik und Physik zu entfernen,[173] können die Frage nach der Stellung der Anschauung im Erkenntnisprozeß nicht beantworten. Desgleichen kann der nicht unübliche Versuch, Kants Überlegungen mittels des heutigen (populärwissenschaftlich geprägten) Alltagsbewußtseins zu erfassen oder rein geometrisch zu korrigieren,[174] das Problem nicht lösen.

Man muß Kants Hauptanliegen begreifen, sein Anliegen, eine dem neuzeitlichen Denkprinzip, mithin der neuzeitlichen Wissenschaft korrespondierende Metaphysik, zu fundieren, eine, die die Grenzen des menschlichen Erkenntnisvermögens absteckt, mithin auch seine Potenzen aufweist. Und man muß sowohl untersuchen, ob Kant selbst dem gerecht wurde, als auch, ob die Nachwelt es richtig rezipiert hat.[175] Und dies zu tun ist bei Kants Verhältnis zur Wissenschaft nicht möglich, ohne die heutige Wissenschaft in ihrem epistemologischen Status zu untersuchen. Man muß es sich somit verbieten, frei über den Raum, die Zeit usw. zu phantasieren, statt dessen geht es darum herauszufinden, welche Rolle *Raum* und *Zeit* in den Wissenschaften spielen, wie sich dies in ihrer spezifischen Begrifflichkeit niederschlägt, wie diese sich von der des Alltagsverstands unterscheidet und philosophisch zu bestimmen, wodurch diese Raum-Zeit-Materie-Aufspaltung bedingt ist.

Was besagt Kants Begriff *Anschauung*?

Alle Erkenntnis bedarf nach Kant der sinnlichen Anschauung, der äußeren und der inneren, und zudem des Verstandes. *Anschauung* und *Begriff* sind die Elemente aller (unserer) Erkenntnis, d.h. nur vereinigt ergeben sie Erkenntnis.

---

171 Vgl. J. Lenard, Kants Philosophie der Mathematik und die umstrittene Rolle der Anschauung, Kant-Studien *97*(2006), 301-317.

172 Vgl. H. Rickert, Die Grenzen der naturwissenschaftlichen Begriffsbildung. Eine logische Einleitung in die historischen Wissenschaften, Tübingen 1929.

173 Vgl. H. Hahn, Die Krise der Anschauung, in: Krise und Neuaufbau in den exakten Wissenschaften. Fünf Wiener Vorträge, Leipzig und Wien 1933.

174 Vgl. z.B. M. Wolff, Geometrie und Erfahrung. Kant und das Problem der objektiven Geltung der Euklidischen Geometrie, in: Kant und die Berliner Aufklärung. in: Akten des IX. Internationalen Kant-Kongresses, hg. von V. Gerhardt, R.-P. Horstmann und R. Schumacher, Berlin–NewYork 2001, Bd. 1, S. 209-232.

175 Ausführlicher dazu siehe z.B. R. Wahsner, Der Widerstreit von *Mechanismus* und *Organismus*. a.a.O.

Explizit schreibt Kant: "Das Denken ist die Handlung, gegebene Anschauung auf einen Gegenstand zu beziehen. Ist die Art dieser Anschauung auf keinerlei Weise gegeben, so ist der Gegenstand bloß transzendental, und der Verstandesbegriff hat keinen andern, als transzendentalen Gebrauch, nämlich die Einheit des Denkens eines mannigfaltigen überhaupt. Durch eine reine Kategorie nun, in welcher von aller Bedingung der sinnlichen Anschauung, als der einzigen, die uns möglich ist, abstrahiert wird, wird also kein Objekt bestimmt, sondern nur das Denken eines Objekts überhaupt, nach verschieden Modis, ausgedrückt. Nun gehört zum Gebrauche eines Begriffs noch eine Funktion der Urteilskraft, worauf ein Gegenstand unter ihm subsumiert wird, mithin die wenigstens formale Bedingung, unter der etwas in der Anschauung gegeben werden kann. Fehlt diese Bedingung der Urteilskraft (Schema), so fällt alle Subsumtion weg; denn es wird nichts gegeben, was unter den Begriff subsumiert werden könne. Der bloß transzendentale Gebrauch also der Kategorien ist in der Tat gar kein Gebrauch, und hat keinen bestimmten, oder auch nur, der Form nach, bestimmbaren Gegenstand. Hieraus folgt, daß die reine Kategorie auch zu keinem synthetischen Grundsatz a priori zulange, und daß die Grundsätze des reinen Verstandes nur von empirischen, niemals aber von transzendentalem Gebrauche sind, über das Feld möglicher Erfahrung hinaus aber überall keine synthetische Grundsätze geben könne."[176]

Es ist ganz undenkbar, daß Kant diese "Zweiheit" je aufgegeben hätte.[177] Sie war die große Idee, mit der er seinen Kritizismus begründete und mit der er das Hin und Her in der philosophischen Vorgeschichte zwischen Empirismus und Rationalismus aufhob.[178] Dennoch ist die spätere Rücknahme der Sinnlichkeit, z.B. durch Cohen und dessen Versuch, Kants Philosophie auf einer rein logischen Grundlage zu errichten, sie monistisch umzugestalten,[179] in ge-

---

176 Vgl. I. Kant, Kritik der reinen Vernunft, a.a.O., S. 275 (B 304-305; A 247-248).

177 Explizit schreibt er zum einen gegen Leibniz, zum anderen gegen Locke: "Anstatt im Verstande und der Sinnlichkeit zwei ganz verschiedene Quellen von Vorstellungen zu sehen, die aber nur in Verknüpfung objektivgültig von Dingen urteilen könnten, hielt sich ein jeder dieser großen Männer nur an eine von beiden, die sich ihrer Meinung nach auf Dinge an sich selbst bezöge, indessen daß die andere nichts tat, als die Vorstellungen der ersteren zu v erwirren oder zu ordnen." [Ebd., S. 293 (B 327; A 271)]

178 Hebt man den Unterschied von Anschauung und Denken auf, entsteht der Gedanke eines intuitiven Verstandes, der das Charakteristikum unserer Erkenntnis wieder verwischt. (Vgl. K. Düsing, Teleologie der Natur. Eine Kant-Interpretation mit Ausblick auf Schelling, in: Natur und Subjektivität. Zur Auseinandersetzung mit der Naturphilosophie des jungen Schelling, hg. von R. Heckmann, H. Krings und R.W. Meyer, Stuttgart-Bad Cannstatt 1985, S. 199.)

179 Vgl. H. Cohen, Logik der reinen Erkenntnis, Berlin 1902. – Zur Kritik dieser Arbeit siehe: F. Staudinger, Cohens Logik der reinen Erkenntnis und die Logik der Wahrnehmung, Kant-Studien *8*(1903), 1-29; L. Nelson, Besprechung des Buches System der Philosophie, 1. Teil. Logik der reinen Erkenntnis, von H. Cohen, Berlin 1902, in: Göttinger Gelehrte Anzeigen, 1905, Nr. 8, S. 610-630; E. Cassirer, Der kritische Idealismus und die Philosophie des gesunden Menschenverstandes, in: Philosophische Arbeiten, hg. von H. Cohen und P. Natorp, Gießen 1906; P. Natorp, Allgemeine Logik, erstmals veröffentlicht in: Seminar-Textbücher 1. Philosophie, Erkenntnistheorie, Logik im Neukantianismus, hg. und eingeleitet von W.

wisser Weise verständlich. Nicht nur hatten die Neukantianer (und andere) manche Aspekte der Kantschen Philosophie falsch rezipiert, sondern Kants Argumentation selbst war ambivalent. Sie bedurfte und bedarf noch heute der weiteren Ausarbeitung.[180]

Was ist gegeben?

Durch die Anschauung, die einem Begriffe gemäß ist – sagt Kant –, wird der Gegenstand *gegeben*, ohne diese wird er nur gedacht, und umgekehrt wird er nicht gedacht, also nicht begrifflich gefaßt, wenn er nur in der Anschauung gegeben ist. In beiden Fällen wird also nicht erkannt.

Diese für sich genommen klare Bestimmung wird problematisch, fragt man, wie der Gegenstand gegeben sein kann, wenn ohne Begriff noch nicht einmal ein Etwas als ein bestimmtes Etwas wahrgenommen werden kann.

Kant fährt fort: "Wenn einem Begriffe die korrespondierende Anschauung a priori beigegeben werden kann, so sagt man: dieser Begriff werde *konstruiert*; ist es nur eine empirische Anschauung, so nennt man das ein bloßes Beispiel zu dem Begriffe; die Handlung der Hinzufügung der Anschauung zum Begriffe heißt in beiden Fällen Darstellung (exhibitio) des Objekts, ohne welche (sie mag nun mittelbar, oder unmittelbar geschehen) es gar keine Erkenntnis geben kann."[181]

In der *Kritik der reinen Vernunft* hatte er geschrieben: "Auf welche Art und durch welche Mittel sich auch immer eine Erkenntnis auf Gegenstände beziehen mag, so ist doch diejenige, wodurch sie sich auf dieselbe unmittelbar bezieht, und worauf alles Denken als Mittel abzweckt, die *Anschauung*. Diese findet aber nur statt, so fern uns der Gegenstand gegeben wird; dieses aber ist wiederum, *uns Menschen wenigstens*, nur dadurch möglich, daß er das Gemüt auf gewisse Weise affiziere. Die Fähigkeit (Rezeptivität), Vorstellungen durch die Art, wie wir von Gegenständen affiziert werden, zu bekommen, heißt *Sinnlichkeit*. Vermittelst der

---

Flach und H. Holzhey, Hildesheim 1980; H. Holzhey, Einleitung des Herausgebers, in: Hermann Cohen, Werke, Bd. 6, Hildesheim und NewYork 1997, S. VII*-XXV*.

180 Dies wurde schon in den Anfängen des Neukantianismus bemerkt. Vgl. dazu unter anderem: W. Windelband, Geschichte und Naturwissenschaft. Rede zum Antritt des Rektorats der Kaiser-Wilhelm-Universität (gehalten am 1. 5. 1894), Straßburg 1904, S. 3-27; E. v. Aster, Neukantianismus und Hegelianismus. Eine philosophie-geschichtliche Parallele, in: Münchener Philosophische Abhandlungen. Theodor Lipps zu seinem sechzigsten Geburtstag, Leipzig 1911, S. 1-25.

181 I. Kant, Welches sind die wirklichen Fortschritte, die die Metaphysik seit Leibnizens und Wolffs Zeiten in Deutschland gemacht hat?, in: Werke, a.a.O., Bd. VI, S. 666 f.

Sinnlichkeit also werden uns Gegenstände gegeben, und sie allein liefert uns *Anschauungen*; durch den Verstand aber werden sie *gedacht*, und von ihm entspringen *Begriffe*."[182]

Kant unterscheidet also zwei Grundquellen des Gemüts, aus denen die Erkenntnis entspringt, von denen – um dies zu wiederholen – "die erste ist, die Vorstellungen zu empfangen (die Rezeptivität der Eindrücke), die zweite das Vermögen, durch diese Vorstellungen einen Gegenstand zu erkennen (Spontaneität der Begriffe); durch die erstere wird uns ein Gegenstand *gegeben*, durch die zweite wird dieser im Verhältnis auf jene Vorstellung (als bloße Bestimmung des Gemüts) *gedacht*".[183]

Der Gegenstand muß nach Kant auf irgend eine Art gegeben werden können, wenn eine Erkenntnis objektive Realität haben, sich also auf einen Gegenstand beziehen, und in demselben Bedeutung und Sinn haben soll. Anderenfalls wären die Begriffe leer, und man hätte zwar gedacht, in der Tat aber durch dieses Denken nichts erkannt, sondern bloß mit Vorstellungen gespielt. Einen Gegenstand geben ist hiernach nichts anders, als dessen Vorstellung auf Erfahrung (es sei wirkliche oder doch mögliche) beziehen.[184]

Zu jedem Begriff wird also zweierlei erfordert: zum einen die Form eines Begriffs (des Denkens) überhaupt und zweitens die Möglichkeit, ihm einen Gegenstand zu geben, darauf er sich bezieht. Ohne einen solchen Gegenstand hat der Begriff keinen Sinn, ist er völlig leer an Inhalt, obgleich er noch immer die logische Funktion enthalten mag, "aus etwanigen Datis einen Begriff zu machen". "Nun kann der Gegenstand einem Begriff nicht anders gegeben werden als in der Anschauung, und, wenn eine reine Anschauung noch vor dem Gegenstande a priori möglich ist, so kann doch auch diese selbst ihren Gegenstand, mithin die objektive Gültigkeit, nur durch die empirische Anschauung bekommen, wovon sie die bloße Form ist. Also beziehen sich alle Begriffe und mit ihnen alle Grundsätze, so sehr sie auch a priori möglich sein mögen, dennoch auf empirische Anschauungen, d.i. auf Data zur möglichen Erfahrung. Ohne dieses haben sie gar keine objektive Gültigkeit, sondern sind ein bloßes Spiel, es sei der Einbildungskraft, oder des Verstandes, respective mit ihren Vorstellungen."[185]

Das Empirische ist für Kant dasjenige, wodurch der Gegenstand seinem *Dasein* nach als gegeben vorgestellt wird.[186] Für Kant heißt *gegeben*: Der Gegenstand hat ein Dasein bzw. er ist konstruierbar. Das Dasein kann man nicht logisch deduzieren. Oder: Das Sein ist kein Prä-

---

182 I. Kant, Kritik der reinen Vernunft, a.a.O., S. 69 (B 33).
183 Ebd., S. 97 (B 74).
184 Vgl. ebd., S. 199 (B 195).
185 Ebd., S. 270 (B 239).
186 Vgl. I. Kant, Welches sind die wirklichen Fortschritte, die die Metaphysik seit Leibnizens und Wolffs Zeiten in Deutschland gemacht hat?, a.a.O., S. 609.

dikat.[187] Aber: Nur das *Material* (für das Denken) ist mit der apriorischen Anschauung gegeben. Das heißt nicht einfach, daß das Material als solches herumliegt, über das man dann nachdenkt, sondern daß "... alles, was wir durch die Sinne empfinden, Realität seyn müsse, und alsdann kann man auch erst darüber reflectiren; denn *das Denken ist ja nur eine Reflexion dessen, was gegeben ist.* Also muß der Inbegriff aller Realität erst gegeben seyn, damit man etwas denken kann."[188]

Irgend etwas muß – und sei es immer nur im jeweiligen Zusammenhang, gar nicht ein für allemal – gegeben sein oder als gegeben genommen werden können. Es muß ein *Material* sein, etwas "Denkliches", wie Kant 1763 in seiner Schrift *Der einzig mögliche Beweisgrund zu einer Demonstration des Daseins Gottes* sagte, ein Worüber, "weil ohne Stoff sich überall nichts denken läßt".[189] Bei Kant wird das nun "Anschauung" genannt.

Anschauung im weitgehend akzeptierten philosophischen Sinne meint *zum einen* nichts Bestimmtes an der Sache, sondern sie, wenn auch diffus, im ganzen, sie selbst zu sehen, *zum anderen* die Art und Weise zu sein, wie uns die Sachen *erscheinen*, wir sie betrachten. Dieses Erscheinen ist kein Sinnenschein, es ist nicht psychisch bedingt, sondern durch die vorgängige Kulturentwicklung; es ist nicht subjektiv-individualistisch, sondern subjektiv-gattungsbestimmt. In der Anschauung wird die Gegenwart der Sache fixiert. Sie stellt sich selbst ohne Vermittlung durch anderes dar, man nimmt sie so, wie sie sich unmittelbar darstellt (diffus, unbewußtes Leben im jeweiligen Kulturkreis).

Das von Kant konzipierte Verhältnis von Anschauung und Verstand ist also unmittelbar verknüpft mit seinem Standpunkt, daß das Sein kein Prädikat ist, mit dem angenommenen Verhältnis von *Möglichkeit* und *Wirklichkeit, Materie* und *Form*, wohinein Kant auch den Unterschied seines Kritizismus zur Leibnizschen Philosophie legt. Er kritisiert Leibniz, der das Möglichkeit-Wirklichkeit-Verhältnis nur im Verstand abhandeln wollte, der die Erscheinungen als Dinge an sich selbst nahm.

Desgleichen korrespondiert Kants Begriff *Anschauung* resp. das von ihm konzipierte Verhältnis von Verstand und Sinnlichkeit mit dem von *Form* und *Materie*, das gefaßt wird als das von *Bestimmung* und dem *Bestimmbaren* überhaupt.[190] Der Verstand verlangt, daß etwas

---

187 Vgl. hierzu: R. Wahsner, Die Kantsche Synthese von Leibniz und Newton und deren Konsequenzen für den Mechanik-Begriff des deutschen Idealismus, in: Kant und die Berliner Aufklärung. Akten des IX. Internationalen Kant-Kongresses, hg. von V. Gerhardt, R.-P. Horstmann und R. Schumacher, Berlin–NewYork 2001, Bd. 5, S. 381-391.

188 I. Kant, Vorlesungen über die Metaphysik (Nachschrift Pölitz), PM278 (Hervorhebung – d.V.).

189 I. Kant, Kritik der reinen Vernunft, a.a.O., S. 261 (B 285).; vgl. auch: ders., Vorlesungen über die Metaphysik, a.a.O., PM273-304.

190 Vgl. I. Kant, Kritik der reinen Vernunft, a.a.O., S. 288-291 (B 320-324).

gegeben sei (wenigstens dem Begriffe nach), um es auf gewisse Art bestimmen zu können. Daher geht im Begriffe des reinen Verstandes die Materie der Form vor.[191]

Wenn nun aber – auf welchselbiger Einsicht ja die ganze *Kritik der reinen Vernunft* beruht – Verstand und Sinnlichkeit zwei völlig verschiedenartige Erkenntnisvermögen sind, so fragt sich, wie es möglich sein soll, einen Gegenstand unter einen Begriff zu subsumieren bzw. reine Verstandesbegriffe, Kategorien, auf Erscheinungen überhaupt zu beziehen – was hinwiederum zum Zwecke der Erkenntnis erforderlich ist. Die Lösung findet Kant in der *Form*, verstanden als Art und Weise der Verarbeitung von etwas, als Prinzip einer Ordnung oder Zusammenordnung.[192] Über die Art und Weise des Anschauens und die Art und Weise des Denkens (im Unterschied zu dem, was zur Anschauung und zum Gedachtsein gebracht werden kann) kann das Ungleichartige, ohne es als solches zu leugnen, (der Verstand und die Sinnlichkeit, das Spontane und das Rezeptive, das Allgemeine und das Einzelne) miteinander verknüpft werden. Die Formen der Erfahrung sind im Gegensatz zu ihrem Inhalt nichts Gegebenes, sondern vom Subjekt gestiftete Prinzipien der Ordnung des Erfahrungsmaterials, Weisen des Anschauens. Die *Formen* der Sinnlichkeit, also Raum und Zeit, und die *Formen* des Verstandes, die Kategorien, gestatten es, Raum und Zeit mit den Kategorien zu verknüpfen. *Und erst dadurch können sie zum einen als Anschauung, zum anderen als Begriffe fungieren. Vorher sind sie dies nur virtuell oder im Prinzip.* Das heißt aber auch: Es gibt nicht *den* anschaulichen Raum, der als solcher schon vor der Synthese von Sinnlichkeit und Verstand vorhanden ist. Außerhalb des Prozesses ist das Mittel nicht Mittel. *Raum* und *Zeit* oder auch *Mittel* sind prozeßhafte Bestimmungen.

Es gibt keine Anschauung, und es gibt keine Begriffe für sich (schon als solche Bestimmte), die dann zusammengebracht werden. Aber dennoch muß man sie erst einmal für sich behandeln. Es war gerade Kants große Erkenntnis, daß Sinnlichkeit und Verstand nicht als unteres und oberes Erkenntnisvermögen bzw. unklares und deutliches Erkennen zu unterscheiden sind, sondern als spezifische und in ihrer jeweiligen Eigenheit unabdingbare Erkenntnisvermögen zu sehen sind. Daher ist es auch kein Widerspruch resp. keine Verwirrung, wenn Kant darstellt, daß sie nur in Einheit Erkenntnisse ermöglichen. (Vereinigen kann man erst, nachdem man unterschieden hat.)

Hegel rezipiert dann später diesen Sachverhalt in der Form, daß er zunächst das eine Moment für sich nimmt und dann dessen Mangel aufzeigt, um, vereint mit dem anderen Moment, ein Ganzes zu bilden. Es fragt sich nur, ob das möglich ist, denn um ein Ganzes zu konstituie-

191 Vgl. ebd., S. 290 (B 322).

ren, könnte noch ein drittes Moment bzw. könnten noch weitere Momente erforderlich sein.[193]

Ein vermittelndes Drittes?

Kant meint aber auch, daß es als Vermittlungsinstanz ein Drittes geben müsse. Er nennt es das "transzendentale Schema". Das Schema vermittelt zwischen Anschauung und Denken (die ja ganz verschieden sind). In dem Kapitel der *Kritik der reinen Vernunft*, das den Schematismus der reinen Verstandesbegriffe behandelt, schreibt Kant: "Nun ist klar: daß es ein Drittes *geben* müsse, was einerseits mit der Kategorie, andererseits mit der Erscheinung in Gleichartigkeit stehen muß, und die Anwendung der ersten auf die letzte möglich macht. Diese vermittelnde Vorstellung muß rein (ohne alles Empirische) und doch einerseits *intellektuell,* andererseits *sinnlich* sein. Eine solche ist das *transzendentale Schema.*"[194]

Der transzendentale Schematismus vermittelt hiernach zwischen dem reinen Denken und der Sinnlichkeit; er gibt den Kategorien ihre "Bedeutung" und der Anschauung ihre kategoriale Struktur.

Daß es zwischen reiner Anschauung und reinen Begriffen einer Vermittlung bedarf, ist einsichtig. Aber ist auch die "Instanz", die Kant dafür einsetzt, eindeutig bestimmt? Kant selbst scheint darüber im Zweifel gewesen zu sein.[195] Sein Grundgedanke hingegen ist klar, vor allem, wenn man auf ein *gleichartiges*, von d'Alembert benanntes Problem sieht. Es eröffnetete sich ihm im Zusammenhang mit der Einsicht, daß zum Zwecke der Bewegungsdarstellung Raum und Zeit koordiniert werden müssen, dies aber keine einfache Sache ist. Denn man kann nicht – wie d'Alembert in der Einleitung zu seiner *Abhandlung über Dynamik* schreibt: "zwei Dinge völlig verschiedener Natur, wie den Raum und die Zeit, miteinander vergleichen". Und er fährt fort: "Man kann aber die Beziehung der Zeittheile zu einander mit

---

192 Vgl. ebd., S. 186-195 (B 174-187).

193 Greift Hegel explizit auf die Anschauung zurück, so erweist sich dies zumeist als ein Rückgriff auf eine inadäquate Rezeption der Naturwissenschaft. (R. Wahsner, Inwieweit ist Hegels Rückgriff auf die Anschauung ein Rückgriff auf eine inadäquate oder rudimentäre Rezeption der Naturwissenschaft?, in: Naturwissenschaft und Methode in Hegels Naturphilosophie, hg. von W. Neuser, Würzburg 2009.)

194 I. Kant, Kritik der reinen Vernunft, a.a.O., S. 187 (B 177).

195 Kant meint, es sei zugegeben, "daß man aus einem gegebenen Begriffe hinausgehen müsse um ihn mit einem andern synthetisch zu vergleichen"; dafür aber sei "ein Drittes nötig, worin allein die Synthesis zweener Begriffe entstehen kann". "Was ist nun aber" – fragt er – "dieses Dritte, als das Medium aller synthetischen Urteile?" Und er antwortet: "Es ist nur ein Inbegriff, darin alle unsre Vorstellungen enthalten sind, nämlich der innre Sinn, und die Form desselben a priori, die Zeit. Die Synthesis der Vorstellungen beruht auf der Einbildungskraft, die synthetische Einheit derselben aber … auf der Einheit der Apperzeption." [I. Kant, Kritik der reinen Vernunft, a.a.O., S.199 (B 194; A 155)].

der Beziehung der Theile des zurückgelegten Weges zu einander vergleichen ... Die Gleichung [über die Raum und Zeit aufeinander bezogen werden – d.V.] wird nicht die Beziehung der Zeiten zu den Strecken ausdrücken, sondern, wenn man so sagen darf, die Beziehung zwischen dem Verhältnis der Zeittheile zu ihrer Einheit und dem Verhältnis der Theile des zurückgelegten Weges zu der für sie geltenden Einheit."[196] Der Vergleich mit d'Alembert betrifft nicht dessen Raum-Zeit-Konzept, sondern die Art und Weise, in der er grundsätzlich Verschiedenes zusammendenkt, es – wie Kant – nur über Formales (Beziehung von Verhältnissen zu Verhältnissen) zu vereinigen weiß. Und könnte man hier die Sache noch weiter zergliedern, so erwiese sich, daß die *Beziehung des Raumes zur Dynamik* (zur Dynamik in der Newtonschen Begrifflichkeit genommen, die mit dem Status des Begriffs in Kants System vergleichbar ist) *über die Zeit erfolgt*, bzw. die für jede physikalische Theorie erforderliche Korrelation von Raum und Zeit identisch ist mit der Begründung der jeweiligen Dynamik. Das heißt aber nicht, daß die jeweilige physikalische Raum-Zeit mit der jeweiligen Dynamik identisch wäre.

Was Kant genau unter Schema versteht,[197] inwieweit er es im vergleichbarem Sinne wie d'Alembert faßt, inwieweit als Schematism der Analogie,[198] soll hier nicht untersucht, sondern nur diskutiert werden, wie die Synthese von Anschauung und Verstand in der Physik vollzogen wird.

Zu Kants Versuch, das Schema über die Zeit zu konstruieren, also die Vermittlung der Anschauung mit dem Verstand über nur eine der beiden Anschauungsformen zu konstruieren, sei hier nur bemerkt, daß dieses Herangehen vermutlich mit Kants problematischem Zeitbegriffs verknüpft ist, insofern die Zeit der innere Sinn ist und nur dies. Vielfach wurde dies in der Literatur kritisiert und verschiedentliche Verbesserungen vorgeschlagen. Reininger z.B. meint, daß es nötig sei, die Zeit so zu bestimmen, daß sie als Grundform unseres Gesamtbe-

---

196 J. B. d'Alembert, Abhandlung über Dynamik, Leipzig 1899, S. 8 f.

197 Vgl. z.B. unter vielen anderen: W. Zschocke, Über Kants Lehre vom Schematismus der reinen Vernunft, Kant-Studien *12*(1907), 157-212; E.R. Curtius, Das Schematismuskapitel in der Kritik der reinen Vernunft. Philologische Untersuchung, Kant-Studien *19*(1914), 338-366; R.B. Pippin, The Schematism and Empirical Concepts, Kant-Studien *67*(1976), 156-171; W. Detel, Zur Funktion des Schematismuskapitels in Kants Kritik der reinen Vernunft, Kant-Studien *69*(1978), 17-45; H. Hoppe, Synthesis bei Kant. Das Problem der Verbindung von Vorstellungen und ihrer Gegenstandsbeziehung in der "Kritik der reinen Vernunft", Berlin–NewYork 1983; ders., Begriff und Anschauung: Gibt es ein Schematismusproblem? in: Akten des Siebenten Internationalen Kant-Kongresses 1990, hg. von G. Funke, Bonn 1991; C. LaRocca, Schematismus und Anwendung, Kant-Studien *80*(1989), 129-154; siehe auch die in diesen Beiträgen zitierte Literatur zum Schematismusproblem.

198 Vgl. I. Kant, Welches sind die wirklichen Fortschritte, die die Metaphysik seit Leibnizens und Wolffs Zeiten in Deutschland gemacht hat?, a.a.O., S. 676; ders., Kritik der Urteilskraft, in: Werke, a.a.O., Bd. X, S. 429-431 (§ 90).

wußtseins zugleich die *Daseinsform* aller seiner Bestimmungen sein könne.[199] Ohne diese Auffassung insgesamt befürworten zu wollen, ist ihr aber dahingehend zuzustimmen, daß Kants Bestimmung der Zeit über den inneren Sinn die Objektivierung der Zeit (in Gestalt einer Uhr) vermissen läßt. Reininger fragt zu Recht, wie es sich mit der Bewegung im Raun verhält, wenn die Zeit nichts anderes ist als die Form des inneren Sinns, d.h. des Anschauens unserer selbst und unseres inneren Zustandes. Schließlich sei die Bewegung doch auch ein Verhältnis äußerer Erscheinungen und gehöre nicht nur zum Anschauen unseres Selbst.[200]

Aber Kant zufolge sind die Schemate nichts als *Zeitbestimmungen* a priori.[201] Sie erfüllten hierdurch die Forderung, rein, einerseits intellektuell, andererseits sinnlich zu sein. Kant fährt in seiner Begründung fort: "Der Verstandesbegriff enthält reine synthetische Einheit des Mannigfaltigen überhaupt. Die Zeit, als die formale Bedingung des Mannigfaltigen des inneren Sinnes, mithin der Verknüpfung aller Vorstellungen, enthält ein Mannigfaltiges a priori in der reinen Anschauung. Nun ist eine transzendentale Zeitbestimmung mit der *Kategorie* (die die Einheit derselben ausmacht) so fern gleichartig, als sie *allgemein* ist und auf einer Regel a priori beruht. Sie ist aber andererseits mit der *Erscheinung* so fern gleichartig, als die Zeit in jeder empirischen Vorstellung des Mannigfaltigen enthalten ist. Daher wird eine Anwendung der Kategorie auf Erscheinungen möglich sein vermittelst der transzendentalen Zeitbestimmung, welche als das Schema der Verstandesbegriffe die Subsumtion der letzteren unter die erste vermittelt. ... Wir wollen diese formale und reine Bedingung der Sinnlichkeit, auf welche der Verstandesbegriff in seinem Gebrauch restringirt ist, das *Schema* dieses Verstandesbegriffs und das Verfahren des Verstandes mit diesen Schematen den *Schematismus* des reinen Verstandes nennen."[202]

Ob Kant damit den Begriff der Geschwindigkeit als einer Größe konstruieren kann, was er selbst für erforderlich hält,[203] sei dahingestellt. Es seien nur Zweifel daran angemeldet, daß

---

199 Vgl. z.B.: R. Reininger, Kants Lehre vom inneren Sinn und seine Theorie der Erfahrung, Wien und Leipzig 1900, S. 46.

200 Vgl. ebd., S. 53.

201 Vgl. I. Kant, Kritik der reinen Vernunft, a.a.O., S. 192 (B 184).

202 Ebd., S. 188 f. (B 177-180).

203 Vgl. I. Kant, Metaphysische Anfangsgründe der Naturwissenschaft, in: Werke, a.a.O., Bd. IX, S. 44 (Anmerkung 2).

seine Argumentation hinreicht. Er betont, daß die Bewegung Raum und Zeit vereinigt.[204] Aber wie werden äußerer und innerer Sinn vereinigt?[205]

Nach Kant ist die Zeit die formale Bedingung a priori aller Erscheinungen *überhaupt*, der Raum hingegen bloß auf *äußere* Erscheinungen eingeschränkt. Doch weil alle Vorstellungen als Bestimmungen des Gemüts zum inneren Zustand gehören, "dieser innere Zustand aber unter der formalen Bedingung der innern Anschauung, mithin der Zeit gehöret: so ist die Zeit eine Bedingung a priori von aller Erscheinung überhaupt".[206] Das Hauptargument ist letztlich dies, daß Raum und Zeit keine Dinge an sich selbst sind. Denn – so Kant – wenn man den Raum für eine reine Form der Erscheinungen äußerer Sinne gelten läßt, man sich die Zeit, die doch gar kein Gegenstand äußerer Anschauung ist, nicht anders wird vorstellen können als unter dem Bild einer Linie, "sofern wir sie ziehen, ohne welche Darstellungsart wir die Einheit ihrer Abmessung gar nicht erkennen könnten, imgleichen, daß wir die Bestimmung der Zeitlänge, oder auch der Zeitstellen für alle innere Wahrnehmungen, immer von dem hernehmen müssen, was uns äußere Dinge Veränderliches darstellen, folglich die Bestimmungen des inneren Sinnes gerade auf dieselbe Art als Erscheinungen in der Zeit ordnen müssen, wie wir die der äußeren Sinne ordnen, mithin, wenn wir von den letzteren einräumen, daß wir dadurch Objekte nur so fern erkennen, als wir äußerlich affiziert werden, ...".[207]

Man gewinnt den Eindruck, daß Kant *Bewegung* denken zu können meint, ohne explizit die Objektivierung der Zeit sowie deren Vereinigung mit dem Raum zu begründen. Bewegung ist ihm zufolge "Veränderung der *äußeren Verhältnisse* desselben [des Dinges – d.V.] zu einem gegeben Raum".[208] Oder er schreibt: "Nun ist aber Bewegung Veränderung der Relation im Raume."[209] Der Terminus "Veränderung" ist aber nur ein anderes Wort für "Bewegung", erfordert mithin die explizite Einbeziehung der Zeit. Statt von Bewegung von Veränderung zu reden, verdeckt nur das Problem bzw. die genante Notwendigkeit.

Positiv gewendet könnte man auch sagen, daß Kant implizit mit seiner Formulierung "Veränderung im Raum" das Erfordernis der Veräußerlichung erkennt, daher in den *Metaphysi-*

---

204 Vgl. I. Kant, Kritik der reinen Vernunft, a.a.O., S. 83-86 (B 54-58).

205 Überlegungen hierzu findet man außer in der "Kritik der reinen Vernunft" [S. 254-257 (B 275-279)] in: I. Kant, Reflexionen 5653-5656, in:. Kant's handschriftlicher Nachlaß, Bd. 5, in: I. Kant's gesammelte Schriften, Bd. 18, hg. von der Preuß. Akad. Wiss., Berlin und Leipzig 1928, S. 306-317.

206 I. Kant. Kritik der reinen Vernunft, a.a.O., S. 81 (B 50).

207 Ebd., S. 151 (B 156).

208 I. Kant, Metaphysische Anfangsgründe der Naturwissenschaft, a.a.O., S. 27 (1. Hauptstück).

209 Ebd., S. 122 (4. Hauptstück).

schen Anfangsgründen der Naturwissenschaft den physikalischen Gebrauch des Begriffs *Bewegung* (und Naturwissenschaft ist Bewegungslehre)[210] gerechtfertigt sieht.[211]

Ein plausibler Einwand gegen Kants Lösung des Schematismusproblems wäre es zu sagen: Auch wenn die Zeit der innere Sinn ist (falls das zutreffen sollte), bleibt sie Anschauungsform, und nach Kants eigener Aussage geht es um *deren* (der Anschauungsformen) Vermittlung mit dem Verstand. Eine der zu vermittelnden Formen kann nicht selbst Vermittlung sein.

Vielleicht aber ist das Ganze eine (nicht ganz angemessene) Rezeption des physikalischen Sachverhalts, der besagt, daß über den Raum für sich (das wäre dann reine Geometrie) schon etwas zu sagen ist (wenn auch nicht alles für die Bewegungsdarstellung Erforderliche), über die Zeit für sich jedoch gar nichts. Die Zeit wird überhaupt nur über die Bewegung, d.h. ihre Verknüpfung mit dem Raum bestimmt. Dies aber ist schon Verknüpfung der jeweiligen Raum-Zeit mit der Dynamik. Anders gesagt: Wenn die Einheit erreicht ist, dann ist die Zeit schon enthalten.

Die Vermittlung über eine Analogie bzw. die Bestimmung des Schema über eine Analogie scheint am tragfähigsten zu sein, aber die Bestimmung des Begriffs *Analogie* variiert.[212] Zudem müßte man prüfen, ob es Kants Absicht war, das Schema über die Analogie zu bilden.[213] Es ist auch eine Unterscheidung zwischen verschiedenartigen Schematismen angelegt: "Zum Prinzip der Erkenntnis, die a priori synthetisch ist, gehört, daß die Zusammensetzung das einzige a priori ist, was, wenn es nach Raum und Zeit überhaupt geschieht, von uns gemacht werden muß. Das Erkenntnis aber für die Erfahrung enthält den Schematism, entweder den realen Schematism (transzendental), oder den Schematism nach der Analogie (symbolisch)."[214]

Auf alle Fälle erinnert die Analogie-Version nicht nur stark an d'Alemberts Begründung, sondern auch an Kants Vermittlungsgedanke über die Form. Kant schreibt: Man kann sich von zwei ungleichartigen Dingen in dem Punkte ihrer Ungleichartigkeit, eines derselben nach einer *Analogie* mit dem andern *denken*; aber aus dem, worin sie ungleichartig sind, nicht von

210 Vgl. ebd., S. 22 (Vorrede).

211 Vgl. dazu den Abschnitt "Die Idealität des Raumes und der Zeit als Lehre von der Realität des Raumes und der Zeit –aus der Sicht der heutigen Physik".

212 Vgl. z.B. I. Kant, Kritik der Urteilskraft, a.a.O., S. 429-431 (§ 90); ders., Kritik der reinen Vernunft, a.a.O., S. 218 f. (B 222); ders., Prolegomena, in: Werke, a.a.O., Bd. V, S. 233 f. (§ 58); ders., Die Religion innerhalb der Grenzen der bloßen Vernunft, in: Werke, a.a.O., Bd. VIII, S. 718 f. (Anm. B 82, Anm. B 83).

213 Vgl. z.B. I. Kant, Kritik der reinen Vernunft, a.a.O., S. 301-306 (B 338-347).

214 I. Kant, Welches sind die wirklichen Fortschritte, die die Metaphysik seit Leibnizens und Wolffs Zeiten in Deutschland gemacht hat?, a.a.O., S. 676.

einem nach der Analogie auf das andere schließen,[215] denn Analogie *bedeutet nicht eine unvollkommene Ähnlichkeit zweier Dinge, sondern eine vollkommene Ähnlichkeit zweier Verhältnisse zwischen ganz unähnlichen Dingen*.[216] Um den Charakter der Analogie als Schematismus der Mißdeutung zu entziehen, sagt Kant: "Zwischen dem Verhältnisse aber eines Schema zu seinem Begriffe und dem Verhältnisse eben dieses Schema des Begriffs zur Sache selbst ist gar keine Analogie, sondern ein gewaltiger Sprung (μετάβασις εἰς ἄλλο γένος), der gerade in den Anthropomorphism hinein führt, wovon ich die Beweise anderwärts gegeben habe."[217]

Das notwendige Dritte ergibt sich rückwärts gelesen daraus, daß Raum und Zeit "Aufspaltungprodukte" sind, Produkte, die sich ergeben, weil es zum Zwecke der Erkenntnis notwendig ist, zwei stets zusammenhängende Momente zu etwas Eigenem zu machen. "Die Zeit ist das Prinzip des ewigen Flusses in dem Beharrlichen, der Raum ist das Prinzip des ewigen Bestehens in dem Fliessenden. Fliessen und Bestehen sind Korrelatbegriffe. Beide erst in ihrer Verbindung gestatten den Begriff zugleich."[218] Raum und Zeit gibt es nicht je für sich, ihre notwendige Korrelation, ihre "gewesene Einheit" muß durch ein Drittes simuliert bzw. vermittelt oder kompensiert werden. Aber sie zu verselbständigen, das Eine ohne Blick auf das Andere zu behandeln, hypostasierte sie im Sinne des metaphysizierenden Empirismus.

Kants Begriff der Größe

Das von Kant konzipierte Verhältnis von Anschauung und Verstand ist auch mit seinem Begriff der *Größe* verknüpft. Man könnte es auch so sehen, daß Kant versucht, dem Anschauung-Verstand-Verhältnis durch Fundierung mit seinem Größenbegriff einen wissenschaftlichen Bezug zu geben. "Alle Anschauungen sind extensive Größen" schreibt er in der zweiten Auflage der *Kritik der reinen Vernunft* und "Alle Erscheinungen sind ihrer Anschauung nach extensive Größen" in der ersten Auflage.[219] Er erklärt: "... die Erscheinungen sind insgesamt Größen, und zwar extensive Größen, weil sie als Anschauungen im Raume oder der Zeit durch dieselbe Synthesis vorgestellt werden müssen, als wodurch Raum und Zeit überhaupt bestimmt werden." "Eine extensive Größe nenne ich diejenige, in welcher die Vorstellung der

215 Vgl. I. Kant, Kritik der Urteilskraft, a.a.O., S. 429-431 (§ 90).
216 Vgl. I. Kant, Prolegomena, a.a.O., S. 233 (§ 58).
217 I. Kant, Die Religion innerhalb der Grenzen der bloßen Vernunft, a.a.O., S. 718 f. (Anmerkungen).
218 W. Zschocke, Über Kants Lehre vom Schematismus der reinen Vernunft, a.a.O., S. 199.
219 I. Kant, Kritik der reinen Vernunft, a.a.O., S. 204 (B 202).

Teile die Vorstellung des Ganzen möglich macht (und also notwendig vor dieser vorhergeht)". Oder: "... so ist jede Erscheinung als Anschauung eine extensive Größe, indem sie nur durch sukzessive Synthesis (von Teil zu Teil) in der Apprehension erkannt werden kann".[220] Hierauf gründet sich nach Kant Mathematik.[221]

Hier kommt ins Spiel, daß nach Kant nur der *Mechanismus* ein konstruktives Prinzip ist, während der Gang vom Ganzen zu den Teilen nur als ein regulatives angesehen wird.[222] Vermutlich würde die Analyse dieses Standpunktes auch das Verhältnis *Anschauung – Verstand* der Kritik unterziehen, und zwar in einem konstruktiven Sinne.

Kant *muß* Anschauungen zu Größen erklären, weil es sonst keine Beziehung zwischen Sinnlichkeit und Geometrie oder der "Mathematik der Ausdehnung" gibt. Er erkennt hiermit,[223] daß auf Gegenstände der Erfahrung nicht so ohne weiteres Mathematik angewandt werden kann. Doch die von ihm vorgeschlagene Verbindung löst das Problem nicht, sondern bezeichnet es nur.[224]

Nach Kants Konzept ist das reine Bild aller Größen (quantorum) vor dem äußern Sinne der Raum, aller Gegenstände der Sinne aber überhaupt die Zeit. "Das reine *Schema der Größe* aber (quantitatis) als eines Begriffs des Verstandes ist die Zahl, welche eine Vorstellung ist, die die sukzessive Addition von Einem zu Einem (gleichartigen) zusammenbefaßt. Also ist die Zahl nichts anders als die Einheit der Synthesis des Mannigfaltigen einer gleichartigen Anschauung überhaupt, dadurch daß ich die Zeit selbst in der Apprehension der Anschauung erzeuge."[225]

Nun ist es zumindest fragmentarisch, die Zahl allein so wie im Zitat zu bestimmen. Hiergegen spricht sowohl die philosophische Argumentation (von Rickert)[226] als auch die mengentheoretische Begründung der Mathematik. Gemeinsam ist diesen Konzepten allerdings, die Zahl in ihrem Charakter als Ergebnis eines bestimmten Vorgehens zu sehen, nicht als ein

---

220 Ebd., S. 205 (B 203-204).

221 Damit ist nicht gesagt, Kants Raum-Zeit-Apriorismus reduziere sich – wie mitunter gemeint wird – auf eine Begründung der Mathematik.

222 Zur Kritik dieses Konzepts siehe: R. Wahsner, Der Widerstreit von *Mechanismus* und *Organismus*. a.a.O.

223 Vgl. I. Kant, Zur Kritik der reinen Vernunft, a.a.O., S. 207 (B 206-207).

224 Zur Kompliziertheit dieser Verknüpfung siehe z.B. P. Lorenzen, Theorie des technischen Wissens, in: Protophysik. Für und wider eine konstruktive Wissenschaftstheorie der Physik, hg. von G. Böhme, Frankfurt a. M. 1976, S. 40-82; zur Diskussion dieses Standpunkts vgl.: Messung als Begründung oder Vermittlung? Ein Briefwechsel mit Paul Lorenzen über Protophysik und ein paar andere Dinge. Herausgegeben und geführt von Horst-Heino v. Borzeszkowski und Renate Wahsner, Sankt Augustin 1995.

225 I. Kant, Kritik der reinen Vernunft, a.a.O., S. 191 (B 182-183).

226 Vgl. z.B. H. Rickert, Das Eine, die Einheit und die Eins, Logos *2*(1911/12), 26-78.

an sich so und so beschaffenes Etwas zu unterstellen, das dann seinerseits ein bestimmtes Verfahren determiniert. So erzeugt nach Kant die Vorgehensweise der Mathematik die Art des Ergebnisses,[227] nur Quantis. Nicht sei es umgekehrt.[228] In dieser Weise werden (unter der Rubrik "Axiome der Anschauung") die *extensiven Größen* ins Spiel gebracht.

Die *intensiven Größen* erscheinen unter dem Titel "Antizipation der Wahrnehmung". Der *Grundsatz,* welcher alle Wahrnehmungen, als solche, antizipiert, lautet: "In allen Erscheinungen hat die *Empfindung,* und das *Reale,* welches ihr an dem Gegenstande entspricht, eine *intensive Größe,* d.i. einen Grad." In der zweiten Ausgabe heißt es: "In allen Erscheinungen hat das Reale, was ein Gegenstand der Empfindung ist, *intensive Größe,* d.i. einen Grad."[229] Sowohl um die Bewegung überhaupt physikalisch zu erfassen, als auch um speziell Wärme, Schwere, Farbe darstellen zu können, bedarf es intensiver Größen. Allerdings gelingt es Kant nicht, diesen Gedanken konsequent zu verfolgen. Letztendlich gründet dies in seinem Begriff des Mechanismus und dessen Status für die neuzeitliche Wissenschaft.[230]

Bei intensiven Größen geht man nicht von den Teilen zum Ganzen; sie werden nur als Einheit apprehendiert, in ihnen kann die Vielheit nur durch die Annäherung zur Null vorgestellt werden. Die intensiven Größen entsprechen also dem Prinzip Organismus, das nur als regulatives, nicht als konstruktives Prinzip gilt.[231]

Kant verfolgt mit seiner Größenbestimmung ein eigenes Anliegen, das man für sich verstehen muß. Aber dennoch ist zu fragen: entspricht es der Physik? Das soll in den folgenden Teilen der Arbeit beantwortet werden.

Die Objekte der Physik sind Größen. Aber nur die Objekte der Physik bzw. die der rechnenden und messenden Wissenschaft, nicht die der Lebenswelt. Kant unterscheidet dazwischen nicht und kommt daher zu dem Ergebnis: Erscheinungen sind Größen.[232] Das sind sie aber nicht von sich aus, sondern man muß die Erscheinungen zu Größen machen, damit sie Objekte der Physik sein können.

---

227 Vgl. I. Kant, Kritik der reinen Vernunft, a.a.O., S. 614 (B 743).

228 Siehe ebd., S. 201-267 (B 197-294), insbes. S. 204-209, 267.

229 Ebd., S. 208 (B 208].

230 Ausführlich hierzu siehe: R. Wahsner, Der Widerstreit von *Mechanismus* und *Organismus,* a.a.O.

231 Vgl. I. Kant, Kritik der reinen Vernunft, a.a.O., S. 208-215 (B 208-218).

232 Vgl. hierzu ebd., S. 204-215 (B 202-218), 291-307 (B 324-349).

Vorläufiges Ergebnis

Kants Unterscheidung von Anschauung und Begriff, auch wenn sie mitunter im einzelnen problematisch ist, ermöglicht es, eine akzeptable Fassung des *Gegebenseins* zu begründen.

Entscheidend ist die Einsicht, daß von einer vorhandenen, einer gegebenen Form der Sinnlichkeit ausgegangen werden muß, daß dieser Ausgangspunkt nicht mit Verstand ersetzt werden kann. Kant formulierte diese Erkenntnis im Gegensatz zu seinen philosophischen Vorgängern, die entweder (wie Leibniz) die Erscheinungen intellektualisierten oder (wie Locke) die Verstandesbegriffe sensitivierten.[233] (So gelangte Leibniz zu seinem Konzept der Ununterscheidbarkeit, weil er die Dinge nur durch Begriffe bestimmte, nicht durch ihre Plazierung an verschiedenen Orten.[234])

Kants Begriff der Sinnlichkeit ist durch diese Funktionsverteilung zwischen Verstand und Sinnlichkeit geprägt, aber auch durch die zwar erkannte, aber nicht bewältigte Problematik der Begriffsbildung: Kant erkennt, daß die bloße Abstraktion nicht ausreicht, kennt jedoch keine anderen Begriffsbildungsverfahren, kennt nicht die durch Idealisierung bedingten;[235] doch er ahnt sie, sucht sie.

Eng damit verknüpft ist die Problematik des Kantschen Begriffs von Verhältnis. Verhältnis wird als äußere Bestimmung aufgefaßt.[236] Und daraus wird geschlossen: "Nun wird durch bloße Verhältnisse doch nicht eine Sache an sich erkannt: also ist wohl zu urteilen, daß, da uns durch den äußeren Sinn nichts als bloße Verhältnisvorstellungen gegeben werden, dieser auch nur das Verhältnis eines Gegenstandes auf das Subjekt in seiner Vorstellung enthalten könne, und nicht das Innere, was dem Objekte an sich zukommt."[237] Kant denkt ausführlich über den Zusammenhang zwischen einem schlechthin Innerem und bloßen Verhältnisbestimmungen nach,[238] gelangt aber nicht zu der Erkenntnis, daß *Verhältnis* kein Notbehelf, sondern ein Gewinn ist, ein Gewinn, der die neuzeitliche Naturwissenschaft überhaupt erst ermöglichte?

Kants Anschauungsbegriff ist maßgeblich mit seiner Erkenntnis verbunden, daß der Mensch mittellos nicht erkennen kann. Mittel müssen also schon als Bedingungen gegeben sein (auch wenn vom Menschen selbst produziert), als existent unterstellt werden. Das, was

---

233 Vgl. ebd., S. 293 (B 237).

234 Vgl. ebd., S. 294 (B 326).

235 H.-H. v. Borzeszkowski und R. Wahsner, Die Natur technisch denken? a.a.O.

236 Vermutlich gründet dies darin, daß Kant zwischen Verhältnis und Relation nicht unterscheidet.

237 I. Kant, Kritik der reinen Vernunft, a.a.O., S. 92 f. (B 67-69).

238 Siehe z.B. I. Kant, Kritik der reinen Vernunft, a.a.O., S. 300-306 (B 338-346).

"Anschauung" genannt wird, wird daher in seiner *Funktion* untersucht, nicht nach seiner Herkunft – weder seiner ontogenetischen noch seiner phylogenetischen. Diese funktionale Untersuchung ist der Kern des Begriffs *Apriorität*. Kant untersucht nicht, wie das menschliche Erkenntnisvermögen entstanden ist, sondern nimmt es in einer Form, "in der es nur dem Menschen angehört". Das ist legitim.

Im Kern, in der wesentlichen Argumentation diskutiert bzw. begründet Kant die Anschauung, ihre reinen Formen, Raum und Zeit, von ihrer Erkenntnis*funktion* her, nicht psychologisch, auch nicht geometrisch.[239] Aber bei den Beispielen, erdacht zur Plausibilisierung wird es problematisch,[240] weil Kants *Vorstellung* durchaus nicht auf der Höhe seiner Philosophie stand, sondern dem vorgängigen Weltbild verhaftet war.

Man muß den Ursprung der kritizistischen erkenntnistheoretischen Wende mit dem Begriff *Anschauung* in Beziehung setzen und dann fragen, ob er durch die physikalische Entwicklung nach Newton aufgehoben wurde; auch fragen, ob dieser Begriff der Newtonschen Mechanik überhaupt gemäß ist (was er seinem Begründer zufolge ja sein sollte). – Zu diesem Zweck seien im folgenden einige Antworten dargestellt.

Die Rezeption bzw. die nachfolgende Entwicklung von Kants Begriff *Anschauung*

Das Gegebene als *Material* zu fassen entspricht dem, was Natorp später die Aufgabenstellung nannte. Seine Bestimmung war im Anschluß an Kant[241] in der seinerzeit geführten Diskussion die zutreffendste.[242] Gegeben ist ihm zufolge die Aufgabe, das *X*, das aus einer Gleichung

239 Siehe z.B. R. Wahsner, Apriorische Funktion und aposteriorische Herkunft. Hermann von Helmholtz' Untersuchungen zum Erfahrungsstatus der Geometrie, in: Universalgenie Helmholtz. Rückblick nach 100 Jahren, hg. von L Krüger, Berlin 1994, S. 245-259.

240 Vgl. z.B. I. Kant, Kritik der reinen Vernunft, a.a.O., S. 270 (B 239); kritisch hierzu: E. Cassirer, Determinismus und Indeterminismus in der modernen Physik, a.a.O., S. 155 f.

241 Kant schreibt: "Was versteht man denn, wenn man von einem der Erkenntnis korrespondierenden, mithin auch davon unterschiedenen Gegenstande redet? Es ist leicht einzusehen, daß dieser Gegenstand nur als etwas überhaupt = X müsse gedacht werden. weil wir außer unserer Erkenntnis doch nichts haben, welches wir dieser Erkenntnis als korrespondierend gegen über setzen könnten." [I. Kant, Kritik der reinen Vernunft, a.a.O., S. 166 (A 105), auch 167 f. (A 106, A 109)]

242 Siehe z.B. K. Groos, Beiträge zum Problem des "Gegebenen", Zs. für Philosophie und philosophische Kritik *130*(1907), 75-92; A. Görland, Hermann Cohens systematische Arbeit im Dienste des kritiischen Idealismus, Kant-Studien *17*(1912), 223-251, insbes. S. 231; E. v. Aster, Neukantianismus und Hegelianismus. Eine philosophie-geschichtliche Parallele, a.a.O.; P. Natorp, Kant und die Marburger Schule, Kant-Studien *17*(1912), 193-221; E. Cassirer, Erkenntnistheorie nebst den Grenzfragen der Logik (1913), in: ders., Ges. Werke, Bd. 9, a.a.O., S. 139-200; R Hönigswald, Substanzbegriff und Funktionsbegriff. Kriti-

explizit zu bestimmen ist.[243] Implizit ist es gegeben – durch die mit dem funktionalen Gleichungssystem fixierten Beziehungen der Größen zueinander. Nach Kant: " ... derselbe Begriff, der uns in den Stand setzt zu fragen, durchaus uns auch tüchtig machen muß, auf diese Frage zu antworten, indem der Gegenstand außer dem Begriffe gar nicht angetroffen wird (wie bei Recht und Unrecht)."[244] Auch die Holzheysche Bestimmung, Kants Gegebensein des Gegenstandes als Bedingung der Möglichkeit des Gegenstandes zu interpretieren,[245] erhellt den Sinn des Kantschen Begriffs *Anschauung*.

Der neuzeitliche Umbruch impliziert, daß das Ding, das Element oder der Gegenstand nicht als bestimmt vorgegeben, sondern als durch die Bewegung, durch den Vorgang oder das Verhalten bzw. durch die Methode erzeugt genommen wird.[246]

Insbesondere Hermann Cohen expliziert dies, z.B. am Verhältnis von Vergleich und Vergleichseinheit.[247] Cohen betont, und zwar in der Auseinandersetzung mit Helmholtz, daß der Gegenstand durch die Bildung, durch die Art und Weise der Bildung einer Reihe, einer Ordnung konstituiert wird. Man hat den Gegenstand nicht vorher. Die *Begriffe* der Größe und der Gleichheit werden nicht zuerst entwickelt und dann nach den Relationen zwischen den schon fertigen Objekten gefragt, wenn man das Zählen und Messen erkenntnistheoretisch betrachten bzw. deren erkenntnistheoretische Fundierung erschließen will. Vielmehr werden diese Begriffe gebildet, *indem* man die Ordnung, die Verhältnisse der Größen zueinander, entwickelt oder begründet. Es geht beispielshalber darum, die Einheit, etwa den Gegenstand *Länge*, zu

---

sche Betrachtungen zu Ernst Cassirers gleichnamigen Werk, Dt. Literaturzeitung *XXXIII* (1912), 2821-2902.

243 Vgl. P. Natorp, Über objective und subjective Begründung der Erkenntnis, Philosophische Monatshefte *XXIII*(1887), 257-286, insbes. S. 258, 283. Natorp schreibt an den zitierten Stellen: "Betrachten wir Erkenntnis als Aufgabe, analog einer aufzulösenden Gleichung, so ist der Gegenstand das gesuchte, noch nicht bestimmte, durch die Data erst zu bestimmende X. Dieses X ist aber nicht ein schlechthin Unbekanntes; sondern so, wie das X der Gleichung durch die in derselben ausgedrückte bestimmte Beziehung zu den bekannten Grössen selbst in seiner Bedeutung bestimmt ist, so muss in der Gleichung der Erkenntnis, auch vor deren Auflösung, der Gegenstand seiner Bedeutung nach bestimmt sein durch eine bestimmte Beziehung zu den Datis der Erkenntnis. Sonst würde die Aufgabe, den Gegenstand zu erkennen, nicht nur unlösbar, sondern unverständlich sein." – "In der That ist *vor der Leistung* der Erkenntniss etwas gegeben; nämlich die *Aufgabe*. Man mag auch sagen: der Gegenstand sei gegeben; nämlich als erst zu bestimmender; als ein X, nicht als bekannte Grösse." Siehe auch: ders., Kant und die Marburger Schule, a.a.O., S. 193-221, insbes. S. 200; E. Cassirer, Das Erkenntnisproblem in der Philosophie und Wissenschaft der neueren Zeit, Darmstadt 1994, Bd. I-IV, hier: Bd. I, S. 59.

244 I. Kant, Kritik der reinen Vernunft, a.a.O., S. 451 (B 506; A 478).

245 Vgl. H. Holzhey, Einleitung des Herausgebers, in: Hermann Cohen, Werke, Bd. 6, S. VII*-XV*.

246 Vgl. hierzu u.a. K. Lasswitz, Zum Problem der Continuität, Philosophische Monatshefte, *24*(1888), 9-36, insbes. S. 17.

247 Vgl. H. Cohen, Jubiläums-Betrachtungen (Rezension des Eduard Zeller zu seinem 50jährigen Doctorjubiläum gewidmeten Bandes, der auch den Aufsatz von H. v. Helmholtz "Zählen und Messen, erkenntnistheoretisch betrachtet" enthält), Philosophische Monatshefte, *24*(1888), 257-291.; H.- H. v. Borzeszkowski und R. Wahsner, Infinitesimalkalkül und neuzeitlicher Bewegungsbegriff oder Prozeß als Größe, a.a.O.

konstituieren, also zu bestimmen, was Länge ist. Es geht nicht darum, unter der Voraussetzung der Existenz oder Kenntnis dieser Größe verschiedene Maßeinheiten oder Rechenverfahren zu diskutieren.

Cohens Argumentation ist geprägt von der Absicht, das Substanzdenken zu überwinden, wobei die Gefahr besteht, den Gegenstand überhaupt zu verlieren. Diese Gefahr ist gebannt, unterstellt man, daß stets etwas gegeben sein muß, um zu Erkenntnissen zu gelangen – nicht ein für allemal, aber jeweils (und als grundsätzliches Zweites). So gesehen bleibt die Rolle der Kantschen *Anschauung* unberührt von der Existenz und der physikalischen Bedeutung der nicht-euklidischen Geometrie.

Wieso aber wird dann von einer Krise der Anschauung (wie ein zeitgenössischer Artikel formulierte)[248] gesprochen? In einer 1936 verfaßten Arbeit über die moderne Physik schreibt Cassirer: "Die 'Krise der Kausalität' die durch die Quantenmechanik herbeigeführt worden ist, besteht freilich, und sie ist ernst genug. Aber sie ist keine Krise des reinen Kausal*begriffs*, sondern eine 'Krise der Anschauung'; sie zeigt uns, daß wir diesen Begriff nicht länger in der gewohnten Weise auf die Anschauung der 'reinen Zeit' beziehen und in dieser 'schematisieren' dürfen. Solcher Schematisierung sind durch die Entwicklung der Quantentheorie ganz bestimmte Grenzen gezogen. Wir können die Kausalität nicht mehr in derselben Weise wie in der klassischen Physik mit der Raum-Zeitbeschreibung verbinden, geschweige, daß wir sie in dieser letzteren aufgehen lassen können. Vom rein erkenntnistheoretischen Standpunkt aus gesehen ist diese Einsicht insofern nicht überraschend, als sie, schon vor der Ausbildung der modernen Physik, durch die Entwicklung der Mathematik im 19. Jahrhundert vorbereitet worden ist. Schon hier trat die 'Krise der Anschauung' offen zu Tage."[249]

In Kenntnis der Mechanik, Feldtheorie, Statistik und Quantentheorie wird die Kausalität von Cassirer zu Recht und im Sinne von Kant nicht als naive lineare Ursache-Wirkung-Beziehung aufgefaßt, sondern in der Gesetzlichkeit dieser Theorien gesehen. Dabei wird insbesondere in der relativistischen Feldtheorie (Elektrodynamik, Allgemeine Relativitätstheorie) die gleichberechtigte Behandlung der Raum- und Zeitvariablen hervorgehoben, und es werden die partiellen Differentialgleichungen (Maxwellsche und Einsteinsche Feldgleichungen), in denen diese Variablen auftreten, als Ausdruck dieser Gesetzlichkeit angesehen. Dennoch spricht Cassirer aufgrund seines Begriffs von Anschauung von Zeitordnung bzw. Zeitreihe als Aspekt der Kausalität. Inwiefern das für Ihn mit Kants Begriff der Anschauung etwas zu tun hat, wird durch die von ihm oben angesprochene Entwicklung der Quanten-

---

248 Vgl. H. Hahn, Die Krise der Anschauung, a.a.O.

theorie deutlich. Offensichtlich korrespondiert für Cassirer der Kantsche Schematismus, demgemäß die Zeitbestimmungen der Schemate, die die reinen Verstandesbegriffe (Kategorien) auf die Sinnlichkeit, d.h. auf die empirische Anschauung, beziehen, insofern mit der Verfaßtheit der Physik, als deren Grundgesetze (die kausale Zusammenhänge erfassen) erst in ihren Lösungen (d.h. bestimmten Bewegungsabläufen, die aus den Grundgesetzen berechnetet werden) zu empirisch überprüfbare Aussagen werden. Diese Lösungen sind zeitliche Verknüpfungen von Ereignissen im physikalischen Erfahrungsraum. Man könnte sie "Zeitreihen" nennen.

Warum nach Cassirers Ansicht diesem Übergang von den Grundgesetzen zu den Lösungen, den er "Schematisieren" nennt, durch die Entwicklung der Quantentheorie Grenzen gesetzt sieht, wird deutlich, wenn man einen typischen Unterschied zwischen der klassischen, d.h. der nicht den Gesetzen der Quantentheorie genügenden, Physik und der Quantenphysik bedenkt. In der klassischen Physik beschreiben die Lösungen *kontinuierliche* Zeitabläufe: In der nicht-relativistischen und relativistischen Mechanik beschreiben die Lösungen der mechanischen Grundgesetze kontinuierliche Bewegungsabläufe im Raum, und in der Elektrodynamik beschreiben die Lösungen der entsprechenden Grundgesetze (d.h. die Maxwellschen Feldgleichungen) z.B. die kontinuierliche Ausbreitung eines Lichtsignals. Anders ist es in der Quantentheorie: Zwar bringt sie keine "Krise der Kausalität" mit sich, denn die Gesetzlichkeit ist mit den Grundgesetzen dieser Physik (Schrödinger-Gleichung, Dirac-Gleichung usw.) gegeben, aber die entsprechenden Lösungen sind nicht als kontinuierliche Bewegungsbahnen im Raum zu verstehen, sie sind nicht als Kurven im Raum anschaulich zu machen.

Ob dies als "Krise der Anschauung" gedeutet werden muß, insofern Anschauung somit nicht mehr "in gewohnter Weise" auf die "reine Zeit" bezogen werden darf, fragt sich allerdings. Und es fragt sich, ob die "gewohnte Weise" je richtig gewesen ist. Sieht man genauer auf die vorgebrachten Argumente, erkennt man, daß das, was widerlegt wurde, mechanistische bzw. lebensweltliche Auffassungen von *Anschauung* waren.

Cassirer selbst schien es eine durch die wissenschaftliche Entwicklung bedingte Krise der Anschauung zu sein. Er kam zu diesem Ergebnis, nachdem er ausführlich dargetan hatte, daß die Quantenmechanik nicht das Kausalitätsprinzip liquidiert hat, und in einem damit gezeigt hatte, daß Kants Kausalitätsbegriff weit tiefsinniger ist als ihm von einer mechanizistischen Sichtweise unterstellt wird.[250]

---

249 E. Cassirer, Determinismus und Indeterminismus in der modernen Physik, a.a.O., S. 315 f.

250 Vgl. ebd., S. 313 ff., 325, 345 ff.

Es gibt die bis zu Cohen und Cassirer zurückreichende Gefahr bzw. den Irrtum, Anschauung sei durch einen mathematischen Formalismus gegeben, bzw. man faßt die Frage nach dem Verhältnis von Sinnlichkeit und Verstand als Frage nach dem Verhältnis von Mathematik und Philosophie.[251] Man spricht von Kants Theorie der mathematischen Erkenntnis oder meint: "Die Mathematik ist die Anwendung des Logikkalküls auf die Anschauungsformen", "die mathematischen Theoreme sind nichts anderes als die apriorischen Gesetze unseres Anschauens", "die Kantische Lehre von Zeit und Raum kann aus einem einheitlichen Prinzip heraus das ganze System der Axiome der Euklidischen Geometrie aufbauen und erklärt zugleich die Möglichkeit der Nicht-Euklidischen Geometrie als eines Teils im System." Selbst in der Einleitung zur Neuherausgabe von Cohens *Kants Theorie der Erfahrung* wird das Verhältnis von Anschauung und Denken mit dem von Mathematik und Mechanik auf eine Stufe gestellt. Es heißt dort: "Aus der Vereinigung von Anschauung und Denken, von Mathematik und Mechanik, entsteht der Gegenstand der Erfahrung, der in synthetischen Urteilen a priori erkannt wird."[252]

Unterstellt man, für Kant sei die euklidische Geometrie in ihrer detaillierten Ausgestaltung identisch mit der apriorischen Raumanschauung (und diese Geometrie wiederum sei als Mathematik zu fassen),[253] dann gerät man zwangsläufig zu der Konsequenz, daß die Begründung der nicht-euklidischen Geometrie Auswirkungen auf das Verhältnis von Mathematik und Physik resp. Mathematik und Philosophie haben muß.

Bedingt sind diese Mißinterpretationen durch Unklarheiten bzw. falsche Auffassungen über den Status von Mathematik und Physik sowie über die Rolle oder den Status des Raumes in der Newtonschen Mechanik, des sogenannten absoluten Raumes. Es wird unterstellt, Kant habe die Geometrie als Wissenschaft vom Raume bestimmt bzw. als Wissenschaft von der Raumanschauung oder nach Kant sei die euklidische Geometrie die Wissenschaft vom absoluten Raum, wie bei Newton, Raum und Zeit seien Gegenstand der Anschauung.[254]

---

251 Siehe als Beispiele unter vielen anderen: H. Cohen, Grundsatz der Antizipation der Wahrnehmung, in: Materialien zu Kants "Kritik der reinen Vernunft", hg. von J. Kopper und R. Malter, Frankfurt a.M 1975, S. 238-256; W. Meinecke, Die Bedeutung der Nicht-Euklidischen Geometrie in ihrem Verhältnis zu Kants Theorie der mathematischen Erkenntnis, Kant-Studien *11*(1906), 209-232, insbes. S. 214, 224, 229; E. Cassirer, Kant und die moderne Mathematik (1907), in Werke, Bd. 9, Hamburg 2001, S. 37-82; H. Holzhey, Einleitung des Herausgebers, zu: Hermann Cohen, Logik der reinen Erkenntnis, a.a.O., S. XII*; K. Gloy, Die Kantische Differenz von Begriff und Anschauung und ihre Begründung, Kant-Studien *75*(1984), 1-37, insbes. S. 33.

252 G. Edel, Einleitung, in: H. Cohen, Kants Theorie der Erfahrung, in: Hermann Cohen, Werke, hg. vom Hermann-Cohen-Archiv unter der Leitung von Helmut Holzhey, Hildesheim 1987, Bd. 1.1, S. 30*.

253 Hermann Cohen diskutiert diese Frage ausführlich in: Kants Theorie der Erfahrung, a.a.O., S. 295-310.

254 Ausführlicher hierzu siehe den Abschnitt "Die Idealität des Raumes und der Zeit als Lehre der vollkommenen Realität des Raumes und der Zeit – aus der Sicht der heutigen Physik".

Damit wird aus Kants Frage nach dem Verhältnis von Sinnlichkeit und Verstand bzw. von Anschauung und Kategorien die Frage nach dem Verhältnis von Mathematik und Physik oder Mathematik und Philosophie (dieses sind zweifellos auch maßgebliche Fragen, aber andere), wobei dann zudem die Mathematik als reine Logik, als reine Verstandesleistung, die Physik als rein empirische Wissenschaft gesehen wurde. Infolge dessen werden die Begriffe *Anschauung* und *Verstand* nicht nur inadäquat gefaßt, sondern auch noch vertauscht.

Diese Fehldeutungen gründen maßgeblich in einer einseitigen Bestimmung der analytischen Geometrie. So bewertete Cassirer die analytische Geometrie als eine echte philosophische Revolution der Denkart. Sie sei es dadurch, daß nunmehr Raumbegriffe in Zahlbegriffe umgesetzt werden können, daß durch sie der Raum zur exakten Begrifflichkeit gebracht wurde, indem man ihm denselben epistemologischen Charakter, der bislang nur den Zahlen eigen war, aufprägte und damit den mathematischen Funktionalzusammenhang zu einer "Logik der Mannigfaltigkeiten" umgestaltete, die über die Grenzen der Syllogistik hinausgreift.[255] Die mit der analytischen Geometrie verknüpfte Umwälzung ist jedoch voll und ganz erst erfaßt – und das wird im allgemeinen vergessen –, erkennt man, daß sie wesentlich auch darin bestand, ein Prinzip aufgezeigt zu haben, nach dem mathematische Relationen auf die Wirklichkeit bezogen werden können bzw. nach dem den Zahlen der epistemologische Charakter des Raumes aufgeprägt werden kann.[256] Infolge dieses Vergessens wird die Meßfunktion der Geometrie (der euklidischen ebenso wie der nicht-euklidischen) ausgeblendet und Geometrie als reine Mathematik behandelt. Doch es ist ein großer Unterschied, ob man Geometrie lediglich auf Zahlen reduziert oder sie – wie Newton – zudem aus der praktischen Mechanik (Statik) herleitet und sie als Kunst, genau zu messen, erkennt.

Der Neukantianismus als einer der Hauptverteidiger Kants hat Kants Erkenntnisse verbreitet und entwickelt; letzteres vor allem mit Blick auf die Naturwissenschaft, von der zu prüfen war, ob sie Kant widerlegt hat. Deshalb sei hier exemplarisch an zwei frühen Arbeiten die kritizistische bzw. logisch-empiristische Verarbeitung der Relativitätstheorie aufgezeigt.

Cassirers Argumente

Nach Cassirer geht es bei der Untersuchung des Verhältnisses der Relativitätstheorie zur Philosophie Kants nur darum, ob die neue Theorie als Beleg und Zeugnis für den *kritischen* oder

255 Vgl. E. Cassirer, Substanzbegriff und Funktionsbegriff, a.a.O., S. 93.

256 Ausführlicher hierzu: H.-H. v. Borzeszkowski und R. Wahsner, Physikalischer Dualismus und dialektischer Widerspruch, a.a.O., S. 17-23.

als Zeugnis für den *sensualistischen* Erfahrungsbegriff aufzufassen ist.[257] Die Frage, die das entscheidet, besteht ihm zufolge darin herauszufinden, ob das Denken im einfachen Registrieren der Tatsachen aufgeht, oder ob es bereits in der Feststellung und Deutung der "Einzeltatsache" seine Kraft und Funktion bewährt. "Erschöpft sich seine Leistung darin, die Einzeldaten, die unmittelbar aus der sinnlichen Beobachtung zu entnehmen sind, wie Perlen an einer Schnur aufzureihen – oder tritt es ihnen mit eigenen ursprünglichen Maßen, mit selbständigen Kriterien des Urteils gegenüber?"[258] Es verwundert, von einer naturwissenschaftlichen Theorie eine Antwort auf diese Frage zu erwarten. Zudem fällt auf, daß es einseitig nur darum geht, die Rolle des Denkens im Sinnlichen aufzuweisen, nicht die Rolle des Sinnlichen im Denken.

Cohen folgend geht Cassirer davon aus, daß wir in der Platonischen Bestimmung des Verhältnisses von Denken und Wahrnehmung, von Vernunft und Sinnlichkeit einen der fundamentalsten Gedanken in der Entwicklung der Erkenntniskritik vor uns haben. Gemäß dieser Bestimmung erweckt nur das den Gedanken, was zugleich mit seinem Gegenteil in die Sinne fällt.[259] Die Dialektik der Wahrnehmung rufe dann die des Denkens zur Beurteilung und Entscheidung auf. Wohingegen die Wahrnehmungen friedlich nebeneinander ruhen, keine innere Spannung zwischen ihnen bestehe, ruhe auch das Denken. Erst wo sich die Wahrnehmungen widersprechen, wo sie einander aufzuheben drohen, "tritt sein grundlegendes Postulat, seine unbedingte Einheitsforderung hervor und verlangt eine Umbildung, eine Neugestaltung der Erfahrung selbst".[260]

Es wird also unterstellt, daß es Wahrnehmungen an sich gibt, Wahrnehmungen, die als Wahrnehmungen schon bestimmt sind. Sollen diese durch die Anschauung gegeben sein? Wo bleibt das Kantsche Anschauung-Verstand-Konzept?

Cassirers Bemühen ist darauf gerichtet zu zeigen, daß die Relativitätstheorie für dieses allgemeine Verhältnis von Erfahrung und Denken einen neuen typischen Beweis erbracht hat. Ausgehend von den sich widersprechenden Ergebnissen des Fizeau-Versuchs und des Michelson-Versuchs, in denen der Widerspruch zwischen den Prinzipien der klassischen Mechanik und der Elektrodynamik hervortrat, weist Cassirer auf, wie der anfängliche Widerspruch aufgelöst wurde, und daß man so zur tieferen Einsicht in die Spezielle Relativitätstheorie gelangte. "Und dies Ergebnis wurde nicht schlechthin durch eine Häufung der Erfah-

---

257 E. Cassirer, Zur Einsteinschen Relativitätstheorie, in: ders., Zur modernen Physik, a.a.O., S. 21.
258 Ebd., S. 22.
259 Vgl. ebd.
260 Ebd., S. 23.

rungen, durch neu aufgestellte Versuche erreicht, sondern es beruht auf einer kritischen Umgestaltung, die das System der physikalischen Grundbegriffe erfuhr."[261] Diese Entwicklung wurde von dem "Gedanken der Konstanz und Einheit der Natur" geleitet und erzwang eine Umgestaltung der Grundlagen der Naturtheorie. Die Gesamtheit der in der Erfahrung gegebenen Maßbestimmungen wird zu einem in sich geschlossenen Ganzen vereint,[262] verknüpft mit der Begründung eines neuen Relativitätsprinzips.

Es gibt somit – entgegen einer verbreiteten Auffassung – keinen Widerspruch zwischen Relativitätsprinzipien und Objektivierung. Oder anders gesagt: Durch die für die Physik unabdingbaren Relativitätsprinzipien wird die Erkenntnis nicht immer relativer, subjektiver, sondern objektiver. Relativitätsprinzipien sind Objektivierungsprinzipien.[263]

Allerdings beruht diese tiefe Einsicht bei Cassirer auf einem bedenklichen Ausgangspunkt. Denn waren die Versuche von Fizeau und Michelson einfach Wahrnehmungen? Die so angelegte Auffassung hat nicht mehr die Kantsche Frage nach dem Verhältnis von Anschauung und Begriff im Sinn. Folglich kann dieser Begriff *Anschauung* nicht mehr der Kantsche sein.

In Cassirers Darstellung wird Erfahrung mit dem Fizeau- und Michelson-Versuch als gegeben angenommen, ohne den spezifischen Unterschied zwischen dem Begriff der physikalischen Erfahrung und den Begriff der Alltagserfahrung überhaupt nur anzusprechen. Das gründet in seinem (eingeschränkten) *Begriff von physikalischer Messung.* Letzteres wird auch deutlich, wenn Cassirer schreibt: "So erweist sich die Beziehung auf die Erfahrung, die Rücksicht auf die Phänomene und ihre einheitliche Darstellung überall als grundlegendes Moment; aber zugleich tritt freilich hervor, wie – nach dem Goetheschen Wort – die Erfahrung doch immer nur die halbe Erfahrung ist; denn nicht das bloße Beobachtungsmaterial als solches, sondern die ideelle Form, in die es erhoben wird und die gedankliche Deutung, die es erfährt, begründet den eigentlichen Wert der Relativitätstheorie [wie jeder physikalischen Theorie – d.V.] und ihren Vorrang vor anderen Erklärungsweisen."[264] Für Cassirer gibt es offenbar die irgendwie wahrzunehmenden Data des Fizeau- und des Michelson-Versuchs, die nach ihrer Wahrnehmung oder Beobachtung dadurch, daß sie in eine ideelle Form erhoben und im Sinne der Relativitätstheorie gedeutet werden, zur Erfahrungsgrundlage der Relativitätstheorie werden.

261 Ebd., S. 27
262 Vgl. ebd., S. 36.
263 Vgl. ebd., S. 42.
264 Ebd., S. 30.

In der Allgemeinen Relativitätstheorie findet für Cassirer die erkenntnistheoretische Grundfrage, auf die die geschichtlichen Anfänge der modernen Bewegungslehre bereits unmittelbar bei Galilei hingewiesen haben, ihre umfassende und abschließende Formulierung.[265] Das wird vor allem darin gesehen, daß mit dieser Theorie die bevorzugten Bezugssysteme der Speziellen Relativitätstheorie (die sogenannten Inertialsysteme) durch beliebige Bezugssysteme ersetzt werden können: "Jetzt erkennen wir, wo ihre wahrhaft letzten Konstanten, wo die Angelpunkte liegen, um die sie die Erscheinungen dreht. Sie sind nicht in besonderen gegebenen Dingen zu suchen, die als bevorzugte Bezugssysteme aus allen übrigen herausgehoben sind – wie die Sonne für Copernicus, der Fixsternhimmel für Galilei und Newton noch solche Systeme waren."[266] Die Allgemeine Relativitätstheorie zeigt nach Cassirer, daß wahrhaft invariant niemals irgendwelche Dinge, sondern immer nur gewisse Grundbeziehungen und funktionale Abhängigkeiten sind. Zuvor habe man eben bestimmte *Dinge* wie Sonne oder Fixsternhimmel für das absolute Bezugssystem gehalten.

Cassirer manövriert sich hier in eine inkonsequente Sicht: Da er die Mechanik ja für eine ordentliche Wissenschaft hält, und zwar eine, die mit Kants Kritizismus in Einklang steht, müßte schon in ihr das wahrhaft Invariante in den Grundbeziehungen und funktionalen Abhängigkeiten bestanden haben (was auch der Fall ist).

Eine Erklärung für diese Inkonsistenz könnte darin bestehen, daß es – wie Cassirer feststellt – eine, die Geschichte der Philosophie und der exakten Naturwissenschaft durchziehende Tendenz gibt, jeden neuen und fruchtbaren Maßbegriff bald wieder in einen Dingbegriff zu verwandeln. Nur dadurch, daß relative Maße derart in einen abschließenden Ausdruck des ontologisch Realen verwandelt wurden, meinte die wissenschaftliche Weltanschauung der Wahrheit gewiß zu werden.[267] So fiel man etwa hinter Cusanus' Einsicht zurück, dergemäß Begriffe wie der des Minimums (des Kleinsten, der Eins, der Einheit) nicht dinglich sind, sondern in den gedanklichen Setzungen, in den logischen Bedingungen der Operation der Messung selbst gesucht werden müssen. Insbesondere verkehrte man den in der heutigen Physik unverzichtbaren Begriff des Atoms, der eine logische Einheit in der eigentümlichen Form des physikalischen Zusammenhangs darstellt, in eine dingliche Modelleinheit.[268]

Dieser Gang der Geschichte wäre eine Erklärung für den Schein, man wäre erst mit der Relativitätstheorie zu der Erkenntnis gelangt, daß wahrhaft invariant niemals irgendwelche

---

265 Vgl. ebd., S. 14 f.
266 Ebd., S. 34.
267 Vgl. ebd., S. 11.
268 Vgl. ebd., S. 14.

Dinge, sondern immer nur gewisse Grundbeziehungen und funktionale Abhängigkeiten sind. Doch offensichtlich ist Cassirer gemäß seiner eigenen Darstellung selbst diesem Schein verfallen und hat so fruchtbare Maßbegriffe in Dingbegriffe verwandelt. Denn zuvor hatte er selbst die Leistung Galileis dahingehend bestimmt, daß mit dem Trägheitsgesetz das Maß der Bewegung definiert worden ist. Damit – könnte man meinen – erkannte er, daß die bevorzugten Bezugssysteme, die Inertialsysteme, sowohl in der Newtonschen Mechanik als auch in der Speziellen Relativitätstheorie nicht als Ding-, sondern als Maßbegriffe eingeführt worden sind. Denn es ist das Trägheitsgesetz, das sagt, wie die Bezugssysteme zu bestimmen sind, hinsichtlich derer die Bewegung zu messen ist. (Für die Newtonsche Mechanik war das von Ludwig Lange klargestellt worden.[269]) Und nun kommen plötzlich die Sonne und der Fixsternhimmel als dingliche Bezugskörper ins Spiel. Die Sache klärt sich dahingehend auf, daß Cassirer das Trägheitsgesetz nicht als Teil der Newtonschen Axiomatik zu verstehen vermag.[270] Da er das Trägheitsgesetz außerhalb und unabhängig von der die mechanische Bewegungslehre ausmachenden Newtonschen Axiomatik diskutiert, hängt sein Maß der Bewegung bzw. hängen die damit bestimmten bevorzugten Bezugssysteme gewissermaßen in der Luft. Um diesen Systemen bzw. wenigstens einem derselben Gegenständlichkeit zu geben, es zum Gegenstand der Bewegungslehre zu machen, bleibt ihm nichts weiter, als es ungewollt zu verdinglichen. Und so verweist er auf den Fixsternhimmel, obwohl der sowohl in der Newtonschen Theorie als auch in der Speziellen Relativitätstheorie nur eine näherungsweise "dingliche" Realisierung eines der unendlich vielen gleichwertigen, durch das Trägheitsgesetz (im Kontext der Newtonschen Axiomatik) bestimmten Inertialsysteme darstellt.

Wenn Cassirer die Auflösung der "Dinge" in bloße Beziehungen,[271] erst mit der Allgemeinen Relativitätstheorie gegeben sieht, so bedarf dies der Kritik. Denn auch in der Mechanik, Elektrodynamik und Speziellen Relativitätstheorie ging es nicht um Dinge im alltagsweltli-

---

269 Vgl. L. Lange, Die geschichtliche Entwicklung des Bewegungsbegriffs und ihr voraussichtliches Endergebnis. Ein Beitrag zur historischen Kritik der mechanischen Prinzipien, Leipzig 1886. (Einen Kommentar zu Langes Arbeit findet man im Unterabschnitt "Newtons Begriff des absoluten Raumes".)

270 Vgl. G. Frege, Über das Trägheitsgesetz, Zs. für Philosophie und philosophische Kritik, *98*(1890), 145-161. – Zur Beziehung zwischen Newtons drei Axiomen siehe auch: Nachwort der Herausgeber zu: Ernst Mach, Die Mechanik in ihrer Entwicklung – historisch-kritisch dargestellt, hg. und mit einem Anhang versehen von R. Wahsner und H.-H. v. Borzeszkowski, a.a.O., 8, S. 534-536, 600-604; dies., Physikalischer Dualismus und dialektischer Widerspruch, a.a.O., insbes. S. 31-39.

271 Vgl. E. Cassirer, Zur Einsteinschen Relativitätstheorie, a.a.O., S. 33 f.

chen Sinne, nicht um Dingbegriffe. Auf einer solchen Basis hätte eine physikalische Wissenschaft überhaupt nicht begründet werden können.[272]

Doch wie steht es mit den "bloßen Beziehungen", "die wir in der symbolischen Sprache der Mathematik und Physik in bestimmten Gleichungen festhalten",[273] mit der völligen Auflösung des Dings in Beziehungen? Sind Größen qualitätslos?

Cassirers – wie es zunächst schien – tiefes Verständnis der Begrifflichkeit der seit Newton der Allgemeinen Relativitätstheorie vorangegangenen Physik erweist sich schließlich als ziemliches Unverständnis, wenn er Kants entscheidende Wendung in der Analyse des Problems des Raumes und der Zeit beschreibt. Sein Irrtum betrifft nicht so sehr die Wendung Kants, die er als die Verpflanzung des Problems "vom Boden der Physik auf den Boden der Transzendentalphilosophie" charakterisiert, sondern seine dabei deutlich werdende Beurteilung der Begriffe von Raum und Zeit in den Theorien, die der Allgemeinen Relativitätstheorie vorangegangen sind. So wird mit dem Argument, daß das Newtonsche System "die Dingform der endlichen und starren Bezugskörper" zugrunde legt.[274] zum einen der Sachverhalt verwischt, daß – wie gezeigt –[275] Raum und Zeit schon in der klassischen Mechanik nicht als Dinge aufgefaßt wurden, sie auch nicht mit *gegebenen* Bezugskörpern arbeitet, zum anderen in unzutreffender Weise behauptet, daß die Allgemeine Relativitätstheorie keiner starren Meßkörper bedarf, sondern nur noch mit "Mollusken" mißt.

Kant hat (wenn auch nicht durchgehend in adäquater Form) die Begrifflichkeit der Newtonschen Raum-Zeit in seinem Raum-Zeit-Konzept philosophisch reflektiert (nicht physikalisch nachgebildet). Wird dies übersehen oder vergessen, so muß das zwangsläufig den von Kant konzipierten Begriff *Anschauung* verzerren oder gar verfälschen.

Cassirers Sicht ist dadurch bedingt, daß er Einsteins Bemerkung, durch die Relativitätstheorie werde dem Raum und der Zeit der letzte Rest physikalischer Gegenständlichkeit genommen, so auslegen will, daß die Physik durch die Allgemeine Relativitätstheorie in Übereinstimmung mit der Raum-Zeit-Auffassung der kritisch-transzendentalen Theorie gebracht

---

272 Ausführlicher hierzu siehe z.B. H.-H. von Borzeszkowski und R. Wahsner, Physikalischer Dualismus und dialektischer Widerspruch, a.a.O., insbes. S. 24-81; R. Wahsner, Zur Kritik der Hegelschen Naturphilosophie, a.a.O.

273 E. Cassirer, Zur Einsteinschen Relativitätstheorie, a.a.O., S. 34.

274 Ebd., S. 65 f.,

275 Vgl. z.B. H.-H. v. Borzeszkowski und R. Wahsner, Die Mechanisierung der Mechanik, a.a.O.; dies., Physikalischer Dualismus und dialektischer Widerspruch, a.a.O., S. 9-81; dies., Einleitung der Herausgeber zu: Voltaire, Elemente der Philosophie Newtons/ Verteidigung des Newtonianismus/ Die Metaphysik des Neuton, a.a.O., S. 1-77, sowie die dort zitierte Literatur; dies., Not Even Classical Mechanics Is Mechanistic, in: Worldviews and the Problems of Synthesis, Vol. 4: The Yellow Book of "Einstein Meets Magritte", ed. by D. Aerts, H. van Belle, and J. van der Veken, Dordrecht–Boston–London 1999, S. 251-262.

wird.[276] Das führt ihn dazu, das Kovarianzprinzip als die eigentliche Grundlage der Allgemeinen Relativitätstheorie anzusehen. Diesem Prinzip gemäß müssen die Gesetze der Physik so formuliert werden, daß sie in *allen* Koordinatensystemen die gleiche Gestalt haben, also keine Bezugs- bzw. Koordinatensysteme bevorzugt werden, sondern alle gleichwertig sind. Mit dem durch diese Theorie gegebenen Fortschritt "bewährt sich aufs neue der Gedanke, daß die 'Regel des Verstandes' es ist", welche die "Richtschnur für alle unsere zeitlichen und räumlichen Bestimmungen bildet."[277] Und weiter schreibt Cassirer: "Daß es sich hierbei nicht um den Ausdruck einer beobachteten Tatsache handelt ..., sondern um einen Grundsatz, den der Verstand in der Deutung der Erfahrungen hypothetisch als Norm der Erfahrung gebraucht, liegt auf der Hand."[278]

Cassirers Darlegung, wonach für die Allgemeine Relativitätstheorie die wahre Objektivität nirgends mehr in empirischen Bestimmungen liege, bedarf der Kritik, insofern sich diese Theorie durchaus, und zwar wesentlich, auf ein empirisches Argument stützt, nämlich auf die experimentell immer besser bestätigte Äquivalenz von Trägheits- und Schwerephänomenen. Dieses sogenannte Äquivalenzprinzip explizierte bzw. realisierte Einstein mathematisch mittels des Kovarianzprinzips. Das geschah dadurch, daß Einstein die sogenannten metrischen Funktionen, die durch die Forderung der Kovarianz in die physikalischen Grundgleichungen eingeführt werden und als Trägheitspotentiale interpretiert werden können, aufgrund der Äquivalenz von Trägheit und Schwere mit den Gravitationspotentialen identifizierte.

Doch das Kovarianzprinzip würde für sich genommen nicht zur Allgemeinen Relativitätstheorie führen.[279] Allerdings – und das hebt Cassirer zu Recht hervor – gibt es durchaus die *Form* vor, die die Gesetze der Physik haben müssen. Er übersieht dabei aber, daß eine derartige Vorgabe seit Newton mit jeder physikalischen Theorie verbunden ist. In der klassischen Mechanik ist es die Vorgabe, daß alle physikalischen Gesetze ihre Form bei Galilei-Transformationen nicht ändern dürfen, in der Speziellen Relativitätstheorie die, daß die Ge-

---

276 Wie die Einsteinsche Bemerkung zu verstehen ist, findet man in: M. Schlick , Raum und Zeit in der gegenwärtigen Physik. Zur Einführung in das Verständnis der allgemeinen Relativitätstheorie, Berlin 1917, S. 31-41. Diese physikalisch korrekte Darstellung mündet allerdings in einer Kritik des Kantschen Apriorismus (siehe S. 54 f.), die darauf beruht, daß Schlick den apriorischen Raum als anschaulichen, psychologischen Raum mißversteht.

277 E. Cassirer, Zur Einsteinschen Relativitätstheorie, a.a.O., S. 74.

278 Ebd., S. 75.

279 Auch Einstein kam erst durch die kritische Auseinandersetzung mit den von Kottler (1916), Kretschmann (1917) und Reichenbächer (1920) veröffentlichten Analysen der Grundprinzipien der Allgemeinen Relativitätstheorie zu der klaren Einsicht, daß nicht das Kovarianzprinzip, sondern das Äquivalenzprinzip den entscheidenden physikalischen Inhalt seiner Theorie ausmacht, das Kovarianzprinzip hingegen nur das mathematische Hilfsmittel ist, das Äquivalenzprinzip mathematisch zu formulieren. Es kann durchaus sein,

setze ihre Form bei Lorentz-Transformationen beibehalten, und schließlich in der Allgemeinen Relativitätstheorie die, daß die Form bei allgemeinen Koordinatentransformationen unverändert bleibt. Daß im letzten Fall nicht nur spezielle Transformationen, also nicht nur Transformationen zwischen bevorrechtigten Bezugssystemen, den Inertialsystemen, zugelassen sind, ist zunächst eine rein formale Vorgabe, wobei die speziellen Bezugssysteme ebensowenig wie die allgemeinen die von Cassirer behaupteten selbständigen Gegenstände sind. Daß die Invarianz der Form der Gleichungen gegenüber beliebigen Transformationen (auch allgemeine Kovarianz genannt) nur zu einem formalen Fortschritt führt, erkennt man daran, daß die allgemeine Kovarianz schon in der klassischen Mechanik und in der Speziellen Relativitätstheorie erreicht werden kann: Man kann die Gesetze dieser Theorien in eine Form bringen, die in beliebigen Koordinaten gilt. Physikalisch gesehen würde das aber nicht über diese Theorien hinausführen. Die Forderung der Kovarianz führt, wie gesagt, erst dann zur Allgemeinen Relativitätstheorie, also zu einem physikalischen Fortschritt, wenn man den erwähnten empirischen Befund der Äquivalenz von Trägheit und Schwere mittels kovarianter Gleichungen mathematisch formuliert. Denn dadurch gelangt man mit der Allgemeinen Relativitätstheorie zu einer relativistischen Theorie des Gravitationsfeldes, die durch Experimente mit der Erfahrung konfrontiert werden kann.

Ähnlich wie im Fall des Trägheitsgesetzes, das Cassirer von dessen empirischen Bezug ablöste, sieht er auch hier von den empirischen Elementen der Grundlegung bzw. dem empirischen Bezug der Allgemeinen Relativitätstheorie, durch die die allgemeine Kovarianz erst zu einem nicht-trivialen "Denkmittel" wird, ab. Nur durch diese Ablösung kann er schließen: "Es ist das Verdienst der [Allgemeinen – d.V.] Relativitätstheorie, ... im Grundsatz der Kovarianz der allgemeinen Naturgesetze gegenüber allen beliebigen Substitutionen [von Koordinaten] ein Prinzip aufgestellt zu haben, vermöge dessen das Denken die Relativität, die es aus sich heraus fordert, auch aus sich heraus zu beherrschen vermag."[280]

Die Tatsache, daß die Gesetze der Allgemeinen Relativitätstheorie in einem gekrümmten, also in einem nicht-euklidischen Raum (bzw. in einer nicht-euklidischen Raum-Zeit) formuliert werden, wird von Cassirer als eine "Revolution der Denkart" hervorgehoben.[281] Dagegen ist nicht schlechthin etwas zu sagen, doch der nicht-euklidische Raum wird von ihm nicht in seiner eigentlichen physikalischen Bedeutung erkannt, d.h. nicht als Raum, dessen Krüm-

---

daß Cassirer diesen Klärungsprozeß nicht wahrgenommen hat. – Zu diesen Diskussionen siehe auch: H.-J. Treder, Philosophische Probleme des physikalischen Raumes, Berlin 1974, insbes. S. 265-282.

280 E. Cassirer, Zur Einsteinschen Relativitätstheorie, a.a.O., S. 81.

281 Vgl. ebd., S. 90.

mung ein invariantes Maß für das Gravitationsfeld ist, dessen Stärke seinerseits experimentell bestimmt werden kann. Cassirer sieht, daß es sich bei der Durchführung der Theorie erweist, "daß die bisherigen Euklidischen Maßbestimmungen unzulänglich werden".[282] Sein Problem besteht darin zu klären, ob die Einführung des nicht-euklidischen raum-zeitlichen Kontinuums, dessen Fruchtbarkeit er durch die Allgemeine Relativitätstheorie als erwiesen ansieht, mit dem Kantschen erkenntniskritischen *Apriori* des Raumes (und der Zeit) verträglich ist. Infolge seiner Fokusierung auf das Kovarianzprinzips findet er eine positive Antwort, da er meint, diesem Prinzip gemäß schließen zu können: "Welche Bedeutung wir dem *Denken* der Nicht-Euklidischen Geometrie auch für das *Denken* der Physik, für das reine Erfahrungsdenken zusprechen mögen: die Behauptung, daß irgendein Raum, er sei Euklidisch oder Nicht-Euklidisch, der 'wirkliche' sei, hat für uns jeden Sinn verloren. Eben dies war ja das Ergebnis des allgemeinen Relativitätsprinzips [also des Kovarianzprinzips], das durch dasselbe dem Raum 'der letzte Rest physikalischer Gegenständlichkeit' genommen werden sollte. Nur verschiedene Maßverhältnisse innerhalb der physischen Mannigfaltigkeit ... werden aufgewiesen; und es wird behauptet, daß diese Maßverhältnisse in der Sprache der Nicht-Euklidischen Geometrie ihren einfachsten exakt-mathematischen Ausdruck finden. Diese Sprache selbst aber ist und bleibt hierbei eine rein ideelle und symbolische – genau wie es, richtig verstanden, auch die Sprache der Euklidischen Geometrie einzig sein konnte und wollte. Die Wirklichkeit, die sie allein ausdrücken kann und auszudrücken strebt, ist nicht die von Dingen, sondern von Gesetzen und Relationen. Und nun fragt sich erkenntnistheoretisch nur das eine: ob sich zwischen den Symbolen einer Nicht-euklidischen Geometrie und der empirischen Mannigfaltigkeit der rein raum-zeitlichen 'Ereignisse' eine eindeutige Beziehung und Zuordnung herstellen läßt. Wenn die Physik das bejaht, so hat die Erkenntniskritik keinen Grund und kein Recht, sie zu verneinen. Denn das 'Apriori' des Raumes, das sie als Bedingung jeder physikalischen Theorie behauptet, schließt, wie sich gezeigt hat, keine Behauptung über eine bestimmte einzelne Struktur des Raumes in sich, sondern geht nur auf jene Funktion der 'Räumlichkeit überhaupt', die sich schon in dem allgemeinen Begriff des Linienelements *ds* als solchen – ganz abgesehen von seiner näheren Bestimmung – ausdrückte."[283]

Wenn Cassirer meint, daß es sinnlos geworden sei, von einem wirklichen Raum zu sprechen, da das Kovarianzprinzip dem Raum den letzten Rest physikalischer Gegenständlichkeit genommen habe, und nur vom Linienelements *ds* als Maß spricht, dann ist das der schon angedeuteten ungenügenden Rezeption der Allgemeinen Relativitätstheorie geschuldet. Zum

---

282 Ebd., S. 90.

anderen scheint Cassirer die Befriedung zwischen Allgemeiner Relativitätstheorie und Kantscher Erkenntniskritik nicht nur auf Kosten einer Verflachung der ersteren, sondern auch zu Lasten letzterer zu erreichen. Denn mit dem Apriori des Raumes im Sinne einer Bedingung für die Möglichkeit von Erfahrung ist doch wohl mehr bzw. anderes gemeint als eine in der physikalischen Theorie auftretende "Räumlichkeit überhaupt". Die Feststellung, daß der Raum nicht als aufzufindendes Ding anzusehen ist, bedarf wohl keiner weiteren Begründung. Das heißt aber nicht, daß er nicht gewisse Bedingungen erfüllen muß, die Erfahrung im Sinne der physikalischen Messung möglich machen. Und diese Bedingungen verlangen quasi-euklidische Eigenschaften,[284] die der Allgemeinen Relativitätstheorie zugrunde liegenden Geometrie zukommen. Denn diese Geometrie ist nicht irgendeine nicht-euklidische Geometrie, sondern die Riemannsche Geometrie, welche lokal quasi-euklidisch ist und zudem eine weitere Eigenschaft der euklidischen Geometrie besitzt, nämlich die der sogenannten Metrizität, die den Fernvergleich von Winkel- und Abstandsmessungen ermöglicht. Da der Raum aber gekrümmt sein muß, um durch die Krümmung das Gravitationsfeld mathematisch darzustellen, erlaubt diese Geometrie, eben wegen ihrer Doppelfunktion als physikalisches Feld und als "Raum-Apriori", nicht mehr alle Messungen, die auf der Grundlage der euklidischen Geometrie möglich sind, z.B. nicht mehr den messenden Fernvergleich von Richtungen.[285] In diesem Sinne definiert also die euklidische Geometrie ein Maximum und nicht – wie Cassirer, die Doppelfunktion der Riemannschen Geometrie verkennend, schreibt –[286] "das Minimum jener Bedingungen ..., unter denen Erfahrung überhaupt möglich ist".[287] Hatte Cassirer die

---

283 Ebd., S. 93.

284 Die Bezeichnung "quasi-euklidisch" wird gewählt, um deutlich zu machen, daß es sich um einen Raum handelt, der sich von einem rein euklidischen dadurch unterscheidet, daß in der Maßbestimmung der Unterschied zwischen der Zeitkoordinate und den Raumkoordinaten durch unterschiedliche Vorzeichen deutlich wird.

285 Vgl. z.B H.-J. Treder, Die Eigenschaften physikalischer Prozesse und die geometrische Struktur von Raum und Zeit, a.a.O.

286 E. Cassirer, Zur Einsteinschen Relativitätstheorie, a.a.O., S. 92.

287 Nach der Begründung der Gauß-Riemannschen Geometrie zeigte sich, daß nur bestimmte Eigenschaften der euklidischen Geometrie gefordert werden müssen, um die Messung zu ermöglichen. Helmholtz war der erste, der dies bemerkte. Seines Erachtens kommt es darauf an, eine Geometrie zu wählen, in der sich die Körper ohne Veränderung ihrer Form und ihres Rauminhaltes frei verschieben lassen. Er ließ auch nicht-euklidische Räume zu, wenn in ihnen nur ein starrer Körper genau so frei (ohne Deformation) bewegt werden kann wie im euklidischen, d.h. alle Räume konstanter Krümmung, nicht nur den Spezialfall eines Raumes mit der Krümmung Null. (Vgl. H. v. Helmholtz, Ursprung und Bedeutung der geometrischen Axiome, in: ders., Vorträge und Reden, hg. von L. Königsberger, Braunschweig 1884.) Mit der Begründung der Allgemeinen Relativitätstheorie, d.h. mit der Identifizierung von Gravitationsfeld und Krümmungsverhältnissen (Metrik), wurde nun aber offensichtlich, daß Räume beliebiger (d.h. von Weltpunkt zu Weltpunkt sich ändernder) Krümmung zugelassen werden müssen. Die Forderung nach der Meßmöglichkeit wird dennoch dadurch erfüllt, daß die Riemannsche Geometrie im Unendlichkleinen quasi-euklidisch

Doppelfunktion des Trägheitsgesetzes als Maß und Bewegungsgesetz noch gesehen und als Zirkel in der Mechanik charakterisiert, so erkennt er die Doppelfunktion der Riemannschen Geometrie gar nicht mehr.

Reichenbachs Argumente

Ganz am Ende seiner Abhandlung *Zur Einsteinschen Relativitätstheorie* (Berlin 1921) bemerkt Ernst Cassirer, daß ihm Reichenbachs Schrift *Relativitätstheorie und Erkenntnis apriori* (Berlin 1920)[288] erst während der Drucklegung seiner eigenen Abhandlung im Manuskript zugänglich geworden sei, er deshalb hier nur nachträglich auf "diese gründliche und scharfsinnige Schrift", die sich in ihrer methodischen Problemstellung vielfach mit seiner eigenen berühre, hinweisen könne, daß er aber ihren Ergebnissen, insbesondere betreffs des Verhältnisses der Relativitätstheorie zur Kantschen Erkenntniskritik, nicht durchgängig beistimmen könne.

Reichenbachs Arbeit setzt sich ebenfalls mit dem Kantianismus und der Relativitätstheorie auseinander. Sie zeichnet sich durch den ernsthaften Respekt aus, den der Autor sowohl dem philosophischen System Kants als auch der physikalischen Theorie Einsteins entgegenbringt. Er schreibt einleitend: "Die *Einsteinsche* Relativitätstheorie hat die philosophischen Grundlagen der Erkenntnis in schwere Erschütterung versetzt. ... Zwar stellt die Relativitätstheorie nur Behauptungen über *physikalische* Meßbarkeitsverhältnisse und physikalische Größenbeziehungen auf – aber es muß durchaus zugegeben werden, daß diese spezifischen Behauptungen den allgemeinen philosophischen Grundbegriffen widerstreiten."[289]

Reichenbach ist bemüht, alles, was seines Erachtens an Kants Gedanken nach wie vor richtig ist, zu bewahren. Zu diesem Zweck zerlegt er den Begriff *a priori* in zwei Bedeutungen. Einmal heißt er bei ihm soviel wie "apodiktisch gültig", "für alle Zeit gültig", zweitens besagt er ihm zufolge "den Gegenstand konstituierend".[290] Die zweite Bedeutung hält Reichenbach für die eigentlich wichtige; denn der Wissenschaftler brauche Zuordnungsprinzipien, um von den Phänomenen zu wissenschaftlichen Theorien gelangen zu können. Diese Prinzipien sollen jedoch nicht ein für allemal gegeben sein, und wenn es nicht gelingt, mit einer bestimmten

---

(minkowskisch) ist und eine Prozedur anzugeben gestattet, die einen Vergleich von Abständen an verschiedenen Raum-Zeit-Punkten ermöglicht.

288 H. Reichenbach, Relativitätstheorie und Erkenntnis a priori, in: Hans Reichenbach, Gesammelte Werke in neun Bänden, hg. von A. Kamlah und M. Reichenbach. Band 3. Die philosophische Bedeutung der Relativitätstheorie, Braunschweig 1979, S. 193-302.

289 Ebd., S. 193.

Anzahl derselben zu einer eindeutigen physikalischen Beschreibung der Welt zu gelangen, so müßten einige davon durch andere ersetzt werden. Dadurch daß für Reichenbach in verschiedenen denkbaren Welten verschiedene Prinzipien den Zugang zur theoretischen Beschreibung dieser Welten eröffnen, wird Kants Erkenntnistheorie sozusagen relativiert. Es ist Reichenbach nicht um das Festhalten Kantischer Lehren, sondern um das Fortführen Kantischer Methoden zu tun. Denn, so meint er, die transzendentale Methode suche nach den Bedingungen der Erkenntnis, und wenn sich nun das System der Erkenntnis seit Kant geändert habe, so müßten die Kantischen Bedingungen der Erkenntnis korrigiert werden. "Es kann keinem Zweifel unterliegen, daß damit der Widerspruch Kant – Einstein gelöst werden kann".[291]

Den Widerspruch der Relativitätstheorie zu den allgemeinen philosophischen Grundbegriffen sah Reichenbach dadurch gegeben, daß die Relativitätstheorie nicht nur physikalische Auffassungen geändert hat. Er sah in dieser Theorie einen Widerspruch zu den bisherigen Grundbegriffen der Philosophie (womit die der Kantischen Philosophie gemeint waren); da diese Theorie behaupte, die euklidische Geometrie, also die vermeintliche apriorische Raumvorstellung, dürfe für die Physik nicht verwandt werden, da die euklidische Geometrie für die Wirklichkeit falsch sei.[292] Damit habe die Relativitätstheorie den Nachweis erbracht, daß mit dem "evidenten System der Vernunft" eine eindeutige Ordnung der Erfahrung nicht mehr zu erreichen sei, daß es sogar an diesem Punkt dem Verstand unmöglich werde, mit seinem mitgebrachten System eine faßliche Ordnung herzustellen.[293] Doch das sei nur die negative Seite. Die Relativitätstheorie habe zugleich gezeigt, daß es neue konstitutive Prinzipen gebe. Sie als Physik habe dies getan, nicht der mathematische Nachweis der Existenz nicht-euklidischer Geometrien. Dieser Nachweis sei zwar wichtig gewesen, denn ob in einem geometrischen Prinzipiensystem durch Auswechselung eines Prinzips Widersprüche auftreten, ließe sich erst durch den konsequenten Ausbau dieser Geometrie feststellen. Doch ist gerade das System der Erkenntnis kein mathematisches. Daher konnte hier nur der Ausbau einer experimentellen

---

290 Ebd., S. 238.

291 Ebd., S. 372.

292 Daß der behauptete Widerspruch "Kant – Einstein" so nicht existiert, wurde in der Literatur bewiesen. Siehe z.B.: H.-H. v. Borzeszkowski und R. Wahsner, Erkenntnistheoretischer Apriorismus und Einsteins Theorie. Einstein in seiner Beziehung zu Newton und Kant, Dt. Zs. für Philosophie *27*(1979), 213-221; dies., Die Wirklichkeit der Physik, a.a.O., S. 239-259; H.-H. v. Borzeszkowski, Kantscher Raumbegriff und Einsteins Theorie, Dt. Zs. für Philosophie *40*(1991), 36-41; R. Wahsner, Zur Helmholtzschen Kritik des Raum-Apriorismus, in: dies., Prämissen physikalischer Erfahrung, Berlin 1992, S. 21-56; dies., Erkenntnistheoretischer Apriorismus und neuzeitliche Physik, Dt. Zs. für Philosophie *40*(1992), 24-35.

293 Vgl. H. Reichenbach, Relativitätstheorie und Erkenntnis a priori, a.a.O., S. 261.

Physik entscheiden. Hierin sah Reichenbach den Grund dafür, daß die Relativitätstheorie, die als rein physikalische Theorie entstanden ist, der Erkenntnistheorie so wichtig wurde.[294]

Nach der vermeintlichen Revision des Kantschen Apriorismus entstand Reichenbach zufolge die Frage, mit welchen Zuordnungsprinzipien eine eindeutige Zuordnung von Gleichungen zur Wirklichkeit möglich ist.[295] Dieses Problem wollte er mit seiner wissenschaftsanalytischen Methode lösen. Dabei ging er sinnvollerweise davon aus, daß die von den positiven Wissenschaften in stetem Zusammenhang mit der Erfahrung gefundenen Resultate Prinzipien voraussetzen, deren Aufdeckung eine Aufgabe der Philosophie sei.[296] Man müsse sich – fordert er – darüber klar werden, daß es auch für die Erkenntnistheorie kein anderes Verfahren gebe, als festzustellen, welche die in der Erkenntnis tatsächlich angewandten Prinzipien seien.[297] Allerdings glaubte er, diese Aufdeckung ließe sich durch eine rein logische Analyse bewerkstelligen und sah demgemäß im Ausbau der Axiomatik, die seit Hilberts Axiomen der Geometrie den Weg zur Verwendung der modernen logischen Begriffe gefunden hat, eine hierzu schon wesentlich geleistete Arbeit.

Andererseits betont Reichenbach aber stark die unterschiedlichen und eigenständigen Gegenstandsbereiche von Mathematik, Physik und Philosophie. Allerdings kann er diese Unterscheidung aufgrund seines weitgehend logisch-empiristischen Standpunktes nicht durchhalten. Doch polemisiert er gerade in diesem Zusammenhang zu Recht gegen die (z.B. von Weyl und Haas vertretene) Auffassung, die Relativitätstheorie habe gezeigt, daß Mathematik und Physik zu einer Disziplin zusammenwüchsen.[298] Er verweist darauf, daß es das Verdienst der Relativitätstheorie sei, die Frage der *Geltung* der Geometrie aus der Mathematik fortgenommen und der Physik überwiesen zu haben: "Die rein mathematische Axiomatik führt überhaupt nicht auf Prinzipien einer Theorie der Naturerkenntnis. Darum konnte auch die Axiomatik der Geometrie gar nichts über das erkenntnistheoretische Raumproblem aussagen. Erst eine physikalische Theorie konnte die Geltungsfrage des euklidischen Raumes beantworten, und gleichzeitig die dem Raum der Naturdinge zugrunde liegenden erkenntnistheoretischen Prinzipien aufdecken."[299] Er wendet sich gegen eine schon zu dieser Zeit sichtbare Tendenz, allgemein-geometrische Sätze aufzustellen und zu behaupten, daß diese Grundlage der Physik

294 Vgl. ebd., S. 248.

295 Vgl. ebd., S. 263.

296 Vgl. hierzu auch: R. Wahsner, Hans Reichenbachs wissenschaftsanalytische Bestimmung des Raum-Zeit-Begriffs und ihre Kritik, in: Hans Reichbach und die Berliner Gruppe, hg. von L. Danneberg, A. Kamlah und L. Schäfer, Braunschweig–Wiesbaden 1994, S. 203-211.

297 Vgl. H. Reichenbach, Relativitätstheorie und Erkenntnis a priori, a.a.O., S. 263.

298 Vgl. ebd., S. 265.

sein müßten.[300] Ebensowenig wie die gültige Geometrie künftighin noch als vernunftgegebene Notwendigkeit behauptet werden könne, könnten allgemein-geometrische Überlegungen die Prinzipien der Physik ergeben. Diese seien eben nur durch eine Analyse der physikalischen Erkenntnis zu gewinnen und seien damit auch nicht ewig. In diesem Sinne verstand Reichenbach seine neu bestimmte These, daß die a priori existierenden Prinzipien erst die Erfahrungswelt konstituieren.

Weite und Grenzen dieser Sicht werden deutlich in Reichenbachs Diskussion bezüglich der Gültigkeit der euklidischen Geometrie im Infinitesimalen. Er sieht, daß die Relativitätstheorie nicht ganz ohne die euklidische Geometrie auskommt, sondern daß sie in der Einsteinschen Theorie im Unendlichkleinen gültig ist, und betont den Zusammenhang dieser Gültigkeit mit dem Äquivalenzprinzip. Die Einsteinsche Äquivalenzhypothese von Trägheit und Schwere ist "der Grund für die quadratische Form des Linienelements, und die Ebenheit in den kleinsten Teilen hat danach ihren *physikalischen* Grund".[301] Reichenbach hat die zentrale Bedeutung des Äquivalenzprinzips für die Relativitätstheorie erkannt und damit deutlicher als Cassirer die Rolle dieses *physikalischen* Prinzips für die Einsteinsche Theorie gesehen. Welche grundsätzliche Aussage damit aber getroffen wurde, das entging ihm.[302] Er hielt es nicht für ausgeschlossen, daß einer physikalischen Theorie eine Geometrie zugrunde gelegt werden könnte, in der die physikalischen Etalons (Uhren und Maßstäbe) von der Vorgeschichte abhängen, und hielt demzufolge die Weylsche 1918 vorgeschlagene einheitliche geometrische Feldtheorie für eine mögliche Erweiterung der Einsteinschen Raumanschauung, ohne die grundsätzlichen physikalischen Einwände Einsteins gegen diese Theorie zu akzeptieren.[303]

Zur empirischen Grundlegung der Geometrie äußerte sich Reichenbach auch noch in seinen späteren Schriften, so in dem für Einstein veranstalteten Schilpp-Band. Er meinte dort, die Wahl der Geometrie sei nur solange willkürlich, als noch keine spezifische Definition der Kongruenz vorliege. Sobald diese Definition aufgestellt sei, werde es eine empirische Frage,

---

299 Ebd.

300 Vgl. ebd.

301 Ebd., S. 222.

302 Vgl. H. Reichenbach, Der gegenwärtige Stand der Relativitätsdiskussion, in: ders., Gesammelte Werke in neun Bdn., a.a.O., Bd. 3, Braunschweig–Wiebaden 1979, S. 369 f. Reichenbach verweist hier auf die Arbeit: K. Bollert, Einsteins Relativitätstheorie und ihre Stellung im System der Gesamterfahrung, Dresden–Leipzig 1921. Bollerts Hinweis auf die infinitesimale Gültigkeit der euklidischen Geometrie hält Reichenbach fälschlicherweise für irrelevant, da es seines Erachtens um deren Gültigkeit im Endlichen ginge.

303 Einstein hatte gegen die Weylsche Theorie eingewandt, daß sie den Fernvergleich von Abständen nicht zuläßt. – Zu dieser Diskussion zwischen Einstein und Weyl siehe: A. Einstein, Nachtrag zu der Arbeit von H. Weyl "Gravitation und Elektrizität". Sitzungsberichte der Preußischen Akademie der Wissenschaften, 6.

welche Geometrie für einen physikalischen Raum gelte.[304] Einstein stimmte Reichenbachs Konzeption der Zuordnungsdefinition in dieser Hinsicht nicht zu; denn eine derartige Definition der Kongruenz ist ihm zufolge nur aussagekräftig, wenn es eine Möglichkeit gibt zu entscheiden, was ein starrer Körper ist bzw. zu zeigen, daß physikalische Meßkörper realisierbar sind. In seiner Erwiderung schreibt Einstein: "Bei der Gewinnung der von dir verbesserten Realdefinition wird Gebrauch gemacht von physikalischen Gesetzen, deren Formulierung die (in diesem Falle) euklidische Geometrie voraussetzen. Die Verifikation, von der du gesprochen hast, bezieht sich also nicht auf die Geometrie allein, sondern auch auf das ganze zugrunde gelegte System der physikalischen Gesetze. Eine Prüfung der Geometrie allein ist also nicht denkbar."[305] Einstein meinte mithin, daß die einzelnen physikalischen Begriffe eine Bedeutung nur im Rahmen des physikalischen Gesamtsystems haben. Insbesondere ging es hier um die Frage, ob man die physikalische Geometrie, nachdem man die Zuordnungsprinzipien für geometrische Relationen angegeben hat, unabhängig von sonstigen Annahmen über die physikalische Wirklichkeit verifizieren kann oder nicht. Diese physikalische Kritik Einsteins berührt im wesentlichen alle Gesichtspunkte, die auch eine philosophisch-erkenntnistheoretische Kritik der Reichenbachschen Konzeption enthalten muß.

Die vermeintlich durch die Relativitätstheorie an Kant geübte Kritik unterstellt, daß Kant die euklidische Geometrie für denknotwendig hielt; sie übersieht, daß es seinem Anschauungsbegriff zufolge keine autark vorgegebene Raumstruktur gibt, daß es Anschauung nicht für sich gibt, nicht als ein festes Etwas außerhalb der Synthese mit dem Verstand oder Begriff.

Die Spezielle Relativitätstheorie hatte bereits den Newtonschen Raum modufiziert, doch erst der Raum der Allgemeinen Relativitätstheorie, der mit der Materie in echter Wechselwirkung steht, bot die Möglichkeit, den scharfen Dualismus von Raum und Materie abzubauen (abzubauen, nicht aufzuheben). Es gelang dies, weil durch die nicht-euklidische Geometrie die Möglichkeit gegeben war, geometrische Strukturen derart zu finden, daß in wesentlichen Hinsichten die physikalische Raum-Zeit-*Struktur* vom Gravitationsfeld nicht zu unterscheiden ist. In diesem Sinne ist der Raum mit physikalischen Qualitäten ausgestattet,[306] ohne vollständig physikalisierbar zu sein.

Juni 1918; vgl. auch: H.-J. Treder, Die Eigenschaften physikalischer Prozesse und die geometrische Struktur von Raum und Zeit, a.a.O.

304 Vgl. H. Reichenbach, Relativitätstheorie und Erkenntnis a priori, a.a.O., S. 325.

305 A. Einstein, Bemerkungen zu den in diesem Bande vereinigten Arbeiten, a.a.O., S. 502 f.

306 Vgl. A. Einstein, Äther und Relativitätstheorie, Berlin 1920, S. 15.

Die Diskussion der durch die Allgemeine Relativitätstheorie erzielten Fortschritte hatte deutlich gemacht, daß sie keine *totale* Identifizierung von Geometrie und Physik ermöglicht. Sie führt nicht zu einer Bestimmung der Geometrie schlechthin, sondern nur eines *Teiles* der Geometrie, der Metrik (der Maßverhältnisse), aber nicht zu einer Bestimmung der Topologie (der Zusammenhangsverhältnisse). Die Unmöglichkeit einer totalen Identifizierung ergibt sich daraus, daß nur im euklidischen bzw. quasi-euklidischen Raum als einem Raum mit starren Strukturen starre Einheitsmaßstäbe und Einheitsuhren definiert werden können, Maßstäbe, die für jede Messung unabdingbar sind. Messen aber muß man, Meßmöglichkeiten müssen gegeben sein, um physikalische Aussagen machen zu können. Um diese Möglichkeit zu gewährleisten, muß darüber hinaus der globale Raum so strukturiert sein, daß die durch die Einheitsmaßstäbe und Einheitsuhren gemessenen raum-zeitlichen Abstände unabhängig von ihrem Ort und ihrer Richtung untereinander verglichen werden können. Die geochronometrische Struktur der Raum-Zeit muß also so beschaffen sein, daß es möglich ist, die erwähnten Etalon zu definieren, und ihr Zustand unabhängig ist von dem Weg, den sie genommen haben. Anderenfalls wären die untersuchten physikalischen Prozesse nicht reproduzierbar.

Insofern die Relativitätstheorie keine totale Identifizierung von Geometrie und Physik ermöglicht, hebt sie die Apriorität des Raumes und der Zeit nicht völlig auf, sondern relativiert (und präzisiert) sie nur. Es ist – das sei explizit bemerkt – ein *funktionales* (nicht genetisches) Apriori und ein Apriori bezogen auf die jeweilige Theorie. In ihr werden Bedingungen fixiert, die nicht aus ihren dynamischen Gleichungen abgeleitet werden können, sondern als *Mittel* der Erkenntnis fungieren. Dieses Apriori ist nicht denknotwendig (das war es für Kant auch nicht), aber *meßnotwendig*. Die Geometrie wurde insofern relativiert, als verschiedene Geometrien der Physik zugrunde gelegt werden konnten,[307] so sie nur – wie man hinzufügen muß – die obengenannten Bedingungen erfüllten.

Diese Differenzierung führte zu dem, was Einstein die Poincarésche Summe nannte.[308] Sie besagt, erst die Geometrie *G* zusammen mit den physikalischen Gesetzen *P* macht Aussagen über das Verhalten physikalischer Objekte, so daß nur die Summe *(G + P)* der *Erfahrung* unterliegt, kein Summand für sich Es ist daher nicht möglich – wie es Reichenbach als Ideal

---

307 Ausführlich über diesen Sachverhalt siehe: H. Reichenbach, Die Philosophie der Raum-Zeit-Lehre, in: Hans Reichenbach. Gesammelte Werke in neun Bdn., a.a.O., Bd. 2, Braunschweig 1977.

308 Vgl. H. Poincaré, Wissenschaft und Hypothese, Leipzig 1906, S. 51 f.; A. Einstein, Geometrie und Erfahrung, in: Sitzungsberichte der Preußischen Akademie der Wissenschaften, 27. Januar 1921, auch in: Wiederabdruck der Akademievorträge Albert Einsteins, Berlin 1979. – Es sei bemerkt, daß Einstein dies als vernünftigen Kern aus Poincaré herauslas, er teilte nicht Poincarés konventionalistischen Standpunkt.

vorschwebte – *vor* der Physik die Geometrie herauszufinden, die auf die Wirklichkeit paßt, und dann die daraus folgende Physik zu ermitteln.[309]

Die Formel *(G + P)* geht zurück auf die Erkenntnis, daß auch andere Geometrien als die euklidische der Physik zugrunde gelegt werden können bzw. gar müssen. Obzwar sie (deren Konsequenzen in Reichenbachs Buch von 1928 *Philosophie der Raum-Zeit-Lehre* propagiert und durchgespielt wurde) durchaus einen Ansatz für die Einsicht bietet, daß Anschauung und Verstand für sich genommen nur virtuelle Entitäten sind, zieht Reichenbach diesen Schluß nicht, sondern betont die wechselseitige Austauschbarkeit der beiden Summanden.

Verallgemeinert besagt die Poincarésche Summe, daß eine empirisch bestätigte naturwissenschaftliche Theorie nur mit Einschluß ihrer Voraussetzungen Aussagen über die Wirklichkeit macht. Gegenteilig zu denken, die Voraussetzungen einer Theorie zu vergessen oder abzuscheiden und nur ihre Lösungen als Wirklichkeitsaussagen zu nehmen, heißt, diese Theorie ontologistisch zu verfälschen. Es war dies ein Problem für Helmholtz bei der Bestimmung des Verhältnisses von Philosophie und Naturwissenschaft sowie von Geometrie und Wirklichkeit. Auch heute geht man noch oftmals irrtümlich davon aus, daß die Voraussetzungen oder Axiome für sich genommen gerechtfertigt sein müßten (sei es durch logischen Zwang oder durch Erfahrung), nicht aber versteht man sie als das Vorausgesetzte bezüglich einer bestimmten Theorie, auf dessen Grundlage die dynamischen Erklärungen dieser Theorie (wenn es sich z.B. um Physik handelt) bzw. deren Gesetze möglich sind. Derartige Voraussetzungen können durchaus nur gesetzt sein. Ihre "Richtigkeit" erweist sich an der Gültigkeit (experimentellen Bestätigung) der Gesamttheorie, also von *(G + P)*.

Es ist eine fragwürdige Auffassung der Lehre Kants, wenn Reichenbach sagt, es sei das erste Problem der Kantischen Erkenntniskritik, wie über das Unerfahrbare, den Raum und die Zeit, wie über die beiden unerfahrbaren Formen der Anschauung (Erscheinungen) Aussagen gemacht werden können.[310]

Wenn so gefragt wird, werden Raum und Zeit (zumindest implizit) als Erkenntnis*gegenstand* genommen statt als Erkenntnis*mittel*. Die Notwendigkeit von letzterem wird wohl gar nicht erkannt. Der Kern von Kants erkenntniskritischer Fragestellung wird darin gesehen, daß die Geltung der apriorischen Gesetze (also das, was Kant als allgemeine Naturgesetze im Unterschied zu den besonderen versteht) nicht einfach als Tatsachen hingenommen, sondern aus

---

309 Vgl. A. Einstein, Bemerkungen zu den in diesem Bande vereinigten Arbeiten, in: Albert Einstein als Philosoph und Naturforscher, hg. von P.A. Schilpp, Braunschweig–Wiesbaden 1979, S. 493-511. – Siehe auch den Abschnitt "Geometrie und Apriorität".

310 Vgl. H. Reichenbach, Relativitätstheorie und Erkenntnis a priori, a.a.O., S. 367.

der Möglichkeit der Erfahrung abgeleitet wird.[311] Erfahrung ist möglich (wie wir wissen), also gelten sie. Dieser Schluß aber ist nicht dasselbe wie die Beantwortung der Frage, *wie* Erfahrung möglich ist.

Da sich nach Reichenbach die Relativitätstheorie aber gegen den *Inhalt* der klassischen Raum-Zeit-Lehre wandte, sei das Problem entstanden, "ob die inhaltliche Kritik zu einer Bestätigung oder Widerlegung der Kantischen Lehre von der Form der Erscheinung wurde".[312]

Aufgrund seines Begriffs der (Kantschen) Anschauung kommt Reichenbach zu dem Urteil, "daß die Relativitätstheorie ein wissenschaftliches System *ohne* Benutzung der kantischen Anschauungsformen vollendet hat".[313] Denn für Kant sei es selbstverständlich gewesen, daß die reine Anschauung mit dem euklidischen Raum und der absoluten Zeit identisch war.[314] Nun ist es selbstverständlich, daß Kant (außer hypothetisch in seinen Jugendschriften) an eine andere Geometrie als die euklidische nicht gedacht hat. Aber man darf eben auch den "Momentcharakter" der Kantschen Unterscheidung von Anschauung und Verstand nicht außer acht lassen. Und so man dies nicht tut, ist – entgegen Reichenbachs These –[315] Kants reine Anschauung sehr wohl vereinbar mit der Raum-Zeit-Lehre der Relativitätstheorie.[316]

Zudem muß man fragen: Was ist die klassische Raum-Zeit-Lehre? Die Vorstellung des mechanistischen Weltbildes hierüber oder die von der Newtonschen Mechanik konzipierte Beschaffenheit von Raum und Zeit? Wenn ersteres gemeint sein sollte, so hat schon die klassische Mechanik dieser Lehre widersprochen. Hat man letzteres im Sinn, so erwiese sich, daß die Relativitätstheorie die *Funktion* der (physikalischen) Raum-Zeit gegenüber der Mechanik (ihre Rolle für die Messung, ihre Funktion als Meßmittel) klarer hat hervortreten lassen, sie aber nicht liquidiert hat.[317]

Der Gedankengang, den Reichenbach verfolgt, ist folgender: Nach Kant gibt es ohne die allgemeinen apriorischen Gesetze, ohne Raum und Zeit als reine Anschauungen keinerlei Erfahrungserkenntnis. "In der Relativitätstheorie liegt aber eine empirische Theorie vor, welche die aprioren Gesetze von Raum und Zeit *nicht* benutzt; sie zeigt, daß es möglich ist, auch mit

---

311 Vgl. ebd., S. 368.

312 Ebd., S. 367.

313 Ebd., S. 370.

314 Vgl. ebd., S. 370.

315 Vgl. ebd., S. 371.

316 Siehe die Abschnitte "Die Idealität des Raumes und der Zeit als Lehre der vollkommenen Realität des Raumes und der Zeit – aus der Sicht der heutigen Physik" und "Geometrie und Apriorität".

317 Vgl. H.-H. v. Borzeszkowski und R. Wahsner, Physikalischer Dualismus und dialektischer Widerspruch, a.a.O., S. 82-167; dies., Die Wirklichkeit der Physik, a.a.O., S. 239-285; R. Wahsner, Apriorische Funktion und aposteriorische Herkunft, a.a.O.

anderen Bedingungen der Erfahrung als den kantischen Naturerkenntnis zu gewinnen."[318] Das nun aber zeigt sie nicht. Die Relativitätstheorie beruht auf der Newtonschen Mechanik, wenn sie auch über sie hinausgeht.

Zweierlei spricht gegen Reichenbachs Auffassung: Zum einen spielt die euklidische Geometrie nach wie vor eine ausgezeichnete Rolle in der Physik – wenn diese auch anders aussieht als zuvor angenommen. Zum anderen ist die Nichtverwendung der "aprioren Gesetze von Raum und Zeit" – wie Reichenbach es der Relativitätstheorie zuschreibt –[319] nicht physikalisch beweisbar, worauf Einstein mit seinem Einwand gegen Reichenbach hinweist.

Die Unterscheidung zweier Aspekte im Kantschen Apriori – wie Reichenbach sie vornimmt – erleichtert die Analyse dieses Begriffs. Achtet man jedoch nur auf den einen Aspekt und vergißt den anderen, verzerrt man den Begriff. So geschah es weitgehend auch. Vor allem beschäftigte man sich mit dem erstgenannten Gesichtspunkt, den der ewigen Gültigkeit (vgl. z.B. die Argumentation der Evolutionären Erkenntnistheorie). Eine Lösung des schwierigen Aprioritätsproblems bietet die Unterscheidung von *Herkunft* und *Funktion* der Geometrie bzw. der Anschauungsform "Raum" (bzw. "Zeit").[320] Für den zweiten Aspekt ist entscheidend, was unter Anschauung und was unter Konstruktion verstanden wird.

Abschließend sei noch die von Reichenbach ausführlich diskutierte These erwähnt, derzufolge Kausal*struktur* und Raum-Zeit-*Struktur* identisch sind. Reichenbach reagierte damit auf den langanhaltenden Streit darüber, ob die Kausalität die Zeit oder die Zeit die Kausalität bestimmt. Die kausalen und die raum-zeitlichen Zusammenhangsverhältnisse sind identisch.[321] Hier zeigt sich die gleiche Situation wie bei dem Schematismusproblem – der Umstand, daß Verschiedenes (hier Raum-Zeit und Kausalität) nur über Formales vereint werden kann.[322] Nur die Raum-Zeit ist mit der Kausalität zu vereinigen. Die einseitige Bindung der Kausalität an die Zeit ist nicht begründet. Kausalität ist mit Bewegung verbunden.

---

318 H. Reichenbach, Relativitätstheorie und Erkenntnis a priori, a.a.O., S. 369.

319 Vgl. ebd.

320 Siehe R. Wahsner, Apriorische Funktion und aposteriorische Herkunft, a.a.O.

321 Ausführlicher dazu: R. Wahsner, Über die Beziehung von Kausalstruktur und Raum-Zeit-Struktur, Wissenschaftliche Zs. der Humboldt-Universität. Math.-Naturwiss. Reihe *XVI*(1967).

322 Vgl. den Abschnitt "Ein vermittelndes Drittes?"

Die Idealität des Raumes und der Zeit als Lehre der vollkommenen Realität des Raumes und der Zeit – aus der Sicht der heutigen Physik

Die Reichenbachsche Behauptung, für Kant sei es selbstverständlich gewesen, daß die reine Anschauung mit dem euklidischen Raum und der absoluten Zeit identisch ist, trifft nicht zu.

So wichtig geometrische Überlegungen für das Kantsche Werk sind, so wenig ging es Kant dabei um die Geometrie schlechthin. Es ging ihm um die Geometrie im Kontext der Newtonschen Mechanik. Seine diesbezüglichen Untersuchungen führten dazu, daß sein Raum-Zeit-Apriorismus maßgeblich durch den Raum-Zeit-Begriff der Mechanik bestimmt wurde.

Die enge Bindung des Raum-Zeit-Apriorismus an die Newtonsche Mechanik hat zur Folge, daß die moderne Wissenschaft oft als Widerlegung des Kantischen Apriorismus aufgefaßt wird. Es wird dabei davon ausgegangen, daß Kant die Begründung dieses Apriorismus auf die Denknotwendigkeit der euklidischen Geometrie stützte, diese Denknotwendigkeit aber durch die Mathematik und Physik des 19. und 20. Jahrhunderts eindeutig als nicht mehr haltbar nachgewiesen wurde. Insbesondere Einsteins Allgemeine Relativitätstheorie, d.h. die von Albert Einstein 1915 aufgestellte geometrische Theorie des Gravitationsfeldes, wird gemeinhin als Widerlegung des Kantschen Raum-Zeit-Apriorismus aufgefaßt, da in ihr der Raum nicht mehr – wie in der Newtonschen Physik – euklidisch, d.h. eben, sondern gekrümmt ist, genauer gesagt, man es dort mit einem gekrümmten vier-dimensionalen Raum-Zeit-Kontinuum zu tun hat.

Dieser Ansicht liegen zumeist drei Unterstellungen zugrunde: die Annahme, daß Kant die Denknotwendigkeit der euklidischen Geometrie beweisen wollte, die Auffassung, daß der Raumbegriff der Newtonschen Physik ein metaphysisches (ideelles) Etwas ist, dem keine physikalische Realität zukommt, und die Meinung, daß die heutige Physik ohne den Newtonschen Raumbegriff auskommt. Diese Unterstellungen beruhen aber allesamt entweder auf einem Mißverständnis des Kantschen oder des Newtonschen Raumbegriffs. Denn Kant ging es – wie schon gesagt – nicht um die Geometrie als Geometrie und auch nicht um die Denknotwendigkeit der euklidischen Geometrie, sondern um den Raum als Form der Anschauung a priori, und damit um einen für alle Erscheinungen gültigen Begriff von Bewegung.[323] Da der für Kants Überlegungen maßgebliche Raum der Mechanik, der sogenannte absolute Raum, aber nicht schlechthin ideell, sondern auch real ist, und zwar insofern, als er im Rahmen des Systems bzw. der Theorie *Mechanik* wirkliche Bewegungen zu erfassen gestattet, ist

---

323 Vgl. I. Kant, Metaphysische Anfangsgründe der Naturwissenschaft, a.a.O., S. 128.

auch die zweite Unterstellung unzutreffend. Schließlich ist drittens hervorzuheben, daß Newtons Raumbegriff auch für die heutige Physik von Bedeutung ist, so daß genau geprüft werden muß, ob die heutige Physik tatsächlich als Widerlegung des Kantschen Raum-Zeit-Apriorismus angesehen werden kann.[324]

Wenn hier gezeigt werden wird, daß die von Kant gegebene Begründung für die Notwendigkeit des Begriffs des absoluten Raumes in der Mechanik und die dabei erlangte Charakterisierung desselben, die für seinen philosophischen Raum- und Zeit-Begriff maßgebend war, weitgehend der physikalischen Begriffsbildung entspricht, dann darf dabei aber auch nicht übersehen werden, daß das Kantsche Verständnis dort auf Grenzen stößt, wo es um die Newtonsche Axiomatik in ihrer logischen Geschlossenheit und insbesondere die Kräftekonzeption dieser Axiomatik geht.

Newtons Begriff des absoluten Raumes

Newton hatte sein System erstmals 1687 in dem Werk *Philosophiae naturalis principia mathematica* vorgelegt und darin die Grundgesetze seiner physikalischen Bewegungslehre formuliert sowie in deren Rahmen die Bewegungen der Planeten und anderer Körper behandelt, die durch die Gravitationskräfte, besser gesagt: durch die gravitativen Wechselwirkungen, verursacht werden.

Newton unterscheidet den absoluten (wahren, mathematischen) Raum bzw. die absolute (wahre, mathematische) Zeit vom relativen (scheinbaren, gewöhnlichen) Raum bzw. von der relativen (scheinbaren, gewöhnlichen) Zeit und zeigt die Notwendigkeit des absoluten Raumes und der absoluten Zeit für die Begründung der mechanischen Bewegungslehre. Kant ließ sich von dem Attribut 'absolut', obwohl er es sonderbar fand, nicht irreführen, sondern erkannte weitgehend den wahren Gehalt dieser Begriffe und machte seine diesbezüglichen Einsichten zu einer Leitlinie bei der Bestimmung seiner Begriffe von Raum und Zeit.

Die mechanischen Bewegungsgesetze sind mit den drei Newtonschen Axiomen gegeben, die oft so gesehen werden, als seien sie dem Alltagsleben entnommen und könnten demgemäß mit dem Alltagsverstand begriffen werden bzw. als seien sie schlichte Aussagen über mechanische Ursache-Wirkung-Relationen. Im Gegenteil stellen sie aber eine wissenschaftliche Einsicht dar, zu der Newton nur kommen konnte, weil er astronomische und Erdbewe-

---

324 Im folgenden wird vorwiegend der Raum diskutiert werden, wobei – soweit es Kants Argumente betrifft – Ähnliches unter Berufung auf den inneren Sinn für die Zeit zu finden ist.

gungen in einer Theorie synthetisierte, die den Prototyp physikalischer Gesetzlichkeit etablierte.

Die Tiefe der Newtonschen Axiomatik zeigt sich insbesondere darin, daß sie den zugrunde liegenden Raum- und Zeitbegriff implizit definiert – was man versteht, wenn man die Axiomatik in ihrer Gesamtheit auffaßt. Das zweite Axiom besagt nämlich nicht, wie oft angenommen wird: "Immer dann, wenn das Produkt von Masse und Beschleunigung ungleich Null ist, wirkt eine Kraft ein." – Das wäre eine inhaltsleere Aussage. Es wäre nicht mehr als eine Definition oder eine Konvention, also keine Bewegungsgleichung, die die Newtonsche Mechanik begründet. Dazu wird dieses Axiom erst dadurch, daß ein mit dem ersten und dritten Axiom verträglicher Kraftterm auf der rechten Seite der Gleichung des dritten Axioms eingesetzt wird. Das dritte Axiom spricht aber von der Wirkung, die ein Körper 1 auf einen anderen Körper 2 ausübt und von der gleichzeitigen Rückwirkung von 2 auf 1. In der Axiomatik ist also von 'Wechselwirkungskräften' die Rede und damit von Bewegungen (genauer: Beschleunigungen) der Körpern, die nur durch die gegenseitige Einwirkung der Körper des betrachteten Systems zustande kommen, d.h. von Kräften, die den Körpern nur im Gegeneinander zukommen – in dem Sinn, in dem Körper nicht an sich, sondern nur gegeneinander schwer sind. Die Newtonsche Axiomatik gilt also nur für sogenannte einwirkende Kräfte. Das Auftreten anderer Kräfte (sogenannter Trägheitskräfte wie es die Zentrifugal- und Corioliskraft sind), die dem dritten Axiom nicht genügen, ist zwar möglich und zulässig, aus der Sicht der Newtonschen Axiomatik aber sind sie Scheinkräfte. Ihr Auftreten ist nur insofern Gegenstand der Axiomatik, als es anzeigt, daß die Bewegung der Körper auf einen anderen als den im Rahmen dieser Axiomatik definierten Referenzraum bezogen wird. Damit ist der Referenzraum implizit definiert: Immer dann, wenn auf der rechten Seite des zweiten Axioms keine Trägheitskräfte stehen, werden die Bewegungen mit Bezug auf einen der Newtonschen Mechanik angemessenen Referenzraum berechnet und gemessen. In seinem Beitrag *Newtons Mechanik und ihr Einfluß auf die Gestaltung der theoretischen Physik* charakterisiert Einstein diesen Tatbestand schlicht und präzise mit den Worten: "Die logische Geschlossenheit des Newtonschen Begriffssystems lag darin, daß als Beschleunigungsursachen der Massen eines Systems nur diese Massen selbst auftreten."[325]

Diese Bestimmung des Raumbegriffs der Mechanik ist genau die, welche Newton in seinen *Prinzipien* vorgenommen hat. Er beginnt seine diesbezüglichen Darlegungen mit einer Bemerkung, die zunächst wie eine Ausrede aussieht, die sich aber bei näherem Hinsehen wiederum als tiefe Einsicht erweist. Nach den oben genannten Erklärungen schreibt er, daß er über den Raum, Zeit, Ort und Bewegung nichts weiter sagen wolle, da diese allgemein bekannt sind. Nur soviel wolle er feststellen, daß sie oft unmittelbar auf die Sinne bezogen werden (und damit zu Vorurteilen führen), daß man aber gewisse Unterscheidungen zu treffen habe. Und soweit es den Raum betrifft, fügt er dann hinzu: Man muß von diesem relativen (scheinbaren, gewöhnlichen) Raum den absoluten (wahren, mathematischen) Raum unterscheiden. In der Anmerkung II zu seinen Erklärungen schreibt er dann weiter: "Der absolute Raum bleibt vermöge seiner Natur und ohne Beziehung auf einen äußeren Gegenstand stets gleich und unbeweglich."[326]

Newton zeigt diesen zunächst noch schattenhaften, wenn nicht gar gespenstig wirkenden Raum dann durch ein Gedankenexperiment (das heute oft 'Newtonscher Eimerversuch' genannt wird) als etwas physikalisch Reales auf, indem er angibt, wie man feststellen kann, wann die Bewegung in bezug auf ihn beschrieben wird: Es ist der Raum, in dem keine Trägheitskräfte auf ein mit einer Flüssigkeit gefülltes Gefäß auftreten. Erst wenn man die Bewegung auf ein anderes Bezugssystem als auf das durch den absoluten Raum gegebene (im Newtonschen Gedankenexperiment: auf ein gegenüber dem absoluten Raum rotierendes) bezieht, zeigt der absolute Raum seine Existenz an, und zwar dadurch, daß er durch Trägheitskräfte auf die bewegten Körper einwirkt, daß also die Newtonschen Gesetze nicht mehr in ihrer eigentlichen einfachen Form gelten, in der nur einwirkende Kräfte auftreten. Der Raum ist mithin keine Fiktion, sondern ein konstitutiver Bestandteil der Theorie. Einstein faßte das in die Worte: "... wesentlich ist ja nur, daß neben den beobachtbaren Objekten noch ein anderes, nicht wahrnehmbares Ding [besser Etwas – d.V.] als real angesehen werden muß, um die Beschleunigung bzw. die Rotation als etwas Reales ansehen zu können".[327]

Ludwig Lange hat diesen Umstand dann 1886 in seiner Schrift *Die geschichtliche Entwikkelung des Bewegungsbegriffs und ihr voraussichtliches Endergebnis* expliziert, indem er zeigte, daß der absolute Raum Newtons Synonym für eine ganze Klasse von Bezugssystemen ist, auf die die Newtonsche Axiomatik zu beziehen ist und die er Inertialsysteme nannte: "'Inertialsystem' heißt ein Coordinatensystem der Beschaffenheit, daß mit Bezug darauf die in einem Punkte zusammenlaufenden stetig beschriebenen Bahnen dreier gleichzeitig von demselben Raumpunkte projicirter und sofort sich selbst überlassener Punkte (die aber nicht

325 A. Einstein, Newtons Mechanik und ihr Einfluß auf die Gestaltung der theoretischen Physik, in: Mein Weltbild, Berlin 1998, S. 172.

326 I. Newton, Mathematische Prinzipien der Naturlehre,a.a.O., S. 25.

327 A. Einstein, Äther und Relativitätstheorie, a.a.O., S. 11.

auf einer Geraden liegen sollen) sämmtlich *geradlinig* sind."[328] (Ebenso hat Lange dann eine für alle Inertialsysteme gleiche Inertialzeit bestimmt.) Dieser Sachverhalt impliziert auch, daß die Newtonsche Mechanik einem Relativitätsprinzip genügt, welches besagt, daß ihre Axiome auf jedes beliebige dieser Inertialsysteme bezogen werden können, da sie in jedem dieser Systeme die gleiche mathematische Form haben.

Kants Begriff des absoluten Raumes

Kant stellte nun in seinem Werk *Metaphysische Anfangsgründe* die Frage: Worauf beruht die Notwendigkeit des Gebrauchs des sonderbaren Begriffs des absoluten Raumes in der Mechanik?[329] Zur Beantwortung dieser Frage konstatierte er zunächst, daß der absolute Raum kein Begriff der Erfahrung sein kann, insofern der Raum ohne Materie kein Objekt der Wahrnehmung ist. (In einer Erklärung hatte er zuvor *Materie* als das Bewegliche definiert, welches, als ein solches, ein Gegenstand der Erfahrung sein kann.) Und dennoch – so Kant – ist der absolute Raum "ein notwendiger Vernunftbegriff, mithin nichts weiter, als eine bloße *Idee*".[330]

Die Notwendigkeit des Raumbegriffs findet bei Kant darin ihre Begründung, daß die Bewegung eines Beweglichen nur in bezug auf etwas anderes zu erfassen ist. Das impliziert zunächst eine empirische Raumvorstellung: "Denn, damit Bewegung auch nur als Erscheinung gegeben werden könne, dazu wird eine empirische Vorstellung des Raums, in Ansehung dessen das Bewegliche sein Verhältnis verändern soll, erfordert, … ."[331] Kant zeigte dann aber, daß der Versuch, zu einem derartigen Raumbegriff zu kommen, mißlingen muß. Er schreibt: "Der Raum aber, der wahrgenommen werden soll [von dem es gemäß dem oben Gesagten eine empirische Vorstellung geben soll – d.V.], muß material, mithin, dem Begriffe einer Materie überhaupt zu Folge, selbst beweglich sein."[332] Die empirische Vorstellung eines solchen Raumes kann daher nur die eines endlich begrenzten Raumgebietes sein, das sich in einem größeren Raum bewegt, in den es eingebettet ist. Für den Einbettungsraum ergibt sich aber wieder dasselbe Problem. Er muß wieder als endlich begrenztes Raumgebiet in einem größeren Raum vorgestellt werden usw. Diese Konstruktion relativer Räume führt ins Unendliche, "ohne jemals zu einem unbeweglichen (unmateriellen) Raume durch Erfahrung zu gelangen,

---

328 L. Lange, Die geschichtliche Entwickelung des Bewegungsbegriffs und ihr voraussichtliches Endergebnis, a.a.O.

329 Vgl. I. Kant, Metaphysische Anfangsgründe der Naturwissenschaft, a.a.O., S. 127.

330 Ebd.

331 Ebd.

332 Ebd.

in Ansehung dessen irgend einer Materie schlechthin Bewegung oder Ruhe beigelegt werden könne".[333]

Auf diese Weise gilt für Kant: Bewegung oder Ruhe können nur relativ und nicht absolut sein, denn Materie kann nur im Verhältnis auf Materie gedacht werden. Der Versuch, zu einem empirisch vorgestellten Raum zu gelangen, führt nur zu einem relativen Raum. Da ein für alle Erscheinungen gültiger Begriff von Bewegung und Ruhe im relativen Raum aber nicht möglich ist, ist der Begriff des absoluten Raums notwendig – und zwar als Idee. Kant: "Der absolute Raum ist also nicht, als ein Begriff von einem wirklichen Objekt, sondern als eine Idee, welche zur Regel dienen soll, alle Bewegung in ihm bloß relativ zu betrachten, notwendig, und alle Bewegung und Ruhe muß auf den absoluten Raum reduziert werden, wenn die Erscheinungen derselben in einen bestimmten Erfahrungsbegriff (der alle Erscheinungen vereinigt) verwandelt werden soll."[334]

Damit ist für Kant die Idealität des Raumes bewiesen. Er hat aber nicht nur die Idealität des Raumes (und der Zeit), sondern auch beider Realität "in Ansehung der Sinne" aufzeigen wollen und müssen. Denn schließlich ging es darum, die (Erscheinung der) Bewegung zu erfassen, die Gegenstand der Erfahrung ist. In seiner *Preisschrift* von 1791 heißt es bezüglich der Idealität und Realität von Raum und Zeit: "Die Idealität des Raumes und der Zeit ist gleichwohl zugleich eine Lehre der vollkommenen Realität derselben in Ansehung der Gegenstände der Sinne (der äußern und des innern) als *Erscheinungen*, d.i. als Anschauungen, so fern ihre Form von der subjectiven Beschaffenheit der Sinne abhängt, deren Erkenntniß, da sie auf Prinzipien a priori der reinen Anschauung gegründet ist, eine sichere und demonstrable Wissenschaft zuläßt ... ."[335]

Vergleich des Newtonschen und Kantschen Raum-Begriffs

Kants Begründung des Begriffes des absoluten Raumes entspricht in wichtigen Punkten der durch die Newtonsche Mechanik gegebenen, insofern der Raum auch von Kant mit Bezug auf die Bewegung in der Mechanik bestimmt wird. In den *Metaphysischen Anfangsgründen* geht Kant in seiner Bestimmung des Raumbegriffs dabei von drei Lehrsätzen aus, die er als Extrakte der drei Newtonschen Axiome bezüglich des Raumbegriffs verstand. Auf der Grundlage dieser Lehrsätze charakterisierte er dann die folgenden Arten der Bewegung:

333 Ebd., S. 128.

334 Ebd., S. 129.

335 I. Kant, Welches sind die wirklichen Fortschritte, die die Metaphysik seit Leibnizens und Wolffs Zeiten in Deutschland gemacht hat?, a.a.O., S. 599 f.

(1) die "geradlinichte Bewegung" des Körprs (gemäß Lehrsatz 1) als relativ und damit als *möglich* (als die Modalität der Bewegung in Ansehung der Phoronomie),
(2) die "Kreisbewegung" des Körpers (gemäß Lehrsatz 2) als *wirklich* (als die Modalität der Bewegung in Ansehung der Dynamik) und
(3) die "wechselseitig-entgegengesetzte und gleiche Bewegung" eines Körpers, die in der Bewegung eines anderen Körpers ist (wodurch letzterer in Ansehung des ersteren bewegend ist) (gemäß Lehrsatz 3) als *notwendig.*
Mit dem Lehrsatz 1 (und dem daraus gewonnenen Begriff einer relativen Bewegung und eines relativen Raumes) gewann Kant dem relativen Raum eine etwas andere Bedeutung ab, als er ihm gemäß Newton zukommt. Wenn Kant unter den relativen Räumen Raumgebiete versteht, die sich jeweils bezüglich immer größerer Raumgebiete bewegen, dann kann man das als eine Ahnung von dem in der Newtonschen Theorie gültigen Relativitätsprinzip ansehen, demgemäß die Axiome der Mechanik auf die oben erwähnten Inertialsysteme zu beziehen sind, wobei keines dieser Bezugssysteme physikalisch bevorzugt ist. Aber es ist eben bestenfalls eine Ahnung, denn zum einen wird die Relativität der Bezugssysteme rein kinematisch (phoronomisch) zu begründen versucht, ohne deren Bedeutung für die Dynamik (also in Zusammenhang mit dem 2. und 3. Axiom) zu sehen. Zum anderen meinte Kant, daß die relativen Räume als im absoluten Raum bewegt zu denken sind. Dagegen sind die relativen Bezugssysteme aber, anders als Kants relative Räume, keine endlichen Raumgebiete, die sich bezüglich des absoluten Raumes bewegen, sondern unendlich ausgedehnte Referenzräume, die in ihrer Gesamtheit den Inbegriff des absoluten Raumes bilden.

Mit dem Lehrsatz 2, der im Sinne des 3. Newtonschen Axioms den Spezialfall einer wirklichen, also einer durch den Einfluß einer wirklichen, einer einwirkenden Kraft stattfindenden Bewegung behandelt, begründet Kant dann die Notwendigkeit des Begriffs des absoluten Raumes. Anschließend führt der Lehrsatz 3, der eine dem 3. Newtonschen Axiom entsprechende Aussage macht, zum Begriff der relativen Bewegung überhaupt. Diese ist nach Kant auch wirklich und verläuft in dem durch Lehrsatz 2 charakterisierten Raum. Da sie aber nicht wie in Lehrsatz 2 "auf dem Einflusse äußerer Kräfte beruht, sondern aus dem Begriffe der Relation des *Bewegten* im Raume zu jedem anderen dadurch *Beweglichen* unmittelbar und unvermeidlich folgt, so ist die Bewegung des letzteren *notwendig"*.[336] Es geht auf dieser dritten Stufe also um die Newtonschen Wechselwirkungskräfte, die Körper gegenseitig aufeinander ausüben.

---

336 I. Kant, Metaphysische Anfangsgründe der Naturwissenschaft, a.a.O., S. 126 f.

Zu dieser Unterscheidung von wirklichen und notwendigen Bewegungen kommt Kant aber nur, weil er wieder den Zusammenhang der Axiome mißachtet. Beachtet man diesen, dann sieht man, daß die Axiome nur von 'Wechselwirkungskräften' handeln, daß äußere Kräfte im Konzept der Newtonschen Mechanik also keine Rolle spielen. Damit ist dann auch Kants Unterscheidung von wirklichen und notwendigen Bewegungen nicht geboten. In Kants Worten muß man sagen: Die mechanischen Bewegungen sind immer notwendige (und wirkliche) Bewegungen. Daß Kant das zweite und dritte Axiom isoliert betrachtet (und demgemäß bei der Diskussion des zweiten Axioms eine spezielle äußere Kraft diskutiert) und so zu seiner Unterscheidung kommt, zeigt ein Mißverständnis des Newtonschen Kraftbegriffs.[337]

Allgemein läßt sich feststellen, daß die unvollständige Einsicht in den Status des Newtonschen Systems zu Defiziten hinsichtlich der Frage der Idealität und Realität des Raumes (und der Zeit) führt. Bei Kant wird die Idealität im Zusammenwirken von Anschauung und Verstand begründet, um danach die Realität gewissermaßen in der Anwendung auf reale Bewegungen zu gewinnen. Dabei geht der Umstand weitgehend unter, daß die Newtonsche Mechanik (in bzw. wegen ihrer Geschlossenheit) Raum, Zeit, Masse und andere Begriffe insofern auf eine Ebene stellt, als sie als Größen genommen gemäß dieser Theorie alle ideell und zugleich reell sind. Wenn nach Kant der Raum keine Eigenschaft irgendwelcher Dinge an sich ist, d.i. keine Bestimmung derselben, die an Gegenständen selbst haftet,[338] so trifft das – bei allem Unterschied zum Raum – auch für die Masse zu. Der Massebegriff ist ebenso wie der Raumbegriff nur im Kontext der Bewegungslehre bestimmt. Dementsprechend sind die Bewegungen bzw. bewegten Objekte der Erfahrungswissenschaft *Mechanik* bzw. *Physik* im Rahmen einer Theorie definierte Kunstgegenstände, die aber unter idealisierten (d.h. unter zu schaffenden idealen) Bedingungen realisiert werden können. Raum, Zeit, Masse usw. sind insoweit real, als die Realisation der Kunstgegenstände (nennen wir das mit Kant 'Anwendungen') der Theorie, die Raum, Zeit, Masse usw. definiert, möglich ist. Insofern gestatten die ideellen Bestimmungen (nicht nur die von Raum und Zeit, sondern auch von anderen Größen wie der Masse), wirkliche Bewegungen zu erfassen.

Kant, der die systematische Einheit, den Zusammenhang der Erkenntnis aus einem Prinzip als dasjenige charakterisiert, was gemeine Erkenntnis erst zur Wissenschaft macht,[339] hat allerdings den systematischen inneren Zusammenhang der Newtonschen Axiome und den Charakter derartiger Theorien nicht voll erfaßt. Das ist auch der Grund für die Schwierigkeiten,

---

337 Vgl. R. Wahsner, Das Aktive und das Passive, a.a.O.

338 Vgl. I. Kant, Kritik der reinen Vernunft, a.a.O., S. 75 (B 42; A 26).

339 Vgl. z.B. ebd., S. 566 (B 674; A 646), 695 (B 860; A 832).

die er damit hatte, synthetische Sätze zu charakterisieren. Er gibt einzelne Sätze an und diskutiert diese, ohne zu sehen, daß einzelne Aussagen erst im Gefüge einer Theorie, im Zusammenhang ihrer grundlegenden Aussagen bzw. Axiome ihren synthetischen Charakter gewinnen.

Es bleibt aber bei allem festzuhalten, daß Kant den Newtonschen Begriff des Raumes (und in ähnlicher Weise der Zeit) als ideelle Bedingung erkannte, um wirkliche Bewegungen erfassen zu können, wobei sich die Realität von Raum und Zeit in der Mechanik dann darin erweist, daß man gemäß dieser Theorie Bewegungen berechnen kann, die empirisch (durch Messung) verifizierbar sind, dadurch also empirische Realität gewinnen.[340] Es ist daher unangemessen, dem Kantschen Verständnis des Raumes durch eine rein geometrische Diskussion auf die Spur kommen zu wollen, wie dieses z.B. in einer Arbeit geschieht, in der über ein Axiom der euklidischen Geometrie räsoniert wird, um nach den Gründen zu fragen, aus denen für Kant die Gewißheit der Sätze der euklidischen Geometrie folgt.[341]

Wenn Kant – geleitet von seinen Einsichten in die Mechanik – sagt, "daß Raum und Zeit nichts als subjective Formen unsrer sinnlichen Anschauung sind, und gar nicht den Objecten an sich zuständige Bestimmungen",[342] so ist das nicht der Subjektivismus eines "echten Idealisten",[343] denn es geht ihm nicht um das Subjektive schlechthin, sondern nur um dasjenige, welches – wie Raum und Zeit – "Data zu Erkenntnissen a priori" enthält, welches zur "Erkenntnis des Objekts" führt, welches also – wie gesagt – eine demonstrable Wissenschaft zuläßt. Es geht um die objektive Erkenntnis, hier um die Erkenntnis der Erscheinung der Bewegung – wobei "Erscheinung" im transzendentalen Sinn nicht als Apparenz, als Schein, sondern als Phänomenon zu verstehen ist, so wie man von Dingen sagt, sie sind Erscheinungen.[344] Die Realität von Raum und Zeit zeigt sich nach Kant darin, daß auf der Grundlage der

340 Zu Kants Begriff der Idealität und Realität von Raum und Zeit siehe: R. Wahsner, Der Widerstreit von *Mechanismus* und *Organismus*, a.a.O., insbes. S. 109-111, 116-118, 137-151.

341 Vgl. M. Wolff, Geometrie und Erfahrung. Kant und das Problem der objektiven Geltung der Euklidischen Geometrie, a.a.O., S. 209-232.

342 I. Kant, Welches sind die wirklichen Fortschritte, die die Metaphysik seit Leibnizens und Wolffs Zeiten in Deutschland gemacht hat?, a.a.O., S. 599.

343 I. Kant, Prolegomena, a.a.O., S. 253.

344 Kant betont explizit, daß mit *Erscheinung* nicht *Schein* gemeint ist, daß er nicht sagen wolle, "daß diese Gegenstände ein bloßer Schein wären". "Denn in der Erscheinung werden" – so begründet er – "jederzeit die Objekte, ja selbst die Beschaffenheiten, die wir ihnen beilegen, als etwas wirklich Gegebenes angesehen, nur daß, sofern diese Beschaffenheiten von der Anschauungsart des Subjekts in der Relation des gegebenen Gegenstandes zu ihm abhängt, dieser Gegenstand *als Erscheinung* von ihm selber als Objekt *an sich* unterschieden wird. ... Es wäre meine eigene Schuld, wenn ich aus dem, was ich zur Erscheinung zählen sollte, bloßen Schein machte." [I. Kant, Kritik der reinen Vernunft, a.a.O., S. 93 f. (B 69-7); auch S. 156 f. (B 164-165), 176-181 (A 120-128), 220-246 (B 225-265; A 182-215); ders., Welches sind die wirk-

apriorischen Anschauungsformen Raum und Zeit eine "sichere und demonstrable Wissenschaft möglich ist". Raum und Zeit gewinnen damit *empirische* Realität d.i. objektive Gültigkeit in Ansehung aller Gegenstände, die jemals unseren Sinnen gegeben werden mögen. Sie haben demnach keinen Anspruch auf absolute Realität in dem Sinne, daß sie – ohne auf die Form unserer sinnlichen Anschauung Rücksicht zu nehmen – den Dingen als Bedingung oder Eigenschaft anhängen. Es kommt ihnen aber transzendentale Idealität und in der Konsequenz derselben empirische Realität zu.[345]

Die Kantsche Begründung der transzendentalen Idealität und empirischen Realität von Raum und Zeit zeigt, daß ein Einwand gegen Kants Verständnis von Raum und Zeit sich höchstens daraus ergeben könnte, daß für Kants diesbezügliche Überlegungen der enge Zusammenhang zwischen Bewegung und Raum (und Zeit) wichtig war, und zwar der, welcher in der Newtonschen Mechanik besteht. Dieser Zusammenhang könnte ja in der heutigen Physik grundsätzlich anders aussehen. Dieses Argument ist zwar zu bedenken, es ist aber nicht völlig durchschlagend. Denn da sich die Newtonsche Mechanik in dem Sinne als Protophysik erwies,[346] daß man, z.B. auch in der Relativitäts- und Quantentheorie, immer wieder auf die ursprünglichen Fragestellungen und Grundbegriffe der Newtonschen Mechanik (auch auf deren Raum-Zeit-Begriff) zurückgreifen muß, ist dieser Zusammenhang nicht aufgebrochen, sondern nur modifiziert worden. Kant hat mit seinem Raum-Zeit-Apriorismus daher eine grundlegende Aussage über den physikalischen Erkenntnisprozeß getroffen. Er hat – um mit Hegel zu sprechen – "den Rhythmus der Erkenntnis, der wissenschaftlichen Bewegung, als ein allgemeines Schema vorgezeichnet".[347] Die Modifikationen, die sich ergäben, wenn die Newtonsche Mechanik völlig adäquat rezipiert und zudem deren Rolle im Gebäude der heutigen Physik richtig bedacht werden würde, sind von der Art, daß sie das Hegelsche Urteil nicht grundsätzlich revidieren.[348]

---

lichen Fortschritte, die die Metaphysik seit Leibnizens und Wolffs Zeiten in Deutschland gemacht hat?, a.a.O., S. 600.

345 Vgl. I. Kant, Kritik der reinen Vernunft, a.a.O., S. 76 (B 44; A 28).

346 Vgl. H.-H. v. Borzeszkowski und R. Wahsner, Philosophischer Dualismus und dialektischer Widerspruch, a.a.O.; dies., Messung als Begründung oder Vermittlung?, a.a.O.

347 G.W.F. Hegel, Vorlesungen über die Geschichte der Philosophie III, in: Werke, a.a.O., Bd. 20, S. 385.

348 Vgl. dazu: H.-H. v. Borzeszkowski und R. Wahsner, Erkenntnistheoretischer Apriorismus und Einsteins Theorie, a.a.O.; dies.: Philosophischer Dualismus und dialektischer Widerspruch, a.a.O.; dies.: Die Wirklichkeit der Physik, a.a.O., insbes. S. 239-285; R. Wahsner, Erkenntnistheoretischer Apriorismus und neuzeitliche Physik, a.a.O.; dies., Das notwendige Dritte, in: Proceedings of the Eighth International Kant Congress. Memphis, 1995, Volume II, Part 1, ed. by H. Robinson, Milwaukee 1995, 389-396; dies.; Apriorische Funktion und aposteriorische Herkunft, a.a.O.; dies., Der Widerstreit von *Mechanismus* und *Organismus*, a.a.O.; H.-H. v. Borzeszkowski, Kantscher Raumbegriff und Einsteins Theorie, Dt. Zs. für Philosophie *40*(1992), 36-41; ders. Kants Raum-Zeit-Apriorismus im Lichte der Relativitätstheorie, in: Imma-

Kant wollte also nicht die Denknotwendigkeit der euklidischen Geometrie beweisen – weder wenn es bei ihm um Geometrie im Kontext der Bewegungslehre noch wenn es vordergründig um Geometrie als mathematische Disziplin ging. Im Zentrum seiner Überlegungen stand die mechanische Bewegungslehre, die ihm die Hauptargumente für seinen Raum-Apriorismus lieferte. Gestützt auf die mechanische Bewegungslehre bestimmte er den Raum als Form der Anschauung a priori, die Erfahrung möglich macht, die einen für alle Erscheinungen gültigen Begriff von Bewegung und Ruhe ermöglicht. Daß dem euklidischen Raum dabei eine hervorragende Rolle zukommt, ergibt sich daraus, daß dieser Raum in der Newtonschen Mechanik verankert ist. Daß ihm diese Bedeutung weitgehend geblieben ist gründet darin, daß diese Mechanik und damit auch deren Raumbegriff von prototypischer Bedeutung für die gesamte Physik ist. Wenn Kant nun seine Einsichten in die Bewegungslehre auf die Ebene allgemein-philosophischen Argumentierens hob, bezog er sich mitunter auch auf Sätze der (selbstverständlich euklidischen) Geometrie, um Art und Gestalt geometrischer Aussagen zu charakterisieren. Das mag sich manchmal – wenn man Kants Gesamtanliegen nicht beachtet – so lesen, als wolle er durch eine Diskussion von Axiomen der euklidischen Geometrie die Denknotwendigkeit der euklidischen Geometrie nachweisen.[349] Doch die Reduktion Kantscher Überlegungen auf die Diskussion rein geometrischer Fragen, ohne auf die mechanische Bewegungslehre

Bezug zu nehmen, führt notwendigerweise zu einer Mißdeutung Kants.[350]

---

nuel Kants Metaphysik der Natur – Naturphilosophie und das Opus postumum, hg. von E.-O. Onnasch, Berlin–NewYork 2009, S. 203-219.

349 Diese Lesart muß übrigens schon deshalb als verfehlt angesehen werden, weil die apriorische Anschauungsform *Raum* nicht mit der Geometrie zu identifizieren ist, sondern "die Möglichkeit der Geometrie als einer synthetischen Erkenntnis a priori begreiflich" macht. [I. Kant, Kritik der reinen Vernunft, a.a.O., S, 74 (B 41 f.).]

350 Mitunter wird zwar der enge Zusammenhang von Kantschem Raum-Zeit-Apriorismus und Newtonscher Bewegungslehre erkannt, dieser aber infolge einer inadäquaten Beurteilung der Rolle des euklidischen Raumes in der Newtonschen Theorie und der Bedeutung dieser Theorie für die Physik überhaupt als Einwand gegen Kant angesehen. Da man die Funktion des Raumes in der Physik übersieht, glaubt man, die Geometrie für sich diskutieren zu können. So findet sich z.B. unter Verweis auf den Zusammenhang von Kantscher und Newtonscher Lehre die Ansicht, daß Kants Auffassung vom Raum zu einem Hindernis für die neue (relativistische) Physik und die Entwicklung der nicht-euklidischen Geometrie wurde. Gerade der Umstand, daß es bei Newton und Kant nicht um Raum und Zeit per se ging, wird ihnen zum Vorwurf gemacht. So schreibt Stepelevich: "In short, Kantianism does not – nor, given its epistemological limitations, could it – discuss the nature of space and time *per se*. In this, Kant somewhat resembles Newton, who in his *Principia*, rather blandly noted that 'I do not define time, space, place, and motion, as being well known to all'." (Vgl. L. Stepelevich, Hegel's Geometric Theory, in: Hegel and the Philosophy of Nature, hg. von S. Houlgate, Albany–NewYork 1998, S. 74.)

Nach Kant sind ohne apriorische Anschauung synthetische Sätze a priori nicht möglich. Ohne derartige Sätze aber gibt es keine Wissenschaft. Also gibt es ohne apriorische Anschauung keine Wissenschaft. Aus diesem Grunde ist es erforderlich, vom heutigen Erkenntnisstand aus sowohl den Begriff *Anschauung* als auch den Begriff *synthetische Urteile a priori* zu untersuchen und zu bestimmen. Zur Lösung letztgenannter Aufgabe bietet es sich an, die Auffassung aufzugreifen, daß es bei der Unterscheidung von analytischen und synthetischen Urteilen a priori im Kern um das Verhältnis von Metaphysik und Einzelwissenschaft, sogenannter empirischer Wissenschaft geht.[351]

Wenn es sich zeigt, daß die apriorischen analytischen und synthetischen Urteile so unterschieden werden können, was heißt dann: Die *Form* der Sinnlichkeit geht allen wirklichen Eindrücken voran?[352] Inwiefern und inwieweit sind die synthetischen Sätze a priori erfahrungsunabhängig? Inwiefern sind sie erfahrungsermöglichend? Wodurch ist die (Erfahrung ermöglichende "apriore") Form bedingt? Zweifelsfrei hat auch sie eine Genese, ist bedingt (aber auf einer anderen Stufe oder unter anderem Aspekt als der Erkenntnisinhalt).

Was den Status der synthetischen Urteile a priori anbetrifft, so sei wiederholt, daß sich ihr eigentlicher Sinn nicht an einzelnen Sätzen zeigt. Kant selbst hat dazu beigetragen, dies zu verkennen – wie sein Paradebeispiel "Ein Körper ist ausgedehnt" im Gegensatz zu "Ein Körper ist schwer" belegt. Vielmehr muß die Betonung darauf gelegt werden, daß synthetische Urteile a priori *Prinzipien der Möglichkeit der Erfahrung* sind, daß sie – wie man sagen könnte – den Grund der Erfahrung angeben, ihre Aussagen nicht die Gesetzlichkeit der Gegenstände, sondern die Gesetzlichkeit der Gegenstandserkenntnis betreffen bzw. – wie Cassirer formuliert –[353] sich auf die Formen möglicher Erfahrung, nicht auf den Inhalt wirklicher Erfahrung beziehen.

Synthetische Urteile a priori gibt es nach Kant zuhauf in der Mathematik. Sind sie aber wirklich, so ist die Frage nach ihrer Möglichkeit auch beantwortet.[354] Kants vorrangiges Bei-

---

351 Vgl. E. Cassirer, Kant und die moderne Mathematik, a.a.O., S. 70-82. Kant zu diesem Problem siehe: I. Kant, Kritik der reinen Vernunft, a.a.O., S. 52-62 (B 11-25), 135 (B 130); ders., Über eine Entdeckung nach der alle neue Kritik der reinen Vernunft durch eine ältere entbehrlich gemacht werden soll, in: Werke, a.a.O., Bd. V, S. 343-373.

352 Vgl. I. Kant, Prolegomena, a.a.O., S. 144 (§ 9); ders., Kritik der reinen Vernunft, a.a.O., S. 289-291 (B 322-324; A 266-269).

353 Vgl. Anm. 668.

354 Vgl. I. Kant, Prolegomena, a.a.O., S. 235 (§ 4).

spiel, die Aussage 5 +7 = 12, und dessen Charakterisierung,[355] wird allerdings von Hegel (und vielen anderen) bestritten. Eine genauere Analyse zeigt aber, daß eine Beurteilung nicht vom Augenschein her möglich ist, nicht vom Standpunkt eines Bewußtseins, das alles, was ihm bekannt ist, für selbstverständlich hält, das sein Wissen nicht nach dessen Voraussetzungen befragt – frei nach dem Motto: daß derjenige, der "... die Zahlen schon hat, Alles zu zählen vermag ...".[356]

Indem Rickert detailliert den Unterschied zwischen dem logischen *und* und dem mathematischen *plus* demonstriert, belegt er, daß es sich bei der Summe 5 +7 = 12 tatsächlich um ein synthetisches Urteil a priori handelt, daß mithin dieses allgemeingültige notwendige Urteil durch die Unterscheidung des logischen Einen (und Anderen, auf das es notwendig stets bezogen ist) von der mathematischen Eins bedingt ist oder – anders gesagt – daß man nur auf der Basis derartig fixierter Bedingungen zu diesem allgemeingültigen notwendigen Urteil gelangen kann. [357]

Kant bemüht sich intensiv, den Sachverhalt, durch den ein Urteil zu einem apriorisch-synthetischen wird, zu erklären.[358] Wenn er schreibt, man müsse über den Begriff hinausgehen und die Anschauung zu Hilfe nehmen, um das Urteil zu erweitern,[359] so ist dies nicht die Aufforderung zu grenzenloser Fantasterei,[360] sondern bedeutet – so man eine ausgearbeitete, beispielsweise physikalische, Theorie hat, daß man *auf der Basis der Grundgleichungen dieser Theorie* feststellen muß, ob diese oder jene Lösung zutrifft (z.B. ob die Grundgleichungen der Allgemeinen Relativitätstheorie darauf schließen lassen, daß es Gravitationswellen oder daß es Schwarze Löcher gibt), in der Theorie steckt. Oder man konstruiert auf der Grundlage der betreffenden Theorie ein Gedankenexperiment.

---

355 Vgl. I. Kant, Kritik der reinen Vernunft, a.a.O., S. 55-58 (B 14-18); ders., Prolegomena, a.a.O., S. 126-129.

356 Vgl. H. Rickert, Das Eine, die Einheit und die Eins. Bemerkungen zur Logik des Zahlbegriffes, Logos *2*(1911/12), 26-78, S. 53.

357 Explizit schreibt er: "Selbstverständlich hängt die Notwendigkeit, 'und' von 'plus' zu unterscheiden, mit den Gründen zusammen, die es verbieten, das Eine mit dem Andern durch ein Gleichheitszeichen zu verbinden. Plus kann nur zwischen Gegenständen stehen, die nicht nur überhaupt, wie alle Gegenstände, sondern schon in einer besonderen Weise miteinander vergleichbar sind, und zwar so, daß sie entweder einander gleichen oder, trotz der Ungleichheit, doch beide etwas enthalten, das nicht verschieden, sondern in dem Einen und dem Andern dasselbe ist. Wenn ich nicht nur die gleichen Zahlen 1 und 1, sondern auch die ungleichen Zahlen 1 und 2 addieren kann, so liegt das daran, daß 2 = 1+1 ist, und ebenso sind alle Mehrzahlen deshalb addierbar, weil alle sich einer Mehr von durch + verbundenen, einander gleichen Einzahlen gleich setzen lassen. Gegenstände dagegen, von denen der eine nur dadurch ein Gegenstand ist, daß er sich von dem andern unterschei, also nichts mit ihm Gemeinsames hat, sind der Addition ebenso wie der Gleichsetzung entzogen. " (Ebd., S. 50 f.)

358 Siehe z.B. I. Kant, Kritik der reinen Vernunft, a.a.O., S. 55-62 (B 14-25).

359 Vgl. z.B. Prolegomena, a.a.O., S. 128.

Das heißt: Man prüft, erkundet die Potenzen, den Inhalt einer Theorie, ihren Begriff (was man ja nicht auf Anhieb "sieht"). Es steckt drin, aber man muß es "herauslocken" – so wie man die Erkenntnis "herauslocken" mußte, daß im Begriff des Körpers notwendigerweise das Attribut des Schwerseins steckt. Kant erklärt: "Wir sollen nämlich zu einem gegebenen Begriffe ein gewisses Prädikat hinzudenken, und diese Notwendigkeit haftet schon an den Begriffen. Aber die Frage ist nicht, was wir zu dem gegebenen Begriffe hinzu *denken sollen*, sondern was wir *wirklich* in ihm, obzwar nur dunkel, *denken*, und da zeigt sich, daß das Prädikat jenem Begriffe zwar notwendig, aber nicht unmittelbar, sondern vermittelst der Anschauung, die hinzukommen muß, anhänge."[361]

Der eigentliche Sinn synthetischer Sätze a priori besteht also darin, im Rahmen der betreffenden Theorie die detaillierten Konsequenzen zu erkunden. Um herauszufinden, *ob* eine Aussage ein synthetisch-apriorisches Urteil ist, muß man sie also innerhalb der entsprechenden Theorie prüfen. Man geht über den ursprünglichen Terminus (das, was Kant "Begriff" nennt) hinaus und erkundet seinen Begriff (das, was die Theorie darüber bestimmt).

Um zu der "Form der Sinnlichkeit, die allen wirklichen Eindrücken vorangeht", zurückzukommen, ist zu bemerken: Ob Kant *meinte*, daß die Struktur des Raumes die Struktur unserer Anschauung ist, woraus folgt, daß es nur die euklidische Geometrie oder wenigstens *nur eine* Geometrie geben kann, ist nicht ganz klar. Jedenfalls differenzierte Kant nicht zwischen dem Raum und dem euklidischen Raum, genausowenig wie zwischen dem allgemeinen Wissenschaftsprinzip und den besonderen Gesetzen der Newtonschen Mechanik.[362] Aber dennoch ist für ihn die Mechanik nicht nur – wie mitunter behauptet wird – Geometrie plus Empirie. Für Kant ist die Physik selbst, die Physik als Physik, eine Theorie.

Ohne Kants Konzept des durch die Anschauung gegebenen Gegenstandes (die erst in Einheit mit dem Begriff als Anschauung wirklich ist), gibt es keine Erkenntnis (und damit ist gemeint: keine wissenschaftliche Erkenntnis), sondern nur eine rationalistische bzw. empiristische Verabsolutierung, ein Hin und Her zwischen Rationalismus und Empirismus. Das heißt: Ohne synthetische Sätze a priori gibt es keine Erkenntnis, keine Wissenschaft, keine allgemeingültigen notwendigen Gesetzesaussagen.

---

360 Kant schreibt explizit: "Es kann der Einbildungskraft vielleicht verziehen werden, wenn sie bisweilen schwärmt, … . Daß aber der Verstand, der *denken* soll, an dessen statt *schwärmt*, das kann ihm niemals verziehen werden; … ." [I. Kant, Prolegomena, a.a.O., S. 185 (§ 35).]

361 Ebd., S. 129 – Den Terminus "Anschauung" müßte man hier in Anführungszeichen setzen, da seine Verwendung nicht mit der eingangs dargestellten identisch ist.

362 Ausführlicher dazu siehe: R. Wahsner, Der Widerstreit von *Mechanismus* und *Organismus*, a.a.O.

Und da seinerzeit nur auf die Newtonsche Mechanik als Modell der Wissenschaft, der neuzeitlichen Wissenschaft, gesehen wurde und gesehen werden konnte, gilt diese Funktion als durch *die* Geometrie erfüllt, die dieser Mechanik zugrunde liegt, die nicht von ihr (linear) begründet wird. Aber schon Newtons Darstellung im "Vorwort an den Leser" zeigt, *inwiefern* diese Geometrie nicht absolut erfahrungsunabhängig ist, indem sie auf deren Herkunft aus der antiken Statik (τέχνη) verweist.[363]

Diese – die genannte Funktion erfüllende – Geometrie war zwangsläufig die euklidische Geometrie. Sie *erschien* dem gewöhnlichen Bewußtsein als angeboren – eine Auffassung, der sowohl Newton als auch Kant explizit widersprochen haben.[364]

Da man in der philosophischen Reflexion mit diesem Schein recht gut zurecht kam, brauchte man die Funktion der Geometrie nicht näher zu untersuchen bzw. Newtons Bestimmung der Geometrie als desjenigen Teils der allgemeinen Mechanik, der die Kunst, genau zu messen, aufstellt und beweist,[365] nicht wahrzunehmen. Als der Schein zerbrach, wurde die Untersuchung dieser *Funktion* unabdingbar. Soweit sie bisher durchgeführt wurde, erwies sich, daß die euklidische Geometrie durch die moderne Physik weder schlechthin liquidiert bzw. Kants Sicht auf sie widerlegt wurde. Vielmehr konnte ihre Funktion klarer bestimmt werden.[366]

Die Tendenz, die von Kant *als Momente* gefaßte Bestimmungen (Anschauung, Kategorie resp. Begriff) als eigenständige "Dinge" zu nehmen, ist mechanizistisch. Und der Mechanizismus paßt sich immer wieder an. Seine ständige Neuerschaffung läßt aber auch – wie schon erwähnt – die Frage nach der Abhängigkeit des Alltagsbewußtseins vom wissenschaftlichem Erkenntnisstand immer wieder neu entstehen.

Die Überprüfung, welche Geometrie gültig ist (ein Bedürfnis, das entstand, seit es nicht nur eine einzige Geometrie gibt), geht nur im Sinne von Einstein. Der Gedanke der Poincaréschen Summe entspricht der Kantschen Momentebestimmung. Wenn man deren Notwendigkeit nicht erkennt, strebt man danach zu erkunden, wie unser Anschauungsvermögen für sich beschaffen ist. Doch das kann man so nicht überprüfen. Es gibt keine lineare Determination. Es ist daher durchaus keine *empiristische* Regelung, die Entscheidung, welche Geometrie

363 Vgl. I. Newton, Mathematische Prinzipien der Naturphilosophie, a.a.O., S. 2 (Vorwort an den Leser).

364 Vgl. I. Newton, ebd.; I. Kant, Von der Form der Sinnes- und Verstandeswelt und ihren Gründen, in: Werke, a.a.O., Bd. V, S. 39, 69; ders., Kritik der reinen Vernunft, a.a.O., S. 108 (A 66; B 91); ders., Prolegomena, a.a.O., S. 192-196 (§ 39).

365 Vgl. I. Newton, Mathematische Prinzipien der Naturphilosophie, a.a.O., S. 2.

366 Siehe unter anderem die in den Anmerkungen 290 und 315 angegebene Literatur. – Vgl. auch den Abschnitt "Geometrie und Apriorität".

gültig ist, der Physik zu überlassen –[367] wie mitunter behauptet wird. In dem Glauben, sie sei es, liegt die ganze Misere. Diese drückt sich auch in der Fragestellung aus: "Wie verhält sich Kants 'Raum in Gedanken' zum Raum Einsteins, zum Raum der Allgemeinen Relativitätstheorie?"[368] Es ist dies eine inadäquate Frage, weil letztgenannter Raum ein physikalischer Raum ist und sich dieser keineswegs nur aus Geometrie plus Empirie konstituiert und man seine Beschaffenheit, d.h. seinen erkenntnistheoretischen Status auch nicht mit rein philosophischen Erwägungen erkunden kann. Auch nach Kant ist – wie schon gesagt – Physik nicht nur Geometrie plus Empirie. Und zudem muß man eben stets beachten, daß es keine lineare Erkenntnisfolge gibt, eine begriffliche Klärung stets nur im Gegeneinander erfolgt.[369]

Hinter dem immer wieder auflebenden Mißverständnis der Kantschen Erkenntniskritik steht die mangelnde Einsicht in die *Notwendigkeit* der Frage "Wie ist Erfahrung möglich?" Die meisten "haben" sie einfach – die Erfahrung, und sie fragen eben nicht, wie sie möglich ist.

Die Möglichkeit von Erfahrung, von wissenschaftlicher Erfahrung, beruht auf Idealisierungen. Diese Idealisierungen bleiben Artefakte bzw. vom Menschen als Gattung erzeugte Erkenntnisprinzipien, auch wenn man ihr Zustandekommen durch bestimmte gesellschaftliche Entwicklungen nachweisen kann.

Der Mensch wurde nicht mit einem hochentwickelten Erkenntnisvermögen in die Welt geworfen. Also hat dieses Vermögen eine Genese. Das ist ganz klar, aber es ist nicht Kants Thema. Sein Thema ist: Wie ist Erfahrung bzw. wie ist empirische mathematisierte Naturwissenschaft möglich? Was vermag der Verstand, und was vermag die Vernunft ohne Erfahrung?[370] Gemeint ist: Was vermögen sie – unterstellt, daß sie vorhanden sind, sich bereits entwickelt haben.

Die Auffassung des Begriffs *Anschauung* ist gespeist von dem jeweiligen Philosophie- resp. Metaphysikbegriff. So ist die oben kritisierte logizistische Ersetzung der Sinnlichkeit nicht möglich, wenn man erkennt, daß auch die Metaphysik, nicht nur die Naturwissenschaft,

---

367 Vgl. unter anderem: M. Wolff, Geometrie und Erfahrung, a.a.O., S. 210.

368 Vgl. ebd., S. 226.

369 Niels Bohr hat das einmal anläßlich eines Aufenthalts in einer Skihütte bildlich so formuliert: "Mit dem Geschirrwaschen ist es doch genau wie mit der Sprache. Wir haben schmutziges Spülwasser und schmutzige Küchentücher, und doch gelingt es, damit die Teller und Gläser schließlich sauberzumachen. So haben wir in der Sprache unklare Begriffe und eine in ihrem Anwendungsbereich in unbekannter Weise eingeschränkte Logik, und doch gelingt es, damit Klarheit in unser Verständnis der Natur zu bringen." (N. Bohr, zitiert von Werner Heisenberg in: Der Teil und das Ganze. Gespräche im Umkreis der Atomphysik, München 1969, S. 190.)

370 Vgl. I. Kant, Welches sind die wirklichen Fortschritte, die die Metaphysik seit Leibnizens und Wolffs Zeiten in Deutschland gemacht hat?, a.a.O., S. 607.

Grenzen hat: Die Metaphysik darf nichts, sie kann nichts erfinden, sondern vermag nur – wie Kant sagt – Grundverhältnisse der Erfahrung selbst zu fixieren. Sie bringt das, was uns zunächst als dunkles komplexes Ganzes gegeben ist, zur Klarheit und Deutlichkeit, sie macht seine Struktur durchsichtig, fügt aber aus sich selbst heraus kein einziges Moment hinzu.[371]

Grenzen zu haben ist nach Kant auch von Vorteil: "Es ist nicht Vermehrung, sondern Verunstaltung der Wissenschaften, wenn man ihre Grenzen in einander laufen läßt; ... ."[372] Das folgende Zitat sei hier trotz seiner Überlänge vorgetragen – in der Hoffnung, ein gründlicheres Verständnis für Kants Anliegen zu gewinnen: "Das große Glück, welches die Vernunft vermittelst der Mathematik macht, bringt ganz natürlicher Weise die Vermutung zuwege, daß es, wo nicht ihr selbst, doch ihrer Methode, auch außer dem Felde der Größen gelingen werde, indem sie alle ihre Begriffe auf Anschauungen bringt, die sie a priori geben kann, und wodurch sie, so zu reden, Meister über die Natur wird: da hingegen reine Philosophie mit diskursiven Begriffen a priori in der Natur herum pfuscht, ohne die Realität derselben a priori anschauend und eben dadurch beglaubigt machen zu können. Auch scheint es den Meistern in dieser Kunst an dieser Zuversicht zu sich selbst und dem gemeinen Wesen an großen Erwartungen von ihrer Geschicklichkeit, wenn sie sich einmal hiemit befassen sollten, gar nicht zu fehlen. Denn da sie kaum jemals über ihre Mathematik philosophiert haben (ein schweres Geschäfte!), so kommt ihnen der spezifische Unterschied des einen Vernunftgebrauchs von dem andern gar nicht in Sinn und Gedanken. Gangbare und empirisch gebrauchte Regeln, die sie von der gemeinen Vernunft borgen, gelten ihnen dann statt Axiomen. Wo ihnen die Begriffe von Raum und Zeit, womit sie sich (als den einzigen ursprünglichen Quantis) beschäftigen, herkommen mögen, daran ist ihnen gar nichts gelegen, und eben so scheint es ihnen unnütz zu sein, den Ursprung reiner Verstandesbegriffe und hiemit auch den Umfang ihrer Gültigkeit zu erforschen, sondern nur, sich ihrer zu bedienen. In allem diesem tun sie ganz recht, wenn sie nur ihre angewiesene Grenze, nämlich die der *Natur*, nicht überschreiten. So aber geraten sie unvermerkt, von dem Felde der Sinnlichkeit auf den unsicheren Boden reiner und selbst transzendentaler Begriffe, wo der Grund (instabilis tellus, innabilis unda) ihnen weder zu stehen, noch zu schwimmen erlaubt, und sich nur flüchtige Schritte tun lassen, von denen die Zeit nicht die mindeste Spur aufbehält, da hingegen ihr Gang in der Mathematik

---

371 Vgl. z.B. I. Kant, Untersuchung über die Deutlichkeit der Grundsätze der natürlichen Theologie und der Moral, a.a.O.. z.B. S. 746-756; ders., Kritik der reinen Vernunft, a.a.O., S. 11-19 (A VII-A XXII), 37 (B XXX-B XXXI), 39 (B XXXVII-B XXXVIII); siehe auch: G.W.F. Hegel, Grundlinien der Philosophie des Rechts, in: Werke, a.a.O., Bd. 7, S. 84 ff. (§ 31); E. Cassirer, Das Erkenntnisproblem in der Philosophie und Wissenschaft der neueren Zeit, a.a.O., Bd. II, insbes. S. 401-407, 585-601.

372 I. Kant, Kritik der reinen Vernunft, a.a.O., S. 20 f. (Vorrede zur zweiten Auflage).

eine Heeresstraße macht, welche noch die späteste Nachkommenschaft mit Zuversicht betreten kann."[373]

Die bis heute anhaltende unbefriedigende Rezeption des Kantschen Begriffs *Anschauung* ist hauptsächlich dadurch bedingt, daß der Status der Wissenschaft, der seinerzeitigen wie der heutigen, unzureichend analysiert wurde, stattdessen vielmehr die jeweilige Meinung über die Beschaffenheit der Wissenschaft übernommen und frei interpretiert wurde.

Analysiert man hingegen diesen Status, so zeigen sich die mit der modernen Physik entstandenen Probleme als notwendige Fragen nach neuen Meßbedingungen, zum Beispiel nach einem neuartigen Anschluß von Erfahrungs- und Darstellungsraum bzw. nach der Erweiterung des physikalischen Erfahrungsraums.[374]

Alles in allem handelt es sich weder um eine Krise des Kausalitätsprinzips noch um eine Krise der Anschauung. Es ist vielmehr eine Krise des Mechanizismus. Allerdings erzeugt ihre Überwindung zumeist eine neue Form des Mechanizismus, eine Form, die den wissenschaftlichen Ergebnissen nicht so offensichtlich widerspricht (und die deshalb für eine geraume Zeit wieder angenommen wird).

Notwendig ist daher eine grundsätzliche Kritik des Mechanizismus. Sie ist allerdings nicht nur sachlich schwer, sondern tritt allen Leuten auf die Füße, die außerhalb ihres Fachgebiets urteilen (z.B. Philosophen über Physik).

Alles, auch die Frage danach, ob Kants Anschauungskonzept antiquiert ist, verweist auf das notwendige, obzwar unter Umständen nicht hinreichende, Erfordernis, die Naturwissenschaft, insbesondere die Physik, adäquat erkenntnistheoretisch zu bestimmen, ihren Begriff zu entwickeln.

---

373 Ebd., S. 621 f. (B 753-754).

374 Ausführlicher dazu: H.-H. v. Borzeszkowski und R. Wahsner, Physikalischer Dualismus und dialektischer Widerspruch, a.a.O., insbes. S. 82-148; dies., Heisenberg's Cut and the Limitations of its Movability, Annalen der Physik *45*(1988), 522-528; dies., Nonlocality versus Locality: The Epistemological Background of the Einstein-Bohr Debate, in: Classical and Quantum Nonlocality, ed. by P.G. Bergmann, V. de Sabbata, J. N. Goldberg. The Science and Culture Series – Physics, Series Editor: A. Zichichi, Singapore–New-Jersey–London–Hon Kong 2000, S. 21-50.

Neukantianismus
oder
Was man schon einmal wußte

Die Einsicht in den Status, in die Begriffsbildung der Naturwissenschaft war schon einmal tiefer als heute. Vor allem die Leistungen der Neukantianer müssen hier hervorgehoben werden. Sie waren nach Kant und Hegel diejenigen, die in dieser Hinsicht zu neuen Erkenntnissen gelangt sind.[375] Sie waren diesbezüglich sowohl jenen Hegelianern, die die naturwissenschaftliche Erkenntnis für eine niedere Erkenntnisform hielten, als auch den Vulgärmaterialisten überlegen. Diese Überlegenheit gilt auch gegenüber vielen Naturwissenschaftlern, die über ihre Wissenschaften ernsthaft nachdachten, aber die bis dahin gewonnenen philosophischen Erkenntnisse kaum berücksichtigten.

Hierzu bedarf es jedoch einer zusätzlichen Bemerkung: Wenn man Newtons, Boltzmanns, Einsteins, Schrödingers und anderer großer Physiker erkenntnistheoretische Äußerungen bewerten will, so muß man berücksichtigen, daß sie Physiker waren, keine Philosophen. Man muß ihre epistemologischen Formulierungen stets in Verbindung mit dem sehen, womit sie sich physikalisch beschäftigt haben. Ihr Wortgebrauch ist häufig philosophisch inkorrekt oder unsicher, aber sie meinen etwas sehr Bestimmtes und oftmals Tiefsinniges. Das aber ist eben nur in Verbindung mit der Arbeit, die sie physikalisch geleistet haben und auf die sich ihre Äußerungen auch beziehen, herauszufinden.

Gegen diese Beurteilung des Neukantianismus gibt es gewiß von verschiedenen Seiten Widerspruch. Dieser ist auch nicht schlechthin unberechtigt – wie im folgenden auch noch dargestellt wird. Zunächst sei aber die Auffassung begründet, warum hier dem Neukantianismus eine so hohe Wertschätzung entgegengebracht wird, bzw. sei geprüft, ob man seinem Konzept etwas entnehmen kann, das bei der heutigen Bestimmung des epistemologischen Status der Naturwissenschaft unabdingbar beachtet werden muß.[376]

---

375 Eine Übersicht über die seit Mitte des 19. Jahrhunderts geführten Diskussionen zum Begriff der Naturwissenschaft geben beispielsweise die drei bei Meiner erschienenen Bände zum Materialismus-, Darwinismus- und Ignorabimus-Streit (Weltanschauung, Philosophie und Naturwissenschaft im 19. Jahrhundert, hg. von K. Bayertz, M. Gerhard und W. Jaeschke, Hamburg 2007).

376 Hierfür ist die Frage, ob denn nun Cassirer ein echter Neukantianer war oder nicht, irrelevant. Selbst wenn man der Bestimmung Rickerts folgt, wonach der Neukantianismus 1924 mit dem Tode von Aloys Riehl endete, bleiben die zahlreichen Schriften, die Cassirer vor diesen angegebenen Zeitpunkten verfaßt hat. Diese Arbeiten dokumentieren eindeutig seine Herkunft aus der neukantianischen Marburger Schule. Sie werden ebenso wie die späteren der von Harald Höffding gegebenen Definition gerecht, wonach der Neukantianismus durch das Bestreben charakterisiert ist, die Begriffe, mit denen wir operieren, einer erkenntnistheoretischen Prüfung zu unterwerfen (siehe: "Neukantianismus", in: Historisches Wörterbuch der Phi-

Kants Philosophie als Erkenntnis und als Aufgabe

Die Neukantianer haben Kants Philosophie nicht als abgelegte Gestalt des philosophischen Geistes gesehen, sondern sie als Erkenntnis behandelt und geprüft, ob sie nach Hegel und auf der Grundlage der sich rasch entwickelt habenden Naturwissenschaft noch gültig ist, bzw. waren bestrebt, sie so zu bearbeiten, daß sie diesen Entwicklungen angemessen ist.

Sie rezipierten Kant als einen Denker, der Probleme erkannte und bestrebt war, sie zu lösen, weshalb er seine Arbeit nie als vollendet ansah. Denn er erkannte auch die neuen Probleme, die eine Lösung vorgängiger Probleme mit sich brachte.[377] Daß er beispielsweise im *Opus postumum* vieles in Frage stellte, bezeugt seine Forscherhaltung, nicht die Rücknahme seines Werkes. Nach Hermann Cohen ist die Kantsche Philosophie nicht als ein abgeschlossenes geschichtliches, vergangenes Ganzes aufzufassen, sondern sie muß als Ausdruck der fortdauernden *Aufgabe* der Philosophie selbst begriffen werden.[378]

Allerdings waren die Neukantianer bei ihrer Untersuchung der Mechanik und später der neueren Physik dadurch beschränkt, daß sie die Physik weitgehend mit der Mathematik identifizierten und die experimentelle Methode neben der mathematischen in ihrer Bedeutung und vor allem in ihrer Verfaßtheit nicht erkannten. Das zeigte sich beispielsweise bei Hermann Cohen, der Newton Leibniz und Descartes entgegensetzte, indem er letztere als Prinzipiendenker auffaßte, während er Newton als "Meister der Beschränkung" ansah, der die Prinzipien der Naturwissenschaft der Mathematik entlehnte und sie "Philosophie" nannte.[379]

---

losophie, Darmstadt 1984, Bd. 6, Sp. 749). Auf jeden Fall aber kann man Cassirer zugestehen, daß er zu denen gehört, die dadurch, daß sie auf Kant zurückgingen, die wissenschaftliche Philosophie zugleich erheblich vorwärts führten (siehe ebd.). Und so ist das Urteil gerechtfertigt: "Der bedeutendste Vertreter des Marburger Neukantianismus der zweiten Generation ist zweifellos Ernst Cassirer." (H. Holzhey, Die Marburger Schule des Neukantianismus. Einführung, in: Seminar-Textbücher 1. Philosophie, Erkenntnistheorie, Logik im Neukantianismus, hg. und eingeleitet von W. Flach und H. Holzhey, Hildesheim 1980, S. 30.)

377 Vgl. z.B. A. Stadler, Kants Teleologie und ihre erkenntnistheoretische Bedeutung, Berlin 1874; P. Natorp, Kant und die Marburger Schule, a.a.O., S.193-221; E. Cassirer, Kant und das Problem der Metaphysik. Bemerkungen zu Martin Heideggers Kant-Interpretation, Kant-Studien *36*(1931), 18; W. Bartuschat, Zum systematischen Ort von Kants Kritik der Urteilskraft, Frankfurt a.M. 1972; G. Picht, Kants Religionsphilosophie, Stuttgart 1985.

378 Vgl. z.B. H. Cohen, Kants Theorie der Erfahrung, Vorrede zur ersten Auflage (1871), Berlin 1918, S. IX-XIV; siehe auch E. Cassirer, Das Erkenntnisproblem in der Philosophie und Wissenschaft der neueren Zeit, a.a.O., Bd. I, S. 14.

379 H. Cohen, Einleitung mit kritischem Nachtrag zur siebenten Auflage der Geschichte des Materialismus von F.A. Lange, Leipzig 1902, S. 478 f.

Wissenschaft als Gegenstand der Philosophie

Die genannte Auffassung der Kantischen Philosophie hat zur Konsequenz, daß *die Wissenschaft als Gegenstand der Philosophie* erkannt wird. Da aber von den Neukantianern im wesentlichen nur eine Form der Wissenschaft als echte Wissenschaft akzeptiert wurde, reduzierte sich dieser Gegenstand im wesentlichen auf die Naturwissenschaft. Doch auch dieser reduzierte Gegenstand fixiert eine unabdingbare Aufgabe. Denn die philosophische Beschäftigung mit der Naturwissenschaft ist notwendig. Sie ist nicht lediglich die Aufgabe einer spezifischen philosophischen Disziplin, etwa der Naturphilosophie oder der Wissenschaftstheorie, sondern sie ist für die *Philosophie als solche* unabdingbar (woraus nicht folgt, daß die Philosophie als Dienerin der Naturwissenschaft angesehen wird).

Hierdurch ist es ausgeschlossen, daß die Philosophie in einen psychologischen Vorstellungsidealismus verfällt. Gerade in ihrer Idealität erhält die Erkenntniskritik eine streng *objektive* Wendung: "Sie handelt nicht von Vorstellungen und Vorgängen im Individuum, sondern von dem Geltungszusammenhang zwischen Prinzipien und 'Sätzen', der als solcher unabhängig von jeglicher Betrachtung des subjektiv-psychologischen Denkgeschehens festgestellt werden muß." Die Wissenschaft wird als das eigentliche und unentbehrliche Korrelat der transzendentalen Methodik angesehen.[380] Man könnte auch sagen: Die Wissenschaft, (die Kunst, die Religion, ...) ist das der Philosophie vorgegebene Objektiv-Reale. Die Bestimmung der naturwissenschaftlichen Begriffsbildung ist somit keine philosophische Nebensache bzw. deren Mißachtung kein philosophisches Kavaliersdelikt. Die Lösung dieser Aufgabe ist ein substantielles Problem.

Durch diese Gegenstandsbestimmung gewinnt die Kantsche Philosophie (in den 70er Jahren des 19. Jahrhunderts) gegen den Naturalismus und den Psychologismus ein treffendes Argument. Explizit wird es mit den Worten formuliert: Den "Gegenstand der Philosophie bildet demgemäß nicht die 'Organisation' der Natur noch die der 'Psyche', sondern was sie zunächst allein zu bestimmen und aufzudecken hat, ist die 'Organisation' der Naturerkenntnis".[381]

---

380 E. Cassirer, Die Grundprobleme der Kantischen Methodik und ihr Verhältnis zur nachkantischen Spekulation, in: ders., Gesammelte Werke, Bd. 9, Hamburg 2001, S. 201-216, insbes. S. 275; ders., Das Erkenntnisproblem in der Philosophie und Wissenschaft der neueren Zeit, a.a.O., Bd. II, S. 616, 619; A. Görland, Hermann Cohens systematische Arbeit im Dienste des kritischen Idealismus, a.a.O., insbes. S. 226.

381 E. Cassirer, Hermann Cohen und die Erneuerung der Kantischen Philosophie, Kant-Studien *17*(1912), 252-273, insbes. S. 257.

Nicht selten wurde dieser Standpunkt als Subjektivismus bzw. als Reduktion der Kantschen Philosophie auf Wissenschaftstheorie gedeutet. Doch das ist er nicht, er ist vielmehr ein Standpunkt, demzufolge man ohne Mittel gar nichts erkennen kann. Und so wurde er von Kant und vom Neukantianismus auch interpretiert: "Aus der Notwendigkeit, die 'objektive' Bedeutung des Kantschen Idealismus zu wahren, erklärt sich die Energie, mit der hier immer wieder auf die Wissenschaft als das eigentliche und unentbehrliche Korrelat der transzendentalen Methodik verwiesen wird ... Die 'Organisation des Geistes', die der Idealismus sucht, kann nirgends anders als in dem Strukturzusammenhang der Naturwissenschaft, wie der Ethik und Ästhetik abgelesen werden."[382] Die Philosophie hat keinen Direktbezug zur Realität.

Die Konsequenz dieser Ansicht besagt, daß die Metaphysik, die Erste Philosophie, nichts erfinden kann.[383] Bei der Untersuchung der Wissenschaft darf die philosophische Betrachtung keinen eigenen Maßstab für die Beurteilung des *Inhalts* einer naturwissenschaftlichen Theorie aufstellen.[384] Ihre Aufgabe besteht vielmehr darin, deren Denkweise zu begreifen und die Grundlage dieser Denkweise zu begründen.

Es wird fixiert, daß sich Denkmittel bzw. Begriffe in den Einzelwissenschaften entwickeln. Die Philosophie kann die einzelwissenschaftlich relevanten Begriffe und Denkmittel nicht erfinden bzw. sie kann nicht aus ihrer Sicht naturwissenschaftliche "Verbesserungen" fordern (z.B. eine Entwicklungsphysik), sondern es können nur die in den Wissenschaften schon zur Anwendung kommenden Denkmittel von ihr erkannt und aufgedeckt sowie epistemologisch bestimmt werden.[385]

Im Gegensatz zu vielen ihrer Zeitgenossen, und auch im Gegensatz zu nicht wenigen heutigen Forschern *war den Neukantianern der neuzeitliche kategoriale Umbruch bewußt*,[386] auf dessen Grundlage erst die Naturwissenschaft entwickelt werden konnte. So schrieb Cassirer: "Der Begriff des Gegenstandes wird durch das Problem der Erkenntnisart ersetzt, in der allein Objektivität erreicht und begründet werden kann. ... Das Ganze der Erkenntnisbedingungen bildet selbst keine neue Objektwelt, die neben oder über den empirischen Gegenständen ihre besondere Stelle hätte. ... Der Gegensatz zwischen 'Bedingungen' und 'Dingen' – dies steht hier als Grundforderung fest – muß in aller Schärfe aufrechterhalten bleiben."[387]

---

382 Ebd.

383 Vgl. den Abschnitt "Lehren aus Kants Philosophie und deren Mißverständnisse". Siehe auch Anm. 5, 369.

384 Vgl. E. Cassirer, Philosophische Probleme der Relativitätstheorie, a.a.O., S. 217-239.

385 Vgl. z.B. K. Lasswitz, Zum Problem der Continuität, a.a.O., insbes. S. 17 .

386 Vgl. den Abschnitt "Das neuzeitliche Denkprinzip" und die darin zitierte Literatur.

387 E. Cassirer, Die Grundprobleme der Kantischen Methodik, a.a.O., S. 204.

Kants Werk ist die philosophische Realisierung dieses Umbruchs. Es hat die philosophische Konsequenz dieses neuen Denkprinzips expliziert. Dabei ringt Kant selbst noch mit dieser Konsequenz; kann sie nicht in allen ihren Ausgestaltungen erkennen; seine *Vorstellungen* sind – im Unterschied zu seinem grundsätzlichen philosophischen Konzept – oft noch dem alten Prinzip verhaftet.

Der genannte Umbruch bestand – wie gesagt – in seinem Kern darin, den antiken Grundsatz, wonach das Sein das Verhalten oder Wirken bestimmt, "umzukehren". Mit dem Grundsatz *Das Verhalten bestimmt das Sein* ist die Bewegung eines Körpers nicht mehr - wie im peripatetischen Weltbild - durch die Substanz bestimmt, aus der er besteht, sondern der Körper ist die Gesamtheit seines Verhaltens. ("Gesamtheit" muß betont werden, da sonst die Gefahr besteht, den Körper bzw. den Gegenstand in Relationen oder in Begriffsmystik, aufzulösen.) Hierbei wird die Gesamtheit als neue Einheit begriffen.

Indem den Neukantianern dieser Umbruch bewußt war, konnten sie das Verhältnis von Gegenstand und Methode resp. Verhalten oder Bewegung in einer neuen Beziehung denken, und konnten sie infolgedessen die gedankliche Tätigkeit – so wie es de facto die Naturwissenschaft schon getan hatte – als Objektivierung fassen, Bewegung als Gegenstand denken, mithin eine wissenschaftliche Bewegungslehre begründen.

Die Methode als Erzeuger des Elements

Der neuzeitliche Umbruch impliziert, daß das Ding, das Element oder der Gegenstand nicht als bestimmt vorgegeben genommen, sondern als durch die Bewegung, durch den Vorgang oder das Verhalten, durch die Methode erzeugt wird.[388] Die oben charakterisierte Art des Gegebenseins ist auf dieser Grundlage erst konsistent möglich.

Wie schon erwähnt, legt Hermann Cohen in seiner Kritik der Helmholtzschen Betrachtung des Zählens und Messens diesen Zusammenhang *exemplarisch* dar.[389] Ausgehend davon, daß die Zahl (nach Cohen) – im Unterschied zur Zeit – nicht nur eine Mehrheit von Elementen bezeichnet, sondern auch die (in der Mehrheit als solcher nur latent enthaltene) Einheit liefert, daß sie als *Einheit der Mehrheit* gedacht wird,[390] richtet er seine Aufmerksamkeit auf die

[388] Das Verhalten wird hier als objektivierte Form der Methode gefaßt.

[389] Im einzelnen siehe die Argumentation in: H.-H. v. Borzeszkowski und R. Wahsner, Infinitesimalkalkül und neuzeitlicher Bewegungsbegriff oder Prozeß als Größe, a.a.O.

[390] Vgl. H. Cohen, Jubiläums-Betrachtungen, a.a.O., S. 268.

Notwendigkeit, die Einheit resp. den *Gegenstand zu konstruieren.* Die Elemente müssen in eine *gesetzmäßige Ordnung* gebracht werden können, sie müssen – sagt er – reihbar sein.[391] Damit das möglich ist, müssen sie aber vergleichbar sein, d.h. etwas Gleichartiges an sich haben; es muß bestimmt sein, in bezug auf welches Verhalten sie gleich gesetzt werden können. Dieses charakterisiert oder bestimmt man in einer Größe. Größen bildet man, um vergleichen zu *können* und *indem* man vergleicht.[392]

Die erkenntnistheoretische Grundlage einer solchen gesetzmäßigen Ordnung umfaßt also, und zwar als verschiedene Aspekte (wenn auch nicht in zeitlicher Aufeinanderfolge) bei der Bildung des Objekts, die Begriffe *Größe*, *Gleichheit* , *Gleichartigkeit*. Das heißt: Man denkt den Aspekt *Größe*, unter dem Größen wie "Länge", "Masse", "Anzahl" unterschieden werden, den Aspekt *Gleichheit*, unter dem die Frage beantwortet wird, wodurch die Gleichheit von Größen bestimmt ist, wie, z.B. durch welche physikalische Prozesse, sie festgestellt wird. Und man denkt den Aspekt *Gleichartigkeit*, unter dem danach gesucht wird, worin die erkenntnistheoretische oder kategoriale Grundlage des Länge-seins, Masse-seins oder des Tauschwert-seins besteht. Man sucht also zuerst nach *dem* Verhalten, das herausgegriffen werden und dann in einer Größe substantiviert werden kann, um bestimmte diffus bekannte Prozesse korrekt erfassen zu können.[393] So beginnt die Erfassung des Begriffs *Geschwindigkeit* zunächst mit der Antwort auf die Frage: Was ist *gleiche* Geschwindigkeit?[394] Der erste

---

391 Zum Unterschied von Gesetzmäßigkeit und Reihbarkeit siehe den Abschnitt "Mängel der neukantianischen Kant-Rezeption".

392 "In der Vergleichung" – schreibt Cohen – "besteht das Verfahren, in dem und zu dessen Behufe Grössen gebildet werden." (H. Cohen, Jubiläums-Betrachtungen, a.a.O., S. 268.)

393 Zum Prozeß der Größenbildung siehe z.B.: R. Wahsner und H.-H. v. Borzeszkowski, Erkenntnistheoretische Bemerkungen zur Größenbildung in Physik und Ökonomie, in: Beiträge zur wissenschaftlichen Weltanschauung, Schriftenreihe der Humboldt-Universität zu Berlin, Heft 2, Berlin 1981, S. 153-159; dies., Die Spezifik des messenden Vergleichs, in; dies., Die Wirklichkeit der Physik, a.a.O., S. 271-283; dies., Messung als Begründung oder Vermittlung?, a.a.O.

394 So schreibt z.B. Pierre Jaeglé: "Die Geschwindigkeit kann zum wesentlichen Merkmal und zu einer der Dimensionen der Bewegung nur dann werden, wenn sie *als konstant invariabel im Verlaufe der Zeit und als erhalten im Verlaufe der Bewegung* vorgestellt wird. Der Ort und der Moment wechseln, aber bleiben identisch in bezug auf ihre Intervalle, wie letztere auch beschaffen sein mögen und wie klein man sie sich vorstellt. Außerhalb dieser Identität ... gibt es keinen genauen Begriff der Geschwindigkeit und keine Mechanik!" (P. Jaeglé, Raum und Zeit. Grundfragen naturwissenschaftlicher und philosophischer Erkenntnis, Köln 1980, S. 35.)
Im gleichen Sinne schreibt Hermann Weyl: "Nach *Galilei* schreibt man zwei Körpern die *gleiche* träge Masse zu, wenn keiner den andern überrennt, falls man sie mit gleichen Geschwindigkeiten gegeneinander jagt ... . Die physikalisch definierte Massengleichheit ist, wie an der Erfahrung geprüft werden muß, eine Beziehung vom Charakter der Gleichheit.... . Außerdem ist durch das Experiment festzustellen, daß sie von den Nebenumständen des definierenden Prozesses, nämlich der Geschwindigkeit des Zusammenstoßes unabhängig ist. Mit der *Gleichheit*, dieser ersten Erfordernis des Messens, ist meistens ohne weiteres die Beziehung des *größer und kleiner* gegeben: von den beiden Körpern hat derjenige die größere Masse, welcher den anderen bei gleicher Geschwindigkeit überrennt. Endlich aber muß ein Prozeß der *Addition* gegeben sein; ... ." (H. Weyl, Philosophie der Mathematik und Naturwissenschaft, München–Wien 1966, S. 177 f.)

Schritt zu einer solchen Größe ist die Antwort auf die Frage "Wie stellt man gleiche Geschwindigkeit fest?" oder entsprechend "Wie stellt man gleichen Tauschwert fest?" Dabei hat man die Begriffe *Geschwindigkeit* bzw. *Tauschwert* natürlich noch nicht. Sie werden hier nur verwandt, um sprechen zu können. Dann: Wie kann man Unterschiede angeben?

Wie der Gegenstand konstituiert wird, welche erkenntnistheoretischen Prozesse der Bildung des Gegenstands zugrunde liegen, das Objekt erzeugt haben, ist demnach die Hauptfrage. Bei Helmholtz aber werden die Grundbegriffe als schon fertige Objekte diskutiert; die Diskussion wird in die Relationen zwischen den als gegeben unterstellten Relaten verlegt, nach deren physischer Verknüpfung wird gefragt, während die Aufgabe darin besteht, diese Grundbegriffe zu charakterisieren, "für die Erzeugung und Werthung des Objects selbst, des Begriffs, der Möglichkeit eines Objects".[395]

Dieser Mangel bedingt die Art der Frage nach dem Verhältnis der Größe zur Realität (Objektivität): "Was ist der objective Sinn davon, dass wir Verhältnisse reeller Objecte durch benannte Zahlen als Grössen ausdrücken, und unter welchen Bedingungen können wir dies thun?"[396] – fragt Helmholtz. Cohen entgegnet, daß die erfragten reellen Verhältnisse der Objekte nicht nur so ausgedrückt, sondern so erzeugt werden, daß sie außerhalb der Größe nicht vorhanden sind, nicht gedacht werden können.[397]

Diskutiert man nun – wie z.B. Helmholtz – nur die Beschaffenheit und, in gewissen Grenzen, die Genese der Relation, nicht die der Relate,[398] unterstellt letztere als bereits oder an sich vorhanden und erkennt dann die Begriffsabhängigkeit der untersuchten Relationen, so erscheinen die unterstellten Relate als *bloße Zeichen*.

Cohen hingegen fordert, die Gleichheit, mithin auch die Einheit, im Verhältnis zu ihrer objektiven Erzeugung, die nach ihren Bedingungen zu ergründen ist, zu denken. Wenn Helmholtz beispielsweise schreibt: "Haben beide dieselbe Anzahl, so bezeichnen wir sie als *gleich*,"[399] unterstellt er mit Selbstverständlichkeit, daß "beide" zwei Gruppen sind, während Cohen gerade die Bedingungen dieser Unterstellung (die notwendig ist) untersucht haben

---

395 H. Cohen, Jubiläums-Betrachtungen, a.a.O., S. 269.

396 H. v. Helmholtz, Zählen und Messen, erkenntnistheoretisch betrachtet, in: Hermann v. Helmholtz, Wissenschaftliche Abhandlungen, Dritter Band, Leipzig 1895, S. 359.

397 Vgl. H. Cohen, Jubiläums-Betrachtungen, a.a.O., S. 262; siehe auch: R. Wahsner, Das Helmholtz-Problem. Oder: Zur physikalischen Bedeutung der Helmholtzschen Kant-Kritik, a.a.O.; dies., Apriorische Funktion und aposteriorische Herkunft, a.a.O., S. 245-259.

398 Helmholtzens Vorgehen ist charakteristisch für all jene, die nicht zwischen einer sinnesphysiologischen, psychologischen und einer erkenntnistheoretischen bzw. erkenntniskritischen Untersuchung genau zu unterscheiden vermögen. Daher auch die heutige Helmholtz-Konjunktur (die Helmholtz allerdings auch nicht gerecht wird).

399 H. v. Helmholtz, Zählen und Messen, erkenntnistheoretisch betrachtet, a.a.O., S, 375.

will. Er schreibt: Die Gleichheit setzt immer erst die Vergleichbarkeit voraus, mithin die Summierbarkeit, und das heißt die Einheit der Mehrheit oder die Größe.[400] Die Einheit ist aber nicht an sich zu bestimmen, also *nicht vor* dem Vergleich, nicht vor der Bestimmung des Vergleichsverfahrens.[401]

Diese Grundeinstellung wird relevant für die Charakterisierung des "Gegebenen" resp. des Gegenstandes.[402] Sie ist die Grundlage für das adäquate Verständnis des Verhältnisses von Anschauung und Verstand in der Kantschen Philosophie – ebenso wie für das Begreifen des Sachverhalts, daß die Maße einer Theorie nicht vor der Theorie fest bestimmt sein können.

Da nicht alle Wissenschaftler das neuzeitliche Denkprinzip erkennen, werden Bestimmungen, die auf Beziehungen resp. Verhältnissen beruhen, oftmals verdinglicht. Cassirer *kritisiert insbesondere die Ontologisierung von Maßbegriffen.* Er fixiert – wie schon erwähnt – eine, die Geschichte der Philosophie und exakten Naturwissenschaft durchziehende Tendenz, jeden neuen und fruchtbaren Maßbegriff bald wieder in einen Dingbegriff zu verwandeln. Denn nur dadurch, daß relative Maße derart in einen abschließenden Ausdruck des ontologisch Realen verwandelt wurden, meinte die wissenschaftliche Weltanschauung der Wahrheit gewiß zu werden.[403]

So fiel man etwa hinter Cusanus' Einsicht zurück, gemäß der Begriffe wie der des Minimums (des Kleinsten, der Eins, der Einheit) nicht dinglich sind, sondern in den gedanklichen Setzungen, in den logischen Bedingungen der Operation der Messung selbst zu suchen sind. Insbesondere verkehrte man den in der heutigen Physik unverzichtbaren Begriff des Atoms, der eine logische Einheit in der eigentümlichen Form des physikalischen Zusammenhangs darstellt, in eine dingliche Modelleinheit.[404]

Zur Fundierung des Gegenstand-Verfahren-Verhältnisses bzw. zu seiner Logik könnte man sagen: Durch das, was wir die "Form" der Erkenntnis nennen, wird der allgemeine Sinn des Gegenstandes vorausbestimmt. "Auch Kant, den man zu Gunsten einer bloss 'formalen' Logik (im letztern Sinne) anzurufen liebt, fordert für die 'reine' Logik nicht die Abstraction von aller Beziehung auf den Gegenstand, sondern nur von einer bestimmten Beziehung auf besondere

400 Vgl. H. Cohen, Jubiläums-Betrachtungen, S. 269.

401 Deshalb ist es untauglich, wie Johannes Lenard, den Gegenstandsbezug nur in der *Anwendung* einer schon verfaßten Theorie zu sehen oder zu suchen. [Vgl. J. Lenard, Kants Philosophie der Mathematik und die umstrittene Rolle der Anschauung, Kant-Studien *97*(2006), 301-317.]

402 Vgl. P. Natorp, Kant und die Marburger Schule, a.a.O., S. 200.

403 Vgl. E. Cassirer, Zur Einsteinschen Relativitätstheorie, a.a.O., S. 1-125, hier S. 11.

404 Vgl. ebd., S. 14.

Gegenstände."[405] "Es gibt, auch nach Kant, keine Gesetze einer bloss formalen Wahrheit, die nicht in den Gesetzen der gegenständlichen Wahrheit ihre Wurzel hätten; folglich auch keine formale Logik, die nicht in der 'transscendentalen' zu begründen wäre. Verhalten sich beide wie die Gesetzgebung der analytischen und die der synthetischen Function, und setzt alle Analysis Synthesis voraus, (weil der Verstand, wo er vorher nichts verbunden hat, auch nichts auflösen kann), so muss wohl Alles, was formale Logik lehren kann, sich auch transcendental begründen lassen."[406]

Bei aller Berechtigung der Kritik Cohens an Helmholtz und aller Würdigung des damit erreichten Fortschritts bei der Bestimmung des Größenbegriffs muß aber auch festgestellt werden, daß sich in Cohens Argumentation eine Tendenz zur mathematisch-logizistischen Gegenstandslosigkeit zeigt (die sich in seinen späteren Arbeiten noch stärker ausprägen sollte). Denn bei ihm sind die Größenbildungsprozesse solche, die auch der Logiker oder Mathematiker vollziehen könnte, sie sind keine physikalischen (Meß-)Prozesse, mithin auch keine, mit denen allein man zu Größen kommen würde. Es ist daher kein Zufall, daß bei Cohen die "Anzahl" denselben Status wie die "Länge" und die "Masse" hat und daß seine Darstellung der Aspekte "Größe", "Gleichheit", "Gleichartigkeit" als Stufung in dieser Reihenfolge mißverständlich ist.

Cassirer war einer "gegenständlicher orientierten" Bestimmung des Größenbegriffs zumindest zeitweise nähergekommen. So findet man in seiner Arbeit *Kant und die moderne Mathematik* die Einsicht, daß der Begriff der Größe ein empirisches Element enthält, daher der Messung zugänglich ist und so gegenständliche Erkenntnis ermöglicht. Diese Einsicht wird dann aber in einer späteren Arbeit dadurch in eine logizistische Richtung umgebogen, daß er physikalische Aussagen nach dem Vorbild der Russellschen Typentheorie unterscheiden und zueinander in Beziehung setzen will.[407] Diese Sicht führt ihn zwar zu berechtigten Einwänden gegen Machs empiristische Auffassung physikalischer Gesetzlichkeit,[408] sie hindert ihn aber daran, die Maßaussagen bei aller Hervorhebung ihrer Bedeutung in einen rechten Zusammenhang mit den Gesetzes- und Prinzipienaussagen zu setzen. Der "Sprung", den er aus typentheoretischen Gründen zwischen ersteren und letzteren Aussagen sieht, ist von der Art, daß sowohl die Messung als Mittel zur Gewinnung von Maßaussagen, die empirische Grundlage von Gesetzesaussagen sein können, als auch die Aussagen selbst unverstanden bleiben.

---

405 P. Natorp, Ueber objective und subjective Begründung der Erkenntniss, a.a.O., S. 257-286, insbes. 258.

406 Ebd., S. 257 f.

407 Vgl. E. Cassirer, Determinismus und Indeterminismus in der modernen Physik, a.a.O., S. 161-170.

408 Vgl. ebd., S. 207-209.

Das Verhältnis von Logik, Mathematik und Physik. Maß und Bewegungsgesetz

Das Verhältnis von Logik, Mathematik und Physik adäquat zu bestimmen ist grundlegend für die philosophische Fassung des Begriffs der Naturwissenschaft, also für die Bestimmung des epistemologischen Status sowie der kategorialen Grundlage der Naturwissenschaft, insbesondere der Physik.[409]

Die Physik ist – wie Newtons Werk explizit zeigt und verschiedentlich in der Literatur nachgewiesen wurde –[410] weder rein empiristisch noch rein rationalistisch begründet. Da sie aber häufig als reine Empirie eingeordnet wurde, war Cohen bestrebt, ihre – wie er es nannte – idealistische Verfaßtheit nachzuweisen.[411] Cassirer und andere Neukantianer folgten diesem Standpunkt nicht kritiklos. Zugleich gab es zu Beginn des 20. Jahrhunderts logische Entwicklungen, die zeigen wollten, daß die Wissenschaft maßgeblich, ohne wesentliche Verluste, auf logische Prinzipien zurückgeführt werden kann.

Cassirers Analyse dieser Schriften macht seine Sicht auf Logik, Mathematik und Physik in ihrem Verhältnis zur kritischen Philosophie besonders deutlich.[412] Nachdem er vor allem die Leistungen Russells und Couturats auf dem Gebiete der Logik (letzterer führte dafür die Bezeichnung "Logistik" ein) besprochen und gewürdigt hat,[413] stellt er fest, daß mit der Frage nach dem genannten Verhältnis ein Problem gestellt ist, das völlig außerhalb des Gesichtskreises der Logik liegt und das somit von ihrer Kritik auch nicht berührt wird. Alle empirischen Urteile liegen seines Erachtens jenseits ihres Bereiches. Denn die Logik mache an der Grenze der Erfahrung halt. Was sie entwickelt, sei ein System hypothetischer Voraussetzungen, von denen wir aber niemals wissen können, ob sie sich jemals in irgendeiner Erfahrung verwirklicht finden, ob sie daher jemals irgendeine mittelbare oder unmittelbare konkrete Anwendung gestatten werden. So falle nach Russell schon der allgemeine Begriff der Größe aus dem Umkreis der reinen Mathematik und Logik heraus: Er enthält ein empirisches Element, das uns nur durch die sinnliche Wahrnehmung gegeben werden kann. Nach der Grund-

---

409 Siehe dazu auch den Unterabschnitt "Zum Verhältnis von Mathematik und Physik (bei Hegel)".

410 Siehe z.B. 127, 128, 140, 223, 229, 234, 291, 423.

411 Vgl. z.B. H. Holzhey, Einleitung zu: H. Cohen, Logik der reinen Erkenntnis (1902/1914), in: H. Cohen, Werke, a.a.O., Hildesheim–NewYork 1997, Bd. 6, S. X*; E. Cassirer, Hermann Cohen und die Erneuerung der Kantischen Philosophie, a.a.O., insbes. S. 260 ff.; ders. Hermann Cohen (1920), in: Werke, Bd. 9, a.a.O., S. 498-509, insbes. S. 505.

412 Vgl. z.B. E. Cassirer, Kant und die moderne Mathematik, a.a.O.

413 Cassirer bezieht sich vor allem auf die Arbeiten: B. Russell, The Principles of Mathematics, Cambridge 1903; L. Couturat, Les principes des mathématiques, avec un appendice sur la philosophie des mathémati-

ansicht der Logistik ist die Aufgabe des Denkens beendet, wenn es gelungen ist, unter all seinen Gebilden und Erzeugungen eine strenge deduktive Verknüpfung herzustellen. Die Sorge um die Gesetzlichkeit der Welt der Objekte dagegen bleibe gänzlich der empirischen Forschung überlassen, die allein uns innerhalb ihrer eigenen, sehr eng gesteckten Grenzen zu lehren vermag, ob auch hier bestimmte Regelmäßigkeiten sich finden oder aber ein reines Chaos herrscht. Logik und Mathematik haben es hiernach nur mit der Ordnung der Begriffe zu tun; die Ordnung oder Verwirrung unter den Gegenständen ficht sie nicht an und braucht sie nicht zu beirren. So bleibe, wie weit man auf diesem Standpunkt die Analyse der Begriffe auch treiben mag, das empirische Sein ein ewig unbegriffenes Problem. Je deutlicher der Wert und die Kraft der Deduktion im Gebiete der Mathematik sich vor uns offenbart, um so weniger verstünden wir die gewaltige und entscheidende Bedeutung, die der Deduktion im Gebiet der theoretischen Naturwissenschaft zufällt. Aber wenn auch die logischen und mathematischen Sätze von rein hypothetischer Geltung sein mögen, so ist es doch kaum nur ein glücklicher Zufall, daß diese Hypothesen sich als zureichend erweisen, die empirischen "Tatsachen" zu meistern und ihren Verlauf im voraus zu bestimmen, denn dann könnte dieser Zusammenhang auch mit einem Schlage jäh unterbrochen werden, dann wäre es denkbar, daß unsere künftige Erfahrung uns niemals mehr mit irgendwelchen objektiven Daten bekannt machen würde, die die begrifflichen Postulate der Größe erfüllten und die damit der Messung zugänglich wären.

Die Allgemeinheit und apriorische Notwendigkeit der mathematischen Wahrheiten sucht Couturat mit ihrem *rein 'formalen'* Charakter zu erklären. Seines Erachtens sind diese Wahrheiten nicht deshalb objektiv, weil sie aus dem Studium der Objekte hervorgegangen sind, sondern weil sie sich, ohne von irgendeinem besonderen Objekt zu handeln, auf alle möglichen Objekte überhaupt beziehen.[414] Diese Lösung mag nach Cassirer für die kritische Erkenntnistheorie und für ihre Begriffsbestimmung der 'möglichen Erfahrung' zulässig und verständlich sein, nicht aber für die Logistik. "Denn wie vermöchte sie es zu rechtfertigen, daß wir die logischen Gesetze, die wir gänzlich unabhängig von der Betrachtung der Dinge gewonnen haben, nachträglich den Dingen aufzwingen; wie vermöchte sie zu beweisen, daß die künftige Erfahrung den Folgerungen gemäß sein werde, die wir aus rein logischen Prämissen

ques de Kant, Paris 1905.

414 Vgl. z.B. E. Cassirer, Kant und die moderne Mathematik, a.a.O., S. 69.

und ohne jede Rücksicht auf Anschauung und Beobachtung gezogen haben? *So beginnt an dem Punkte, an dem die Logistik endet, eine neue Aufgabe.*"[415]

Cassirer akzeptiert Russells Nachweis, daß der Begriff der Größe aus dem Umkreis der reinen Mathematik und Logik herausfällt, und stellt zu Recht fest, daß es daher in diesen Disziplinen keine Daten geben kann, die der Messung zugänglich sind. Des weiteren bestimmt er dann die Aufgabe der kritischen Philosophie, wonach das Problem der Philosophie weder der Inhalt der mathematischen Prinzipien noch die Rolle, die sie im Aufbau unseres Begriffs einer gegenständlichen Wirklichkeit spielen, ist. Ihr Problem bestehe darin, die objektive Gewißheit unserer Erfahrungserkenntnis zu begründen. Dabei müsse sie ihren Blick auf den *Zusammenhang* von Mathematik und Physik richten.

"Was die kritische Philosophie sucht und was sie fordern muß, ist" – so Cassirer – "eine Logik der gegenständlichen Erkenntnis. Nur vom Standpunkt dieser Fragestellung kann der Gegensatz zwischen analytischem und synthetischen Urteil ganz verstanden und gewürdigt werden." [416] Doch die Erklärung der Möglichkeit synthetischer Urtheile ist – wie Cassirer mit Berufung auf Kant hervorhebt – eine Aufgabe, mit der die allgemeine Logik gar nichts zu schaffen hat, in einer transzendentalen Logik aber die wichtigste Aufgabe darstellt, sogar die einzige, wenn um die Möglichkeit synthetischer Urtheile a priori geht sowie um die Bedingungen und dem Umfange ihrer Gültigkeit.[417]

Selbst innerhalb des Gebietes der reinen Mathematik bleibt hiernach der "Anschauung" ein weiterer Bereich und eine größere Bedeutung als die Logistik ihr zugesteht. So sehr die Anschauung im Fortschritt der Wissenschaft als selbständiges Beweismittel zurücktritt, so unerläßlich sei sie, um die Aufgabe, die unseren logischen Synthesen zuletzt gestellt ist, zu bezeichnen und damit deren Richtung zu bestimmen. So bleibe ihr gegenüber dem reinen Denken etwa dieselbe Funktion, die der "Erfahrung" im physikalischen System Descartes' zukommt. Zwar könne sie die mathematischen Begriffe für sich allein nicht begründen und rechtfertigen, doch diene sie dazu, sie näher zu determinieren und eine Auswahl zwischen den verschiedenen möglichen Prinzipien, die wir mit gleichem logischen Recht an die Spitze unserer Deduktion stellen könnten, zu treffen. Würden man diese Funktion bestreiten, geriete man in Gefahr, die geometrischen Grundbegriffe jedes eindeutigen Sinnes zu berauben; so besäßen wir kein Mittel, zwischen den verschiedenartigsten komplexen Gebilden, sofern sie nur alle die Bedingungen erfüllen, die wir in den Axiomen niedergelegt haben, noch irgendei-

---

415 Ebd., S. 77 [Hervorhebung – d.V.].
416 Ebd.
417 Vgl. ebd.

nen Unterschied zu treffen. Die Konsequenz, die nach Casssirer Russell und Couturat mit aller Entschiedenheit ziehen, lautet:[418] "Da die Grundbegriffe, mit denen die Geometrie arbeitet, undefinierbar sind, so ist ihr *Sinn nicht bestimmt* und geht auf keine Weise in die deduktive Verknüpfung der Einzelsätze ein; man kann diese Begriffe somit als reine Symbole ansehen, deren Bedeutung unbestimmt und gleichgültig ist."[419] Das *relative* logische Recht dieser Auffassung will im Grunde nur besagen, daß in der Mathematik nichts als "an sich" bestimmt gelten darf, was wir nicht vermöge einer reinen begrifflichen Setzung selbst bestimmt haben.[420] Aber ebenso unbestreitbar sei es, daß in der Art dieser Setzung nicht lediglich Willkür waltet, daß sie nicht völlig wahllos erfolgt, sondern daß die "Anschauung" als das letzte Ziel vor uns steht, dem unsere Begriffe ein Genüge leisten sollen. Wollte man auf diese Forderung zugunsten einer unbestimmten logischen "Allgemeinheit" verzichten, so hieße dies das Band zwischen reiner und angewandter Mathematik zerschneiden. Das "paradoxe und humoristische Wort" Russells, das Couturat zitiert: daß nämlich die Mathematik eine Wissenschaft sei, in der man niemals wisse, wovon man spricht, noch ob das, was man sagt, wahr sei, würde dann zur buchstäblichen Wahrheit werden.

Um eine – von Russell und Cassirer offensichtlich für möglich gehaltene – Konkretisierung der Mathematik geht es nur insofern, als diese Disziplin nur Abstrakt-Allgemeines erfaßt, die Physik hingegen Konkret-Allgemeines (auf einer bestimmten Stufe). Im Kern geht es um die Verbindung der entwickelten Gedanken zur Realität. Aber zu dieser gelangt man nicht schlechthin über die Anschauung. Die Anschauung ist auch nicht das letzte Ziel, das vor uns steht. Diese Verbindung ist für eine naturwissenschaftliche Theorie nur über die Messung zu erreichen (bzw. sie wird erst durch sie zu einer solchen). Die dafür erforderliche Begrifflichkeit muß jedoch das selbst entwickelte Konzept des Verhältnisses von Verfahren und Gegenstand konsequenter denken, insbesondere den Sachverhalt wirklich begreifen, daß die Maße bzw. Größen einer Theorie nicht vor der Theorie fest bestimmt sein können.

Die neukantianischen Mängel in dem gedachten Verhältnis von Maß und meßtheoretisch bestimmter Theorie, dem angenommenen Verhältnis von Gegenstand und Verhalten offenbaren sich deutlich in der Bestimmung des Trägheitsgesetzes, dem Bewegungsetalon der Newtonschen Mechanik.

---

418 Vgl. ebd., S. 79 f.

419 Ebd., S. 74.

420 Vgl. ebd., S. 75.

Wie *Maß und Bewegung in ihrem gegenseitigen Verhältnis* gefaßt werden, charakterisiert die Konsequenz, mit der das neuzeitliche Denkprinzip befolgt, oder die Gestalt, in der es realisiert wurde.

So vermag – wie oben erwähnt – Cassirer nicht, das Trägheitsgesetz als integralen Teil der Newtonschen Axiomatik zu verstehen, sondern diskutiert es außerhalb und unabhängig von der die mechanische Bewegungslehre ausmachenden Newtonschen Axiomatik, wodurch es ihm – entgegen seiner eigenen Ambition – passiert, das Maß zu verdinglichen. Durch die außeraxiomatische Diskussion der Trägheitsbewegung wird das Messende vom Gemessenen nicht nur unterschieden, sondern getrennt.

Die notwendige Doppelfunktion des *Trägheitsgesetzes als Maß und Bewegungsgesetz* wird nicht erkannt, sondern als "erkenntnistheoretischer Zirkel" mißgedeutet.[421] Selbst Einstein übersah diese Funktion und sprach in diesem Zusammenhang von einer Peinlichkeit, von der uns erst die Allgemeine Relativitätstheorie befreit habe.[422] Die Trägheitsbewegung wird für Cassirer zu einer rein ideellen Maßbestimmung, und es ist für ihn nur konsequent, aus dem Umstand, daß die dinglichen Meßinstrumente die sichtbare Verkörperung unserer Gedanken sind, zu schließen: "Nicht Uhren und körperliche Maßstäbe, sondern Prinzipien und Postulate sind die eigentlichen, letztem Meßinstrumente", so daß "das Denken immer nur dadurch einen relativ festen Standort [besitzt – d.V.], daß es ihn an sich selbst nimmt".[423] Obzwar dies zweifellos zutrifft, so wird doch der Gesichtspunkt vernachlässigt, daß die Messung stets auch einer gegenständlichen Idealisierung der Naturgegenstände bedarf.[424]

Folgerichtig wird auch die Bedeutung des II. Axioms bzw. der Charakter der Newtonschen Gesamtaxiomatik und der dadurch gegebenen Definition der Inertialsysteme unzureichend rezipiert und auch von Lange teilweise mißverstanden: Die Inertialsysteme, ihr Begriff, ihre Bestimmung bzw. Definition, sind aber aufs engste mit der gesamten Bewegungstheorie verbunden. Da dieser Umstand Lange offenbar entgangen ist, hält er seine Explizierung des Begriffs dieser Systeme für eine Verbesserung der klassischen Mechanik. Daß dies ein Irrtum ist, darauf machte schon Gottlob Frege in seiner Schrift "Über das Trägheitsgesetz" fünf Jahre nach dem Erscheinen der Langeschen Arbeit aufmerksam.

---

421 Vgl. ebd., S. 17.

422 Vgl. A. Einstein, Antwort auf vorstehende Betrachtung (von Ernst Reichenbächer), Die Naturwissenschaften *27*(1920), 1010-1011.

423 E. Cassirer, Zur Einsteinschen Relativitätstheorie, a.a.O., S. 19.

424 Vgl. z.B. H.-H. v. Borzeszkowski und R. Wahsner, Zur Beziehung von experimenteller Methode und Raumbegriff, a.a.O.

Frege erkennt, daß der kritisierte (vermeintliche) Mangel von der "Vereinzelung der Hypothesen" herrührt: "Nur das Ganze der dynamischen Grundgesetze kann als Hypothese mit der Erfahrung verglichen und durch sie bestätigt werden. So pflegte mein verehrter Lehrer K. Snell das Trägheitsgesetz etwa so auszusprechen: 'Ein materieller Punkt hat eine Beschleunigung nur infolge seiner Wechselwirkung mit andern materiellen Punkten.' ..."[425]

Insofern – wie man an der Diskussion des Trägheitsgesetzes sieht – der Status der Mechanik nicht richtig erkannt wird, wird auch die Allgemeine Relativitätstheorie mangelhaft rezipiert. Man gewinnt – wie schon gesagt – den Eindruck, daß Cassirer hier in den Fehler verfällt, den er einleitend kritisiert hatte, nämlich den, neue und fruchtbare Maßbegriffe wieder in Dingbegriffe zu verwandeln. Er selbst hatte die Leistung Galileis zuvor dahingehend bestimmt, daß mit dem Trägheitsgesetz das Maß der Bewegung definiert worden ist. Damit – so könnte man meinen – erkannte er, daß die bevorzugten Bezugssysteme, die Inertialsysteme, sowohl in der Newtonschen Mechanik als auch in der Speziellen Relativitätstheorie nicht als Ding-, sondern als Maßbegriffe eingeführt worden sind. Dennoch meint er, in der vorrelativistischen Physik gäbe es bevorzugte, an Dinge geknüpfte Bezugssysteme.

Damit wird er seiner eigenen Erkenntnis nicht gerecht, der Erkenntnis, daß der eigentliche Gegenstandsbegriff der modernen Physik der Bewegungsbegriff ist. Denn bei seiner Raumauffassung geht der Gedanke verloren, daß die Geometrie so beschaffen sein muß, daß ein Maß der Bewegung konstruiert werden kann. Dieser Mangel ist um so verwunderlicher, als Cassirer zufolge schon der geschichtliche Anfang der modernen Bewegungslehre bei Galilei auf die Notwendigkeit und Möglichkeit eines Maßes der Bewegung hingewiesen hatte.

Der Galileische Beitrag zu der von Copernicus, Gilbert, Galilei, und Kepler vollzogenen Grundlegung der modernen Bewegungslehre ist nach Cassirer vor allem dadurch gegeben, daß mit ihr eine neue Festsetzung der Realität durch ein neues Maß erfolgt, das in der Trägheit und im Begriff der gleichförmigen Beschleunigung entdeckt wurde (mit gleichförmiger Beschleunigung ist, wie sich aus dem Zusammenhang ergibt, die geradlinig gleichförmige, also die mit konstanter Geschwindigkeit stattfindende Bewegung gemeint). Die Bedeutung des Trägheitsgesetzes wird von Cassirer dahingehend deutlich herausgearbeitet, daß er beide Aspekte des Trägheitsgesetzes aufzeigt. Hiernach besagt dieses zum einen, daß ein Körper nicht durch ein Verharren an einem Ort und die dadurch ihm zuzuschreibende numerische Konstante charakterisiert ist. Er scheint vielmehr durch die Konstanz der Bewegung bestimmt zu sein. Dieser Schein löst sich aber ihm zufolge auf, wenn man auf den zweiten Aspekt des

425 Ausführlich hiezu siehe: G. Frege, Über das Trägheitsgesetz, a.a.O., S. 150.

Trägheitsgesetzes blickt. Denn dieses Gesetz besagt die Relativität des Ortes *und* der Geschwindigkeit.

Sieht man einmal davon ab, daß Cassirers Darstellung insofern etwas verwirrend ist, als er offenbar nicht zwischen konstanter und veränderlicher Geschwindigkeit unterscheidet (was sich in der oben bemerkten Verwendung des Begriffs der gleichförmiger Beschleunigung und seinen Ausführungen zur Definition der Geschwindigkeit bei Galilei und Leibniz zeigt), so konstatiert er mit ihr die vom Trägheitsgesetz ausgesprochene Gleichsetzung von Ruhe als dem Verharren an einem Ort und Bewegung mit konstanter Geschwindigkeit. Sich auf Einsichten C. Neumanns und J. C. Maxwells stützend charakterisiert Cassirer dann die eigentliche Bedeutung des Trägheitsgesetzes folgendermaßen: Das Trägheitsgesetz ist nicht die direkte empirische Beschreibung gegebener Naturvorgänge, sondern die grundlegende Hypothese, durch welche die neue Wissenschaft der Dynamik eine bestimmte Form der Messung vorschreibt. Die Trägheit ist keine inhärente Eigenschaft der Dinge, sondern die freie Feststellung eines bestimmten Maßstabes, kraft dessen allein wir hoffen können, zur einheitlichen und systematischen Fassung der Gesetze der Bewegung zu kommen.[426]

Mit seiner Analyse weist Cassirer die Trägheitsbewegung als – wie andernorts begründet – [427] *Etalon der Bewegung* aus. Durch die Sonderstellung der Trägheitsbewegung wird in der Tat das Messende vom Gemessenen unterschieden oder werden – wie es Cassirer auch formuliert – die Data der Beobachtung von den Bedingungen der Beobachtung geschieden.[428] Allerdings gehen bei ihm wesentliche Aspekte, die diese Bewegung erst zu einem Maß machen, verloren. Das deutete sich schon an in der starken Betonung des nicht-empirischen Charakters dieses Gesetzes und der Charakterisierung der Trägheit als den Körpern nicht eigentümlich seiend an. Dabei wird der Umstand nicht genügend gewürdigt, daß die Trägheitsbewegung gerade dadurch Bewegungsmaß sein kann, daß sie (als I. Axiom) ein Teil der Newtonschen Bewegungsaxiomatik ist, die als ganze die "empirische Beschreibung gegebener Naturvorgänge" ermöglicht. Es ist zwar richtig, daß – wie Cassirer unter Berufung auf Maxwell feststellt – das Trägheitsgesetz uns erst sagt, wann eine Bewegung kräftefrei verläuft, aber das steht nicht im Gegensatz dazu, daß dieses Gesetz auch besagt, wie eine kräftefreie Bewegung verläuft. Da es nämlich ein Spezialfall des II. Axioms, also des eigentlichen Bewegungsgesetzes ist, der dann eintritt, wenn keine Kräfte wirken, definiert es das der Mechanik eigentümli-

---

426 Vgl. E. Cassirer, Zur Ein steinschen Relativitätstheorie, S. 18.

427 Vgl. H.-H. v. Borzeszkowski und R. Wahsner, Physikalischer Dualismus und dialektischer Widerspruch, a.a.O.; dies., Action and Reaction. Studies on Motion and Contradiction in Physics, Berlin 2001.

428 Vgl. E. Cassirer, Zur Einsteinschen Relativitätstheorie, a.a.O., S. 18.

che Maß der Bewegung. Gerade dadurch kann das Maß der Bewegung nicht vorab (aus logischen oder protophysikalischen Gründen) der Bewegungslehre frei vorgegeben werden, sondern ist im Kontext der Bewegungslehre implizit definiert. Und insoweit diese Lehre ihre empirische Bestätigung findet, ist auch das I. Axiom, d.h. das Trägheitsgesetz, empirisch bestätigt.

Hier wiederholt Cassirer eine schon früher von ihm vertretene Position bezüglich des Verhältnisses von Newtonscher Axiomatik und Empirie in etwas modifizierter Form. Denn 1912 schrieb er in dem Artikel "Hermann Cohen und die Erneuerung der Kantischen Philosophie": "Was Bewegung 'ist', lässt sich nicht anders als in Grössenbegriffen aussagen: diese aber setzen in ihrem Verständnis ein Grundsystem der reinen Grössenlehre voraus. So werden die Prinzipen und Axiome der Mathematik als feststehend angenommen, um irgendeiner naturwissenschaftlichen Aussage über die Wirklichkeit Halt und Sinn zu verleihen."[429] Er betont hier zwar noch die Bedeutung des gesamten axiomatischen Systems. Der Umstand, daß er aber von Mathematik spricht, wenn er die mathematisch formulierte klassische Physik meint, zeigt, daß er nicht nur das I. Axiom, sondern die gesamte Newtonsche Axiomatik als Messendes von der Empirie, also vom Gemessenen, weitgehend geschieden sehen will. Oder anders formuliert: Die Doppelfunktion des Trägheitsgesetzes als Maß und Bewegungsgesetz wird eben nur als "erkenntnistheoretischer Zirkel" aufgefaßt.[430]

Den endgültigen Ausweg aus diesem Zirkels sieht er ebenso wie Einstein erst mit dem Kovarianzprinzip der Allgemeinen Relativitätstheorie gegeben. Vor dieser Lösung versucht er dem Zirkel, dem "Peinlichen", der vorgängigen Theorien dadurch zu entkommen, daß er nur die Maßfunktion der Trägheitsbewegung beibehalten will, ohne dann allerdings erklären zu können, warum die Trägheitsbewegung ein geeignetes Maß liefert. Konsequenterweise versteht er die Messung vornehmlich hinsichtlich ihres ideellen Moments, bei der die "dinglichen Meßinstrumente" nur die sichtbare Verkörperung unserer Gedanken sind, da vor jeder Messung, vor jeder Beobachtung, zumindest hypothetisch und vorläufig, ein bestimmter Gesichtspunkt der Größenvergleichung und Größenzuordnung aufgestellt sein muß. JFedes Instrument der Messung "schließt seine eigene *Theorie* in sich und liefert nur, sofern diese Theorie als gültig vorausgesetzt wird, richtige und brauchbare Ergebnisse".[431]

Die am Trägheitsgesetz der Mechanik bemängelte Doppelfunktion, kommt jedoch Maßen notwendigerweise zu; sie ist typisch für physikalische Maßbestimmungen überhaupt. Natür-

---

429 E. Cassirer, Hermann Cohen und die Erneuerung der Kantischen Philosophie, a.a.O., S. 256.

430 Vgl. E. Cassirer, Zur Einsteinschen Relativitätstheorie, a.a.O., S. 17.

431 Ebd., S. 19.

lich vollzieht sich die konkrete physikalische Denkbewegung (so bezeichnet Cassirer den geschichtlichen Verlauf der physikalischen Forschung) so, daß vor einer Beobachtung bzw. Messung ein bestimmter Gesichtspunkt gewählt werden muß und demgemäß gewisse theoretisch begründete Vorabannahmen gemacht werden, die sich in den benutzten "dinglichen" Instrumenten manifestieren. Es ist aber nicht so, daß damit die Maße vorab, d.h. unabhängig von der zu begründenden Theorie, hinreichend bestimmt sind. Diese werden erst durch die Theorie, in deren Rahmen sie Maße sind, bestimmt. Demgemäß läßt sich sagen: Ein Maß bzw. das Instrument einer Messung "schließt seine eigene Theorie in sich". Die eigene Theorie ist aber vor allem die Theorie, für die das betreffende Maß eben Maß ist. Das mag als Zirkel erscheinen, ist aber Ausdruck des notwendigen Zusammenhangs von physikalischer Theorie und der Möglichkeit, ihre Gültigkeit durch Messung zu überprüfen. (Gerade darin unterscheidet sich eine physikalische Theorie eben einer rein mathematischen.) Dieser Zusammenhang kann nicht durchbrochen werden, auch nicht, indem das Messende vom Gemessenen dadurch geschieden wird, daß man eine Maßtheorie, die das Messende beinhaltet, der Theorie, die durch Messung verifiziert werden soll, voranzustellen versucht. Dieser Zusammenhang bildet vielmehr eine erkenntnistheoretische Voraussetzung für eine messende und rechnende Wissenschaft.

Die Meßinstrumente sind zwar in einem gewissen Sinn als die "sichtbare Verkörperung unserer Gedanken" anzusehen, aber die Messung ist durch den Verweis darauf und auf gegenständliche Instrumente nicht hinreichend charakterisiert. So hat es vielleicht Sinn, die konkrete physikalische Denkbewegung im Verständnis gewisser philosophischer Systeme als Oszillation zwischen Erfahrung und Begriff zu charakterisieren, aber eben nicht, wenn man sich der eigentlichen erkenntnistheoretischen Bedeutung der Messung bewußt ist.

Das neuzeitliche Verhältnis von Einzelnem und Allgemeinem, Subjektivität und Objektivität

Die Umkehrung des zuvor genannten antiken Grundsatzes bedingt auch ein anderes Verhältnis von Einzelnem und Allgemeinen sowie von Subjektivität und Objektivität.[432] Der neuzeitliche Begriff der Objektivität ermöglicht ein Verallgemeinerungsverfahren, das zuvor als subjektive Willkür aufgefaßt worden wäre, nun aber einen Begriff *Allgemeines* bestimmt, der

432 Vgl. den Abschnitt "Das neuzeitliche Denkprinzip" und die dort zitierte Literatur.

sich von dem auf dem antiken Gattung-Art-Verhältnis beruhenden grundlegend unterscheidet.[433] So wird – wie am Beispiel der Speziellen Relativitätstheorie demonstriert wurde – ein in der Entwicklung der Physik entstehender Widerstreit zu einem Postulat verwandelt, wonach beide Seiten gelten sollen, und man dann sehen muß, was an der bisherigen physikalischen Begrifflichkeit zu ändern ist, damit beide Seiten möglich sind.

Die Verallgemeinerung wird also nicht dadurch erreicht und erkannt – schlußfolgert Cassirer –, "daß wir von den empirischen Bestimmungen zu dem, was nicht mehr empirisch ist, zum Absoluten und Transzendenten hinausgehen, sondern dadurch, daß wir die Gesamtheit der Beobachtungen und der in der Erfahrung gegebenen Maßbestimmungen zu einem in sich geschlossenen Ganzen vereinen".[434] Auf diese Weise ergibt sich auch eine neue Art *Allgemeines.*

Cassirer charakterisiert es auf folgende Weise: "Das eigentlich Entscheidende liegt darin, daß die Grundbeziehung selbst hierbei als eine streng *einheitliche* festzuhalten ist, die durch die beiden gegensätzlichen Momente, die in sie eingehen, nur bezeichnet nicht aber aus ihnen, als wären es selbständige, für sich vorhandene Bestandstücke, aufgebaut werden kann. ... Die Einheit der gegenseitigen *Bestimmung* bildet vielmehr hier das schlechthin erste Datum, hinter das nicht weiter zurückgegangen werden kann und das sich erst für die künstlich isolierende Abstraktion in die Doppelheit zweier 'Gesichtspunkte' zerlegt."[435] Die hierfür gegebene Begründung bedarf allerdings derselben Kritik, wie sie oben bezüglich der "Wahrnehmung" des Fizeau- und des Michelson-Versuchs gegeben wurde.[436] Er schreibt nämlich: "Denn in dieser Theorie wird das 'Allgemeine', das den Inhalt des Begriffs ausmacht, immer erst nachträglich aus dem Besonderen, das als solches vor aller begrifflichen Bestimmung als 'gegeben' gilt, entwickelt und gewonnen."[437]

---

433 Das durch das neuzeitliche Denkprinzip hervorgebrachte Allgemeine ist ein bereichertes Allgemeines – wie z.B. das aus der Synthese der Keplerschen Planetengesetze mit der von Galilei entwickelten irdischen Mechanik hervorgegangene Newtonsche Gravitationsgesetz zeigt. (Vgl. hierzu: E. Cassirer, Newton und Leibniz, a.a.O.; H.- H. v. Borzeszkowski und R. Wahsner, Infinitesimalkalkül und neuzeitlicher Bewegungsbegriff oder Prozeß als Größe, a.a.O.; dies., Die Natur technisch denken?, a.a.O.; R. Wahsner, Das naturwissenschaftliche Gesetz. Hegels Rezeption der neuzeitlichen Naturbetrachtung in der *Phänomenologie des Geistes* und sein Konzept von Philosophie als Wissenschaft, in: Hegel-Jahrbuch 2001. Phänomenologie des Geistes. Erster Teil, hg. von A. Arndt, K. Bal, H. Ottmann, in Verbindung mit Davor Rodin, Berlin 2002, S. 172-178; in zwei anderen Begründungen siehe: P. Natorp, Ueber objective und subjective Begründung der Erkenntnis, a.a.O., S. 274-277; E. Cassirer, Determinismus und Indeterminismus in der modernen Physik, a.a.O., S. 166-170.)

434 E. Cassirer, Zur Einsteinschen Relativitätstheorie, a.a.O., S. 36.

435 E. Cassirer, Erkenntnistheorie nebst den Grenzfragen der Logik, a.a.O., S. 152.

436 Siehe E. Cassirer, Zur Einsteinschen Relativitätstheorie, a.a.O., S. 22 f.

437 E. Cassirer, Erkenntnistheorie nebst den Grenzfragen der Logik, a.a.O., S. 153.

So wurde in dem gewählten Beispiel der Widerstreit zwischen dem Prinzip der Konstanz der Lichtausbreitung und dem Relativitätsprinzip der Mechanik zum Helfer des Denkens, zum eigentlichen Erwecker der Relativitätstheorie.[438] Denn da das physikalische Denken weder die Tatsachen, die im Prinzip der konstanten Vakuumslichtgeschwindigkeit, noch diejenigen, die im Relativitätsprinzip der Mechanik enthalten sind, beiseite schieben kann, fand es in der Verwandlung des Widerstreits in ein Postulat die Lösung – gemäß der Goetheschen Devise "Die größte Kunst im Lehr- und Weltleben besteht darin, das *Problem* in ein *Postulat* zu verwandeln, damit kommt man durch."[439]

Dies ist der Weg gewesen, den Einstein in seiner für die Begründung der Speziellen Relativitätstheorie ausschlaggebenden Arbeit gegangen ist. Zunächst wurde angenommen, daß dem Begriffe der absoluten Ruhe nicht nur in der Mechanik, sondern auch in der Elektrodynamik keine Eigenschaften der Erscheinungen entsprechen, sondern daß vielmehr für alle Koordinatensysteme, für welche die mechanischen Gleichungen gelten, auch die elektrodynamischen und optischen Gesetze gelten, auch die gleichen elektrodynamischen und optischen Gesetze gelten. Diese Vermutung wurde dann – unter der Voraussetzung der Konstanz der Lichtgeschwindigkeit – zur Voraussetzung erhoben, was zu einer Abänderung der klassischen Mechanik zur relativistischen Mechanik führte.

Hieraus ergab sich allerdings – wie schon erwähnt – die Notwendigkeit, grundlegende Begriffe bzw. Denkmittel der gesamten Physik umzubilden. Es ist dies eine physikalische Arbeit, in deren Verlauf Fragen zu beantworten sind wie: Wie ist diese Umbildung möglich? Wie ist sie mathematisch zu fassen?[440] Sie führt zu der Erkenntnis, daß eine andere Kinematik erforderlich ist, daß die Begriffe *Raum* und *Zeit* umgebildet werden müssen. So dies in geeigneter Weise geschieht, ergibt sich eine logisch einwandfreie Theorie. Es gilt in ihr ein das Ganze der physikalischen Erscheinungen umfassendes Relativitätsprinzip.

Dieses neue Relativitätsprinzip relativierte nicht die Erkenntnis, sondern objektivierte sie (wie das auch schon das Relativitätsprinzip der Klassischen Mechanik getan hatte). Jedes (physikalische) Relativitätsprinzip ist ein Objektivierungsprinzip, denn es garantiert, daß in unterschiedlichen Bezugssystemen die physikalischen Prozesse denselben Gesetzen genügen. Das neue Relativitätsprinzip führt zu einer vollkommeneren und tieferen Einheit zwischen

---

438 Vgl. E. Cassirer, Zur Einsteinschen Relativitätstheorie, a.a.O., S. 25.

439 Zitiert bei Cassirer, in: ebd., S. 25.

440 Vgl. ebd., S. 25 f.

den beiden sich ursprünglich widersprechenden physikalischen Theorien, als sie zuvor bestand.[441]

Wie gesagt, war diese Einheit verknüpft mit einer Umbildung der Begriffe *Raum* und *Zeit*, einer Umbildung, die man auch "Relativierung" nennen kann, wegen der zuvor undenkbaren These von der Relativität der Gleichzeitigkeit. Ein neuer, weiterer Begriff *Einheit* wurde begründet,[442] indem die Verabsolutierung (damit ist hier eine absolute Unabhängigkeit oder Unbezogenheit gemeint) der Raum- und Zeit-Begriffe aufgehoben wurde, indem Raum und Zeit nicht als Dinge, sondern als spezifische Ordnungen gefaßt wurden. Von dieser höheren Einheit nun habe der Physiker nicht zu fragen, *ob* sie ist, sondern nur, *wie* sie ist. Dies aber hieße zu fragen, was "das Minimum der Voraussetzungen ist, die notwendig und hinreichend sind, eine eindeutige Darstellung der Gesamtheit der Erfahrungen und ihres systematischen Zusammenhangs zu liefern".[443]

Es bedarf hier allerdings unbedingt wieder der Bemerkung, daß Raum und Zeit auch schon in der Newtonschen Mechanik nicht als Dinge gefaßt worden waren, nur hatte der naive Realismus dies nicht bemerkt. Die Begründung der neuen physikalischen Theorie ermöglichte "nur", sich des Charakters der physikalischen Begrifflichkeit bewußt zu werden.

Durch neue Relativitätsprinzipien (das spezielle und allgemeine Relativitätsprinzip) gelangte man – um dies zu wiederholen – zu universellen resp. "universelleren" Naturgesetzen. Der Weg, auf dem allein zu dieser wahrhaften Allgemeinheit des Begriffs der Natur und der Naturgesetzlichkeit zu gelangen ist, auf dem eine eindeutige und objektiv-gültige, von der Wahl des jeweiligen Bezugssystems unabhängige Beschreibung der Phänomene zu erreichen ist, führt, wie die Theorie zeigt, notwendig durch die Relativierung der Raum- und Zeitgrößen, die innerhalb der Einzelsysteme gelten, hindurch. Erst wenn man diese Größen als veränderlich, als transformierbar setzt, ist man zur wahrhaften Invarianz der echten universellen Naturkonstanten und der universellen Naturgesetze durchgedrungen.[444]

Es ergibt sich als grundlegendes Moment eine Beziehung auf die Erfahrung, die Rücksicht auf die Phänomene und ihre einheitliche Darstellung. Jedoch begründet nicht das bloße Beobachtungsmaterial die neue einheitlichere Theorie, sondern die *ideelle Form*, in die es erhoben wird. Wird man sich dieses Entwicklungsganges bewußt, so erkennt man, daß wahrhaft *invariant* niemals Dinge sind, sondern immer die jeweiligen *Grundbeziehungen* und *funktionale*

---

441 Vgl. E. Cassirer, Zur Einsteinschen Relativitätstheorie, a.a.O., S. 27.
442 Vgl. ebd., S. 29.
443 Ebd., S. 28.
444 Vgl. ebd., S. 29 f.

Abhängigkeiten.[445] Die populäre Auffassung oder das Alltagsbewußtsein deutet dies nach Cassirer als Auflösung der Dinge in Relationen, denn es glaubt, am Ding den einzig sicheren Halt aller Objektivität zu haben.[446]

Dies trifft nun in keiner Weise zu, vielmehr können wahrhaft objektiv nur diejenigen Beziehungen und diejenigen besonderen Größenwerte heißen, die der kritischen Prüfung standhalten – d.h. die sich nicht nur für *ein* System, sondern für alle Systeme bewähren. Solche Beziehungen aber muß es geben, wenn eine Wissenschaft von der Natur möglich sein soll. Denn Objektivität heißt nach diesem Standpunkt, in allen (Bezugs-)Systemen zu gelten.

Entgegen einer verbreiteten Auffassung gibt es also keinen Widerspruch zwischen Relativitätsprinzipien und Objektivierung. Oder anders gesagt: Durch die für die Physik unabdingbaren Relativitätsprinzipien wird die Erkenntnis nicht immer relativer, verstanden als: subjektiver, sondern objektiver.[447] "Wir dürfen eben" – so die Konsequenz – "nur diejenigen Beziehungen Naturgesetze *nennen*, d.h. ihnen objektive Allgemeinheit zusprechen, deren Gestalt von der Besonderheit unserer empirischen Messung, von der speziellen Wahl der vier Veränderlichen x_1, x_2, x_3, x_4, die den Raum- und Zeitparameter ausdrücken, unabhängig sind."[448]

Nach Natorp vollzieht die Wissenschaft in der Zurückführung auf das Gesetz die Objektivierung der Erscheinung.[449] Er schreibt: "Als das objektive Grundgesetz der Erkenntniss würden wir das Gesetz der *Gesetzlichkeit selbst* bezeichnen; das Gesetz, wonach die gesetzmässige Ansicht der Dinge die wahre, gegenständliche bedeutet. Alle besonderen Erkenntnissgesetze sind nur die besonderen, concreten Gestaltungen dieses Grundgesetzes; die beiden Lieblingssätze der formalen Logik, der Satz des Widerspruchs und der des Grundes, sind nur sehr abstracte, analytische Fassungen des Grundgesetzes selber, deren concrete, nämlich *synthetische* Gestalt zu entdecken das grosse Unternehmen Kants war."[450] Die so zu erreichende Begründung ist objektiv, sie beruht auf der Autonomie der Erkenntnis, sie ist der psychologischen Begründung total entgegengesetzt.[451] In diesem Sinne könnte man sagen, daß das physikalische Denken zwar danach strebt, in reiner Objektivität nur den Gegenstand der Natur zu

---

445 Vgl. ebd., S. 30, 34 f.

446 Diese Gefahr – das sei hier bemerkt – ist *stets* gegenwärtig, denn es ist nicht nur der Übergang vom antiken zum neuzeitlichen Denken zu vollziehen, sondern auch der vom Alltags- zum wissenschaftlichen Denken – ein Übergang, den es allerdings auch *innerhalb* des antiken Denkens gab.

447 Vgl. E. Cassirer, Zur Einsteinschen Relativitätstheorie, a.a.O., S. 42.

448 Ebd., S. 39.

449 Vgl. P. Natorp, Ueber objective und subjective Begründung der Erkenntnis, a.a.O., S. 272.

450 Ebd., S. 285.

451 Vgl. ebd., S. 285 f.

bestimmen und auszusprechen, aber dabei notwendig zugleich sich selbst, sein eigenes Gesetz und sein eigenes Prinzip ausspricht.[452]

Die Einsicht in den Zusammenhang von *Relativitäts- und Objektivierungsprinzipien* läßt den erkenntnistheoretischen Status der Naturwissenschaft tiefer als bisher erkennen.[453] Diesem Status ist – wie schon erwähnt – ein Verhältnis von Einzelnem und Allgemeinen inhärent, in dem beide nicht gegeneinander verselbständigt sind; das heißt auch, in dem das Allgemeine das Einzelne nicht liquidiert oder zum Unwesentlichen macht. Faßt man *das Allgemeine als Ordnung der Elemente*,[454] so leuchtet unmittelbar ein, daß das eine nicht ohne das andere sein kann, *daß Allgemeines und Einzelnes einander bedingen.*

Deshalb – so betont Natorp – ist schon das sogenannte Faktum eine Verallgemeinerung: "Eine Thatsache constatiren, heisst schon: sie als allgemein anzuerkennende, von Jedem zu jeder Zeit verificierbare erweisen. Die Thatsache ist 'festgestellt', wenn sie gegenüber der Vielgestaltigkeit, somit Unbestimmtheit der ursprünglichen und unmittelbaren Erscheinung, *eindeutig* bestimmt ist. ... So kommt die Wissenschaft auch zu der einzelnen 'Thatsache', die sie als 'Phänomen' zu Grunde legt, durch einen objectivirenden Act; ... Somit ist das Verhältnis des Subjectiven und Objectiven in der Erkenntniss *überhaupt* zu erklären durch das Verhältniss des *Einzelnen* und *Allgemeinen.*"[455] Was ist denn überhaupt das Einzelne – fragt er. Was ist es, wenn es nicht das Einzelne des Allgemeinen ist? Seines Erachtens ist das Ding gewiß einzeln, Aber es sei dies insofern, als es in der (gegenständlichen) Betrachtung *einzeln genommen* wird; nicht aber außerdem nochmals für sich.[456] Ein Element – so die Erklärung – kann nicht einzeln sein, denn es ist immer Element von etwas, Element einer bestimmten Ordnung. "Das Einzelne ist jederzeit nur zu charakterisiren durch allgemeine Bestimmungen: durch die Einordnung in die allgemeinen, allumfassenden Bezüge des Raumes und der Zeit, in den allumfassenden Zusammenhang der ursächlichen Verknüpfung. Er expliziert: "Es ist ein Irrthum, wenn man glaubt, jenes letzte Concrete, das 'hier und jetzt Gegebene' der Vorstellung, als das Erste, allein Positive, allen Andern voraus fassen und der Erkenntniss zu Grunde legen zu können. ... Zu fassen ist es, wenn überhaupt, doch nur, indem es in Begriffen bestimmt wird; jede solche Bestimmung aber geschieht aus dem Standpunkt des Allgemeinen.

---

452 Vgl. E. Cassirer, Zur Einsteinschen Relativitätstheorie, a.a.O., S. 107.

453 Vgl. P. Natorp, Ueber objective und subjective Begründung der Erkenntnis, a.a.O., 272 ff.

454 Vgl. E. Cassirer, Substanzbegriff und Funktionsbegriff, a.a.O., S. 298.

455 P. Natorp, Ueber objective und subjective Begründung der Erkenntnis, a.a.O., S. 275.

456 Vgl. ebd., S. 279.

… sie reihen das Einzelne ein in die schon vorausgesetzten allgemeinen Bezüge des Raumes und der Zeit, in eine schon vorausgesetzte allgemeine Ordnung der Dinge."[457]

Durch das dem neuzeitlichen Denkprinzip inhärente neuartige Verhältnis von Subjektivität und Objektivität wird eingesehen, daß unsere Erkenntnis immer bedingt ist, ohne dies als plumpe Objektbestimmtheit unserer Erkenntnis (Abbildtheorie) zu verstehen oder als willkürliche, die Wirklichkeit verfehlende Subjektivität.

Der neukantianische Versuch, den Differentialkalkül zur Lösung erkenntnistheoretischer Probleme zu nutzen

Die Neukantianer waren bestrebt, den Differentialkalkül zur Lösung erkenntnistheoretischer Probleme zu nutzen, insbesondere bemühten sie sich, auf dem Niveau des Differentialkalküls die intensiven Größen rational zu erfassen. Dies geht maßgeblich auf die Einsicht zurück, daß die Mechanik eine nur mathematisch zu fassende Bewegungslehre ist. Dies wird aber dahingehend mißverstanden, daß zum Verständnis dieser Lehre ein Grundsystem der reinen Größenlehre vorauszusetzen ist, das durch die Prinzipien und Axiome der Mathematik zu dem eigentlichen Fundament, das als feststehend angenommen werden muß, um irgendeiner naturwissenschaftlichen Aussage über die Wirklichkeit Halt und Sinn zu verleihen –[458] ausgehend davon, daß die Bewegung als solche ein Sein besitzt.[459]

Vor diesem Hintergrund wird versucht, auf dem Niveau des Differentialkalküls die intensiven Größen rational zu erfassen. Bei Anneliese Maier liest man, daß es schon im Mittelalter das Bestreben gab, das Empfindungsgegebene, die Qualitäten und Intensitäten rational zu erfassen. Zwar habe Nikolaus von Cues dafür eine Grundlage gelegt, aber letztlich sei man mit diesem Vorhaben gescheitert. Das Problem bestand darin, nicht nur "statische", sondern auch veränderliche, d.h. den Grad ändernde Intensitäten zu erfassen. Mit Kant wurde ein wesentlicher Fortschritt erreicht.[460] Nach der Analyse der seinerzeit aktuellen Arbeiten von

457 Ebd., S. 280 f.

458 Vgl. E. Cassirer, Hermann Cohen und die Erneuerung der Kantischen Philosophie, a.a.O., S. 256.

459 Vgl. E. Cassirer, Zur Einsteinschen Relativitätstheorie, a.a.O., S. 15 f.

460 Zu Kants Größenbegriff siehe auch das Stichwort "Größe" in: Historisches Wörterbuch der Philosophie, a.a.O., Bd. 3, Sp. 878-885; siehe auch: A. Maier, Kants Qualitätskategorien, in: Kant-Studien. Ergänzungsheft 65, Berlin 1930; G. Böhme, Über Kants Unterscheidung von extensiven und intensiven Größen, Kant-Studien *65*(1974), 239-258; siehe auch den Abschnitt "Kants Begriff der Größe".

Riemann, Helmholtz und Hertz versuchte nun Cohen, der Kantschen Einsicht auf dem Niveau des Differentialkalküls gerecht zu werden.[461]

Hierbei stützt er sich (desgleichen aber auch Lasswitz und Cassirer und in Spuren auch alle anderen) in einseitiger Weise lediglich auf den nicht völlig verstandenen Differentialkalkül bzw. die vor allem als Mathematik verstandene Mechanik. Da Cohen eine viel zu anschauliche Vorstellung von dem Begriffen *Energie*; *Masse* usw. hat, braucht er das "Infinitesimale", um etwas sinnlich Unfaßbares zugrunde legen zu können.

Cassirer hält dies für eine Fortbildung des Kantschen Grundsatzes von der "Antizipation der Wahrnehmung", die Cohen zwangsläufig zu seinem eigenen – die Kantsche duale Einheit von Anschauung und Verstand aufhebenden – System der "Logik der reinen Erkenntnis" führt.[462] Zudem verweist Cassirer auf Cohens Befassung mit Faradays und H. Hertz' Ansichten, um zu zeigen, daß Cohen sich nicht nur auf die Mechanik bezog. Mit diesem Verweis will er – ebenso wie mit seinen Bemerkungen zum Organismus und zur Chemie – zeigen, daß Cohen über Kant hinausgehen mußte.[463] Die Bemerkungen zeigen aber nur Cohens und teilweise auch Cassirers mangelndes Verständnis der Physik.

Um den Anstoß, den man an der Cohenschen Auslegung des dx genommen hat, zu begegnen, verweist Lasswitz zu Recht auf den Funktionalbegriff und verlagert die Diskussion von den Differentialen dx und dt der extensiven Größen x und t auf das Differential dy einer Größe, die durch eine Funktion $y = f(x)$ *gegeben ist.* In y, verstanden als $\int f'(x) \cdot dx$ (wobei $f'(x) = df/dx$ die Ableitung von $f(x)$ nach x ist), liege das ganze Gesetz der Entwicklung eines Etwas und setze damit eine Qualität, also Realität.[464] Dabei verweist er auf die Bedeutung derjenigen Funktionen, die intensive Größen darstellen, da sie das Potential einer Veränderung haben.[465]

Lasswitz glaubt, Cohen in dieser Weise "verstehen zu müssen" und schreibt: " ... diese Realität tritt erst auf, indem man den Inhalt dieses Zeitmoments als ein Gesetz der Veränderung einschließend denkt, z.B. charkterisiert durch eine Geschwindigkeit, einen zurückgelegten Weg. Daher enthält dieser Gedanke den Begriff der Function, und daher war das Moment der functionalen Veränderung erst an der sinnlichen Zeiterfüllung zu entdecken. ... Der con-

---

461 Vgl. H. Cohen, Logik der reinen Erkenntnis, in: ders., Werke, a.a.O., Bd. 6; ders., Das Prinzip der Infinitesimal-Methode und seine Geschichte, in: ders., Werke, a.a.O., Hildesheim–Züricch–NewYork 1984, Bd.5.

462 Vgl. E. Cassirer, H. Cohen und die Erneuerung der Kantischen Philosophie, a.a.O., S. 260.

463 Vgl. ebd., S. 262-263.

464 Vgl. K. Lasswitz, Zum Problem der Continuität, a.a.O., S. 29 f.

465 Vgl. dazu Abschnitt "Extensive und intensive Größen – Objektivität".

stituirende, realisierende Charakter kommt also dem durch *dy* repräsentierten Schema zu, gedacht als $f'(x)dx$, oder wenn man will, $f'(t)dt$, d.h. enthaltend ein *Gesetz* der Entwicklung, bezeichnend ein Verfahren der Realisation, eine *Regel des Wachsens.* Von einer solchen Regel liegt, wie gesagt, nichts im Differential schlechthin, sondern nur im Differential, welches Subjekt einer Differentialgleichung ist, eine Funktion des Zeitmoments."[466] (Lasswitz versteht hier Schematisieren ebenso wie Cassirer als Zeiterfüllung, die eine Zeitreihe herstellt.[467])

Selbst in der eigenen Schule der Neukantianer gab es philosophische Einwände gegen Cohens *Logik der reinen Erkenntnis*, z.B. durch Staudinger.[468] Für ihn bildete der Sachverhalt, daß Cohen zu Anfang die Frage nach dem Ursprung des Apriori so unbesehen nach der Art Kants beantwortete, schon längst den Stein des Anstosses. Nun aber trat in dem neuen Werke der sogenannte Ursprung aus der Idee in den vordersten Vordergrund, und zwar als Zauberquell, dem die Schätze der Erkenntnis entströmen. Im Nichts, im Unendlichkleinen wird das "Sein" entdeckt. In den früheren Schriften Cohens zur Infinitesimalrechnung deutete sich schon einiges an, dennoch ist Staudinger über den veränderten Ausgangspunkt erstaunt: "Statt Festklammerung an der Erfahrung und Ausgang von ihr hiess es Festklammerung an der Idee und Ausgang von ihr zur Wissenschaft." Was ihm bei Kant stets als Fehler erschienen war, ist nun Mittelpunkt des Systems geworden. Allerdings meinte er, daß Cohen dabei Kant insofern verfälscht, als Kant immer von der "gemeinen Erfahrung, der Sinneswahrnehmung ausgeht". Er schreibt: "Die Analyse der Wahrnehmung bildet für uns, wie für Kant, die methodische Grundlage der Auffindung des a priori."[469] Kant habe die psychologische Analyse nicht sorgsam von der objektiven Analyse gesondert. Cohens Fehler entspringe einem Hauptquell, dem, "daß er das grundlegende erkenntniskritische Problem, das der *Beziehung auf den Gegenstand,* ebensowenig wie seine empiristischen und psychologischen Gegner und ebensowenig wie Kant in seiner Schärfe erfasst hat". Cohen gehe von der "Idee" aus, mithin vom Denken, er will also eine Wissenschaft zugrunde legen, "in der das Denken bestimmt ist". Als solche Wissenschaft hat sich nach Cohen die mathematische Naturwissenschaft herausgestellt.[470]

---

466 K. Lasswitz, Zum Problem der Continuität, a.a.O., S. 30.

467 Vgl. dazu Abschnitt "Ein vermittelndes Drittes?".

468 F. Staudinger, Cohens Logik der reinen Erkenntnis und die Logik der Wahrnehmung, Kant-Studien *8*(1903), 1-29; vgl. auch Anm. 178.

469 Ebd., S. 2 f.

470 Vgl. ebd., insbes. S. 4 ff.

Im allgemeinen werden bei dem neukantianischen Versuch, das Problem der intensiven Größe zu lösen, Mechanik und Mathematik zu stark miteinander identifiziert, hingegen Mechanik und Physik prinzipiell unterschieden. Dies gründet in dem unvollständigen Verständnis der *Größe* und der *experimentellen Methode* bzw. der *Messung*, was maßgeblich wieder aus der fehlenden Unterscheidung von wissenschaftlicher und Alltagserfahrung folgt. Zudem wird bei der Rezeption des Differentialkalküls, mithin auch bei der Bestimmung des Begriffs der Größe das Diskontinuierliche (als Mittel gegen den Zauber des Kontinuums)[471] nicht mitgedacht. Dem Seienden wird (von Cohen und Lasswitz) einseitig der Charakter des Kontinuierlichen verliehen.

Mängel der neukantianischen Kant-Rezeption

Aus der Sicht der Neukantianer war es – wie gesagt – unabdingbar, die moderne Physik so zu rezipieren, daß sie mit der erkenntniskritischen Sicht in Übereinstimmung kam. So betonte Cassirer in der 1912 erschienen Schrift *Hermann Cohen und die Erneuerung der Kantischen Philosophie* Cohen zustimmend: "Aus der Notwendigkeit, die 'objektive' Bedeutung des Kantschen Idealismus zu wahren, erklärt sich die Energie, mit der hier immer wieder auf die Wissenschaft als das eigentliche und unentbehrliche Korrelat der transzendentalen Methodik verwiesen wird ... Die 'Organisation des Geistes', die der Idealismus sucht, kann nirgends anders als in dem Strukturzusammenhang der Naturwissenschaft, wie der Ethik und Ästhetik abgelesen werden."[472] Ganz im Geiste Cohens begründet Cassirer die "Nähe" der mathematischen Naturwissenschaft zur kritischen Philosophie mit den Worten: "Den eigentlichen Ge-

471 Schrödinger hat sich (im Zusammenhang mit den von der Quantenmechanik aufgeworfenen Fragen) ausführlich mit dem Problem des Kontinuums befaßt. Er kam zu dem Ergebnis: Es gaben sich zwar die Begründer der Wellenmechanik "für kurze Zeit der süßen Hoffnung hin, daß es ihnen gelungen sei, den Rückweg zu einer klassischen kontinuierlichen Beschreibung der Natur zu bahnen". (E. Schrödinger, Naturwissenschaft und Humanismus, Wien 1951, S. 27.) Doch diese Hoffnung zerschlug sich. Dies hatte nach Schrödinger seinen Grund in der Diffizilität, das Kontinuum gedanklich zu fassen. Seines Erachtens ist die Möglichkeit nicht von der Hand zu weisen, "daß die Schwierigkeiten, denen die Physik sich heute gegenübersieht, aus der begrifflichen Rätselhaftigkeit des Kontinuums stammen". (Ebd., S. 72.) Diese Möglichkeit übersehen wir im allgemeinen, da wir uns mit dem Begriff des Kontinuums vertraut erachten, da wir uns im Besitz des Kontinuums fühlen. (E. Schrödinger, Die Natur und die Griechen, a.a.O., S. 109.) Den Alten hingegen sei seines Erachtens die *Problematik des Kontinuums* bewußt gewesen. Sie erfanden den Atomismus, um ihrer Herr zu werden. Die Erfindung war so genial, daß sie die Naturwissenschaft bis heute trägt. Schrödinger preist daher Atome und Quanten als uralten Gegenzauber gegen die Magie des Kontinuums. (E. Schrödinger, Naturwissenschaft und Humanismus. Wien 1951, S. 151.)

472 Vgl. E. Cassirer, Hermann Cohen und die Erneuerung der Kantischen Philosophie, a.a.O., S. 257; vgl. auch die Anmerkungen 5, 369.

genstand der Philosophie bildet demgemäß nicht die 'Organisation' der Natur noch die der 'Psyche', sondern was sie zunächst allein zu bestimmen und aufzudecken hat, ist die 'Organisation' der Naturerkenntnis. ... Die 'Fakta' der Naturwissenschaft gelten fortan nur insoweit, als sie sich in sicheren und exakten Urteilen beglaubigen lassen. Zu solcher Sicherheit aber ist lediglich dadurch zu gelangen, daß die besonderen Natururteile in den allgemeinen Grundurteilen der Mathematik gleichsam verankert werden. Die Ordnung der Gewißheit geht von der Mathematik zur Physik, nicht umgekehrt. Somit ist es die mathematische Naturwissenschaft, an die die transzendentale Frage in erster Linie zu richten ist."[473]

Die Anforderung, die sich für die neukantianische Philosophie mit der Begründung der – den Raum-Zeit-Apriorismus explizit berührenden – Relativitätstheorie ergab, war die, welche sich in Cassirers Verständnis die Philosophie bei jeder neuen mathematischen oder naturwissenschaftlichen Entwicklung stellen muß. So erklärte er 1907 in der Schrift *Kant und die moderne Mathematik* den Grund für seine philosophische Auseinandersetzung mit Russells und Couturats Werken über die Prinzipien der Mathematik mit den Worten: "Das Schicksal und die Zukunft der kritischen Philosophie wird durch ihr Verhältnis zur exakten Wissenschaft bedingt. Wenn es gelänge, das Band zwischen ihr und der Mathematik und mathematischen Physik zu zerschneiden, so wäre sie damit ihres Wertes und Inhalts beraubt. Wie hier die geschichtlichen Wurzeln ihrer Entstehung liegen, so kann auch ihre Fortdauer nur durch diesen lebendigen Zusammenhang gesichert werden. Der Bestand ihrer Sätze bildet somit keinen fertigen und ein für alle Mal gesicherten Besitz, sondern er muß sich gegenüber den Wandlungen der wissenschaftlichen Überzeugungen und Begriffe stets von neuem rechtfertigen. Hier gibt es keine selbstsicheren Dogmen, die auf ihre "unmittelbare Evidenz" hin angenommen und für alle Zeiten festgestellt werden könnten: Dauernd ist allein die Aufgabe der ständig erneuten Prüfung der wissenschaftlichen Grundbegriffe, die für die Kritik zugleich zu strenger subjektiver Selbstprüfung wird."[474]

Aufgrund dieses Philosophiebegriffs wurde von den Neukantianern auch das Verhältnis von Naturwissenschaften und Kultur- bzw. historischen Wissenschaften heftig diskutiert.[475] Die jeweils gegebene Antwort bzw. der behauptete prinzipielle Unterschied zwischen beiden

473 Ebd., S. 255 f.

474 E. Cassirer, Kant und die moderne Mathematik, a.a.O., S. 37.

475 Siehe z.B. W. Windelband, Geschichte und Naturwissenschaft (Rede zum Antritt des Rektorats der Kaiser-Wilhelms-Universität Straßburg, gehalten am 1. Mai 1894), Straßburg 1904; H. Rickert, Die Grenzen der naturwissenschaftlichen Begriffsbildung. Eine logische Einleitung in die historischen Wissenschaften, Tübingen 1924; H. Cohen, Zur Kontroverse zwischen Trendelenburg und Kuno Fischer, Zs. für Völkerpsychologie und Sprachwissenschaft *7*(1871), 249-296; M. Frischeisen-Köhler, Über die Grenzen der naturwissenschaftlichen Begriffsbildung, Archiv für systematische Philosophie, *XII*(1906), 225-66.

war maßgeblich bestimmt durch die nicht ganz zutreffende Bestimmung der Naturwissenschaft. – Das mag auch ein Grund dafür gewesen sein, daß später das schon Gewußte wieder vergessen wurde.

Um das schon Gewußte wieder ins Bewußtsein zu bringen und zugleich dessen Defekte in nachfolgenden Arbeiten zu überwinden, seien die dem Neukantianismus bezüglich seiner Charakterisierung der Wissenschaft anhaftenden Mängel abschließend in Stichworten zusammengestellt:

- Der Unterschied zwischen Physik bzw. Naturwissenschaft und Mathematik wurde nicht klar erkannt, infolgedessen auch nicht der von Physik und Philosophie. Philosophie wurde im Sinne einer – hochentwickelten – Wissenschaftstheorie genommen; Philosophie im Sinne von Metaphysik (nach Kantschen Kriterien) resp. einer Ersten Philosophie kommt daher nicht vor.
- Der Status der Mechanik als Physik wurde nicht richtig erkannt.
- *Auflösung* des Dinges in Beziehungen; zwischen Relation und Verhältnis wird nicht unterschieden; ein konsequenter Weg, Gegenstand und Verhalten in Einheit zu denken, wird nicht gefunden.
- Es wird für möglich gehalten, die Kantschen Kategorien als Grundvoraussetzungen der mathematischen Naturwissenschaft zu beweisen.
- Das Verhältnis von *Subjekt* und *Objekt* ist unklar bestimmt: Der Begriff eines *Gattungs-Ich* fehlt.
- Die Position der Logik im System der Wissenschaften ist – zusammenhängend mit der unzureichenden Fassung des Verhältnisses von Mathematik und Physik – inkonsequent bestimmt.
- Es wird übersehen, daß es nicht um einzelne Dinge, auch nicht um einzelne Sätze oder Urteile geht, sondern um die Theorie. Die "Reihe" ersetzt nicht die Theorie. Folglich wird die durch die Wissenschaftsentwicklung nach Kant gegebene Chance, auf neue Art nach der Möglichkeit synthetischer Sätze a priori zu fragen, nicht genutzt.
- Die Versuche, das Verhältnis von *Anschauung* und *Denken* über Kant hinausgehend aufzuklären, sind unbefriedigend, folglich sind dies auch die Bemühungen, den Begriff des *Apriori* über Kant hinaus zu entwickeln.
- Die Aufklärung, was bei Kant *"Ding an sich"* bedeutet bzw. worauf Kant mit diesem Begriff abzielte, kann nicht restlos befriedigen.
- Die Differenzierung zwischen *wissenschaftlicher* und *Alltagserfahrung* wurde nicht über Kant hinausgeführt, eher noch minimiert.

- Die Ethik wird (ganz un-kantisch und un-hegelsch) aus Rechtsnormen abgeleitet, vorgelegte Gesellschaftstheorien als naiver Realismus mißvertstanden.[476]

Die Unabdingbarkeit der Kantschen philosophischen Erkenntnisse für den Begriff der modernen Naturwissenschaft

Die bisherigen Untersuchungen haben gezeigt, daß ein Rückfall hinter Kant verhindert, einen adäquaten Begriff von Naturwissenschaft zu gewinnen.[477] Die Auffassung, Kants Konzept von Philosophie sei gescheitert, weil es sich am methodologischen Konzept der mathematischen Wissenschaften orientiert habe – wie dies z.B. Jacobi behauptete[478] und wie es auch heute oftmals gesehen wird –,[479] gründet auf bestimmten Unterstellungen, nach deren Berechtigung gefragt werden muß. So geht man davon aus, daß in den mathematischen Wissenschaften ebenso wie in der nach ihrem "Vorbild"[480] begründeten Philosophie der Gang der Erkenntnis unausweichlich von den Teilen zum Ganzen führt, wodurch dann auch für die Philosophie eine Erkenntnis des Übersinnlichen auf keine Weise möglich ist bzw. es für sie nur vermitteltes Wissen gibt. Es wird hier das Paradigma der mathematischen Wissenschaften mit der Denk- und Vorgehensweise des Mechanizismus und Kants Philosophiekonzept mit dem der Aufklärung gleichgesetzt und damit deren Mängel auch Kant angelastet.

Kants sogenannte Theorie der Naturwissenschaften schreibt nach Jacobi das mechanizistische Weltbild fest. Da Jacobi den Standpunkt der kritischen Philosophie, "daß wir alles das, was uns in der Natur und als Natur gegeben ist, nur insofern und nur insoweit begreifen kön-

---

476 Ausführlicher zu dieser hier nicht direkt zum Thema gehörigen Frage siehe: R. Wahsner, Kants Begründung der Ethik – nach Cohen und deren Kritik, in: Ethik die prima philosophia?, hg. von H.-D. Klein, Würzburg 2011, S. 151-170.

477 Vgl. R. Wahsner, "Die Materie der Erkenntnis kann nicht gedichtet werden." Zu den Bedingungen einer materialistischen Spekulation bzw. Dialektik und zur Unmöglichkeit einer monistischen Abbildtheorie, in: Z. *20*(2009), 138-157; dies., Noch einmal zu den Bedingungen einer materialistischen Spekulation. Bemerkungen zu den Beiträgen von A. Hüllinghorst und Th. Metscher, in Z. *21*(2010), 122-133.

478 Siehe F.H. Jacobi, Ueber das Unternehmen des Kriticismus, die Vernunft zu Verstande zu bringen und der Philosophie eine neue Absicht zu geben", in: Werke, hg. Von F. Roth und F. Köppen, 3. Bd, Leipzig 1816, S. 59-195, insbes. 80, 167, 175; ders.: Brief an I. Kant vom 16. 11. 1789, in: ebd., S. 525-533; ders.: Üeber die Lehre des Spinoza, in: Werke, a.a.O., 4. Bd., Leipzig 1819, S. 127-162 (Beylage VII); vgl. auch: J.E. Erdmann, Versuch einer wissenschaftlichen Darstellung der Geschichte der neueren Zeit, Stuttgart-Bad Cannstatt 1977, Bd. V, S. 325; R.-P. Horstmann, Die Grenzen der Vernunft. Eine Untersuchung zu Zielen und Motiven des Deutschen Idealismus, Frankfurt a.M. 1991, S. 67.

479 Eine ausführliche Darstellung der diesbezüglichen Vorwürfe gegen Kant siehe: R.-P. Horstmann, Die Grenzen der Vernunft, a.a.O., S. 53-100, 271-277.

480 Hierbei wird zumeist mißverstanden, *in welcher Hinsicht* sich die Philosophie überhaupt an einer Natur-

nen, als wir es kausal und deterministisch erklären können", mechanizistisch deutet bzw. eine lineare Ursache-Wirkung-Kette als einzige Möglichkeit eines Kausalitätsbegriffs unterstellt, findet ihm zufolge die Vorstellung des Unbedingten keinen Platz in diesem Konzept, denn die Vernunft könne "immer nur Bedingungen des Bedingten, Naturgesetze, Mechanismus zu Tage bringen".[481] Dabei versteht er "unter *Mechanismus* jede Verkettung von bloß wirkenden Ursachen, welche eo ipso eine *nothwendige* Verkettung, – so wie eine nothwendige Verkettung, in so fern sie nothwendig, eo ipso eine mechanische ist".[482] Er setzt also notwendig gleich mechanisch, letzteres aufgefaßt im Sinne des mechanistischen Weltbildes, nicht der Mechanik. Nach Jacobis Interpretation des Kantschen Konzepts kann die Vernunft nur etwas begreifen, insofern es unter gegebenen Bedingungen bestimmt ist. Sie könne deshalb weder beim Bedingten stehenbleiben noch sich das Unbedingte faßlich machen. Jacobi spricht von Defiziten, die durch das Newtonsche Paradigma bedingt seien, die seines Erachtens zugleich als Defizite der Aufklärungsphilosophie, soweit sie dem neuzeitlichen Wissenschaftsbegriff anhängt, zu verstehen sind – charakterisierbar als Geist des Syllogismus resp. als Quantitätsfetischismus. Diese Defizite bedingten die Unfähigkeit dieses Konzepts, Gestaltungen der organischen Natur oder Phänomene des Lebens zu erfassen.

Jacobi sagt dies alles nicht so deutlich; man kann nur darauf schließen. Sein eigentlicher Weg geht über die falsche Charakterisierung der Aufklärung und deren vorgebliches Bild der Wissenschaft sowie der Unterstellung, wie Wissenschaft seines Erachtens beschaffen ist.

Um die Behauptung, daß Kants Philosophiekonzept scheitern mußte, weil er sich zu stark an dem Paradigma der mathematischen Wissenschaften orientierte, prüfen zu können, müßte geklärt werden: Was ist das Paradigma der mathematischen Wissenschaften? Worin bestanden die Hauptmängel der Aufklärungsphilosophie? Welche grundsätzliche Veränderung vollzog Kant? Welche ungelösten Probleme enthält Kants Konzept der Philosophie?

Was ist das Paradigma der mathematischen Wissenschaften?

Folgt man einer verbreiteten Auffassung vom Charakter der mathematischen Wissenschaften,

---

wissenschaft orientieren kann, ohne ihren epistemologischen Status zu verfehlen.

481 F.H. Jacobi, Ueber die Lehre des Spinoza, a.a.O., S.149.

482 F.H. Jacobi, Über die Lehre des Spinoza. Briefe an den Herrn Mendelssohn" (1785), in: Schriften zum Spinoza-Streit, hg. von K. Hammacher und I.-M. Piske, Bd. 1,1 Hamburg–Stuttgart 1998, S. 229 (Beilage V).

so treffen Jacobis Schlußfolgerungen zu. Doch gerade diese zugrundegelegte Auffassung ist falsch. Sie betrachtet nicht diese Wissenschaften selbst, sondern eine ihrer philosophischen Rezeptionen und setzt beide gleich.[483]

Erkenntnistheoretische Untersuchungen der neuzeitlichen Naturwissenschaft belegen, daß es innerhalb der Naturwissenschaft auch einen Erkenntnisgang vom Ganzen zu den Teilen gibt und dieser Gang maßgeblich zu dem Paradigma der mathematischen Naturwissenschaft gehört.[484]

Richtig an der vorgeblichen Charakterisierung der Naturwissenschaft ist: Es gibt keine Erkenntnis des Absoluten nach den Prinzipien der Naturwissenschaft, was nicht heißt, daß die Naturwissenschaft nur Endliches erfassen kann. Sie muß allerdings im Gegensatz zur Philosophie die Welt unter der Form des Objekts fassen, bestimmte Verhalten aus dem Ganzen herauslösen und substantivieren, mithin gewisse Momente eines Ganzen verteilen – allerdings derart, daß sie im Rahmen der jeweiligen naturwissenschaftlichen Theorie wieder zusammengedacht werden können.

Eine Größe ist in einer empirischen mathematisierten Naturwissenschaft daher durchaus nicht – wie schon gesagt – etwas rein Quantitatives, das Kausalprinzip nicht auf eine Kausalkette zu reduzieren, genommen als eindimensionalen Zusammenhang, in der ein Bedingtes stets ein anderes bedingt, und *Bewegung* wird nicht als Aufeinanderfolge von (Ruhe-)Zuständen, sondern als daseiender Widerspruch gedacht.[485] Denn Endlichkeit ist nicht – wie Jacobi meint – die Voraussetzung der Bewegung.

Die Philosophie kann das Unbedingte nach Hegel sehr wohl erkennen, da ihr Grundbegriff,

---

483 Belegend hierzu R. Wahsner und H.-H. v. Borzeszkowski, Einleitung zu Voltaire: Elemente der Philosophie Newtons/ Verteidigung des Newtonianismus/ Die Metaphysik des Neuton, hg, eingeleitet und mit einem Anhang versehen von R. Wahsner und H.-H. v. Borzeszkowski, Berlin 1997, S. 1-77 sowie die dort zitierte Literatur.

484 Vgl. v. H.-H. v. Borzeszkowski und R. Wahsner, Physikalischer Dualismus und dialektischer Widerspruch, a.a.O.; dies., Die Wirklichkeit der Physik, a.a.O.; H.-H. v. Borzeszkowski, Erzeugt die naturwissenschaftliche Erkenntnis nur Wissen vom Endlichen, während das wahrhaft Unendliche nur geglaubt werden kann?, in: Hegel-Jahrbuch 2003. Glauben und Wissen. Erster Teil, hg. von A. Arndt, K. Bal, H. Ottmann, in Verbindung mit K.-M. Kodalle und K. Vieweg, Berlin 2003, S. 75-79; ders., Inwiefern ist Hegels Begriff *Organismus* Ausdruck der tatsächlichen epistemologischen Verfaßtheit der Naturwissenschaft Mechanik?, in: Naturwissenschaft und Methode in Hegels Naturphilosophie, hg. von W. Neuser, Würzburg 2009, S. 127-136; R. Wahsner, Naturwissenschaft, a.a.O.; dies., Weiß die Philosophie etwas oder glaubt sie nur? Eine Bemerkung zu Hegels Kritik der kritischen Philosophie, in: Hegel-Jahrbuch 2003, a.a.O., S. 75-79; dies., Hegels ambivalenter Begriff *Organismus*, in: Hegel-Jahtbuch 2006. Das Leben denken. Erster Teil, hg. von A. Arndt, P. Cruyberghs, A. Przylebski, unter Mitwirkung von F. Fischbach, Berlin 2006, S. 221-227; dies., Der Widerstreit von *Mechanismus* und *Organismus*, a.a.O.

485 Vgl. hierzu die Abschnitte "Die formal-logisch widerspruchsfreie Fassung des als Bewegung daseienden Widerspruchs" und "Physikalischer Dualismus und daseiender Widerspruch".

das wahrhaft Unendliche,[486] kein Jenseits des Endlichen ist, des Endlichen, ohne das überhaupt kein Wissen möglich ist. Der mathematischen empirischen Naturwissenschaft wird dies im allgemeinen hingegen nicht zugetraut. Doch schon Nikolaus von Kues hatte das Endliche und das Unendliche als gleich notwendige Momente erkannt, die nicht starr voneinander getrennt, obwohl nie dasselbe sind. Er veranschaulichte bekanntlich den Übergang von dem einen zum anderen mit dem Verhältnis von Kreis und Polygon. Ein Polygon ist niemals ein Kreis, aber es gibt keine Schranke, sich durch Erhöhung des Vielecks dem Kreis immer mehr anzunähern, das Polygon dem Kreis anzuähneln. Diese Sicht ist nicht nur für die Philosophie, sondern auch für die Naturwissenschaft relevant, ohne den erkenntnistheoretischen Status beider identifizieren zu wollen.[487] Begreiflich wird diese Sicht allerdings nur, beachtet man, den neuzeitlichen Umbruch, dessen Begründung eines neuen Denkprinzips. Es wird dies wiederholt gesagt, weil es bei der üblichen unreflektierten Lesart der neuzeitlichen Wissenschaften immer wieder übersehen wird.

Auf der Basis dieses Denkprinzips wird die *Bewegung* des menschlichen Erkenntnisvermögens selbst, seine Fähigkeit der progressiven Annäherung resp. Anähnelung zum Mittel des Unendlichen. Dies wird es aber nicht als Abdruck des Unendlichen oder als Teilhabe, sondern einzig in seinem Werden, seiner Selbstentfaltung, seiner geistigen und gegenständlichen Selbstgestaltung. In der Konsequenz hiervon ist die Unendlichkeit ebenso wie das Unbedingte jetzt nicht mehr die Schranke der Vernunft, sondern ihre Selbstbejahung. Der Erkenntnisgang ist grenzenlos, unendlich. Der Charakter der Unendlichkeit, des Unbedingten, des Übersinnlichen ist – könnte man sagen – vom *Objekt* der Erkenntnis auf die *Funktion* der Erkenntnis übergegangen. Das Unendliche, das Unbedingte bzw. Gott wird nicht mehr als Objekt gefaßt und nicht als von der Welt getrennt gedacht. Ein neuer Begriff des Unendlichen ist so begründet.

Schon die Newtonsche Mechanik beruhte auf diesem neuartigen Denkprinzip, weshalb es ihr gelang, Theorie einer Naturbewegung zu sein, die Bewegung als daseienden Widerspruch zu fassen. *Bewegung als daseiender Widerspruch* ist Hegels begriffslogische Charakterisierung der Bewegung,[488] obzwar nicht seine Bestimmung der Mechanik.[489]

---

486 Vgl. G.W.F. Hegel, Enzyklopädie der philosophischen Wissenschaften im Grundrisse (1830). Erster Teil. Die Wissenschaft der Logik, a.a.O., S. 203 (§ 93A).

487 Vgl. z.B. H.-H. v. Borzeszkowski und R. Wahsner, Infinitesimalkalkül und neuzeitlicher Bewegungsbegriff oder Prozeß als Größe, a.a.O.

488 Vgl. G.W.F. Hegel, Wissenschaft der Logik. Zweiter Teil, a.a.O., S. 76.

489 Ausführlicher hierzu: R. Wahsner, Zur Kritik der Hegelschen Naturphilosophie, a.a.O.; dies., The Philosophical Background to Hegel's Criticism of Newton, a.a.O. S. 81-90; H.-H. v. Borzeszkowski, Hegel's Interpretation of Classical Mechanics, a.a.O., S. 73-80. Siehe auch den Abschnitt "Die formal-logisch wider-

Die Newtonsche Mechanik war die erste auf der Basis des neuzeitlichen Denkprinzips voll ausgearbeitete Wissenschaft. Sie geht nicht einfach auf den antiken Atomismus zurück (wie Jacobi behauptet und viele heutige Gelehrte meinen), obzwar der antike Atomismus das physikalische Denkprinzip erfand, das aber, da der antike Atomismus kein Prinzip physikalischer Sinnlichkeit begründete, von Newton (auch das sei wiederholt) maßgeblich modifiziert werden mußte, um der Naturwissenschaft *Mechanik* zugrundegelegt werden zu können.[490]

Worin bestanden die Hauptmängel der Aufklärungsphilosophie?

Von Jacobi ebenso wie in neuerer Zeit von der Kritischen Theorie wird der Naturbegriff der Aufklärung weitgehend auf das mathematisch-physikalische Weltbild beschränkt und diese Beschränktheit kritisiert.[491] Dabei nehmen die einen dieses Weltbild als puren Empirismus vor, die anderen als überzogenen Rationalismus, und zwar als einen, der die nachfolgende Gesellschaft, die durch Berechnung und Kommando geprägt sei, verschuldet oder doch initiiert habe. Aber die Aufklärung war weder rein rationalistisch noch rein empiristisch geprägt. Es gab in ihr beide Varianten.[492] Die Philosophie jener Zeit konnte sie jedoch nicht synthetisieren, aber die französische Aufklärung begründete einen Kompromiß zwischen ihnen.[493]

Die Aufklärung war bestrebt, den Anspruch der Vernunft, ausschließliches Kriterium allen Tuns zu sein, zu begründen. Hierfür war es erforderlich, die Frage zu beantworten, wie es möglich ist, daß Natur und Gesellschaft rational, d.h. durch die Vernunft mittels der Kenntnis unausweichlicher Gesetze erfaßt werden können. Die Popularisierung der damals einzigen (gemäß dem neuzeitlichen Denkprinzip) voll ausgearbeiteten Wissenschaft, der Newtonschen Mechanik, gewann somit eine besondere Bedeutung.

---

spruchsfreie Fassung des als Bewegung daseienden Widerspruchs".

490 Vgl. Anm. 84.

491 Vgl. hierüber: R. Wahsner, Hegels Logik und die Struktur des naturwissenschaftlichen Denkens in der Moderne, in: Hegel-Jahrbuch 2011. Geist?. Zweiter Teil, hg. von A. Arndt, P. Cruysberghs. A. Przylebski, Berlin 2011..

492 Vgl. H. Seidel, Aufklärung und Gegenwart. Zur Kritik der "Dialektik der Aufklärung" von Adorno und Horkheimer, in: UTOPIE kreativ, H. 109/110, November/ Dezember 1999, S. 101-110.

493 Belegend dargestellt in: R. Wahsner und H.-H. v. Borzeszkowski, Einleitung zu Voltaire, a.a.O., S. 1-77; R. Wahsner, Konzeptionen der Naturtheorie: D'Alembert und Diderot", in: Schriftenreihe für Philosophie und Kulturtheorie, Bd. 1. Französische Aufklärung, hg. von I. D'Aprile, Th. Gil und H. Hecht, Berlin 2001; dies., "Die Aufklärung, diese Eitelkeit des Verstandes, ist die heftigste Gegnerin der Philosophie". Aufklärung und Naturwissenschaft in ihrem Verhältnis zum wahren Wissen, in: Wissen und Bildung. Zur Aktualität von Hegels *Phänomenologie des Geistes* anlässlich ihres 200jährigen Jubiläums, hg. von Th. Auinger und F. Grimmlinger, Frankfurt a.M.–Berlin–Bern–Bruxelles–NewYork–Oxford–Wien 2007.

Die in England verbreitete Form dieser Popularisierung wäre jedoch anderenorts, vor allem in Frankreich, nicht annehmbar gewesen. Und so mußte der weitgehend empiristisch ausgerichtete englische Newtonianismus für den in Frankreich herrschenden cartesischen Rationalismus attraktiv werden. Voltaire gelang es, ihn in dieser Weise zu verändern. Damit brach er die herkömmliche Philosophie, die als rationalistische Metaphysik begriffen wurde, für Probleme auf, deren sich bislang der Empirismus angenommen hatte.[494] Diesem Aufbrechen war allerdings eine inadäquate Interpretation der Newtonschen Lehre inhärent.[495]

Denn indem Voltaire die Newtonsche Physik zur Weltanschauung machte, das Gravitationsgesetz in simplifizierter Lesart als Weltgesetz betrachtete, sah er von der Bedingtheit und Begrenztheit jener physikalischen Theorie ab, verwandelte er sie in ein mechanizistisches Weltbild. Und so begann jene Form der philosophischen Rezeption der Mechanik, die von den nachfolgenden philosophischen Generationen für die einzig mögliche bzw. gar für die Mechanik selbst gehalten wurde.

Die Auffassung der Mechanik war für die Aufklärung zu einem wichtigen Problem geworden. Denn mit der Begründung der klassischen Mechanik durch Newton war die Frage entstanden, ob die Naturerkenntnis von nun an schlechthin eine mathematische und messende sei und die Naturphilosophie sich überlebt habe oder ob der Philosophie noch eine Aufgabe zukomme. Zwei typische Antworten hierauf als zwei typische Standpunkte zum Verhältnis der genannten Disziplinen entwickelten sich mit dem französischen Newtonianismus – repräsentiert beispielsweise durch d'Alembert und Diderot.

Daß beide Standpunkte miteinander nicht vermittelt werden konnten, hatte seinen Grund darin, daß die Philosophie der Aufklärungszeit bei den Engländern wie bei den Franzosen nur als Erfahrungswissenschaft angesehen wurde; sie wurde angesehen als Wissenschaft schlechthin, die aber den Status einer Erfahrungswissenschaft hat. Die Philosophie wurde in ihrer erkenntnistheoretischen Verfassung nicht von der Einzelwissenschaft bzw. der empirischen mathematisierten Naturwissenschaft unterschieden.

Beide Versionen erkannten, daß die Mathematik zur Naturerkenntnis nicht ausreicht, daß die mathematische Welt eine von der sinnlichen Welt verschiedene Welt ist. D'Alembert schloß hieraus auf die Beschränktheit unseres Erkenntnisvermögens, darauf, daß die Erfahrungswissenschaft Physik aufgrund ihrer Eigenart als Wissenschaft der Maße und Größen nicht hinreicht, um die Welt *als* Ganzes zu erkennen, diese Eigenart aber unausweichlich ist. Diderot schloß auf die Notwendigkeit einer noch anderen Erkenntnisart als der mathemati-

---

494 Vgl. E. Cassirer, Die Philosophie der Aufklärung, Tübingen 1973.

schen, einer solchen, die imstande ist, das Ganze zu erfassen. Eine derartige Wissenschaft benötigte dann seines Erachtens Mathematik und Physik nicht mehr als solche Voraussetzungen, deren ständiger wissenschaftlicher Progreß erforderlich ist, sondern ihr einmal erreichter Stand wäre ausreichend.

Der erwähnte Kompromiß von Empirismus und Rationalismus, auf dem die französische Aufklärung beruhte, erschien als Berufung auf die Vernunft. Man berief sich auf die Vernunft (die jedes Individuum hat), und die Berufung auf die Erfahrung galt als Berufung auf die Vernunft. Das Allgemeine, die Gesellschaft resp. der physikalische Begriff, wurde in seiner Existenz unterstellt. Man konnte nicht erklären, wie es von dem Einzelnen bzw. von den Individuen erzeugt wird, aber es war klar, daß es existiert – irgendwie.[496] Diese Berufung auf die Vernunft, die gewisse philosophische Inkonsistenzen kompensierte oder verdeckte, bewirkte, daß sich die Ausbildung der Mathematik in Frankreich als Vervollkommnung der Newtonschen Mechanik vollzog. Indem die Newtonsche Mechanik die Stelle des vernünftigen Allgemeinen vertrat, konnte man sich – getragen von der Überzeugung, daß die Sinnlichkeit gewiß ist – sowohl gegen eine abstrakte Mathematik als auch gegen den metaphysischen Rationalismus wenden, ohne naturwissenschaftliche Mißerfolge in Kauf nehmen zu müssen.

Die ausstehende Synthese hatte dann die auseinanderweichenden, mitunter gar kontroversen, Urteile über die Aufklärung zur Folge.

Welche grundsätzliche Veränderung vollzog Kant?

Die Kantische Philosophie ist durchaus nicht – wie Jacobi meint[497] und auch die Heutigen zumeist glauben – das Ideal des Empirismus. Der Empirismus fragt nicht, *wie* Erfahrung möglich sei, sondern unterstellt diese Möglichkeit als an sich gegeben. Er setzt damit unbewußt Fähigkeiten des Erkenntnisvermögens voraus, die er nicht thematisiert bzw. die er ontologisiert.

Kant war der erste, der fragte, *wie* Erkenntnis möglich sei, der sich nicht damit begnügte zu konstatieren, *daß* sie möglich ist. Seine Untersuchung führte ihn dann zu der Einsicht: "Er-

495 Vgl. Anm. 482.

496 Ausführlicher dazu siehe: G.W.F. Hegel, Vorlesungen über die Geschichte der Philosophie III, in: Werke, a.a.O., Bd. 20, 287-313; ders.: Phänomenologie des Geistes, in: ebd., Bd. 3, S. 362.

497 Vgl. F.H. Jacobi, Ueber das Unternehmen des Kriticismus, die Vernunft zu Verstande zu bringen, a.a.O., S. 175.

fahrung selbst ist eine Erkenntnisart, die Verstand erfordert, dessen Regel ich in mir, noch ehe mir Gegenstände gegeben werden, mithin a priori, voraussetzen muß … ."[498] Anders gesprochen: Bedingungslos ist Erfahrung nicht möglich. Sie bedarf der Sinne und des Verstandes, mithin der aktiven (konstruierenden) Tätigkeit des Erkenntnissubjekts.

Die Notwendigkeit von Sinnen und Verstand war gewiß keine neue Einsicht. Neu war, daß Kant zuvor den grundlegenden Unterschied von Sinnen- und Verstandeswelt aufgezeigt hatte und nun versuchte, das notwendige Zusammenspiel beider unter dieser Bedingung darzustellen. Das führte ihn zu der Dualität von Anschauung und Begriff resp. zu seinem Raum-Zeit-Apriorismus und der Akzeptanz synthetischer Urteile a priori, die von den analytischen Urteilen a priori klar unterschieden werden müssen.[499]

Dieses Konzept, dem Kants erkenntnistheoretische Wende inhärent ist, wird mitunter auch als Subjektivismus abgelehnt, was ein unüberlegter Vorwurf ist. Denn ohne Frage gibt es keine Erkenntnis; und wie gefragt wird, beeinflußt schon die Antwort. Was man findet ist nicht unabhängig davon, wonach man *sucht* (z.B. ob nach dem Sinn oder nach dem Gesetz). Erfahrung ist nur möglich aufgrund gewisser Bedingungen,[500] die aber nicht einfach gesetzt oder konventionell vereinbart sind. Sie sind Weltsichten, entstanden durch objektive Entwicklungen der Gattung *Mensch*.[501] Sie sind die *Gestalt der Idee des Ganzen*. Daß es objektiver ist, die Verfaßtheit des Fragers, des Erkenntnissubjekts, nicht zu bestimmen, ist wohl schwer zu begründen.

Kant war bekanntlich davon ausgegangen, *daß* Erfahrung möglich ist. Dies bewies ihm die vorliegende Wissenschaft, namentlich die Newtonsche Mechanik. An ihr las er ab, wie man zu allgemeingültigen notwendigen Gesetzesaussagen gelangen kann. Er nahm diese Mechanik als Modell der neuzeitlichen Wissenschaft – und zwar ohne Naturwissenschaft und Philosophie resp. Metaphysik zu identifizieren.[502]

Kant begründete im Gegenteil erstmalig den Unterschied im epistemologischen Status von Naturwissenschaft und Metaphysik, welchselbiger Unterscheidung auch die von Verstand und

---

498 I. Kant, Kritik der reinen Vernunft, a.a.O., S. 26 (B XVIII).

499 Vgl. das Kapitel "Erkenntniskritische Betrachtungen zur Physik" sowie vor allem die darin zitierte Literatur.

500 Vgl. E. Schrödinger, Die Natur und die Griechen, a.a.O.; ders. Geist und Materie, Wien–Hamburg 1986; ders., Die Besonderheit des Weltbildes der Naturwissenschaft, in: Gesammelte Abhandlungen, Wien 1984, Bd. IV, S. 409-453; siehe auch R. Wahsner, Der Widerstreit von *Mechanismus* und *Organismus* a.a.O., insbes. S. 54-81.

501 Vgl. auch den Abschnitt "Objektivität = Natur = Möglichkeit der Erfahrung?".

502 Ausführlich hierzu: R. Wahsner, Der Widerstreit von Mechanismus und Organismus, a.a.O. S. 9-191.

Vernunft (sowie von Staat und Gesellschaft) inhärent war.[503] Er überwand damit einen grundlegenden Mangel der Aufklärungsphilosophie.

Damit fand Kants Konzept von Philosophie auch einen Ansatz, um dem *Unbedingten* (Freiheit, Gott, Unsterblichkeit)[504] einen Platz zu lassen, obzwar die (theoretische) Vernunft nur Bedingtes erkennen kann. In Raum und Zeit ist das Unbedingte – sagt Kant – nicht anzutreffen, doch die Vernunft bedarf seiner. Es bleibt ihr somit nur das immerwährende Fortschreiten von Bedingung zu Bedingung, ohne auf Vollendung zu hoffen. Das wäre nun (hegelsch gesprochen) der Begriff einer schlechten Unendlichkeit. Doch man muß beides im Blick haben: die *Erkenntnis der Vernunft* (die des Unbedingten nicht habhaft wird) und das *Bedürfnis der Vernunft* (das man nicht unbeachtet lassen kann). Kant hält dies für vereinbar, weil die Welt als Erscheinung nur das Objekt *möglicher* Erfahrung ist, *mögliche* Erfahrung aber weder eine Grenze hat, noch unendlich sein kann.[505]

Eine "Fetischisierung des Kausalprinzips und der Gesetze der Logik"[506] kann man Kant nicht vorwerfen, denn die Auswahl notwendiger Zusammenhänge als *Prinzip der Suche* (bei Kant "allgemeine Naturgesetze" genannt) ist unabdingbar. Dies ist keine Fürsprache für die Suche nach linear-kausalen Ursache-Wirkung-Ketten, sondern für die Suche nach Gesetzmäßigkeiten, und diese sind viel komplizierter als lineare Zusammenhänge und nicht mit dem Substanzdenken zu erfassen. Man sucht nach Zusammenhängen der Art: 'Immer dann, wenn'. Einen so gefaßten Gesetzes- und Kausalitätsbegriff hat die moderne Naturwissenschaft nicht widerlegt (im Gegenteil), und bei Kant ist er angelegt (wenn auch verdeckt).

Eine Ursache ist Kant zufolge *die Bedingung von dem, was geschieht.*[507] Natur ist somit oder kann sein die synthetische Einheit des Mannigfaltigen.[508] Unter *Natur* wird verstanden der "Zusammenhang der Erscheinungen ihrem Dasein nach, nach notwendigen Regeln, d.i. nach Gesetzen".[509] Erst die apriorischen oder die allgemeinen Naturgesetze machen die Natur möglich, weil sie sie als Ganzes, als Zusammenhängendes zu denken gestatten. "Natur sub-

---

503 Nur nebenher sei daran erinnert, daß etwas zu unterscheiden nicht bedeutet, es zu trennen.

504 Vgl. I. Kant, Welches sind die wirklichen Fortschritte, die die Metaphysik seit Leibnizens und Wolffs Zeiten in Deutschland gemacht hat?, a.a.O., S. 631 f.

505 Ebd., S. 626.

506 Vgl. die Darstellung bei R.-P. Horstmann, Die Grenzen der Vernunft, a.a.O., S. 66-68.

507 Vgl. I. Kant, Kritik der reinen Vernunft, a.a.O., S. 408 f. (B 44; A 419). Zu Kants Begriff der Ursache bzw. der Kausalität siehe auch: ebd., S. 226-248 (B 233-265), 263-267 (B 288-294); Prolegomena, a.a.O., S. 215-220 (§ 53), 233 (§ 58); Kritik der praktischen Vernunft, in: Werke, a.a.O., Bd. VII, S. 165-173. Zur Diskussion dieser Begriffe siehe: R. Wahsner, Der Widerstreit von *Mechanismus* und *Organismus*. a.a.O., S.72-81 sowie die hierzu zitierten Arbeiten Kants.

508 Vgl. I. Kant, Kritik der reinen Vernunft, a.a.O., S. 180 (A 126, 127).

509 Ebd., S. 246 (B 263/A 216).

stantive genommen: bedeutet der Inbegriff aller Gegenstande der Erfahrung. – Denn das Wort natur bedeutet auch nicht etwas an Dingen an sich selbst, sondern nur die Ordnung der Erscheinungen derselben durch die Einheit der Verstandesbegriffe oder die Einheit des Bewußtseyns, in der sie verbunden werden können."[510] Für Kant bedeutet der *Begriff der Ursache eine besondere Art der Synthese.*[511]

Die These, "daß niemals etwas geschieht, vor welchem nicht etwas vorhergehe, darauf es jederzeit folge" kann so gelesen werden, daß alles, was geschieht, durch anderes bedingt ist und seinerseits anderes bedingt. Dabei muß die Bedingtheit nicht zwangsläufig eine zeitliche Reihe bilden – obwohl dies in Kants Vorstellung unabdingbar ist.

Jedenfalls wird klar, daß das, was Kant als *Mechanismus* bezeichnet, nicht ein mechanizistisches Prinzip bedeutet, sondern das Verbot, Gründe außerhalb der Natur für ihre Bewegungen verantwortlich zu machen.[512] Im Sinne von Kant handelt es sich also um *Mechanismus*, wenn kausale Gesetzlichkeit (die für sich ja noch nicht spezifisch bestimmt ist) gewährleistet ist – so kann man zumindest vermuten oder als mögliche Deutung versuchen.

Was die sogenannte Fetischisierung der Logik betrifft, so ist zweierlei zu unterscheiden. Ist damit die formale Logik gemeint, so darf sie nie verletzt werden, was allerdings nur eine notwendige, keine hinreichende Bedingung ist. Denn allein durch ihre Beachtung hat man noch keine wissenschaftliche Theorie, weder eine fachwissenschaftliche noch eine philosophische. Meint man die transzendentale oder (später) die dialektische Logik, dann muß man das jeweilige Konzept detailliert untersuchen. Aber eines läßt sich sagen (wie Kant gegenüber Leibniz schon 1763 zeigte): aus der Logik ist die Realität nicht ableitbar. Als *Darstellung* ist eine solche Ableitung im Prinzip allerdings möglich – möglich im Sinne einer Konsistenzüberprüfung.

Untersucht man Kants Konzept detailliert, so läßt sich zeigen, daß gerade das, was Jacobi als Mangel dieses Konzepts darstellt, das, was er selbst unvermittellt nebeneinander bestehen läßt, Kant zur Einheit gebracht hat. Man kann Kant nicht die Mängel der Aufklärung anlasten. Als Vollender der Aufklärung begründete er zugleich ein sie aufhebendes Konzept. Doch derjenige, der ein neues Konzept begründet, ist zumeist nicht in der Lage, es in allen Konsequenzen auszuarbeiten.

---

510 I. Kant, N 5607, in: Kant's handschriftlicher Nachlaß, Bd. 5, a.a.O., S. 248.

511 Vgl. I. Kant, Kritik der reinen Vernunft, a.a.O., S. 129 f. (B 122-123; A 90-91).

512 Vgl. z.B. ebd., S. 597, (B 719; A 691).

Welche ungelösten Probleme enthält Kants Konzept der Philosophie?

Bezüglich der Kantschen Philosophie können als Defizite genannt werden:[513]

- Die Mechanik als Wissenschaftsprinzip wird von den besonderen Naturgesetzen dieser spezifischen physikalischen Theorie nicht hinreichend unterschieden, die Newtonsche Mechanik nicht völlig adäquat rezipiert.[514]
- Es wird zu wenig beachtet, daß es synthetische Sätze a priori in ihrer eigentlichen Bedeutung nur in einer Theorie gibt, ihr Unterschied zu analytischen Sätzen a priori nicht an einzelnen Sätzen demonstriert werden kann.[515]
- Es gibt bei Kant keine Einheit von theoretischer und praktischer Philosophie, nur den Nachweis, daß beide notwendig sind.
- Kant hat den Gedanken des Naturzwecks ins Spiel gebracht, der – so er integriert wird – ohne das notwendige Wissenschaftsprinzip *Mechanismus* zu liquidieren, den Weg zum Unbedingten eröffnet.[516] Aber er hat diese Integration nicht zu vollziehen vermocht. (Möglich ist dies vermutlich nur über die der neuzeitlichen Mechanik inhärente Synthese von τέχνη und φυσις.)

Bei der Lösung offener Probleme sollte man stets beachten: "Mit raschen Schritten auf Unternehmungen zu einem großen, aber weit entfernten Ziel, ausgehen, ist der gründlichen Einsicht zu aller Zeit nachtheilig gewesen. Der die Klippen zeigt, hat sie darum doch nicht hingestellt, und ob er gleich gar die Unmöglichkeit behauptet, zwischen denselben mit *vollen Segeln* (des Dogmatismus) durchzukommen, so hat er darum doch nicht *alle* Möglichkeit einer glücklichen Durchfahrt abgeläugnet."[517]

Die Kants Philosophie gegenüber vorgebrachten Vorwürfe, die diese angeblich scheitern ließ, da sie sich am Paradigma der mathematischen Wissenschaften orientierte, sind also unbegründet. Doch es bleiben offene Probleme, für deren Lösung man selbstredend über Kant hinausgehen muß – hinausgehen, ohne hinter ihn zurückzufallen.

Eine Philosophie, die diesen Namen verdient, bedarf (und zwar in ihrem eigenen Interesse)

---

513 Vgl. auch K.W. Zeidler, Unerledigte Probleme der Vernunftkritik, in: Gegenwart und Zukunft der Kantischen Philosophie (serb.), hg. von D.N. Basta, Beograd 2004, S. 347-357.

514 Vgl die Analyse in: R. Wahsner, Das Aktive und das Passive, a.a.O.; dies.: Der Widerstreit von *Mechanismus* und *Organismus*. a.a.O., insbes. S. 96-191.

515 Cassirer versucht, dies zu zeigen, doch durchschaut er zu wenig die Charakteristika einer naturwissenschaftlichen Theorie. (Vgl. hierzu das Kapitel "Erkenntniskritische Betrachtungen zur Physik".)

516 Vgl. z.B. I. Kant, Welches sind die wirklichen Fortschritte, die die Metaphysik seit Leibnizens und Wolffs Zeiten in Deutschland gemacht hat?, a.a.O., S. 633-645.

517 I. Kant, Brief an Jacobi vom 30. 8. 1789, in: Kant's Schriften, hg. von der Preuß. Akad. Wiss., Bd. 11,

der Analyse der Naturwissenschaft, der Erkenntnis ihres gnoseologischen Status. Kants Konzept, wonach Natur und Objekt schlechthin identisch sind, ist nicht zu umgehen. Nimmt man die Naturwissenschaft philosophisch nicht ernst, landet man bei der Auffassung, Philosophie müsse jede systematische Darstellung verwerfen.

Man muß daher vorhandene Lösungen analysieren (z.B. untersuchen, auf der Basis welcher Denkprinzipien die begriffliche Fassung der Bewegung gelang). Das wahre Paradigma der mathematischen Wissenschaften läßt Lösungen erkennen – dies nicht, wenn man blind die naturwissenschaftliche Vorgehensweise auf die Philosophie überträgt, sondern wenn man deren epistemologischen Kern im Unterschied zur Philosophie versteht.

Und hat man diesen verstanden, dann ist es unmöglich, Kant als das Ideal des Empirismus zu bestimmen, auf welchselbigem Urteil die Auffassung beruht, sein Philosophiekonzept sei gescheitert.

Wegen dieser Fehldeutungen muß gegen die Gleichsetzung von Philosophie und Wissenschaft, gegen die Identifizierung ihres epistemologischen Status, ihrer Weltfassungen, gegen die Verbiegung der Philosophie zu einer naturwissenschaftlichen Weltsicht immer wieder argumentiert werden, ist es notwendig, an Fichtes ursprüngliche Einsicht zu erinnern,[518] an die Grundlegung der Philosophie aus dem Ich.[519] In einem damit ist aber auch die Notwendigkeit zu erkennen, daß die andersartige Wissenschaft für die Philosophie als Philosophie, unabdingbar ist.

Dieser andere epistemologische Status schlägt sich in erster Linie darin nieder, daß die Wissenschaft genötigt ist, die Welt unter der Form des Objekts zu fassen.

Berlin und Leipzig 1922, S. 76.

518 Vgl. D. Henrich, Fichtes ursprüngliche Einsicht, Frankfurt a.M. 1967.

519 Vgl. D. Henrich, Grundlegung aus dem Ich. Untersuchungen zur Vorgeschichte des Idealismus. Tübingen–Jena 1790-1794, Erster und Zweiter Band, Frankfurt a.M. 2004.

DIE FASSUNG DER WELT UNTER DER FORM DES OBJEKTS UND DER PHILOSOPHISCHE BEGRIFF DER OBJEKTIVITÄT

"Erkenne dich selbst" stand als Devise am Anfang der Philosophie. Sie führte nach Jahrhunderten zu Kants erkenntnistheoretischer Wende, wonach in der Konsequenz das, was erkannt wird, von dem, der es erkennt, zwangsläufig abhängt. Mit anderen Worten: Die Antwort hängt von der Frage ab, davon, wie die Frage gestellt wird. Hieraus nun aber zu schließen – wie es mitunter geschieht –, die Welt werde nach Kant nur als unsere Vorstellung erkennbar, verfälscht den Kantschen Gedanken. Vielmehr ist nur auf der Basis dieser Kantschen Einsicht eine Objektivierung möglich, also nur auf der Basis der Selbsterkenntnis.

Gemeinhin wird unter Objektivität die Unabhängigkeit der Beschreibung eines Sachverhalts vom Beobachter verstanden. Hierbei wird nicht gefragt, wie das möglich sein soll. Ohne "Beobachter" gibt es nichts, was als Sachverhalt bestimmt werden kann. Wenn gesagt wird, einer Aussage bzw. Theorie käme Objektivität zu, wenn es in der Wirklichkeit Sachverhalte gibt, die unabhängig sind von der Aussage bzw. Theorie und denjenigen, die sie aufstellen, so sollte hinzugefügt werden, wie das geprüft werden kann und welcher Begriff *Beobachter* dabei unterstellt wird.

Zutreffend, nur nicht hinreichend, sind die Bestimmungen der Objektivität als Sachlichkeit, Neutralität, Unvoreingenommenheit, Orientierung an der Sache, größtmögliches Ausschalten von Gefühlen, Vorurteilen und Wünschen. Aber welche Kriterien gibt es, um Vorurteilsfreiheit oder Sachlichkeit festzustellen?

Es wird auch gesagt, Objektivität in den Wissenschaften sei relativ neu. Aber wieso war das, was da angeblich nicht objektiv war, Wissenschaft? Wodurch unterschied es sich von bloßer Meinung, von Phantasterei und Irrtum? Wenn Objektivität so neu wäre, warum wurde dann in der Antike die syllogistische Logik entwickelt? Warum erfand man in der Antike den Beweis bzw. erkannte die Notwendigkeit des Beweises – wenn nicht zwecks Objektivierung unterschiedlicher Auffassungen. [520]

Verwirft man nicht die in den letzten über 200 Jahren gewonnenen philosophischen Erkenntnisse, so ergibt sich, daß Objektivität als schlechthinige Unabhängigkeit vom Subjekt nicht möglich ist. Wie etwas an sich, d.h. völlig unabhängig vom Erkenntnissubjekt beschaffen ist, kann grundsätzlich nicht gesagt werden. Demzufolge gibt es keine reine, d.i. keine gnoseologieunabhängige Ontologie. Was das Subjekt ist kann vor der Bestimmung des Verhältnisses zum Objekt nicht gesagt werden, ebensowenig wie umgekehrt das Objekt ohne Bezug auf das Subjekt bestimmt werden kann. Der Begriff *Ich* ebenso wie der Begriff *Gegenstand* gestaltet sich erst an dem Fortschritt der Erfahrung.[521]

Mithin gibt es keine Objekte und keine Subjekte an sich, sondern beides nur im Gegeneinander. Daher ist ein lebender Organismus nicht schon ein Subjekt. Maßgeblich ist, welche Subjekt-Objekt-Einheit ein Selbständig-Allgemeines ist. Oder, so kann man auch fragen: In Einheit womit kann ein Subjekt ein Allgemein-Gesetzmäßiges bestimmen?

Das Mensch-Natur-Verhältnis demonstriert diese Gegenseitigkeit in repräsentativer Weise. Da Aussagen darüber, wie die Natur – vermeintlich – an sich selbst ist, stets Aussagen menschlicher Erkenntnis über die Natur sind, muß man das so urteilende Subjekt bestimmen. Der Mensch kann nicht unabhängig von sich die Natur charakterisieren. Natur als Natur hat Sinn und Bedeutung nur als Gegenpol des Menschen, und zwar als ganzem, als Gattung. Die Natur ist das Andere des Menschen, das für seine Bestimmung und seine Existenz notwendige Andere.

Dabei stehen Mensch und Natur nicht im Verhältnis der reinen Zweckrealisation – derart, daß der Mensch durch seine Aktivität die von ihm gesetzten Zwecke an der Natur, die ihrerseits als passiv unterstellt nur als Material dient, verwirklicht. Das Gegeneinanderverhalten von Mensch und Natur kann nicht auf An-sich-Eigenschaften der beiden Pole zurückgeführt werden; es ist aber auch nicht unabhängig von den sich zueinander verhaltenden Etwasen. Daher muß es so gedacht werden, daß jedes der beiden Momente eine Einheit von Gegenständlichkeit und Verhalten ist, nicht aber so, daß das Subjekt auf bloße Tätigkeit oder bloßes Verhalten und das Objekt auf bloße Gegenständlichkeit reduziert wird. Unterstellte man dies, so würden beide Seiten gegeneinander verselbständigt werden und den Charakter abstrakter Bestimmungen annehmen, wodurch Aktivität nur dem Subjekt, dem Objekt hingegen nur

---

520 Vgl. Á. Szabó, Zur Geschichte der Dialektik des Denkens, a.a.O.; vgl. auch Anm. 132, 139.

521 Eine erläuternde Darstellung dieses Sachverhalts gibt der folgende Text: "Allgemein müssen wir uns deutlich machen, daß die Begriffe des 'Subjekts' und 'Objekts' selbst kein gegebener und selbstverständlicher *Besitz* des Denkens sind, sondern daß jede wahrhaft schöpferische Epoche sie erst erwerben und ihnen ihren Sinn selbsttätig aufprägen muß. Nicht derart schreitet der Prozeß des Wissens fort, daß der Geist, als ein fertiges Sein, die äußere, ihm entgegenstehende und gleichfalls in sich abgeschlossene Wirklichkeit nur in *Besitz* zu nehmen hätte; daß er sie Stück für Stück sich aneignete und zu sich hinüberzöge. Vielmehr gestaltet sich der Begriff des 'Ich' sowohl wie der des Gegenstandes erst an dem Fortschritt der wissenschaft-

Passivität zugeschrieben werden würde.[522] Damit wäre die Möglichkeit vertan, die Natur als an sich selbst mit sich Vermittelndes zu denken, als etwas an sich selbst Innerliches, das nicht erst durch die Aktivität des Subjekts zu einem solchen wird.

Erst wenn man das Einheit von Gegenstand und Verhalten seiende Subjekt in Einheit mit dem Gegenständlichkeit und Verhalten in einem seiende Objekt denkt, kann man nach der grundlegenden Bestimmung der Subjekt-Objekt-Einheit fragen. Das heißt dann, danach zu fragen, in Einheit mit welchem Objekt ein Subjekt ein wirkliches ist. Dies ist zugleich die Frage, wie die Subjekt-Objekt-Einheit gefaßt sein muß, um gesetzmäßige Zusammenhänge fixieren zu können. Hierdurch wird es möglich, den Menschen in seinem Gattungscharakter, ihn nicht nur als biologisches Wesen zu fassen und sein ihn vom Tier unterscheidendes Menschsein nicht nur im Verhalten des Individuums (das denkt und entscheiden kann) zu denken.

Der Frage nach der philosophischen Bestimmung des Subjekts ist in der Folge hiervon die nach dem Verhältnis von Individuum und Gattung inhärent. Die wahrhafte Realisierung als Subjekt erfordert die Einheit von Individuum und Gattung, erfordert ein bestimmtes Verhältnis von Einzelnem und Allgemeinem. Denn der Mensch ist Subjekt nur als Ganzes, als Gattung. Folglich: Nur wenn im Individuum die Gattung erscheint, sich niederschlägt, gibt es ein *wirkliches Subjekt.* Nur dann ist der Mensch ein ausgezeichnetes Wesen, verhält er sich zur Natur als Natur, hat er eine "unsterbliche Seele" bzw. eine Geschichte.[523] Nur dann hat er einen Zugang zum Unbedingten oder umgekehrt: Nur in diesem Verständnis von Unendlichem, Unsterblichkeit usw. findet man einen Zugang zum Unbedingten.

Dieses wirkliche Subjekt kann nicht der Gegenstand einer jeden Wissenschaft sein. Aber jeder Wissenschaft, jeder Weltsicht liegt ein bestimmtes Subjekt-Objekt-Verhältnis zugrunde. Es sind dies jedoch notwendigerweise verschiedene Verhältnisse zwischen Subjekt und Objekt, verschiedene Konstellationen zwischen Subjektivität und Objektivität.

Im folgenden soll nun speziell die Subjekt-Objekt-Konstellation untersucht werden, die de facto die Physik resp. die Naturwissenschaft unterstellt, nämlich die *Fassung der Welt unter der Form des Objekts* – deren Notwendigkeit, deren Beschaffenheit und deren Grenzen.

Eine dieser Grenzen besteht darin, daß die Naturwissenschaft sich nicht selbst erkennt.

---

lichen Erfahrung und unterliegt mit ihm den gleichen Wandlungen." (E. Cassirer, Das Erkenntnisproblem in der Philosophie und Wissenschaft der neueren Zeit, Darmstadt 1994, Bd. I, S. 8 f., auch 1-18.)

522 Vgl. P. Ruben und C. Warnke, Telosrealisation oder Selbsterzeugung der menschlichen Gattung, Dt. Zs. für Philosophie *27*(1979), 20-30, insbes. S. 24.

523 Vgl. z.B. G.W.F. Hegel, Enzyklopädie II. Die Naturphilosophie, a.a.O., S. 337-539; R. Wahsner, Der Widerstreit von *Mechanismus* und *Organismus*, a.a.O., insbes. S. 231-252, 295.

Wird die Welt unter der Form des Objekts gefaßt, kann die Beschaffenheit des Subjekts *als* Subjekt nicht erkundet und können folglich die epistemologischen Grundlagen der Naturwissenschaft nicht aufgedeckt werden. Die Naturwissenschaft als Naturwissenschaft reflektiert nicht – gerade *aufgrund* der für sie erforderlichen Weltfassung – ihren eigenen erkenntnistheoretischen Standort. Sie erkennt sehr wohl die ihr entspringenden erkenntnistheoretischen Fragen, verfügt aber nicht über die Mittel, um sie zu beantworten. Das Subjekt *als* Subjekt kann eben nur die Philosophie fassen – und zwar als seine Einheit mit dem Objekt. Damit dies jedoch gelingt, muß der Gedanke den Weg über die Objektfassung der Welt genommen haben. Dabei ist – dies sei nicht übersehen – die wissenschaftliche Form dieser Fassung nicht mit dem Alltagsdenken, dem gewöhnlichen Bewußtsein, gleichzusetzen (und eine bestimmte weltanschauliche Überzeugung hebt diesen Alltagsverstand noch nicht auf).

Grundsätzlich ist zu bemerken, daß in der Physik bzw. in der Wissenschaft überhaupt und in der Philosophie Objektivität nicht den Bezug auf Objekte im Sinne von vorgefundenen Gegenständen, die begrifflich abgebildet oder gedanklich in eine bestimmte Ordnung gebracht werden, bedeutet. Denn derartige vorgefundene Gegenstände können nicht – wie Kant aufgrund der Analyse des ihm vorgängigen neuzeitlichen Empirismus und Rationalismus gezeigt hatte – Grundlage der Erfahrung sein, genauer gesagt: derartige Gegenstände sind so unbestimmt, daß sie keine Erfahrung begründen können. Vielmehr sind die Objekte der Erfahrungswissenschaft *Physik* im Rahmen einer Theorie definierte und unter idealisierten (d.h. unter zu schaffenden idealen) Bedingungen realisierbare Kunstgegenstände. Die Frage nach der Objektivität ist demgemäß eine Frage nach dem Charakter dieser Kunstgegenstände, infolgedessen die Frage nach der Theorie, die derartige realisierbare Kunstgegenstände bestimmt. Die naturwissenschaftliche Objektivität zielt also nicht auf eine vorgefundene An-sich-Welt, auf eine Welt schon benannter Objekte, sondern auf eine Welt, deren Objekte erst mittels der Theorie bestimmt, genauer gesagt: konstruiert, werden –[524] und zwar so, daß sie (im Experiment) realisiert werden können.

Wenn die Physik die Bewegung zum Gegenstand hat, sie also Verhalten zum Gegenstand hat, dann kann sich das logisch in der Erhebung des Prädikats zum Subjekt niederschlagen. Dieses Subjekt ist aber nicht der Gegenpol zu Objekt, wird aber oft so aufgenommen. Diese Konstellation führt oftmals dazu, daß zwischen Objekt als Gegenpol zu Subjekt und Objekt als Gegenpol zu Verhalten nicht unterschieden wird. Wird in der Physik von Objekt gesprochen, so ist zumeist der Gegenpol zu Verhalten gemeint, was mitunter dann "Subjekt" genannt wird, aber eigentlich den Gegenstand bezeichnet (also den Gegenpol zu Bewegung), aus welchselbiger Verwechselung folgenreiche Verwirrungen entstehen können.

Auch die Geisteswissenschaften untersuchen nicht das Subjekt als solches. Dies vermag eben nur die Philosophie. Sie fassen ebenfalls die Welt unter der Form des Objekts.[525] Dies wird im allgemeinen übersehen, weil sich diese Wissenschaften ja mit dem Menschen, der Gesellschaft, der Kultur des Menschen befassen. Doch sie untersuchen nicht, wie das Subjekt sich selbst gegeben ist, das heißt, sie untersuchen nicht ihre eigenen Prämissen, ihre kategoriale, soziale, weltanschauliche Grundlage. Sie können ebenso wie die Physik gar nicht anders, als "Gedankenbestimmungen ohne deren weitere Untersuchung zu gebrauchen" (Hegel). Wie schon Proklos erkannte, beweist keine besondere Wissenschaft ihre eigenen Prinzipien und stellt sie zur Diskussion, sondern sie hält sie für an sich gewiß. "Wenn aber jemand" – fährt er fort –"die Prinzipien und die Ableitungen hiervon in denselben Topf wirft, so richtet er nur Verwirrung an im ganzen Wissensbereich und vermengt, was miteinander nichts zu tun hat. Denn das *Prinzip* und das davon Abgeleitete sind von Haus aus voneinander gesondert."[526]

Die Sozial- und Geisteswissenschaften können sich mithin ebenfalls nicht selbst erkennen, haben nicht die Mittel dazu. Sie beruhen nicht auf einem anderen Verhältnis von Subjekt und Objekt als die Naturwissenschaften, sondern haben nur ein anderes Objekt ausgewählt, sich den Geist oder den Menschen zum Objekt gemacht. Daß man oftmals unterstellt, wenn der Gegenstand kein mechanischer ist, sei das schon ein Subjekt, liegt daran, daß man *fälschlicherweise* meint, das mechanische Objekt sei eines, das nur durch äußeren Anstoß funktioniert, sich bewegt.

Die für die Geistes- und Sozialwissenschaften notwendigen Idealisierungen (z.B. der von

---

524 Viele gegen Kants Konzept, wonach Anschauung und Begriff die zwei Wurzeln der Erkenntnis sind, vorgebrachte Einwände ergeben sich daraus, daß dies nicht erkannt wird.

525 Vgl. z.B. E. Schrödinger, Der Geist der Naturwissenschaft (1954), in: ders., Gesammelte Abhandlungen, Bd. 4, Braunschweig–Wiesbaden–Wien 1984, S. 383.

526 Ausführlich lautet diese von Proklos anläßlich der Kommentierung der *Elemente* Euklids formulierte Passage: "Da wir behaupten, daß diese Wissenschaft [die Geometrie] auf Voraussetzungen beruhe und von bestimmten Prinzipien aus die Folgerungen beweise ..., so muß unbedingt der Verfasser eines geometrischen Elementarbuches gesondert die *Prinzipien* der Wissenschaft lehren, und gesondert die *Folgerungen* aus den Prinzipien; von den Prinzipien braucht er nicht Rechenschaft zu geben, wohl aber von den Folgerungen hieraus. Denn keine Wissenschaft beweist ihre eigenen Prinzipien und stellt sie zur Diskussion, sondern sie hält sie für an sich gewiß; sie sind ihr klarer als die Ableitungen; erstere erkennt sie in deren eigenem Licht, die Ableitungen aber durch die Prinzipien ... . (Proclus Diadochus, Kommentar zum ersten Buch von Euklids *Elementen*, hg. Von M. Steck, Halle/ S. 1945, S. 218.)

Max Weber konstruierte Idealtypus)[527] können ebenfalls als Erzeugung von Kunstprodukten aufgefaßt werden, nach deren Charakter gefragt werden muß, um die Objektivität der Geistes- und Sozialwissenschaften zu bestimmen.

Ein Kunstgegenstand ist z.B. ein sich gemäß den Keplerschen Gesetzen auf einer Ellipsenbahn bewegender Planet, wobei *Planet* hier nur als Platzhalter für ein sich bewegendes Etwas steht. Der Kunstgegenstand der Keplerschen kinematischen Planetenlehre ist das System "ein nach den Keplerschen Planetengesetzen sich bewegendes Etwas". Dabei ist nicht dieses Etwas, dieser "Körper", der zunächst nur durch einen geometrischen Punkt markiert ist, als solches Gegenstand der Theorie, sondern dieses Etwas *in* seiner Bewegung. Also weder der Körper als solcher noch gar die "sichtbaren" Gegenstände "Merkur" oder "Mars" usw. in ihrer jeweiligen Ausdehnung oder mineralogischen Beschaffenheit sind hier das Objekt der Untersuchung.[528] Die von der Theorie konstruierten Bewegungsbahnen sind damit aber keineswegs etwas willkürlich Erdachtes, keine nur rationale Konstruktion. Sie sind näherungsweise durch die sich bewegenden Himmelskörper "Merkur", "Mars" usw. realisiert bzw. durch einen in eine Umlaufbahn gebrachten Satelliten realisierbar. "Näherungsweise" besagt dabei, daß ein bestimmter Planet oder ein künstlicher Satellit das sich bewegende Etwas insoweit realisiert, aber eben nur insoweit, als es um Aspekte seiner Bewegung geht. In diesem Fall bedeutet die Realisation sowohl eine Berechnung, eine gesetzmäßige Darstellung der Bewegung von Planet und künstlichem Satelliten als auch eine Überprüfung der Gültigkeit der Theorie durch die astronomische Beobachtung bzw. durch ein Satellitenexperiment. Die Realisierung ist dabei nur möglich, weil die Theorie unter anderem mit Bezug auf die Planetenwelt gebildet wurde, ohne allerdings darin die vermeintlich rein sinnlich wahrnehmbaren Objekte als die Objekte der Theorie aufzufassen. Diese werden, wie gesagt, vielmehr als sich bewegende Etwase genommen.

In der Mechanik sind diese Etwase im allgemeinen (im Unterschied zur Astronomie)[529]

527 Vgl. M. Weber, Die Objektivität sozialwissenschaftlicher und sozialpolitischer Erkenntnis (1904), z.B. in: ders., Gesammelte Aufsätze zur Wissenschaftslehre, Tübingen 1922.

528 Das bedeutet nicht, daß über die Planeten wissenschaftlich nicht mehr zu sagen wäre. Im Gegenteil, man kann Aussagen machen über ihre Masse, ihr Magnetfeld, die Rotation um ihre eigene Achse, ihren physikalischen und chemischen Aufbau, ihre Form usw. Aber um das zu tun, hat man wieder im Rahmen bestimmter physikalischer resp. chemischer Theorien Kunstprodukte wie die eines Dynamos für die Erklärung des Magnetfeldes zu schaffen usw. Es geht mithin wiederum um Gegenstände, die durch die Theorie bestimmt sind.

529 Aber im Grunde genommen gab es auch hier keine völlig andere Situation. Denn man sah z.B. nicht die Venus und verfolgte dann ihre Bahn, sondern man erkannte erst nach hundertjährigen Beobachtungen, daß ein "Stern", den man zu verschiedenen Zeiten an verschiedenen Orten des Himmels zu sehen war, ein und derselbe Himmelskörper war; in diesem Falle die Venus bzw. der mit dem Abendstern identische Morgenstern. Die Identität erkannte man aufgrund des Konzepts bestimmter unterstellter Bewegungsbahnen.

nun nicht vor der Bewegungstheorie in der Vorstellung (wie in der Himmelsmechanik mit den Himmelskörpern) als Anhaltspunkte vorgegeben, sondern müssen durch die Begründung der Theorie erst konstruiert werden. Soweit es nur um die Beschreibung des rein kinematischen Bewegungsablaufs, etwa bei der Fall- und Wurfbewegung, geht, sind die Kunstprodukte dieser irdischen Kinematik wieder die durch geometrische Punkte markierten sich bewegenden Etwase. In der ausgebildeten dynamischen Theorie, der Newtonschen Mechanik, werden diese bewegten Etwase dann durch die Größe *Masse* (und eventuell weitere Größen) charakterisiert.

Die messende und rechnende Wissenschaft erfordert es, sich zu einer idealen Welt zu erheben. Dies geschieht zum einen dadurch, daß *denken* als *schließen* im Rahmen einer Theorie bestimmt wird (denken bedeutet, die Konsequenzen aus einer Theorie ziehen), zum anderen dadurch, daß die experimentelle Anordnung als Herstellung idealer Körper und idealer Beziehungen zwischen ihnen aufgefaßt wird. In diesem Sinne sind sowohl Maschinen als auch experimentelle Anordnungen Kunstprodukte.[530]

Prinzipiell das Gleiche wie für die Mechanik gilt für Objekte bzw. die Objektivität aller anderen physikalischen Theorien, etwa für das Elektron der Quantentheorie bzw. die Objektivität der Quantentheorie. Auch dort hat es keinen Sinn, von dem Elektron als solchem, als einem vor jeder Theorie empirisch Vorgefundenen zu sprechen. Das Elektron ist ein im Rahmen der Quantentheorie konstruiertes Etwas. Dieser Kunstgegenstand ist unter bestimmten idealen Bedingungen (die durch die Theorie begründet werden) realisierbar – realisierbar in Experimenten, deren Aufbau und deren Meßergebnisse nur in den Begriffen und Zusammenhängen der Quantentheorie gedacht und verstanden werden können. Mithin ist das "Elektron" genannte Etwas als Moment des Verhältnisses *Gegenstand – Verhalten* resp. *Gegenstand – Bewegung* zu begreifen, als Moment, das erst durch dieses Verhältnis bestimmt wird.

Die Physik unterstellt so eine außerhalb des Bewußtseins und unabhängig von ihm existierende erkennbare Welt, ohne dies begründen zu können, aber auch, ohne anzunehmen, daß diese Objekte und Strukturen aufweist, die lediglich abgebildet oder widergespiegelt werden können. Vielmehr müssen diese theoretisch konsistent konstruiert werden, und zwar so, daß sie eine experimentelle Realisierung erlauben. Gleiches gilt für jede Wissenschaft, auch für die mitunter im gegenteiligen Sinne zitierten Wissenschaften, die angeblich nur beobachten.

Es geht bei der Frage nach dem naturwissenschaftlichen Objektivitätsbegriff darum zu

530 Ausführlicher zu dieser Problematik siehe: H.-H. v. Borzeszkowski und R. Wahsner, Zur Beziehung von experimenteller Methode und Raumbegriff, a.a.O.; dies., Die Wirklichkeit der Physik, a.a.O., insbes. S. 239-28.

erkunden, wie die naturwissenschaftlichen Theorien Wirkliches erfassen. Keinesfalls bedeutet die Idealisierungsform der naturwissenschaftlichen Gesetze, daß alles *nur* Konstruktion, nichts Wirkliches ist. Es ist mithin eine Fehldeutung, wenn die für die Fachwissenschaften notwendige Konstruktion ihrer Objekte so aufgefaßt wird, als benötigten sie "falsches Reden" bzw. als würden die physikalischen Gesetze lügen. Inwieweit sich die naturwissenschaftlichen Gesetze auf Wirkliches beziehen, kann letztlich nur durch messende Experimente festgestellt werden. Beachtet man, daß physikalische Theorien in der Sprache mathematischer Beziehungen gefaßt sind, so heißt das umgekehrt: Mathematisch formulierte Beziehungen können nur dann Reales erfassen, wenn sie Beziehungen von Meßgrößen sind, wenn es sich um Beziehungen zwischen physikalischen (oder biologischen, chemischen) *Größen* handelt. Rein mathematische Beziehungen erfassen keine realen Verhältnisse.

Dieser Standpunkt impliziert die Auffassung, daß für die Gewährleistung der Objektivität Größenbestimmungen essentiell sind. Unterscheidet man Mathematik und Physik, so ist das eigentlich eine tautologische Aussage. Es gibt allerdings auch die Auffassung, der zufolge der Logik und Mathematik ebenfalls eine Objektivität zukommt, die anderer oder gar grundsätzlicherer Art ist als die der Physik.[531] So wird die Ansicht vertreten, die Aussagen der Logik und Mathematik seien objektiv, weil sie sich auf alle möglichen Objekte überhaupt beziehen. Da Logik und Mathematik aber (in ihrer reinen Form oder von sich selbst her) gar nicht Reales erfassen, ist diese Allgemeinheit hohl. Ein gehaltvolles, also Besonderes und Einzelnes nicht abstrakt negierendes Allgemeines kommt nur über die empirischen Wissenschaften in die Erkenntnis. Die mathematischen und logischen Aussagen erkunden "nur" Denkmöglichkeiten, erforschen Prinzipien von konsistent Denkbarem, sie fixieren notwendige, jedoch nicht hinreichende Bedingungen für die Entscheidung, ob etwas objektiv ist oder nicht.[532]

Daß im folgenden der wissenschaftliche Objektivitätsbegriff weitgehend anhand der Physik dargestellt wird, gründet darin, daß diese Disziplin bislang die ausgearbeitetste Naturwissenschaft ist. Dies ist in dem Sinne zu verstehen, daß es bisher hauptsächlich ihr gelungen ist, eine Bewegung meßbar und berechenbar zu machen, oder anders gesagt: hauptsächlich unter physikalischem Aspekt ist es bisher erreicht worden, einen klar bestimmten einzelwissen-

531 Ausführlicher hierzu die Abschnitte "Notwendigkeit einer neuen Logik?" und "Das Verhältnis von Logik, Mathematik und Physik. Maß und Bewegungsgesetz".

532 Ein bekanntes Beispiel möge das illustrieren: "Das Sterblichsein kommt allen Menschen zu. Das Menschsein kommt dem Sokrates zu. Also kommt das Sterblichsein dem Sokrates zu." Niemals glaubte man, auf diese Weise die Sterblichkeit des Sokrates herausgefunden zu haben. Das wußte man vorher. Es handelte sich vielmehr um eine Konsistenzüberprüfung, um eine ÜberprüHegel nimmtfung der Konsistenz bestimmter Prädikat-Subjekt-Relationen bzw. Substantivierungen von Prädikaten, mithin bestimmter Begriffe – worin die Überprüfung, wie Mittelbegriffe gebildet werden können, eingeschlossen war.

schaftlichen Objektivitätsbegriff zu entwickeln. Nicht zuletzt deshalb stellt die Physik sowohl in der Vergangenheit als auch in der Gegenwart einen bedeutsamen Bezugspunkt dar, wenn erkundet werden soll, wie Objektivität erreicht werden kann.

So ist die Natur- und Metaphysikkonzeption der klassischen deutschen Philosophie in hohem Maße, wenn auch keinesfalls ausschließlich, von ihrer Mechanik- bzw. Physikrezeption geprägt.[533] Die Erfordernisse der Objektivierung anhand der Physik zu untersuchen läßt interessante Ergebnisse erwarten, weil – wie schon angedeutet – diese Disziplin ihre Aussagen nicht unmittelbar über die wirklichen Gegenstände und deren konkretes Verhalten trifft, sondern über Größen (Längen, Dauern, Massen u.a.) und deren Wechselverhältnisse.

Der Grund für die Unterscheidung von Naturgegenstand und Gegenstand der Naturwissenschaft ergibt sich aus den Erfordernissen des messenden Vergleichs. Es liegt daher – wie schon einmal erwähnt – die Vermutung nahe, daß alle Einzelwissenschaften, die ihnen jeweils Gegenstand seiende Bewegung meßbar und berechenbar machen wollen, zu Größen kommen müssen (gewiß zu anderen als die Physik) und ihnen damit derselbe erkenntnistheoretische Status zukommt wie der Physik.[534] Doch selbst wenn diese Vermutung nicht richtig sein sollte, erfordert der allgemeine Begriff von Objektivität natürlich, das über den Objektivitätsbegriff der Physik Erkundete mit einzuschließen.

Hierfür ist es erforderlich, den epistemologischen Status der Naturwissenschaften zu erkunden. Lediglich naturwissenschaftliche Ergebnisse mittels einer angenommenen Metaphysik oder gar mittels des gewöhnlichen bzw. "natürlichen" Bewußtseins zu deuten, erbringt keine Erkenntnis. So vorzugehen fördert nur die beliebige Erfindung von Paradigmen, in deren Stufenfolge oder Ablösung sich die verschiedenen Naturwissenschaften vorgeblich entwickeln.[535]

---

533 Vgl. R. Wahsner, Die Kantsche Synthese von Leibniz und Newton und deren Konsequenzen für den Mechanik-Begriff des deutschen Idealismus, a.a.O., S. 381-391.

534 Vgl. H.-H. v. Borzeszkowski und R. Wahsner, Marginale zur Bildung von Meßgrößen in der Ökonomie: Idealität und Realität in einer messenden Wissenschaft, Berlin 1985 (unveröffentlichtes Msk.); siehe auch dies., Erkenntnistheoretische Bemerkungen zur Größenbildung in Physik und Ökonomie, in: Entwicklung und Reproduktion. Weltanschauliche und methodologische Beiträge zur wissenschaftlichen Weltanschauung, Schriftenreihe, hg. von der Humboldt-Universität zu Berlin. Heft 2, Berlin 1982, S. 153-159; R. Wahsner, Marxscher Wertbegriff und physikalische Meßgrößen. Bemerkungen zur erkenntnistheoretischen Grundlegung des ökonomischen Bewegungsbegriffs, in: Beiträge zur wissenschaftlichen Weltanschauung, hg. von der Humboldt-Universität, Berlin 1984, Heft 6, S. 175-179; H.-H. v. Borzeszkowski, Bemerkungen zum ökonomischen Reproduktionsprozeß unter dem Aspekt der Meßbarkeit und Berechenbarkeit von Bewegung, in: ebd., S. 180-185.

535 Einen Eindruck von dem komplizierten Ringen um die "Absetzung" der naturwissenschaftlichen Begrifflichkeit von der philosophischen geben die Texte: W. Neuser, Natur und Begriff. Zur Theorienkonstitution und Begrriffsgeschichte von Newton bis Hegel, Stuttgart–Weimar 1995; ders., Licht-Konzepte, in: Hegels Lichtkonzepte. Zur Verwendung eines metaphysischen Begriffs in Naturbetrachtungen, hg. von W. Neuser und J. Kohne, Würzburg 2008.

Aus diesem Grunde auch ist es ein Irrtum zu glauben, man müsse oder könne, "den philosophischen Gebrauch naturwissenschaftlicher Begriffe aufs ganze Feld empirischer Naturforschung" ausdehnen,[536] um so die Natur als ein Ganzes zum Thema der Naturphilosophie zu machen. Hält man den *philosophischen Gebrauch naturwissenschaftlicher Begriffe* für etwas Sinnvolles, so bedenkt man nicht oder weiß nicht, daß naturwissenschaftliche Gesetze und naturwissenschaftliche Begriffe komplizierte Einheiten sind und ein aus seinem ihn bestimmenden Beziehungsgefüge herausgerissener Begriff kein solcher mehr ist, sondern *nur* noch *ein Terminus*.

Aufgrund der jeweiligen spezifischen Bestimmtheit der physikalischen und philosophischen Begriffe sind Konzepte, die in klassischen Naturphilosophien eine Antizipation moderner Naturwissenschaft sehen, sehr problematisch (und beruhen zumeist auf einem Unverständnis sowohl der jeweiligen Naturwissenschaft als auch der jeweiligen Philosophie).[537]

Es kann auch nicht darum gehen, eine sogenannte Metaphysik der Natur oder der Naturwissenschaft zu etablieren.[538] Eine gesonderte Philosophie resp. Metaphysik der Natur oder gar der einzelnen Fachgebiete gibt es nicht. Damit ist nicht gesagt, daß mit der Aufdeckung der erkenntnistheoretischen Grundlagen der Natur- bzw. Fachwissenschaften die *philosophische* Aufgabe schon gelöst sei. Kant spricht explizit von einer anzustrebenden Metaphysik der Natur,[539] und für Hegel ist die Naturphilosophie ein wichtiger Bestandteil seines Systems. Aber eine Metaphysik der Natur bzw. eine Naturphilosophie ist nur möglich als Element eines philosophischen Gesamtsystems. Um die Naturwissenschaft philosophisch zu begreifen und um zu begreifen, *was Natur ist*, bedarf es sowohl der Einbeziehung der (philosophischen) Logik als auch der Geistesphilosophie (im weitesten Sinne). Und ihrerseits benötigen diese Disziplinen die Einsicht in die kategorialen Grundlagen der Naturwissenschaften, um sachkundig entwickelt werden zu können. Denn die Philosophie ergibt sich weder aus der Extrapolation der Physik oder anderer Fachgebiete noch hat sie für sich einen unmittelbaren Zugang zur Realität. Den hat sie nur über die Wissenschaften, die Kunst, das Recht usw.

Der Extrapolationsgedanke entspringt der zutreffenden Überlegung, daß ohne physikali-

---

536 Vgl. H.F. Fulda, Georg Wilhelm Friedrich Hegel, München 2003, S. 143.

537 Vgl. z.B. H.-H. v. Borzeszkowski, Antizipierte Hegels Naturphilosophie Aspekte der modernen Physik?, in: Hegels Naturphilosophie in der Dritten Moderne. Bestimmungen, Probleme, Perspektiven, hg. von O. Breidbach und W. Neuser (Ernst-Haeckel-Haus-Studien. Monographien zur Geschichte der Biowissenschaften und Medizin, Bd. 13), Berlin 2010, S. 49-57.

538 Vgl. z.B.: W. Schapp, Metaphysik der Naturwissenschaft, Den Haag 1965; M. Esfeld, Metaphysik der Natur, Frankfurt a.M. 2009.

539 Vgl. z.B. I. Kant, Kritik der reinen Vernunft, a.a.O., S. 18.

sche Kenntnisse die Physik nicht philosophisch rezipiert werden kann.[540] Da der Philosophie nun aber eine andere Weltsicht zugrunde liegt, diese andere Sicht jedoch nicht das Alltags- oder das vermeintlich natürliche Bewußtsein sein kann, muß diese andere Sicht diese Stufen sowie die Fassung der Welt unter der Form des Objekts durchlaufen und als abgelegte Gestalten überwunden haben.[541] Überwunden hat man etwas aber nicht, wenn man es gar nicht kannte.

Die genannte philosophische Aufmerksamkeit, die hier der Physik gewidmet wird, muß daher stets die Entstehung und Entwicklung dieser Wissenschaft einschließen, mithin die Herausbildung ihrer epistemologischen und kategorialen Grundlage. Denn eine modernistische Betrachtungsweise, die sich bei der Behandlung grundlegender erkenntnistheoretischer Fragen der Physik ausschließlich auf Probleme der modernen Physik bezieht (sich also im wesentlichen auf die auf dieser Grundlage erzielten Ergebnisse konzentriert) und die ursprünglichen Fragestellungen, die einst zur Begründung der Physik geführt haben, nicht beachtet, kann dieser Aufgabe nicht gerecht werden. Die im folgenden bevorzugte Orientierung auf die Mechanik gründet auf diesem Erfordernis.

Eigenheiten der die physikalische Objektivität bestimmenden Denkweise

Objektivierung durch Verteilung der Momente

Die neuzeitliche Denkweise setzt also an die Stelle von Dingen, die durch eine Theorie in Beziehung gebracht werden, Bewegungen, die die Gegenstände konstituieren – und zwar in der Weise, daß sie nicht alles Substantielle in Bewegungen auflöst, sondern die Welt in dem kategorialen Verhältnis von *Gegenstand* und *Bewegung* denkt, derart, daß der Gegenstand erst in der Bewegung zeigt, was er ist, daß er kein verschwindendes Moment wird. In diesem Sinne ist der Gegenstand (Thema) der Physik die Bewegung. Die Bewegung, das Verhalten,

540 Siehe z.B. Ph. Frank, Das Kausalgesetz und seine Grenzen, Frankfurt a.M. 1988.

541 Wenn hier von Philosophie gesprochen wird, so ist selbstredend wieder Philosophie auf ihrem höchsten Entwicklungsstand gemeint – zumindest eine, die nicht hinter Kant und Hegel zurückfällt.

wird im Sinne des neuzeitlichen Denkprinzips *substantiviert* –[542] allerdings nicht das Verhalten als *totum*, sondern aus der Mannigfaltigkeit des sinnlich-konkreten Verhaltens (das man natürlich *als* totum nicht kennt) wird eines isoliert und substantiviert. Insofern sind Größen keine Konkreta, aber auch nicht etwas nur Gedachtes, sondern sie erfassen etwas Wirkliches. Ohne Einsicht in diese schwierige Problematik leidet jede Philosophie an einem Mangel.

Aber die Physik löst nicht (wie mitunter behauptet) alles Sein in Bewegung auf, sondern physikalisiert nur das Sein oder das Geschehen, für das die "Auflösung" gelingt, für das sie einen der Bewegung entspringenden Gegenstand konstruieren kann. Der physikalischen Objektivität liegen so Auseinanderlegungen bestimmter Art zugrunde. Diese Auseinanderlegungen wurden als Lösung eines ursprünglichen philosophischen Problems entwickelt – wie man an der Begründung des antiken Atomismus gut erkennen kann. [543]

Ursprünglich begründet wurde das Prinzip des physikalischen Denkens durch den antiken Atomismus, und zwar durch die Verteilung der nur in konkreter Einheit wirklich seienden Momente, durch die Verteilung der gegensätzlichen begrifflichen Bestimmungen (z.B. leer und voll) und deren Substantivierung (z.B. Leeres und Volles). Gegensätzliche begriffliche Bestimmungen wurden zu zwar zusammengehörigen, aber deutlich voneinander abgegrenzten selbständigen Existenzen. Der griechische Atomismus entwickelte so – aus heutiger Sicht – erstmals das Prinzip einer physikalischen Darstellung der Natur; er entwickelte es mit seinem Grundgedanken, die ganze Welt, alles Bestehende, auf das Atom und das Leere, auf Körper und Raum, auf das Sein und das Nichts zu reduzieren.

Mit ihrem philosophischen System reagierten die Atomisten auf die von ihren Vorgängern, den Eleaten und Herakliteern, errungene Erkenntnis, daß die Bewegung widerspruchslos nicht gedacht werden kann. Diese Erkenntnis schlug sich in zwei einander entgegenstehenden Standpunkten nieder. Die Eleaten meinten, die Welt sei in Wahrheit unbewegt und deshalb erkennbar, denkbar. Nach Meinung der Herakliteer hingegen ist die Welt in ständiger Bewegung, aber gerade deshalb könne sie nicht gedacht (vom neuzeitlichen Standpunkt aus würden wir sagen: nicht erkannt), sondern nur durch die sinnliche Wahrnehmung adäquat reflektiert werden. Man stand also vor dem Dilemma: Entweder ist die Welt erkennbar, da unbewegt, oder sie ist bewegt, daher nicht denkbar (erkennbar). Die Bewegung sollte nach rationalistisch-eleatischer wie nach empiristisch-herakliteischer Auffassung nicht gedacht werden können, weil im antiken Konzept das Nichtsein als nicht denkbar angesehen wurde. Denn was – wie das Nichtsein – kein Gegenstand ist, was folglich keine Bestimmungen hat, kann nicht

542 Siehe den Abschnitt "Kräfte der Hand und Kräfte der Natur".

gedacht werden. Mithin galt auch der Widerspruch, daß etwas ist und zugleich nicht ist, daß etwas – indem es sich bewegt – an einem Ort ist und zugleich nicht an ihm ist,[544] als undenkbar. Die Atomisten lösten das von ihren Vorgängern von einander entgegengesetzten Standpunkten aus aufgeworfene *Bewegungsproblem*, das eben zugleich ein *Denk- und Realitätsproblem* war. Das war es, insofern es der Einsicht entsprang, daß das (immer irgendwie diskontinuierliche) Denken und die (letztlich immer kontinuierliche) Existenzweise der Wirklichkeit nicht unmittelbar übereinstimmen können. Die Atomisten lösten also mit ihrer Begründung des physikalischen Denkprinzips ein den grundlegenden Fragen der Philosophie nach dem Verhältnis von Denken und Sein entspringendes Problem (woraus nicht folgt, daß auf der Basis des – wie man aus heutiger Sicht sagen kann – physikalischen Denkprinzips philosophiert werden kann).

Die antiken Atomisten fanden aus dem genannten Dilemma einen genialen Ausweg, indem sie eine Möglichkeit aufzeigten, wie nicht nur das Sein, sondern auch das Nichtsein als Gegenstand gedacht werden kann. Die Atome repräsentieren das Sein, die Leere das Nichtsein, wobei das Nichtsein so real ist wie das Sein. Durch diese Realität des Nichtseins wird das Sein auseinandergelegt und kann jetzt gegensätzliche Bestimmungen haben. Es ist kontinuierlich und diskontinuierlich, unteilbar und teilbar, gleich und veränderlich, unendlich und endlich. Die erste Bestimmung betrifft jeweils das einzelne Atom, das Atom als solches, die zweitgenannte die Atomzusammensetzung, also die makroskopischen Körper bzw. überhaupt die Beziehungen der Atome zueinander. Daß es das gleiche Sein ist, dem diese verschiedenen Bestimmungen zukommen, wird dadurch gewährleistet, daß alle Atome gleicher Qualität sind (alle haben nur Größe und Form, zwischen ihnen gibt es nur quantitative Unterschiede) und das Ganze als Summe der Teile gedacht wird.

Für eine physikalische Naturdarstellung ergeben sich aus dieser Dualisierung der Welt in Leeres und Volles, in reales Nichtsein und reales Sein, bedeutsame Konsequenzen: 1. Alle Naturvorgänge in der Welt sind universell vergleichbar. 2. Die sinnlich wahrgenommene Vielfalt kann aus minimalen Voraussetzungen abgeleitet und als quantitativ bestimmbare Unterschiedenheit darstellt werden. 3. Die Unveränderlichkeit der Atome garantiert, daß im Wechsel der Erscheinungen stets etwas Konstantes erhalten bleibt, wodurch die Existenz objektiver Naturgesetze denkmöglich wird (insofern Gesetze das notwendig Wiederholbare und Allgemeine erfassen). 4. Die Atome sind die Vorstufen der physikalischen Größen (ohne die

---

543 Vgl. R. Wahsner, Das Aktive und das Passive, a.a.O.

544 Vgl. G.W.F. Hegel, Wissenschaft der Logik. Zweiter Teil, a.a.O., S.76.

physikalische Naturgesetze als mathematische Größengleichungen nicht formuliert werden können). Ebenso wie die Atome sind die physikalischen Größen nicht unmittelbar sinnlich wahrnehmbar und nicht ohne Denken zu erfassen; sie sind Gedankendinge. In den Atomen ist das später in den physikalischen Meßgrößen realisierte Konzept angelegt, Verschiedenartiges bezüglich einer Qualität miteinander zu vergleichen, also in dieser Hinsicht gleichzusetzen, um ihre Unterschiedenheit quantitativ fassen zu können. Es gibt allerdings keine Methode, mit der man den primären Atomqualitäten einen Wert zuordnen könnte, sie sind nicht meßbar.
5. Der Atomismus fand die Möglichkeit, nicht nur das Weltganze rational zu betrachten, sondern auch Teilgebiete resp. -aspekte der Welt. Er fand mithin die Möglichkeit, die Welt nicht nur philosophisch, sondern auch physikalisch, einzelwissenschaftlich zu denken.[545] Denn da das Wesen aller Erscheinungen in der Welt durch die Atome und das Leere gegeben ist, konstituiert es sich nicht erst durch die mittels des universellen, den allgemeinen Zusammenhang herstellenden gegenseitigen Aufeinanderwirkens schließlich die Welt als Subjekt-Objekt-Verhältnis begreifende Einheit, sondern bereits durch einige wenige Atome und das Leere, zwischen ihnen. Damit ist die für die naturwissenschaftliche Erkenntnis notwendige universelle Vergleichbarkeit gewährleistet – nicht im Sinne eines Weltgesetzes, wonach ein einziges Gesetz alle Vorgänge in der Welt erfaßt, aber in dem Sinne, daß bezüglich der in den jeweiligen Größen ausgewählten Qualität die Gleichsetzung universell gelten muß. Die universelle Vergleichbarkeit gilt also nicht für Konkreta, sondern bezüglich der ausgewählten Kriterien (z.B. für die Atome). Das heißt, die Möglichkeit, universell zu vergleichen, beruht auf der Beschränkung auf bestimmte (in den Größen substantivierte) Qualitäten. (Die Naturwissenschaft basiert nicht – wie Bloch meinte und mit ihm viele andere meinen – auf der Abstraktion von Qualität schlechthin) Anders herum gesehen: Naturwissenschaft ist nur möglich, wenn die ganze Außenwelt als Natur betrachtet werden kann. [546]

Durch die atomistische Verteilung der Momente wurde auch erstmals in der Geschichte des menschlichen Denkens die begriffliche Unterscheidung von Materie und Raum vollzogen (wenn auch das Leere nicht mit dem Raum, das Volle nicht mit Materie gleichgesetzt werden kann). Diese Differenzierung ermöglichte die gedankliche Fassung der Bewegung, und zwar so, daß der als Bewegung daseiende Widerspruch[547] in physikalischer Weise gedacht werden konnte, also so gedacht werden konnte, daß die Bewegung meßbar und berechenbar wurde.

---

545 Damit ist nicht gesagt, daß der Atomismus selbst schon Physik war.

546 Keine naturwissenschaftliche Theorie impliziert eine Rückkehr zur Philosophie – wie das z.B. Bloch durch die Quantenmechanik erhoffte (vgl. Anm. 168).

547 Vgl. G.W.F. Hegel, Wissenschaft der Logik. Zweiter Teil, a.a.O., S.76.

Ohne den Raumbegriff wäre die gleichzeitige Realität des Seienden und des Nichtseienden nicht zu behaupten gewesen. Nun aber erschien der Raum als Bedingung für die Möglichkeit der Bewegung und somit zugleich als Bedingung für die Möglichkeit der Erkenntnis, der Erkennbarkeit, mithin der logisch widerspruchsfreien Denkbarkeit, der Welt – und zwar einer bewegten Welt.

Die Unterscheidung von Raum und Materie ist bis heute eine Grundbedingung physikalischen Denkens geblieben, wenn sich auch die Art der Unterscheidung im Laufe der Geschichte geändert hat und zusammenhängend hiermit sich die Begriffe *Raum* und *Materie* wandelten.[548]

Die Erkenntnis, daß *Begriff und Wirklichkeit nicht identisch* sind, sowie die Erkenntnis der *Widersprüchlichkeit der Bewegung*, bildete also die Voraussetzung, um das physikalische Denkprinzip entwickeln zu können. Die atomistische Lösung, die Bewegung denkbar zu machen, das Denken mit der Wirklichkeit in Übereinstimmung zu bringen, war die eine mögliche Lösung des Bewegungs-, Denk- und Realitätsproblems. Sie war diejenige, die die Natur als unbezweifelte Voraussetzung nahm. Sie dachte die ganze Welt als Natur; das Bewußtsein, das Erkenntnissubjekt fungiert nur als Beobachter. Die Welt wurde unter der Form des Objekts gefaßt. Es ist dies im Grundsatz der naturwissenschaftliche Standpunkt. Die andere mögliche – und notwendige – Lösung des Problems ist die philosophische, die sich (initiiert durch Sokrates) zu jener Zeit in dem Werk Platons niederschlug, eine Lösung, die das Denken selbst zum Gegenstand macht.[549]

Die atomistische Konzeption machte also die Bewegung physikalisch denkbar, sie konnte aber keinen notwendigen Zusammenhang zwischen diesem Denkprinzip und der sinnlichen Wahrnehmung begründen. Anders gesagt: Der antike Atomismus ersann das Prinzip physikalischen Denkens, das Prinzip der physikalischen Sinnlichkeit vermochte er jedoch nicht zu begründen. Hierfür war eine Modifizierung des Atomismus erforderlich.[550] Sie wurde mit der Begründung der neuzeitlichen Naturwissenschaft vollzogen.

---

548 Zur Bedeutung der Raum-Materie-Dualität siehe: H.-H. v. Borzeszkowski und R. Wahsner, Physikalischer Dualismus und dialektischer Widerspruch, a.a.O.

549 Vgl. Platon, Der Staat, VII, 514a-541b.

550 Vgl. R. Wahsner, Das Aktive und das Passive, a.a.O.; dies., It is Not Singularity that Governs the Nature of Things. The Principle of Isolated Individual and its Negation by Marx in his Doctoral Thesis "Difference Between the Democritean and Epicurean Philosophy of Nature", in: Poznan Studies in the Philosophy of Science and the Humanities, Vol. 60. "Marx's Theories Today", hg. von R. Panasiuk and L. Nowak, Amsterdam-Atlanta 1998, S. 99-111; dies., Die fehlende Kategorie., a.a.O., S. 43-60; dies., Newton's Concept of Gravity – a Categorial Change in Physics and Philosophy, in: Scientific Research. ELECTRONIC, Vol. V (2007-01-17), South-West University, Neofit Rilsky, Blagoevgrad, Bulgaria; H.-H. v. Borzeszkowski und R. Wahsner, Newton und Voltaire, a.a.O.; dies., Physikalischer Dualismus und dialektischer Widerspruch, a.a.O., S. 24-30; dies., Die Wirklichkeit der Physik, a.a.O., S. 97-124.

Die Modifizierung wurde notwendig, weil in der ursprünglichen Atomistik das Atom seinem eigentlichen Begriffe nach als absolutes Individuum unterstellt wurde, auf der Grundlage der Vereinzelung des Körpers die Physik aber nicht hinreichend erkenntnistheoretisch fundiert werden konnte, d.h. nicht in einer Weise, in der Theorie und Messung miteinander verknüpft werden. Die Grenze der antiken Atomistik entsprang daraus, daß sie die Mannigfaltigkeit der Welt, das Werden und Vergehen, durch Eigenschaften erklären wollte, die einem Einzelnen, die dem Atom als einzelnem zugeschrieben werden können. Die Isolierung des physikalischen Einzelnen als Atom wurde aufgehoben durch den physikalischen Kraftbegriff, durch die physikalischen Wechselwirkungsgesetze. Der physikalische Körper wird also neuzeitlich ebenfalls als Substantivierung begrifflicher Bestimmungen gedacht, aber nicht auf der kategorialen Basis des Verhältnisses von Ding und Eigenschaften, sondern auf dem von Gegenstand und Verhalten. Das Atom wird nun nicht mehr als Substanz gedacht, sondern als Gegenstand, als Gegenstand, gefaßt als Gegenpol zu Verhalten Der physikalische Kraftbegriff unterstellt die Wirkungsfähigkeit der Naturkörper.[551] Er unterstellt sie insofern, als ihm das Konzept inhärent ist, daß die Körper Kraft ausüben, indem sie sich aufeinander beziehen, besser: sich zueinander verhalten, mithin nichts streng Isoliertes, nichts wesentlich Einzelnes sind, daß sie in ihren Äußerungen ihr Inneres offenbaren (ihr Inneres in diesen Äußerungen besteht), ein Ganzes konstituieren, das sich nicht auf die Summe der Teile reduziert. Auf dem Fundament der in den seit der Antike vergangenen Jahrhunderten erarbeiteten Voraussetzungen – die insbesondere mit der Ausbildung der experimentellen Methode verknüpft waren – entwickelte Newton diese sich über den Standpunkt des antiken Atomismus erhebende Konzeption, indem er mit der klassischen Mechanik die erste physikalische Dynamik ausarbeitete. Vor allem indem er den Begriff der Gravitation im Rahmen seiner physikalischen Theorie diskutierte, kam er zu dem Resultat, daß die Körper nicht an sich, sondern nur *gegeneinander* schwer sind. Newton nannte daher die Gravitation und andere physikalische Kräfte bzw. dynamische Wechselwirkungen als aktive Prinzipien. In der Konsequenz erkannte er, daß die Physik zwar passiver Prinzipien (als primäre Atomeigenschaften denkbare) bedarf, daß sie aber nur auf diesen nicht errichtet werden kann, sondern auch aktive, also physikalische Wechselwirkungsprinzipien benötigt.[552] Möglich war das nur auf der Basis der neuzeitlichen

---

551 Hegel nimmt hierauf Bezug in dem Kapitel "Kraft und Verstand" der *Phänomenologie*. (Vgl. G.W.F. Hegel, Phänomenologie des Geistes, a.a.O., insbes. S. 110-112.) Kommentierend dazu: H.G. Gadamer, Die verkehrte Welt, in: Materialien zu Hegels "Phänomenologie des Geistes", hg. von H.F. Fulda und D. Henrich, Frankfurt a.M. 1973, S. 106-130.

552 Vgl. I. Newton, Opticks, with a foreword by A. Einstein, an introduction by Sir Edward Whittaker, a preface by I. B. Cohen, Dover 1952, pp. 397-401 (Query 31) [dt: Optik oder Abhandlung über Spiegelungen,

Denkweise, denn der naturwissenschaftliche, der mechanische Kraftbegriff (also nicht der des mechanistischen Weltbildes) ist nur mit dem sogenannten Funktionsdenken oder nach dem Prinzip des kollektiven Individuums zu erfassen.[553] Erst dieses Prinzip ermöglichte – aufgrund des ihm inhärenten im Vergleich zu der Ding-Eigenschaft- bzw. Substanz-Attribut-Relation anderen Verhältnisses von *innen* und *außen* – die physikalische Messung, und damit den physikalischen Objektivitätsbegriff. Um objektiv gültige Aussagen treffen zu können, benötigt man also beides – *Verteilung und Zusammenhang.*

Das vom Atomismus begründete Denkprinzip zu modifizieren war notwendig, weil das für den Zusammenhang von Denkprinzip und sinnlicher Wahrnehmung notwendige Zusammendenken der Momente auf der Basis der Vereinzelung des physikalischen Körpers als Atom nicht gelingen konnte. Man muß dieses *Gegeneinander* denken können.[554] So man es kann, impliziert dies zu erkennen, daß wahre Bewegung nur die Bewegung ist, die die *Einheit* von Gegenstand und Verhalten erfaßt.

Im neuzeitlichen Denken ergibt sich zudem der Zwang zur Objektivierung auf eine besonders dringliche Weise, da ihm im Unterschied zum antiken Denken das Problem der Außenwelt und des Ich inhärent ist. Er ergibt sich auf eine charakteristische Weise, da in ihm das Erkennen nicht mehr schlechthin als das Abbild der konkreten sinnlichen Wirklichkeit gefaßt wird, die Begriffe der Wissenschaft nicht mehr als Nachahmungen dinglicher Existenzen erscheinen, sondern als Signa für Ordnungen, funktionale Verknüpfungen und Verhältnisse innerhalb der Wirklichkeit und diese sich erst in der intellektuellen Arbeit, in dem tätigen Fortgang von bestimmten Grundelementen zu immer komplexeren Schlußfolgerungen und

---

Brechungen, Beugungen und Farben des Lichts, übersetzt und hg. von G. W. Abendroth, Leipzig 1898 (Bde. 96 und 97 der Reihe "Ostwalds Klassiker der exakten Naturwissenschaften"), Bd. 97, S. 147]. Ausführlich hierzu: Einleitung der Herausgeber, zu Voltaire: Elemente der Philosophie Newtons/ Verteidigung des Newtonianismus/ Die Metaphysik des Neuton, a.a.O., S. 29-76.

553 Die Termini "kollektives Individuum" oder "Kollektivum" fungieren hier – in Anlehnung an Kants Begriff *kollektive Einheit* (vgl. z.B. Prolegomena, § 40) – als Bezeichnung für den kategorialen Gegensatz zu "Einzelheit" resp. "Vereinzeltes".

554 Jenes Denken eines Prinzips des kollektiven Individuums bzw. eines Kollektivums ist verknüpft mit der Verbindung von Sinnlichkeit und Verstand. Dies involviert einen neuen Begriff von *Sinnlichkeit* (implizit bei Newton, explizit bei Marx). Wird die Sinnlichkeit des Menschen nicht nur darin gesehen, daß er sehen, hören, riechen und tasten kann, sondern auch und darin, daß er arbeitet und darin sein natürliches und sein soziales Wesen äußert, und entwickelt, dann kann Sinnlichkeit auch als etwas Produktives und Gegenständliches, nicht nur als etwas Kontemplatives, sondern als etwas Transindividuelles bzw. Gesellschaftliches, als Vermögen der Gattung als Gattung, nicht nur als etwas Individuelles und Biologisches gefaßt werden. Sinnlichkeit kann so auch als etwas Objektives gedacht werden und als etwas Aktives, so daß Objektivität und Aktivität einander nicht mehr entgegenstehen. Dies ist das entscheidende Fundament gegen den Empirismus. Versteht man die Sinnlichkeit nur biologisch-naturalistisch, so ist kein Weg zu sehen, wie die Sinnlichkeit, die sinnliche Komponente erhalten werden kann, was im Interesse der für die Physik notwendigen Objektivität erforderlich ist, wenn von den subjektiven (verstanden als anthropomorphe) Ele-

Bedingungszusammenhängen fassen lassen, der Begriff des Seins und infolgedessen auch der des Objektiven sich erst fortschreitend in dieser Gesamtbewegung des Denkens bestimmt.

Dieses neuzeitliche Subjekt-Objekt-Konzept bildete sich im wesentlichen in zweierlei Gestalt aus, eben einer rationalistischen und einer empiristischen (bzw. einer "idealistischen" und einer "realistischen"). Als Konsequenz aus dem Dilemma der ihm vorgängigen Metaphysik, also dem ständigen Wechsel zwischen Rationalismus und Empirismus, hatte Kant nun bekanntlich das menschliche Erkenntnisvermögen einer gründlichen Analyse unterworfen und in seiner Vernunftkritik nachgewiesen, daß allgemeingültige notwendige Gesetzesaussagen nur als Erfahrungsurteile möglich sind, als synthetische Urteile a priori (Erfahrung mithin eine Erkenntnisart ist, die Verstand erfordert), metaphysische Gegenstände – wie Seele, Welt, Gott – hingegen keine Gegenstände der Erfahrung sind, also keine Objekte und *insofern* nichts Reales, daß mithin das absolute Ganze kein Objekt ist, sondern nur eine Idee, als solche aber ein notwendiges Bedürfnis für die Vernunft.[555]

Obzwar diese Ideen reine Vernunftbegriffe sind, *erscheinen* sie doch als Begriffe von erkennbaren Gegenständen. Das heißt: das, was die Totalität der Bedingungen umfaßt, das Unbedingte, scheint ein *Gegenstand* der Erkenntnis zu sein. Mit den notwendig sich ergebenden Antinomien der Vernunft hatte Kant jedoch gezeigt, daß Ideen (anders als die Kategorien, die Verstandesbegriffe) keine Begriffe von Objekten sein können. Faßt man die Ideen aber nicht als *konstitutiv*, sondern als *regulativ* auf, d.h. als Maximen, die besagen, wie das naturwissenschaftlich bestimmte Erfahrungsmaterial verarbeitet und systematisiert werden soll, wie von dem unter der Form des Objekts gewonnenen Erfahrungsmaterial zu dem absoluten Ganzen fortgeschritten werden soll, dann haben sie höchsten Wert, sind sie wissenschaftlich und philosophisch fruchtbar, selbst wenn ihnen nichts an Realität entspräche. Sie gehen vom Gesichtspunkt der Totalität aus und lenken die Forschung zu diesem Punkt hin, um dadurch darzutun, daß keine durch die messende und rechnende Naturwissenschaft (resp. durch keine Einzelwissenschaft) erreichte Grenze als letzte, nicht überschreitbare betrachtet werden darf. Denn d*as absolute Ganze ist uns zwar nie gegeben – aber stets aufgegeben.* Das *absolute Ganze aller möglichen Erfahrung* ist selbst keine Erfahrung und dennoch ein notwendiges Problem für die Vernunft, deren ganz andersartige als die auf Erfahrung gehenden Begriffe auf die Vollständigkeit, d.i. die kollektive Einheit der ganzen möglichen Erfahrung und da-

---

menten abstrahiert wird. Es gibt dann keinen Weg, die Sinnlichkeit objektiv zu denken, die Sinnlichkeit mit der Objektivität und Rationalität sowie die Objektivität mit der Aktivität zu vermitteln.

555 Vgl. I. Kant, Kritik der reinen Vernunft, a.a.O., z.B. S. 563-712; ders., Prolegomena, a.a.O., S. 198 (§ 40), 242-251.

durch über jede gegebene Erfahrung hinausgehen und *transzendent* werden.[556] Dabei fordert die Philosophie eben nur die Vollständigkeit der Prinzipien, nicht die der Anschauungen und Gegenstände.[557]

Wenn die Idee resp. das absolute Ganze in diesem Sinne *theoretisch* keine Realität hat, so hat sie sie doch aber *praktisch*. In diesem Grundsatz sieht Kant einen praktisch-dogmatischen Überschritt zum Übersinnlichen, d.i. zu eben demjenigen, was bloße Idee ist und kein Gegenstand der Erfahrung sein kann, "gleichwohl aber objektive, aber nur in praktischer Rücksicht gültige Realität hat".[558]

Dabei sollte bzw. müßte im Anschluß an Hegel durch die konstruktive Aufhebung von Kants Begriff der *kollektiven Einheit* bzw. des *Organismus* nach einem neuen Prinzip gesucht werden, nach dem das absolute Ganze, die Totalität, nach dem mithin auch der Begriff des *Allgemeinen* gedacht werden könnte – derart, daß die im Rahmen des Kantischen Systems notwendige Dualität, also die Aufspaltung der "Welt" in ein *Reich der Notwendigkeit* und ein *Reich der Freiheit*, in ein *Reich der Natur* und ein *Reich der Zwecke* überwunden wird.[559]

Der Unterschied zwischen konkretem Naturgegenstand und Gegenstand der Naturwissenschaft

Eine Lösung des Bewegungs-, Denk- und Realitätsproblems durch die Verteilung der Momente erfordert selbstredend – umgekehrt – eine bestimmte Isolation der Momente.

Geht man – entgegen dem empiristischen Standpunkt – davon aus, daß die Wirklichkeit gegenständliche Bewegung, daß sie ein sich selbst erzeugender (Gesamt-)Zusammenhang ist, dann wird offensichtlich, daß *es stets einer gegenständlichen und geistigen Arbeit bedarf*, um Gegenstände resp. Systeme aus der Komplexität der Welt herauszulösen, um die verschiedenen Momente der Bewegung so auseinanderzulegen, daß sowohl die Messung möglich wird als auch das Auseinandergelegte wieder so *zusammengedacht* werden kann, daß Wirkliches erfaßt wird. Diese Arbeit kann sich selbstredend nur nach gewissen Grundsätzen vollziehen.

---

556 Vgl. I. Kant, Prolegomena, a.a.O., S. 198 (§ 40).

557 Vgl. ebd., S. 202 f. (§ 44).

558 I. Kant, Welches sind die wirklichen Fortschritte, die die Metaphysik seit Leibnizens und Wolffs Zeiten in Deutschland gemacht hat?, a.a.O., S. 650; vgl. auch: ders., Verkündigung des nahen Abschlusses eines Traktats zum ewigen Frieden in der Philosophie, in: Werke, a.a.O., Bd. VI, S. 408 f.

559 Es soll hier wenigstens bemerkt werden, daß diese Dualität in Kants eigenem Verständnis nicht in der Schärfe und der Weise auftritt, in der Hegel sie aufnahm.

Eines dieser grundlegenden *Isolations- Extraktions- und Verteilungsprinzipien* bietet – wie geschildert – der Atomismus.[560]

Aus dieser notwendigen Präparation folgt die Unterscheidung zwischen konkretem Naturgegenstand und dem Gegenstand der Naturwissenschaft. Denn gemäß dem philosophischen Konzept, wonach die Natur aus sich selbst heraus besteht, nur als Gegenpol zu Mensch, nicht aber als passives Substrat zu begreifen ist, produzieren die Naturgegenstände einander, existiert ein realer Naturgegenstand seinem Wesen nach nie isoliert, existieren reale Naturgegenstände nur, indem sie aufeinander wirken und so einander verändern, mithin keine (absolut) geschlossenen Systeme bilden, während naturwissenschaftliche Gegenstände dies so nicht können. Zwar sind auch sie nur im Zusammenhang zueinander zu bestimmen, die Messung jedoch erfordert ihre Trennung bzw. die ihrer Momente, nicht nur ihre Unterscheidung. Die Trennung der naturwissenschaftlichen Gegenstände besteht insofern, als die in den Größen substantivierten Qualitäten nicht ineinander übergehen können bzw. das jeweilige Etalon durch das Auszumessende nicht beeinflußt werden darf. Allerdings muß die Trennung so vorgenommen werden, daß die verschiedenen Momente bzw. Größen innerhalb der jeweiligen Theorie zugleich in einem Zusammenhang stehen – anders sind sie als naturwissenschaftliche Gegenstände nicht zu begründen.

Daß Messung und Berechnung überhaupt notwendig sind, resultiert letztlich daraus, daß die Erscheinungsform und das Wesens der Gegenstände nicht unmittelbar zusammenfallen. Dieser Sachverhalt macht eine List erforderlich, um das Wesen zur Erscheinung zu bringen, es als ein objektiv Gleichbleibendes, als ein zu jeder Zeit, an jedem Ort und für jedes Subjekt (jede Generation, jede soziale Gruppe) Reproduzierbares ausfindig zu machen. Eine solche List ist der experimentelle Vergleich. Durch dieses Verfahren sind in einer messenden und rechnenden Wissenschaft Tatsachen reproduzierbare Effekte, und sie sind zudem stets geprägt von der Art und Weise, in der sie gewonnen wurden, von der angewandten List. Man kann daher bei der Beurteilung der Erkenntnisse, die in einer messenden und rechnenden Wissen-

---

560 Diese begriffliche Auseinanderlegung der hier genannten Art führte zu der Unterscheidung von primären und sekundären Qualitäten. So falsch es nun ist, die primären mit den wirklichen Qualitäten gleichzusetzen, so falsch ist es auch, Qualitäten, die in einem bestimmten Zusammenhang als die primären bestimmt wurden, zu schlechthin primären zu erklären. Was in einer Hinsicht als primär gesetzt werden kann, kann es nicht a priori auch in anderer oder jeder Hinsicht. Es kommt jedesmal bei der Begründung einer Wissenschaft wieder darauf an herauszufinden, was es ist, das die unterschiedlichen Dinge miteinander gleich macht. Das von der Mechanik bzw. der Physik entwickelte *Prinzip* zu übertragen ist nicht falsch (zumindest ist es bislang noch nicht als falsch bewiesen worden), wohl aber ist es falsch zu meinen, man hätte mit einer einmal getroffenen Unterscheidung von primären und sekundären Qualitäten ein für allemal genug getan. Es ist daher – um das sicherheitshalber zu wiederholen – ein Unterschied, ob man sagt: "Jede Wissenschaft, die eine Bewegung messen und berechnen will, braucht – wie die Physik – Größen", oder ob

schaft gewonnen wurden, nie davon abstrahieren, wie man zu ihnen gekommen ist, d.h. durch welche Mittel man die Ergebnisse gewonnen hat. Und als Mittel sind hierbei sowohl die verwandten Meßgeräte als auch die entsprechenden meßtheoretischen Zusammenhänge anzusehen. Diese gegenständlichen und geistigen Mittel bedingen stets die physikalische Tatsachengewinnung. Insofern gibt es in der Naturwissenschaft keine theoriefreie Beobachtung und erst recht kein theoriefreies Experiment bzw. reine Tatsachen, die nachträglich theoretisch interpretiert werden. In diesem Sinne bemerkte Einstein in einer physikalischen Grundlagendiskussion mit Heisenberg, daß erst die Theorie entscheidet, was man messen *kann*.[561]

Mit dieser Erkenntnis sind die wissenschaftlichen Tatsachen in gewisser Weise als subjektabhängig bestimmt. Aber das Subjekt, von dem sie abhängen, ist nicht das Individuum, sondern der Mensch als Gattung, der zudem im Falle der Einzelwissenschaft die Welt so betrachtet, als wäre sie ein reines Objekt. Die wissenschaftlichen Tatsachen sind aber keineswegs rational-willkürlich determiniert, da sie durch objektivierende Messung bestimmt sind. Diese aber fungiert als – letztlich gegenständliche – Vermittlung von Erkenntnisobjekt und Erkenntnissubjekt. Ob dies eingesehen werden kann oder nicht, hängt entscheidend vom Begriff *Messung* ab. Faßt man sie lediglich als Ablesen von Zeigerstellungen oder als Vergleichen an vorgegebenen Standards (die mitunter als "materielle Urbilder" gesehen werden) oder als kalkulierbare Beobachtung natürlicher Wirkzusammenhänge auf, so ist ihre exponierte Stellung im Erkenntnisprozeß nicht zu begreifen. Man beschreibt die Messung dann phänomenologisch und behandelt das sekundäre Problem des Maßsystems, z.B. "die Rekonstruktion einer gegebenen Größe".[562] Maßgeblich für die Messung hingegen ist, daß sie einen Größenvergleich darstellt.[563] Doch die Größen müssen erst einmal gewonnen werden.

Längen, Zeiten, Energien, eventuell Gene usw. sind keine mit den bloßen Sinnen wahrnehmbaren Bestimmungsstücke der Naturgegenstände. Sie sind meßtheoretisch bestimmte Verstandesgegenstände. Im Begriff der Größe wird – wie schon gesagt – aus der sinnlich wahrgenommenen Mannigfaltigkeit *eine* qualitative Bestimmung isoliert, um in bezug auf sie verschiedene Konkreta miteinander vergleichen zu können. Den Aspekt nun herauszufinden,

---

man behauptet: "Die biologischen, physiologischen, psychologischen Bewegungen müssen mit den physikalischen Größen erfaßt werden, sollen sie berechenbar und meßbar werden".

561 Vgl. A. Einstein, zitiert bei W. Heisenberg, Der Teil und das Ganze, a.a.O., S. 92 f.

562 Vgl. z.B. O. Schlaudt, Messung als konkrete Handlung: eine kritische Untersuchung über die Grundlagen der Bildung quantitativer Begriffe in den Naturwissenschaften, Würzburg 2009, S. 174.

563 Ausführlicher dazu: H.-H. v. Borzeszkowski und R. Wahsner, Noch einmal über das Bedürfnis der Naturwissenschaften nach Philosophie, a.a.O.; dies., Physikalischer Dualismus und dialektischer Widerspruch, a.a.O.; dies., Die Wirklichkeit der Physik, a.a.O., S. 239-285; R. Wahsner, Stichwort "Messung", in: Euro-

unter dem verschiedene Gegenstände und Zusammenhänge einander gleich sind, ist extrem schwierig.[564] So ist es extrem schwierig zu erkennen, daß ein Band Lyrik und ein Sack Kartoffeln unter dem Aspekt *Wert* sinnvoll miteinander verglichen werden können, und diese Erkenntnis ist identisch mit der Ausarbeitung einer ganzen Theorie. Die bis auf die Antike zurückgehenden Vorgeschichten des physikalischen Masse- oder eben des ökonomischen Wertbegriffs bzw. die neuere Geschichte des Genbegriffs zeigen die komplizierte theoretische und gegenständliche Arbeit, die zu dem genannten Zwecke geleistet werden mußte.

Die Unterscheidung von Naturgegenstand und Gegenstand der Naturwissenschaft resp. von konkretem und Verstandesgegenstand gilt in demselben Sinne, in dem man in der Ökonomie davon spricht, daß der Gebrauchswert *als* Gebrauchswert jenseits des Betrachtungskreises der politischen Ökonomie liegt.[565] Die bekannte Unterscheidung von Gebrauchswert und Wert zeigt ihre allgemeine *gnoseologische* Bedeutung, indem sie die Unterscheidung von Naturgegenstand bzw. konkretem Gegenstand und Gegenstand der Wissenschaft betrifft.[566]

Die für diese Unterscheidung erforderlichen Vorleistungen gehen in den jeweiligen Größenbegriff mit ein. Daher gibt es keine Meßgrößen unabhängig von einer Theorie. Das heißt natürlich nicht, daß die isolierte, sich in der jeweiligen Größe niederschlagende Qualität subjektivistisch, gar anti-objektiv, erdacht sei. Eine Größe ist ein auf realen Gleichheiten beruhendes, somit objektiv begründetes, vom Erkenntnissubjekt konstruiertes Gedankending, mittels dessen das Erkenntnissubjekt die konkreten Gegenstände in ihren Zusammenhängen erkennt.

Eine Größe ist mithin nicht ohne Verstand zu erfassen, ist nichts rein sinnlich Wahrnehmbares. Sie ist aber zugleich auch nicht etwas rein Rationales, da sie ja durch die Substantivierung eines Verhaltens, einer bestimmten Wirkung, gebildet wird. Sie ist somit – könnte man sagen – eine spezifische Einheit von Sinnlichkeit und Verstand.

---

päische Enzyklopädie zu Philosophie und Wissenschaften, a.a.O.; dies., Stichwort "Messen", in: Europäische Enzyklopädie für Philosophie, hg. von H.J. Sandkühler, Hamburg 1999, S. 827-830.

564 Zu bestimmten Aspekten der im Prozeß der Größenbildung zu lösenden Probleme vgl. H. v. Helmholtz, Zählen und Messen, erkenntnistheoretisch betrachtet, a.a.O.; ders., Einleitung zu den Vorlesungen über theoretische Physik, hg. von A. König und C. Runge, Leipzig 1903, insbes. S. 26; K. Marx, Die Wertform, in: K. Marx und F. Engels, Kleine ökonomische Schriften, Berlin 1955, insbes. S. 262-279; ders. Theorien über den Mehrwert, in: K. Marx und F. Engels, Werke, Bd. 26.3, Berlin 1962, insbes. S. 125-127, 133, 160 f.

565 Vgl. K. Marx, Zur Kritik der politischen Ökonomie, in: K. Marx und F. Engels, Werke, Bd. 13, Berlin 1961, S. 16.

566 Die in Anknüpfung an Hegel gewählte Bezeichnung "Verstandesgegenstand" ist nur dann ganz korrekt, wenn man den Begriff *Verstand* modifiziert – gemäß den Konsequenzen, die sich aus der Aufhebung der Hegelschen Identifizierung von analytischer und meßtheoretischer Methode ergeben. (Vgl. dazu: R. Wahs-

Zu den Größen, die die Messung stets erfordert, gehören nun auch Vorschriften, wie diese gemessen werden, wie die an verschiedenen Raum-Zeit-Punkten durchgeführten Messungen miteinander verglichen werden sollen und wie die Realisierung der Etalons im Rahmen der jeweiligen einzelwissenschaftlichen Theorie resp. des jeweiligen Systems einzelwissenschaftlicher Theorien gedacht werden kann. Eine physikalische Theorie ist daher stets so beschaffen, daß sie diesen Forderungen gerecht wird, und umgekehrt ist ohne eine solche Theorie (oder ein System von Theorien) eine physikalische Meßgröße ein Nichts. Wenn beispielsweise die von der jeweiligen physikalischen Theorie unterstellte Raum-Zeit-Struktur die *Reproduzierbarkeit* der physikalischen Prozesse ausschließt, kann es keine wissenschaftlichen Tatsachen geben.

Dabei ist zu bedenken, daß objektiv nur diejenigen Beziehungen und diejenigen besonderen Größen heißen können, die sich – innerhalb der jeweiligen Theorie – nicht nur für ein System, sondern für alle Systeme (Objekte) bewähren. Aus der Sicht einer Theorie sind es auch tatsächlich *alle* Systeme, für die sich die "Beziehungen und besonderen Größen bewähren". Denn das Denken im Rahmen einer Theorie kann logischerweise nicht über die Theorie hinausgehen. Aus der Sicht einer Theorie *gibt es nur* die in ihrem Rahmen definierbaren Systeme. Da eine physikalische Theorie aber nicht das alles erfassende Weltgesetz ist, handelt es sich um eine Universalität, die durch ein über den Rahmen dieser Theorie hinausgehendes Wissen eingeschränkt ist. Das ändert aber nichts daran, daß die im Rahmen einer Theorie geltenden Beziehungen und Größenbildungen ihre universelle Gültigkeit, ihre Geltung (ihre Bewährung) für "alle Systeme", voraussetzen und beweisen.

Im Grunde genommen ist das Messen so alt wie die menschliche Gesellschaft; die Verteilung von Arbeits- und Lebensmitteln erforderte es von ihrem Beginn an. Die ersten Etalons waren menschliche Körperteile (hohle Hand, Spanne, Fuß, Elle). Und bereits hier war es erforderlich, dafür zu sorgen, daß diese Etalons möglichst gleich bleiben, man zumindest für eine bestimmte Verteilung nicht einmal eine große und einmal eine kleine hohle Hand nahm. Um aber z.B. den Lebensmittelbedarf für einen längeren Zeitraum zu planen, bedurfte es dann schon eines allgemeinen Maßes resp. einer genormten hohlen Hand (genormt für die jeweilige Lebensgemeinschaft), die dann natürlich keine Naturhand mehr ist. An dieser Stelle ist es noch völlig durchsichtig, daß eine absolut konstante hohle Hand das Ideal wäre, die Realisierung dieses Ideals aber nicht identisch ist mit der Behauptung: hohle Hände sind (an sich)

---

ner, Naturwissenschaft zwischen Verstand und Vernunft, in: Vom Mute des Erkennens. Beiträge zur Philosophie. G.W.F. Hegels, hg. von M. Buhr und T.I. Oiserman, Berlin 1981, S. 183-203.)

etwas absolut Konstantes. Es ist hier noch völlig klar, daß das ideale Maß etwas künstlich Konstruiertes wäre, konstruiert mit Blick auf einen bestimmten Vergleich bzw. später auf eine bestimmte Vergleichsart. Und es ist auch klar, daß die durch den so vollzogenen Vergleich gewonnenen Erkenntnisse Sinn und Bedeutung nur in bezug auf den Aspekt haben, unter dem der Vergleich durchgeführt wurde. In der Wissenschaft wird das nur alles komplizierter, obgleich nicht grundsätzlich anders.

Ihre erste theoretische Form erhielt die Meßkunst in der euklidischen Geometrie, die auch heute noch ein unabdingbares Element der meßtheoretischen Voraussetzungen physikalischer Theorien ist (obzwar dies nicht gleich zu sehen ist). Um dies jedoch sein zu können, bedurfte es sowohl der philosophischen Lehre des Nikolaus von Kues als auch der von Descartes begründeten analytischen Geometrie und der wesentlich von Galilei entwickelten experimentellen Methode. Dadurch gewann die euklidische Geometrie eine Gestalt, in der sie die Forderungen erfüllen konnte, die eine physikalische Messung überhaupt erst ermöglichen. Insbesondere gestattet sie es, räumliche und zeitliche Etalons (Normalmaßstäbe und Normaluhren) zu definieren und die mit ihnen an verschiedenen Orten gemessenen raum-zeitlichen Abstände miteinander zu vergleichen, indem sie eine Raum-Zeit-Struktur fixiert, die garantiert, daß die zu vergleichenden Abstände unabhängig sind von dem Weg, den sie durch den Raum genommen haben (eine Forderung, die durchaus nicht jede Geometrie bzw., wenn man die Zeit einbezieht, Geochronometrie erfüllt).[567]

Die Notwendigkeit zu fordern, daß die Etalons so unhistorisch wie nur möglich sein sollen, leuchtet lebensweltlich unmittelbar ein, wenn man sich vorstellt, es käme jemand auf die Idee, ein Gummiband als Metermaß zu benutzen.[568]

Um nun wirklich experimentieren und messen zu können, müssen die in den Größen erfaßten Gleichheiten vergegenständlicht werden. Das heißt, die wirkliche Messung erfordert, ideale Situationen künstlich herzustellen. Das Experiment benötigt Gegenstände, die durch *reale* Idealisierung, also durch den gezielten Ausschluß bestimmter Wechselwirkungen zwischen

---

567 Vgl. die Abschnitte "Die Rezeption bzw. die nachfolgende Entwicklung von Kants Begriff *Anschauung*" und "Die analytische Geometrie als grundlegende Voraussetzung der Größenbildung".

568 Im Prinzip ist dies zwar durchaus möglich, dann nämlich, wenn man eine Theorie hat, die die Ausdehnung des Gummis in Abhängigkeit von seiner Elastizität und die Abhängigkeit der Elastizität von seinem Alter genau beschreibt. Aber es wird wohl der fanatischste Entwicklungstheoretiker nicht für vorteilhaft halten, daß hier die Lebensgeschichte des Gummibandes mit eingeht. Und um die Gummitheorie auszuarbeiten, bedarf es wiederum der Möglichkeit, Längen zu messen, und zwar gummiunabhängig, mit starren Körpern. Deshalb bezeichnet es Reichenbach geradezu als Glück und als eine der wichtigsten Grundlagen der Naturerkenntnis. daß es möglich ist, die physikalischen Gesetze von der Komplikation freizuhalten, daß in sie die Lebensgeschichte eines Maßstabes eingeht, (Vgl. H. Reichenbach, Philosophie der Raum-Zeit-Lehre, in: Hans Reichenbach, Gesammelte Werke in 9 Bänden, hg. von A. Kamlah und M. Reichenbach, Bd. 2, Braunschweig–Wiesbaden 1977, S. 42.)

den Naturkörpern, so präpariert wurden, daß sie als gegenständliche Maßstäbe (z.B. als Meßlatten oder Uhren) benutzt werden können. Im Experiment operiert man mithin nicht mit konkreten Naturgegenständen, sondern mit idealisierten Gegenständen unter idealisierten Bedingungen. Diese wie jene muß man sowohl herstellen als auch im Rahmen der jeweiligen Theorie denken können. (Mit "denken können" ist nicht gemeint, daß man sich etwas *vorstellen* kann, sondern daß es im Rahmen der jeweiligen Theorie konsistent konstruierbar oder bestimmbar ist.) Das Experiment ist eine Methode, Gleichheiten und deren Beziehungen zu realisieren, wobei die genannte gegenständliche und theoretische Präparation als geschickt gestellte Frage an die Natur aufgefaßt werden kann,[569] als Frage, auf die die Natur – die als vom Subjekt verschiedener Zeuge vernommen wird –[570] die Antwort gibt.

Hiernach ist offensichtlich, daß die in den Größen substantivierten verteilten Momente kein Konkretum mehr bezeichnen, weder ein sinnliches noch ein philosophisches; doch die idealen Körper unter idealen Bedingungen sind auch nicht nur etwas Gedachtes, sondern etwas Gegenständliches.

Wegen dieser Konstruktionen kann es auch keine einzelwissenschaftliche, beispielsweise keine *naturwissenschaftliche* Darstellung des Weltganzen oder der Totalität geben, jedoch auch keine philosophisch-naseweise Belehrung über die vermeintlich notwendige Revolutionierung z.B. des physikalischen Zeit- oder des naturwissenschaftlichen Weltbegriffs. Und wegen dieser Konstruktionen existieren die Gegenstände der Naturwissenschaft nicht an sich, über die die jeweilige Naturwissenschaft dies oder jenes sagt, sondern sie *sind* das, was die jeweilige Naturwissenschaft über sie bestimmt.

Wie wenig dieser Sachverhalt im allgemeinen im wissenschaftlichen Bewußtsein verankert ist, zeigen immer wieder Diskussionen über die Charakteristika der belebten und der unbelebten Natur, der unorganischen und der organischen Natur. In ihnen wird zumeist das Verhalten von Unbelebten als mechanisch bestimmt, wobei man mechanizistisch meint. Gegenargumente, die zur Geltung bringen, daß der Newtonsche Begriff der Gravitation eine kategoriale Wende vollzog, wonach man von einem gravitativen Organismus sprechen kann, werden regelmäßig abgewiesen, "weil man so den Unterschied zwischen Belebten und Unbelebten

---

569 Vgl. I. Kant, Kritik der reinen Vernunft, a.a.O., S. 23-27 (B XIII-XXI).

570 Ludwig Feuerbach schreibt: "Im Denken als solchem befinde ich mich in Identität mit mir selbst, bin ich absoluter Herr; da widerspricht mir nichts; da bin ich Richter und Partei zugleich, da ist folglich kein kritischer Unterschied zwischen dem Gegenstande und meinen Gedanken von ihm. Aber wenn es sich … um das Sein eines Gegenstandes handelt, so kann ich nicht mich allein um Rat fragen, so muß ich *von mir unterschiedene* Zeugen vernehmen. Diese von mir als Denkendem unterschiedenen Zeugen sind die Sinne. Sein ist etwas, wobei nicht ich allein, sondern auch die anderen, vor allem auch der *Gegenstand* selbst *be-*

verwischt". Man meint also, vor-theoretisch etwas über die Objekte der jeweiligen Wissenschaft bestimmen zu können, sieht die Begrifflichkeit der jeweiligen naturwissenschaftlichen Theorie völlig getrennt von der Bestimmung ihrer Objekte.

Die analytische Geometrie als grundlegende Voraussetzung der Größenbildung

Um Größen, also die die physikalische Objektivität bestimmenden Meßgrößen, überhaupt bilden zu können, bedurfte es außer des Grundprinzips, des "atomistischen" Verteilungsprinzips, einer Brücke zwischen Zahlen und geometrischen Objekten. Die analytische Geometrie vollzog eine echte philosophische Revolution der Denkart, indem sie diese Brücke schlug. Durch sie konnten nunmehr Raumbegriffe in Zahlbegriffe umgesetzt werden, durch sie wurde der Raum zur exakten Begrifflichkeit gebracht, indem man ihm denselben epistemologischen Charakter, der bislang nur den Zahlen eigen war, aufprägte und damit den mathematischen Funktionalzusammenhang mit meßtheoretischen Bedingungen verknüpfen konnte.[571] Die mit der *analytischen Geometrie* verknüpfte Umwälzung ist jedoch voll und ganz erst erfaßt, erkennt man, daß sie wesentlich auch darin bestand, ein Prinzip aufzuzeigen, nach dem mathematische Relationen auf Reales bezogen werden können bzw. nach dem den Zahlen der epistemologische Charakter des Raumes aufgeprägt werden kann. Verknüpft mit Kants Sicht, wonach durch den Raum die Vorstellung eines Objekts außer mir Realität bekommt,[572] vermittelt die analytische Geometrie (nach H. Cohen) das Denken (gedacht ist an das Rechnen) mit dem Außen des Subjekts.[573] In der Folge hiervon wurde der Grund gelegt zu einer Denkweise, die man (vielleicht) "Logik der Physik" nennen könnte.[574]

Die analytische Geometrie ermöglichte einen naturwissenschaftlichen Begriffsbildungsprozeß neuer Art, der das Allgemeine der Naturwissenschaft charakteristisch prägt. Nur auf der Grundlage der analytischen Geometrie wurde es möglich, mittels der Infinitesimal-

---

teiligt ist." (L. Feuerbach, Grundsätze der Philosophie der Zukunft, in: Ludwig Feuerbach, Gesammelte Werke, hg. von W. Schuffenhauer, Bd. 9, Berlin 1970, S. 304.)

571 Vgl. E. Cassirer, Substanzbegriff und Funktionsbegriff, a.a.O., S. 93.

572 Vgl. I. Kant, Loses Bl. D 11, in: Kant's Schriften, Bd. 18, hg. von der Preuß. Akad. Wiss., Kant's Handschriftlicher Nachlaß, Bd. 5, Berlin und Leipzig 1928, S. 306-308, vgl. auch ders., Kritik der reinen Vernunft. a.a.O., S. 254-257 (B 274-279; A 227); Prolegomena, a.a.O., S. 208 f., 214 (§§ 49, 52c).

573 Vgl. H. Cohen, Logik der reinen Erkenntnis, Hildesheim–Zürich–NewYork 2005/1914 (^{2}1914), S. 189.

574 Ausführlicher hierzu: H.-H. v. Borzeszkowski und R. Wahsner, Physikalischer Dualismus und dialektischer Widerspruch, a.a.O., S. 17-23; dies., Die Wirklichkeit der Physik, a.a.O., S. 173-210; vgl. auch die Abschnitte "Notwendigkeit einer neuen Logik?" und "Der Hamilton-Lagrange-Formalismus als Modell einer Logik der Physik?".

rechnung die Bewegung, also nach Hegel den daseienden Widerspruch, zu fassen. Denn diese Möglichkeit entspringt – wie gesagt – nicht schlechthin diesem Kalkül, sondern ergibt sich daraus, daß von vornherein physikalische Bestimmungen unterstellt wurden, d.h., daß die in dem Kalkül auftretenden Entitäten mit physikalischen Meßgrößen, also mit räumlichen und zeitlichen Abständen sowie mit Geschwindigkeiten identifiziert wurden und eben die durch die analytische Geometrie gegebene Verbindung von Geometrie und Algebra sowie Arithmetik diese Identifizierung gestattete.

Um das zu erklären, sei die Diskussion zunächst auf die dreidimensionale Geometrie des Ortsraums beschränkt. Die analytische Geometrie gestattet es dann zum einen, unterschiedliche Dimensionen (Längen, Breiten und Höhen, z.B: Δx, Δy, Δz und die entsprechenden Differentiale dx, dy, dz) miteinander in Beziehung zu setzen und nach den Regeln der Algebra der endlichen bzw. den Regeln der Differential- und Integralrechnung der infinitesimalen Größen mit ihnen zu rechnen. Unterstellt man die Meßmöglichkeit dieser Größen, so sind auch die aus diesen Größen algebraisch gebildeten Kombinationen $\Delta x \cdot \Delta y$ bzw. $dx \cdot dy$, $\Delta x/\Delta y$ bzw. dx/dy usw. Meßgrößen. Damit ist die Möglichkeit gegeben, vermittels dieser Größen Gleichungen zu bilden, die physikalische Bedeutung haben können. Zum anderen gestattet es die analytische Geometrie, die algebraischen Gleichungen bzw. deren Lösungen rein geometrisch darzustellen, und zwar durch Kurven, auf denen die durch die Gleichungen bestimmten Punkte liegen. Diese Äquivalenz zwischen Algebra und Geometrie enthüllt nicht nur – wie oftmals hervorgehoben wird –[575] die Existenz allgemeiner (abstrakter) mathematischer Strukturen, sondern sie ermöglicht erst die mathematisierte messende Wissenschaft. Denn nur wenn Zahlen Δx, Δy, Δz auf räumliche Abstände der Geometrie, genauer gesagt: der euklidischen Geometrie, abgebildet werden, sind sie Meßgrößen. Dies beruht letztlich darauf, daß die euklidische Geometrie die Theorie der starren Körper und deren Lagerungsmöglichkeiten ist und als Meßkörper nur starre Körper verwandt werden. Über die analytische euklidische Geometrie, also über die Äquivalenz von Algebra bzw. Arithmetik und euklidischer Geometrie, können auch andere analytische Geometrien physikalisch bedeutsam werden, und zwar insoweit, inwieweit die jeweiligen Geometrien gewisse Eigenschaften der euklidischen Geometrie haben (wie z.B. die Riemannsche Geometrie in der Allgemeinen Relativitätstheorie) bzw. (wie etwa in der Quantenmechanik) so auf diese bezogen werden können, daß Messung möglich wird.[576] Die analytische Geometrie gibt damit die Möglichkeit an, wie mathematische Relationen überhaupt auf die wirkliche Bewegung bezogen werden können.

575 Siehe z.B. C.F. v. Weizsäcker, Descartes und die neuzeitliche Naturwissenschaft, Hamburg 1958, S. 13.

576 Vgl. hierzu die Unterabschnitte "Cassirers Argumente" und "Reichenbachs Argumente".

Will man nun die Bewegung berechnen und messen, so bedarf es natürlich der Einbeziehung der Zeit. Versteht man nun das bisher zur analytischen Geometrie Gesagte allgemeiner und denkt nicht nur an Längen, Breiten und Höhen (Δx, Δy und Δz), sondern auch an die Zeit im Sinne einer Dimension –[577] und das heißt gemäß dem Begründer der analytischen Geometrie an eine Bestimmung und Beziehung, in der ein Gegenstand als meßbar betrachtet wird –,[578] so lassen sich die obigen algebraischen Bildungen durch Δt bzw. dt erweitern. Man gewinnt damit neue Ausdrücke $\Delta x \cdot \Delta t$ bzw. $dx \cdot dt$, $\Delta x / \Delta t$ bzw. dx/dt usw., die im Prinzip meßbar sind. *Wie* die Zeit zu messen ist, und in welcher Weise sie mit den räumlichen Abständen zu vereinen ist, läßt sich nicht ein für allemal beantworten und ist durch das cartesische Schema nicht fixiert. Die Antwort auf diese Frage ist mit der Ausbildung der Physik als Bewegungslehre und demgemäß mit der Festlegung einer Standardbewegung identisch.

Die analytische Geometrie hatte von vornherein insofern eine naturgesetzliche Intention, als Descartes sie begründete, um Naturbewegungen berechenbar zu machen. Sein Ziel war es, die menschliche "Erkenntniskraft darauf auszurichten, daß sie über alles, was vorkommt, unerschütterliche und wahre Urteile herausbringt".[579] Das meinte er durch die Ausarbeitung seiner *Mathesis universalis* zu erreichen. Er verstand sie als allgemeine Wissenschaft von Ordnung und Maß, bei der es nicht darauf ankommt, "ob ein solches Maß in Zahlen, Figuren, Sternen, Tönen oder einem anderen Gegenstand zu suchen ist".[580] Mit dieser Mathematik abstrakter Strukturen, die sich hinter den verschiedenen Gebieten Arithmetik, Geometrie, Astronomie, Musiktheorie, Optik und Mechanik verbarg,[581] glaubte er, eine umfassende Naturtheorie ausbilden zu können.

---

577 Eine überzeugende Darstellung hierzu gibt d'Alembert in der Einleitung zu seiner *Abhandlung über Dynamik*. (Vgl. das Zitat von Anm. 195.)

578 Wörtlich sagt Descartes: "Unter Dimension verstehen wir nichts anderes als die Bestimmung und Beziehung, in der ein Gegenstand als meßbar betrachtet wird, so daß nicht nur Länge, Breite und Tiefe Dimensionen eines Körpers sind, sondern auch die Schwere eine Dimension, gemäß der Gegenstände gewogen werden, Geschwindigkeit eine Dimension der Bewegung und unendlich vieles andere dergleichen." (R. Descartes, Regeln zur Ausrichtung der Erkenntniskraft, übersetzt und hg. von L. Gäbe, Berlin 1972, S. 68 f.)

579 R. Descartes, Regeln zur Ausrichtung der Erkenntniskraft, a.a.O., S. 3.

580 Ebd., S. 88.

581 Descartes war der Meinung, daß man im Altertum diese wahre Mathematik schon kannte. Er schreibt: "Und zwar scheinen mir die Spuren dieser wahren Mathematik bis heute bei Pappus und Diophant sichtbar zu sein … . Diese Lehre aber wurde, wie ich annehmen möchte, später von den Schriftstellern selbst mit geradezu verhängnisvoller Schläue unterschlagen." (Ebd., S. 87.) Descartes hatte aber keineswegs die Absicht, "alle jene besonderen Wissenschaften, die man gewöhnlich Mathematik nennt, zu erkennen". "Denn ich sah", – schreibt er weiter – "daß sie trotz der Verschiedenheit ihrer Objekte doch alle darin übereinstimmen, daß sie lediglich gewisse Beziehungen und Verhältnisse dieser Objekte untersuchen, und ich meinte daher, ich brauchte ausschließlich jene Verhältnisse, und zwar ganz allgemein und an solchen Objekten ins Auge fassen, an denen ich sie am leichtesten zu erkennen vermag, ohne mich indessen so an diese Objekte zu binden, daß ich sie nicht auch leicht auf alle anderen übertragen könnte, denen sie zukom-

Die Ausarbeitung dieser *Mathesis universalis* führte de facto zur Begründung der analytischen Geometrie. Diese war für Descartes mehr als nur die Anwendung algebraischer Methoden zur Lösung geometrischer Probleme bzw. die geometrische Veranschaulichung gegebener Gleichungen und deren Lösungen. Sie schien ihm der mathematisch-konstruktive Teil seiner Erkenntnismethode zu sein. Daher begründete Descartes sie nicht im Rahmen spezifisch mathematischer Darlegungen, sondern gewann sie als Resultat seiner erkenntnistheoretischen Überlegungen in den *Regeln zur Ausrichtung der Erkenntniskraft*.

Diesen Überlegungen gemäß bezog Descartes die Geometrie nicht nur auf die räumliche Ausdehnung, sondern die Geometrie galt ihm als Modell, das es ermöglichte, mathematisch zu deduzieren und dabei alle Hilfsquellen "des Verstandes, der Einbildungskraft, der Sinne und des Gedächtnisses heranzuziehen".[582] Die von Descartes in den *Regeln* von vornherein analytisch aufgefaßte Geometrie konnte ihm nur dadurch dieses Modell liefern, daß er sie dimensionsmäßig unbestimmt ließ. Zunächst legte er weder die Dimensionszahl (die Anzahl der Achsen des "cartesischen Koordinatensystems") noch die bestimmte Natur dieser Dimensionen (und dementsprechend der Einheitsstrecken auf den Achsen) fest. Bei der Begründung seiner Methode kam es ihm nur darauf an, daß verschiedene Bestimmungen der Natur unter dem Gesichtspunkt der analytischen Geometrie betrachtet werden können, so daß man trotz unterschiedlicher Dimensionen mit ihnen rechnen kann. Welche Dimensionen "real" sind – so Descartes –, "geht mehr den Naturlehrer an".[583]

Die große Bedeutung der cartesischen analytischen Geometrie und damit aller der euklidischen hinreichend ähnlichen Geometrien besteht also darin, daß sie die Verbindung von Mathematik und Messung ermöglichen. Die von Descartes vorgenommene Identifizierung von Rechen- und geometrischen Größen wurde für die Physik entscheidend, als die euklidische Geometrie zum Teil der Meßtheorie der physikalischen Dynamik wurde. Damit verknüpfte jene Identifizierung das Rechnen mit dem Messen und ermöglichte so eine physikalische Bewegungstheorie. Besonders wichtig war hierbei vor allem auch, daß Descartes' Dimensionsbegriff später die schon erwähnte Einbeziehung der Zeit erlaubte. Er selbst war in seiner

---

men. Ferner sah ich auch, daß es zur Kenntnis des Wesens jener Proportionen nötig sei, sie einmal einzeln für sich zu betrachten, einmal ... mir die Verhältnisse nur an geraden Linien darzustellen, ... am besten durch gewisse Zeichen kurz auszudrücken So nahm ich, wie mir scheint, von der geometrischen Analyse und von der Algebra das Beste heraus und vermied ihre Nachteile, da die eine ersetzte, was der anderen fehlte". (R. Descartes, Abhandlung über die Methode, seine Vernunft richtig zu leiten und die Wahrheit in den Wissenschaften zu suchen, Leipzig 1962, S. 26.)

582 R. Descartes, Regeln zur Ausrichtung der Erkenntniskraft, a.a.O., S. 39.

"Physik" allerdings nicht in der Lage, die tatsächlichen grundlegenden Dimensionen zu bestimmen, d.h. anzugeben, welche Meßgrößen den verschiedenen Koordinatenachsen zuzuordnen sind.

Aufgrund der geschilderten Zusammenhänge ist es keineswegs zufällig, daß die Bewegung mittels des Infinitesimalkalküls berechenbar wurde. Die mathematisierte Naturwissenschaft *Physik* ist also nicht dadurch entstanden, daß mathematische Kalküle erdacht und danach physikalisch interpretiert wurden, sondern die Quelle dieser bislang einmalig engen, nahezu "prästabiliert harmonisch" anmutenden Verbindung von Mathematik und Naturwissenschaft liegt in der analytischen Geometrie.

Die analytische Geometrie aber konnte hinwiederum nur auf der Basis des neuzeitlichen Denkprinzips begründet werden. Denn die Bildung von verschiedenartigen Größen und Dimensionen nach dem Muster der räumlichen Größen ist nur denkbar, wenn nicht nach der das Verhalten bewirkenden Substanz, sondern wenn nach dem Gesetz der Ordnung gesucht, wenn das Konstante nicht mehr in einem dinghaften Sein, sondern im funktionalen Zusammenhang gesehen wird. Die Frage nach dem Verhältnis der Geometrie zu Arithmetik und Algebra ist zugleich die Frage nach dem Verhältnis von Messung und Dynamik. Der analytischen Geometrie ist somit sowohl die Einbeziehung einer anderen Art von Begriffsbildung als der bloßen Abstraktion als auch die Theorie der Kräfte der Hand inhärent. Und diese andere Begriffsbildungsform ist näher an der von der Naturwissenschaft benutzten, die ihrerseits auf der τέχνη und φύισις beruht.

Kräfte der Hand und Kräfte der Natur: Konsequenzen der Synthese von τέχνη und φύσις für die Objektivität der Mechanik

Durch seine Synthese der Kräfte der Hand mit den Kräften der Natur stellte Newton den Begriff der physikalischen Objektivität auf ein festes Fundament.[584] Im "Vorwort an den Leser" seiner *Prinzipien* verglich er den Charakter seiner Mechanik mit der antiken. Er konstatierte, daß die Alten die Mechanik auf zweifache Weise entwickelten: "als rationale, welche durch Beweisführung mit Genauigkeit vorwärtsschreitet", und als praktische, zu der – woraus auch

583 R. Descartes, Regeln zur Ausrichtung der Erkenntniskraft, a.a.O., S. 69.

584 Das Nachfolgenden beruht auf: H.-H. v. Borzeszkowski und R. Wahsner, Die Natur technisch denken?, a.a.O.

die Bezeichnung "Mechanik" folgt –[585] alle Handfertigkeiten gehörten. Dieser zweigeteilten Mechanik sieht er die Geometrie zugeordnet, derart, daß die Darstellung von geraden Linien und Kreisen, die der Geometrie als Objekte dienen (insofern sie – wie Descartes sagt – von deren Beziehungen und Proportionen handelt),[586] auch zur Mechanik gehört, nicht zur Geometrie. Diese Zuordnung mag auf den ersten Blick verwundern, aber Newton erkannte, daß den geometrischen Begriffen ein auf Erfahrung beruhender Idealisierungsprozeß vorangegangen sein muß, daß die Geometrie fordern muß, bevor man ihre Schwelle betritt, gelernt zu haben, wie diese Objekte genau dargestellt werden, sie selbst hingegen lehrt, "wie man durch diese Operationen Aufgaben lösen kann". Die Geometrie setzt also diese in der praktischen Mechanik entwickelten Prinzipien voraus. Die rationale Mechanik ist ihm zufolge eine Wissenschaft von Bewegungen, und zwar – im Gegensatz zur praktischen Mechanik – eine exakte und beweisende Wissenschaft. Und die Bewegungen, von denen sie handelt, sind die, die aus den seinerzeit konzipierten fünf Kräften hervorgehen, bzw. sie handelt von den Kräften, die für die genannten Bewegungen erforderlich sind. Diese Kräfte beziehen sich auf Handfertigkeiten. Die Schwere aber, da sie keine Kraft der Hand ist, untersuchte die Antike dabei nur bezüglich der Gewichte. "Wir aber" – erklärt Newton –, " … die wir nicht über die Kräfte der Hand, sondern die der Natur schreiben, betrachten hauptsächlich diejenigen Umstände, welche sich auf Schwere und Leichtigkeit, auf die Kraft der Elasticität und den Widerstand der Flüssigkeiten und auf andere derartige anziehende oder bewegende Kräfte beziehen, und stellen daher unsere Betrachtungen als *Mathematische Prinzipien der Naturlehre* auf."[587] Das heißt, Newtons Ziel war es, die Grundsätze der Naturlehre, der – wie es im Original heißt – *Philosophia naturalis* aufzustellen, und zwar mathematische Grundsätze, also eine messende und rechnende Wissenschaft zu fundieren, nicht Philosophie zu betreiben.

Newton vollbrachte mit der Begründung seiner Mechanik eine einzigartige Synthese. Dies wird deutlich, erinnert man sich daran, daß die Kräfte der Hand die fünf einfachen Maschinen waren: Hebel, Schraube, Rolle, Keil, schiefe Ebene, und die Lehre von ihnen als Technik angesehen wurde. Die Mechanik wurde in der Antike als Kunst verstanden, als Kunst, durch menschliches Geschick Bewegungen gegen die Natur des Bewegten auszuführen und die da-

---

585 Die Bezeichnung "Mechanik" kommt vom griechischen Wort "μηχανή" und bedeutete Werkzeug, Mittel, Kunstgriff, "μηχανικὴ τέχνη" mechanische Kunst.

586 Vgl. R. Descartes, Von der Methode des richtigen Vernunftgebrauchs und der wissenschaftlichen Forschung, Hamburg 1960 (auch in: R. Descartes, Philosophische Schriften in einem Band, Hamburg 1996), S. 33 (2. Teil, § 11).

587 I. Newton, Mathematische Prinzipien der Naturlehre, a.a.O., S. 2.

zu erforderlichen Geräte herzustellen. Sie galt daher nicht als Naturwissenschaft; die Theorie über die Natur hingegen, die Physik, wurde als Naturphilosophie begründet. [588]

Nach Aristoteles ist von dem, was ist, das eine von Natur aus, das andere aus anderen Gründen, und der wichtigste der "anderen Gründe" ist für ihn die τέχνη (Kunst, Kunstfertigkeit, Handwerk, Gewerbe, Dichtkunst, Weissagekunst). τέχνη ist der Gegensatz zu φύσις (Natur, Charakter, Naturell, Wesen, natürlich Lage oder Beschaffenheit), beide bestimmen sich aus dem Gegensatz zu ihrem Anderen.[589] Das naturhaft Seiende ist von sich selbst her, das technisch Seiende hat seinen Grund in einem Fremden, im es herstellenden Menschen. Das Natürliche ist das an sich selbst Gegebene, das Eigenständige; das Technische ist das Gewollte, Geplante und künstlich Gemachte. Die Wissenschaft von der Natur ist ein Wissen von den Gründen des Seins, τέχνη ein Wissen von den Gründen des Tuns.[590]

Wenn Newton also schreibt, er zöge nicht die Kunst, sondern die Wissenschaft zu Rate und deshalb behandele er nicht die Kräfte der Hand, sondern die der Natur, dann versteht er seine Mechanik als Wissenschaft von der Natur, nicht als Kunstlehre oder Technik. Aber die Newtonsche Mechanik ist dies und kann es nur sein, weil ihr der "Kunst- und Technikaspekt" ebenfalls inhärent ist. Denn – wie der Begründer der Klassischen Mechanik explizit hervorhebt – es beruht seine Wissenschaft von der Natur wesentlich auch auf der antiken Mechanik, der praktischen, der Lehre von den Handfertigkeiten, und der rationalen, der mathematisch gefaßten Statik, und zwar derart, daß die beiden Kraftarten, die Kräfte der Hand und die der Natur, einander nicht einfach ablösen oder unvermittelt nebeneinanderbestehen. Vielmehr sind die Kräfte der Hand und die Kräfte der Natur in einer epistemologisch tiefsinnigen Weise einander zugeordnet, so daß sie etwas über die schwierige Beziehung zwischen Mathematik und Physik, Geometrie und Dynamik, Theorie und Erfahrung aussagen. Erkennbar wird dies an der Stellung der Geometrie in der neuzeitlichen Mechanik.[591] Nach Newton ist sie nämlich derjenige Teil dieser Mechanik, "der die Kunst, genau zu messen, aufstellt und beweist" und seine Basis in der praktischen Mechanik hat.[592]

Hiermit ist implizit das Verhältnis der neubegründeten Physik zum einen zur Geometrie, mithin, da diese als analytische Geometrie vorlag, auch zu Arithmetik und Algebra, also zur

---

588 Ausführlicher dazu siehe den Abschnitt "Das neuzeitliche Denkprinzip".

589 Vgl. Aristoteles, Mechanik 847a20. Zur Übersetzung des Antiphon-Verses siehe: Aristoteles, Mechanische Probleme, hg. von F. T. Poselger, Hannover 1881, S. 24.

590 Vgl. z.B. K. Bartels, Der Begriff Techne bei Aristoteles, in: Synusia, hg. von H. Flashar und K. Gaiser, Pfullingen, 1965, S. 276; R. Löbl, TEXNH – TECHNE. Untersuchungen zur Bedeutung dieses Wortes in der Zeit von Homer bis Aristoteles, Bd. I. Von Homer bis zu den Sophisten, Würzburg 1997, Bd. II. Von den Sophisten bis zu Aristoteles, Würzburg 2003.

591 Vgl. hierzu die Ausführungen im Abschnitt "Geometrie und Apriorität".

592 Vgl. I. Newton, Mathematische Prinzipien der Naturlehre, a.a.O., S. 1.

Mathematik, zum anderen zur praktischen Erfahrung und technischen Entwicklung konzipiert – auch wenn vieles noch recht unklar war. Denn Physik war ja bislang mit Naturphilosophie gleichgesetzt worden, die der Mathematik nicht bedurfte, die Newtonsche Mechanik mit ihrem Gesetz von der Naturkraft "Schwere" (Gravitationsgesetz) konnte aber das, was sie als Objektives oder als physikalisches Sein bestimmte, nur mittels der Mathematik fassen, ohne dieses allerdings auf Mathematik zu reduzieren. Die heftigen Diskussionen über die "Ursache der Schwere" haben letztlich in der Schwierigkeit, das mit der Newtonschen Mechanik de facto begründete neue Verhältnis von Philosophie, Physik und Mathematik resp. von Physik und Realität zu fassen, ihren Grund. Und Newton selbst gestand sich letztlich ein, obwohl es ihn nicht befriedigte, daß die in der Mechanik mathematisch formulierten Gesetze schon physikalische Erklärungen, mithin Darstellungen physikalischer Realitäten sind. War ihm die Ursache seines Unbehagens über die Gravitation zunächst nicht und wohl nie total gegenwärtig, so tat er jedoch das einzig Richtige, indem er das ausarbeitete, was er positiv sagen konnte: "Es genügt, daß die Schwere existiere, daß sie nach den von uns dargelegten Gesetzen wirke und daß sie alle Bewegungen der Himmelskörper und des Meeres zu erklären im Stande sei."[593] Newton war sich der Tatsache bewußt, daß die Frage nach dem Verhältnis seiner Theorie zur Mathematik nur begreifbar ist, erkennt man, daß seine Mechanik die Naturgegenstände nicht phänomenologisch beschreibt, sondern daß sie, wenn sie Naturgesetze formulieren will, wozu sie eben der Mathematik bedarf, eine idealisierte Wirklichkeit schaffen muß,[594] daß sie es mit Objekten zu tun hat, die verschieden sind sowohl von sinnlich-konkreten Naturgegenständen als auch von reinen Abstrakta. Da idealisierte Naturkörper keine mathematischen Entitäten sind, kann Physik nicht auf Mathematik reduziert werden. Da idealisierte Naturkörper aber eben auch keine sinnlich-konkreten sind, erhebt sich die Frage, weshalb - wie es scheint - die Mathematik, insbesondere die Geometrie, "so gut auf die Wirklichkeit paßt". Indem Newton die Übereinstimmung darauf gründete, daß die geometrischen Grundbegriffe derselben Sphäre menschlicher Erfahrung entstammen wie die der Physik,

593 Ebd., S. 11. Vgl. zu dieser Problematik auch H.-H. v. Borzeszkowski und R. Wahsner, Newton und Voltaire, a.a.O.; dies., Die Wirklichkeit der Physik, a.a.O., insbes. S. 29-47; Voltaire: Elemente der Philosophie Newtons/ Verteidigung des Newtonianismus/ Die Metaphysik des Neuton, a.a.O., S. 29-76; R. Wahsner, Das Aktive und das Passive, a.a.O.; dies., Die Newtonsche Vernunft und ihre Hegelsche Kritik, a.a.O.

594 So schreibt Newton z.B.: "Ich habe so allerdings diese Definition [des flüssigen bzw. des festen Körpers - d.V.] nicht auf Physik, sondern auf mathematische Berechnungen zugeschnitten, so wie ja auch die geometrischen Definitionen von Figuren nicht auf die Unregelmäßigkeiten der physikalischen Körper passen. Und so wie die Abmessungen der physikalischen Körper von ihrer Geometrie aufs beste bestimmt werden (so wie die Abmessung eines Ackers nicht wirklich eben ist …), so werden auch die Eigenschaften der physischen Flüssigkeiten bzw. Festkörper sehr gut durch diese mathematische Lehre erkannt, obgleich sie durchaus nicht in jeder Hinsicht und homogen Flüssigkeiten bzw. Festkörper, so wie ich sie hier definiert habe, sind." (I. Newton, Über die Gravitation …, hg. von G. Böhme, Frankfurt a.M. 1988, S. 83.)

nämlich der praktischen Mechanik, sagte er damit implizit, daß die "Abbildung" der sinnlichen Wirklichkeit in der physikalischen Idealität über die als Meßtheorie fungierende Geometrie vermittelt wird.

Indem Newton das Verhältnis seiner Mechanik zur antiken bestimmte, fixierte er das ihr inhärente Verhältnis von theoretischer und praktischer Komponente, von mathematischer Fassung und technischer Vergegenständlichung, begriff er sie in der Konsequenz als Synthese von τέχνη und φύσις, von Kunst und Natur.

Diese Synthese wurde vom deutschen Idealismus philosophisch verarbeitet. Da dieser aber zum einen seinerseits der Kritik bedarf, zum anderen seine Erkenntnisse das philosophische Denken der Gegenwart nicht hinreichend bestimmen, wurde die genannte Synthese von der heutigen Naturphilosophie und Wissenschaftstheorie noch nicht angemessen rezipiert. Von ontologistisch-empiristischen Strömungen wurde der "Kunstaspekt" der Physik fast völlig aus den Augen verloren. Hiergegen wurden dann Konzepte entwickelt, die die berechtigte Polemik gegen den Fall in das "Naturextrem" dazu verführte, den "Naturaspekt" zu negieren, die Verfahrensweise der Physik lediglich als die Konstruktion verschiedener möglicher rationalistischer Denkschemata zu verstehen. Dieses Herangehen hebt die Rolle des Subjekts für die Erkenntnis der Natur hervor, versteht die Erkenntnis sozusagen als Kunst, nimmt das Subjekt aber nur als geistig, nicht als gegenständlich tätiges und hält damit die Kräfte der Hand für völlig irrelevant bei der Konstituierung der Physik. Die Empiristen andererseits akzeptieren durchaus die Bedeutung der Kräfte der Hand, indem sie die Rolle der empirischen Erfahrung resp. der praktischen Tätigkeit des Menschen für die Naturerkenntnis in den Vordergrund stellen, übersehen aber, daß damit gegen ihre Absicht de facto die subjektive Konstruktion des Erkenntnisobjekts gesetzt ist, halten die Erkenntnis der Natur für eine verzerrungsfreie Wiedergabe der Welt an sich. Beide Sichten verwerfend oder positiv aufheben wollend begründete Paul Lorenzen seine Idee der konstruktiv-wissenschaftstheoretische Protophysik, die man – in der hier benutzten Terminologie gesagt – als Rekonstruktion der neuzeitlichen Physik aus den Kräften der Hand bezeichnen könnte.[595]

Um die mit der Begründung der klassischen Mechanik vollzogene Kunst-Natur-Synthese

---

595 Vgl. z.B. P. Lorenzen, Theorie des technischen Wissens, in: Protophysik. Für und wider eine konstruktive Wissenschaftstheorie der Physik, hg. von G. Böhme, Frankfurt a.M. 1976; ders., Die Eindeutigkeit der Zeitmessung; wiederabgedruckt in: Protophysik und Relativitätstheorie. Beiträge zur Diskussion über eine konstruktive Wissenschaftstheorie der Physik, hg. von J. Pfarr, Mannheim 1981; ders., Relativistische Mechanik mit klassischer Geometrie und Kinematik, in: ebd.; ders., Eine Revision der Einsteinschen Revision, in: ebd.; ders., Die allgemeine Relativitätstheorie als eine Revision der Newtonschen Gravitationstheorie, in: ebd.; ders., Geometrie als meßtheoretisches Apriori, in: ebd.; ders., Das technische Fundament der

in ihrer Bedeutung für den Objektivitätsbegriff der neuzeitlichen Naturwissenschaft hinreichend zu begreifen, muß man sich bewußt machen, was notwendig war, um τέχνη und φύσις synthetisieren *zu können*.

Denn vom Standpunkt der antiken Weltsicht war – wie gesagt – eine solche Synthese gar nicht möglich.[596] Hiernach ist die Physik der Teil der Philosophie, der sich mit der Natur befaßt, und Natur bezeichnet das eigentliche Wesen der Dinge, das ewig unveränderlich Seiende. Das Einzelne entsteht und vergeht, die Wesenheiten, die Gattungen, die jeweilige Natur bleibt. Das Wesen, die Gattung wird als unveränderliche Substanz gedacht. Sie werden gedacht als Substanzen, auf die die Erscheinungen zurückzuführen sind, wobei diese Zurückführung erklärt, *warum* das Seiende so sein muß, wie es ist. Die Bewegung der Gegenstände erklärt sich aus ihrer Substanz,[597] Wesenheit, Natur. Bewegungen gegen diese Natur sind gewaltsam. Man kann über die Natur daher nur unterrichtet werden, wenn man sie so sein läßt, wie sie ist, nicht wenn man ihr Gewalt antut oder sie künstlich präpariert. Die antike Physik ist daher kontemplativ und spekulativ, nicht experimentierend (dies wäre eine Zerstörung des organischen oder eigentlichen Zusammenhangs der Natur). Rationale Betrachtung bzw. metaphysische Spekulation und kontemplative Wahrnehmung sind so die geeignetsten Verfahren dieser Wissenschaft.

Die Mechanik als Kunst, die Natur zu überlisten, steht daher nahezu im Gegensatz zur Physik bzw. die menschliche Kunst im Gegensatz zur Natur. Kunst bedeutet quasi Anti-Objektivität. Denn was der Mensch durch die Verwendung natürlicher Gegenstände produziert, hat kein natürliches Wesen, sondern nur eine künstliche Form. Es hat daher sein Bewegungsprinzip nicht in sich. Der Mensch kann kein neues Element, zu dessen Natur es gehört, einen natürlichen Ort zu haben, herstellen, sondern nur aus den (ein für allemal gegebenen) natürlichen Elementen neue künstliche zusammensetzen. Für die Wurfbewegung gelten deshalb andere Regeln als für die Fallbewegung, denn erstere ist eine gewaltsame, letztere eine natürliche Bewegung; erstere wird in der Mechanik behandelt, letztere in der Physik. Die Me-

---

Geometrie, Philosophia Naturalis *22*(1985), 22-30; ders., Lehrbuch der konstruktiven Wissenschaftstheorie, Mannheim–Wien–Zürich 1987; Messung als Begründung oder Vermittlung?, a.a.O.

596 Vgl. R. Hooykaas, Das Verhältnis von Physik und Mechanik in historischer Sicht, Wiesbaden 1963; F. Krafft, Die Anfänge einer theoretischen Mechanik und die Wandlung ihrer Stellung zur Wissenschaft von der Natur, in: Beiträge zur Methodik der Wissenschaftsgeschichte, hg. von W. Baron, Wiesbaden 1967; ders., Dynamische und statische Betrachtungsweise in der antiken Mechanik, Wiesbaden 1970; R. Wahsner, Mensch und Kosmos – die copernicanische Wende, Berlin 1978; A. Schürmann, Griechische Mechanik und antike Gesellschaft. Studien zur staatlichen Förderung einer technischen Wissenschaft, Stuttgart 1991.

chanik wird aufgefaßt als eine Art von natürlicher Magie, als Kunst, Aporien aufzulösen. Sie beherrscht die List, mit kleiner Kraft große Lasten zu heben, Wasser steigen zu lassen, obwohl es natürlicherweise fällt, oder Apparate zu bauen, die sich so bewegen, als ob sie natürliche Wesen wären. Diese Kunst ist keineswegs voluntaristisch fundiert, sondern hat ihre festen mathematischen Regeln, doch sagen diese nichts über das Sein der Natur. Diese Kunst experimentiert zweifellos, sie tut dies, um ein bestimmtes praktisches Ziel zu erreichen, nicht aber kann man auf diese Weise die Natur erkennen (denn man zerstört oder verfälscht ja gerade, was von Natur aus ist). Zwischen Technik und Wissenschaft, Kunst und Natur besteht daher ein grundlegender Unterschied, obwohl sie beide auf Allgemeines gehen. Sie unterscheiden sich wie Tun und Sein. Technik ist – wie gesagt – ein Wissen von den Gründen des Tuns, Wissenschaft eines von den Gründen des Seins.

Um beides überhaupt synthetisieren, um damit auch Mechanik und Physik vereinen zu können, bedurfte es eines weltanschaulichen und sozialen Umbruchs, eines Umbruchs, mit dem eine kategoriale Neufassung der Welt einherging.[598] Dieser Wandel bedingte selbstredend auch begriffliche Änderungen.[599] Insbesondere bedurfte es der Aufhebung der aristotelischen Bewegungsauffassung,[600] die das naturphilosophische Denken jahrhundertelang bestimmt hatte, um den neuzeitlichen Bewegungsbegriff, also den, auf dessen Basis die Mechanik zur Physik werden konnte, denken zu können.

---

597 Nach Aristoteles z.B. bewegen sich die Himmelskörper auf Kreisen, weil der Kreis die vollkommenste Bahn ist und sie aus keinem der vier irdischen Elemente, sondern aus einem höheren, einem ätherischen Stoff (der quint essentia) bestehen, dessen natürlicher Ort der Kreis ist.

598 Anschaulich schildert dies Hooykaas in seiner schon zitierten Arbeit (siehe Anm. 595); siehe auch K. Lasswitz, Geschichte der Atomistik, Hamburg–Berlin 1890; E. Cassirer, Substanzbegriff und Funktionsbegriff. Untersuchungen über die Grundfragen der Erkenntniskritik, Darmstadt 1990; ders., Das Erkenntnisproblem in der Philosophie und Wissenschaft der neueren Zeit, Darmstadt 1994, Bd. I-IV; A. Maier, Die Mechanisierung des Weltbilds, Leipzig 1938; E.J. Dijksterhuis, Die Mechanisierung des Weltbilds, Berlin–Göttingen–Heidelberg 1956; R. Wahsner, Mensch und Kosmos, a.a.O., insbes. S. 6-70, 95-359.

599 Diese Änderungen wurden unter verschiedenen Gesichtspunkten in der Literatur untersucht. Besonders gründlich und originell wurde dieser Wandel dargestellt in der Schrift: M. Wolff, Geschichte der Impetustheorie. Untersuchungen zum Ursprung der klassischen Mechanik,a.a.O. Eine etwas andere Interpretation gibt A. Maier, Die Impetustheorie der Scholastik, Wien 1940.

600 Nach Aristoteles ist die durch einen Beweger erzeugte Bewegung der Übergang vom potentiellen zu einem aktuellen Sein. In der hierarchisch aufgebauten Welt, in der die Erde von verschiedenen Sphären umschlossen ist, deren oberste von der Fixsternsphäre gebildet wird, setzt jede Sphäre die nächstuntere in Bewegung; für die höchste bewirkt das der Erste Beweger. Da dieser aber reiner actus ist, kann er nicht durch den Übergang vom potentiellen zum aktuellen Sein Beweger sein; er wirkt als Beweger, indem die Fixsternsphäre aus Liebe zur Vollkommenheit nach ihm strebt – so wie die Materie zur Form –, und so gerät sie in Bewegung. Der wesentliche und entscheidende Unterschied zur neuzeitlichen Auffassung der Bewegung liegt darin, daß nach dem Konzept der aristotelisch-scholastischen Philosophie die Bewegung nur solange dauert, solange das Bewegte in Kontakt mit dem Bewegenden ist, und aufhört, wenn die verursachende Kraft aufhört, das neuzeitliche hingegen sieht in der Bewegung einen Zustand, der sich als solcher übertragen läßt und von selber weiterdauert, bis er durch äußere Ursachen verändert wird. Vgl. zu diesem

Es stellte sich heraus, daß man mit den Grundthesen der peripatetischen Physik in Konflikt geriet, wollte man ein einheitliches Bewegungsprinzip durchführen; ging man von ihnen aus, so konnte es kein einheitliches Bewegungsprinzip geben. Es zeigte sich somit die Unmöglichkeit, vom geozentrischen Standpunkt aus ein einheitliches Bild der Welt zu konzipieren, sobald man von der rein kinematischen Betrachtung abging und nach der bewegenden Kraft fragte. Erst als man die Trennung der Welt in eine sublunare und eine supralunare aufheben konnte, wurde das Bewegungsproblem lösbar, also erst dann, als man die universelle Vergleichbarkeit nicht nur geometrisch, sondern auch physikalisch, mithin dynamisch, zu fassen vermochte. [601] Erst dann ließen sich Himmel und Erde als eine Natur denken.

Dieses hierfür erforderliche Umdenken begann in der Renaissance, indem – wie schon angedeutet – der Mensch als tätiger die Natur zu seinen Zwecken umgestaltender Prometheus gesehen wurde.[602] Es war dies in einem eine Revolution des Natur- und des Menschenbildes und eine Rückbesinnung auf die Antik. Der Renaissancehumanismus überwand die Kluft, die das feudale Mittelalter in einseitiger Ausgestaltung der antiken Sicht zwischen Beseeltem und Natürlichem, zwischen Himmel und Erde aufgerissen hatte, indem er nicht nur den Menschen, sondern auch die Natur als beseelt faßte, den Menschen aber nicht nur als beseeltes, sondern auch als sinnliches, also natürliches Wesen, und so den neuzeitlichen Grundgedanken der naturgesetzlichen Einheit von Mensch und Kosmos, Erde und Himmel gebar.[603]

Es hatte sich mithin die Weltsicht als ganze gewandelt, das unterstellte Verhältnis von Mensch und Natur, Natur und Gott.[604] Für die naturreligiös geprägte Antike war die Natur eine Gottheit, eine Gottheit, die alles gebärt, erhält, nach der ewigen Vernunft wirkt. Wollte der Mensch ihr nachstreben, so wäre dies frevelhaft und gottlos. Nach der christlichen Lehre

---

Übergang A. Maier, Die Impetustheorie der Scholastik, Wien 1940; dies., Die Mechanisierung des Weltbilds, a.a.O.

601 Die Überwindung des mythologischen Weltbildes begründete in der griechischen Antike die rationale Weltbetrachtung. In einem damit wurde der Gedanke der universellen Vergleichbarkeit geboren – allerdings zunächst nur geometrisch. Die Griechen hatten den Mut, die Geometrie, also die Landmeßkunst, auf den Himmel anzuwenden, was es ihnen ermöglichte, Astronomie zu betreiben. Physikalisch jedoch setzen sie Himmel und Erde keineswegs gleich bzw. es fehlten ihnen die Mittel, um dies zu tun. Die universelle Vergleichbarkeit auch physikalisch zu denken, begründete eine neue Epoche, erbrachte das neuzeitliche Weltbild.

602 Charakteristisch hierfür ist z.B. die Auffassung des Ramus-Schülers Henri de Monantheuil in seinem Kommentar zu der aristotelischen *Mechanik*, wonach der Mensch seinen Körper bekommen hat, um von der Erkenntnis zur Handlung fortschreiten zu können, indem sein Körper Werkzeuge macht oder als Werkzeug dient. [Vgl. Henricus Monantholius, Aristotelis Mechanica, …, Paris 1599 (Prefatio ad lectorem).]

603 Vgl. R. Wahsner, Mensch und Kosmos, a.a.O., S. 26-33; dies., Naturwissenschaft, a.a.O., S. 12-15.

604 Vgl. auch F. Krafft, Galileo Galilei: Die Mechanik wird zu einer Wissenschaft von der Natur, in: ders., Dynamische und statische Betrachtungsweise in der antiken Mechanik, a.a.O., S. 160-168.

jedoch ist die Natur ebenso wie der Mensch eine Schöpfung Gottes. An die Stelle des antiken Gegensatzes *Mensch – Gott und Natur* setzt das Christentum *Mensch und Natur – Gott.*[605]

Es ist nunmehr nicht widersinnig, die Natur selbst als Mechanismus zu betrachten und die mechanische Tätigkeit als Handlung, durch die man etwas über die Natur erfährt. Das erwähnte Nachspüren ist jedoch nicht als schlichte Empirie zu verstehen, der alte Rationalismus der Metaphysik also nicht einfach gegen einen Empirismus auszutauschen. Das neue Verfahren ist vielmehr dadurch charakterisiert, daß das natürliche Geschehen zerlegt wird, zerlegt wird in theoretisch fundierte Elemente, die als seine Bestandteile genommen werden. Das zu untersuchende Phänomen wird also künstlich aus seinem natürlichen Zusammenhang herausisoliert und aus den so gewonnenen ἀρχαι das "Phänomen" generiert.

Mechanik oder Werkzeugkunde kann in diesem Sinne als Naturwissenschaft, die φύσις, die Natur der Dinge, als mechanisch angesehen werden.[606] Das Experiment als künstliche Herstellung von idealen Situationen, was das Zerreißen naturwüchsiger Zusammenhänge impliziert, kann als geeignetes Verfahren zur Erkundung der Natur begriffen werden. Die Trennung zwischen Natur und Kunst ist so aufgehoben. "Durch die Arbeitsmethoden der Kunst (durch das Experiment) schließen menschliche Hände die Tür zur Natur auf; durch die Produkte der Kunst wird dem menschlichen Geist das Modell angeboten, nach dessen Analogie das Naturbild konstruiert wird. Die Kunst beherrscht die Natur und die Kunst erkennt die Natur; die Zusammenarbeit von freien und mechanischen Künsten, von exakten Wissenschaften und Technik, wird für die neue Wissenschaft unentbehrlich sein."[607]

Dieser Umbruch im Welt- und Menschenbild schlägt sich – wie gesagt – in einer kategorialen Neufassung der Welt nieder. Newton verweist darauf gleich zu Beginn seines Vorwortes, indem er bemerkt, daß die Neueren die Lehre von den substantiellen Formen und den verborgenen Eigenschaften aufgeben mußten, um die Erscheinungen der Natur auf mathematisch gefaßte Gesetze zurückführen zu können.[608] Man untersucht nicht mehr Dinge und ihre Eigenschaften, sondern die Bewegung als solche, das Verhalten ist der Gegenstand.

Hierdurch verändert sich auch das Verhältnis von *innen* und *außen*. Man hat es nicht mehr im Kern mit einer Substanz zu tun, die durch ihre Äußerung, ihre Wirkungen ihr Wesen noch nicht preisgibt, sondern die Äußerungen, Wirkungen *sind* das Wesen, genauer: die Gesamtheit dieser Wirkungen bzw. Äußerungen. Dies ist z.B. der Hintergrund des Hegelschen Fort-

605 In dem Verhältnis *Mensch – Natur – Gott* kann man zunächst für Gott setzen: Unendliches, Übersinnliches, Allgemeines, Unbedingtes, um die erforderlich gewordenen neuen Bestimmungen zu integrieren.

606 Es ist dies keinesfalls als Mechanizismus aufzufassen.

607 R. Hooykaas, Das Verhältnis von Physik und Mechanik in historischer Sicht, a.a.O., S. 10-11.

608 Vgl. I. Newton, Mathematische Prinzipien der Naturlehre, a.a.O., S. 1; vgl. auch E. Cassirer, Das Erkenntnisproblem in der Philosophie und Wissenschaft der neueren Zeit, a.a.O., insbes. Bd. I, S. 1-18, 21-61.

ganges in der *Phänomenologie* vom Reich der Dinge in das Reich der Kräfte. In der Kraft wird das Wesen gedacht, insofern es unmittelbar in seiner Äußerung ist und besteht. Nachdem zunächst diese Äußerung derart vorgestellt wird, daß sie, um zu erscheinen, des Anstoßes (von einem Anderen) bedarf, wird klar, daß – insofern das Wirken der Kraft ihr Sein ausmacht, Sein und Wirken nur miteinander gedacht werden können – die Kraft das, was anfangs ein Anderes zu sein schien, an sich selbst hat. Damit geht *das unbedingt Allgemeine als Innres der Dinge* oder als Ungegenständliches hervor.[609]

Das Unendliche wird nicht mehr als quasi dinghaftes Objekt gefaßt und nicht der Welt gegenüberstehend gedacht. Ein neuer Begriff *Unendlich* ist so begründet und das Verhältnis von Erkenntnisobjekt und Erkenntnissubjekt verändert.[610] Das Objekt der Erkenntnis ist nicht jenseits vom Subjekt, Erkenntnisobjekt und Erkenntnissubjekt werden miteinander vermittelbar.[611]

Diese Wandlung der Denkart veränderte – wie erwähnt – die Auffassung des Verhältnisses von, Sinnlichkeit und Denken, empirischer Wissenschaft und Metaphysik, Philosophie und Mathematik, hatte Konsequenzen für den Begriff des Unendlichen und des Allgemeinen.[612] Jede philosophische und jede wissenschaftstheoretische Diskussion über die neuzeitliche Wissenschaft muß dies bedenken. Auch das vermeintlich rein philosophische Denken muß sich dessen bewußt sein, daß dieser neuzeitliche Umbruch, allseitige Folgen implizierte, daß der Charakter der Philosophie der Moderne nicht begriffen werden kann, blendet man den Status der Naturwissenschaft aus.

Die neuzeitliche Philosophie ist das Bewußtsein dessen, daß das Wissen von den Gründen des Tuns und das Wissen von den Gründen des Seins nicht mehr auseinanderfallen. In den Systemen ihrer Begründer Francis Bacon und René Descartes wird das offensichtlich, und zwar gerade durch die jeweils konzipierte Bindung von "Erster Philosophie" und Wissenschaftsbegriff,[613] durch die Betonung, daß es darum geht, einen *notwendigen* Zusammen-

---

609 Vgl. G.W.F. Hegel, Phänomenologie des Geistes, a.a.O., S. 110-112-115.

610 Nikolaus von Kues veranschaulicht diesen Übergang mit dem Verhältnis von Kreis und Polygon. Ein Polygon ist niemals ein Kreis, aber es gibt keine Schranke, sich durch Erhöhung des Vielecks dem Kreis immer mehr anzunähern, das Polygon dem Kreis anzuähneln. Dabei ist das Polygon kein Ersatz für das Unendliche, aber ein Mittel, sich ihm anzuähneln. (Vgl. E. Cassirer, Erkenntnisproblem, Bd. I, S. 26, 21-31.)

611 Das heißt nicht, daß sie nicht klar voneinander unterschieden werden müssen.

612 Zusammenfassend hierüber siehe: E. Cassirer, Das Erkenntnisproblem in der Philosophie und Wissenschaft der neueren Zeit, a.a.O., S. 1-18, 21-61; siehe auch den Abschnitt "Das neuzeitliche Denkprinzip" sowie die dort zitierte Literatur.

613 Vgl. R. Descartes, Die Prinzipien der Philosophie, übersetzt und erläutert von A. Buchenau, Hamburg 1955, S. 245-246 (Vierter Teil, § 203); ders., Von der Methode des richtigen Vernunftgebrauchs und der wissenschaftlichen Forschung, a.a.O., S. 101 (6. Teil, § 2); F. Bacon, De Augmentis Scientarum, Liber Sec., Cap. II, in: The Works of Francis Bacon, zusammengestellt und hg. von J. Spedding, R. L. Ellis und

hang, eine *notwendige* Ordnung aufzuspüren, etwas, das das im Wechsel Bleibende, das ein *als* Gesetz Seiendes, fixiert.[614]

Doch die beiden "τέχνη" und "φύσις" genannten Komponenten mußten nicht nur vereinigt werden, um zu einer messenden und rechnenden Wissenschaft von der Natur zu gelangen, sondern sie waren in ihrer Eigenständigkeit eine notwendige Voraussetzung der synthetisierten Theorie.

Für die Herausbildung der theoretischen Naturforschung war es, um einen *objektiven* Standpunkt zu gewinnen, d.h. ein Prinzip zu finden, nach dem die Vorgänge in der Welt universell verglichen werden können, unabdingbar, den in der antiken Mechanik gefaßten, also auf den irdischen Raum beschränkten Erfahrungsbereich des Menschen mit einem Bereich zu vergleichen, der der unmittelbaren Erfahrung des Menschen entzogen ist. Hierfür bot die Astronomie als geometrisch-kinematische Naturtheorie die Möglichkeit. Um einen objektiven Standpunkt zu gewinnen, einen, der weder das unmittelbar Wahrgenommene noch das völlig Unberührte für das Wahre hält, müssen zwei Bereiche gefunden und zueinander in Beziehung gesetzt werden, ein Bereich, der den der τέχνη und einer, der den der φύσις verkörpert. Der durch die unmittelbare Erfahrung nicht zu erschließende Bereich konnte, da es vor der Begründung der Naturwissenschaft selbstredend keine komplizierte Beobachtungstechnik gab, nur makroskopisch sein. Die Vorgänge am Himmel, die – per seinerzeit gültigem naturphilosophischen Konzept – als ideale Bewegungen von idealen Körpern galten, waren die einzigen, die diese Aufgabe erfüllten, sie boten so das unabdingbar notwendige Gegenstück zur irdischen Mechanik.[615] Nur hierdurch konnte es zur Erfindung der experimentellen Methode kommen, auf der die Physik und die Art ihrer Begrifflichkeit beruhen.

Die Newtonsche Mechanik ist wesentlich eine Synthese von Himmel und Erde, der Keplerschen beobachtenden Astronomie und der Galileischen auf Experimenten mit irdischen Körpern beruhenden Mechanik. Obzwar sich darin eine Synthese von τέχνη und φύσις zweifellos widerspiegelt, so ist doch zu bedenken, daß sowohl in die Keplersche als auch in die

---

D. D. Heath, Bd. I, London 1858; ders., Neues Organon, hg. und mit einer Einleitung von W. Krohn, Hamburg 1990, S. 65; H. Pemberton, Anfangsgründe der Newtonischen Philosophie, aus dem Englischen mit Anmerkungen und einer Vorrede von S. Maimonides, Berlin 1793, S. 6, 22;

614 Vgl. beispielshalber Hermann Weyl, der schreibt: "Ein typisches Beispiel physikalischer Begriffsbildung ist der Galileische Massenbegriff. ... Zwei sich gegeneinander bewegende Körper (die beide nach dem Trägheitsgesetz eine gleichförmige Translation vollführen) haben entgegengesetzt gleichen Impuls, wenn beim Zusammmenstoß keiner den anderen überrennt; zwei Körper haben gleiche Masse, so wiederholen wir das Galileische Kriterium, wenn sie bei gleichen Geschwindigkeiten gleiche Impulse besitzen." (H. Weyl, Philosophie der Mathematik und Naturwissenschaft, München–Wien 1966, S. 187.)

615 Vgl. R. Wahsner, Mensch und Kosmos, a.a.O., S. 8-10; H.-H. v. Borzeszkowski und R. Wahsner, Physikalischer Dualismus und dialektischer Widerspruch, a.a.O., S. 104.

Galileische Theorie die neuzeitlichen Umbrüche schon eingegangen, wenn auch in ihnen noch nicht ausgereift waren. So beruhten beide Theorien auf dem heliozentrischen Standpunkt und der Aufgabe des Substanzdenkens.

Galileis Lehre von Fall und Wurf und Keplers Planetengesetze stellten Bewegungen auf der Erde bzw. am Himmel rein kinematisch dar, d.h. sie erfaßten die Bewegung als Abhängigkeit des Ortes $\vec{x}$ dieser Körper von der Zeit t. Es handelt sich dabei also um die Kinematik spezieller Bewegungen. Die Newtonsche Mechanik ist in dem Sinne eine "vereinte" dynamische Theorie, als aus ihr sowohl diese spezifischen Bewegungen als auch andere irdische und Himmelsbewegungen berechnet werden können.

Um seine irdische Kinematik zu formulieren, mußte Galilei die Rolle des aus der Statik bekannten Gewichts in Überwindung aristotelischer Vorstellungen (und im Anschluß an Überlegungen Benedettis, Stevins und anderer) für die irdischen Bewegungen klären. Er kam zu dem Schluß, daß es sowohl bei der Fallbewegung als auch der Wurfbewegung, die geometrisch aus einer gleichförmig geradlinigen und der Fallbewegung zusammengesetzt wird,[616] um Bewegungen geht, bei denen das Gewicht keinen Einfluß auf den Bewegungsablauf hat: bei der gleichförmig geradlinigen Bewegung deshalb nicht, weil es nur auf die Geschwindigkeit ankommt, die eine Wurfmaschine oder eine werfende Hand dem geworfenen Gegenstand mitteilt, und bei der Fallbewegung deshalb nicht, weil alle Körper unabhängig von ihrem Gewicht gleich schnell fallen. Zudem war die Kombination der gleichförmig geradlinigen und der Fallbewegung nur möglich, weil man Sätze über die Zusammensetzung von (virtuellen) Bewegungen, die man in der Statik gewonnenen hatte, zugrunde legen konnte.

Galilei gründete seine Lehre auf statische Untersuchungen und damit auf Untersuchungen, die für die Kräfte der Hand gegolten hatten, und übertrug sie auf kinematische Untersuchungen bzw. modifizierte sie zu diesem Zweck. Dabei war es von außerordentlicher Bedeutung, daß gerade bei der Gravitation die Bewegungen vom Gewicht bzw. von der Masse der bewegten Körper unabhängig sind, so daß es möglich ist, kinematische Gesetze aufzustellen, ohne dabei den Begriff der Masse (und der Kraft) explizit einführen zu müssen.[617]

Im Anschluß an die Archimedische Statik ging Galilei davon aus, daß alle Begründung der

---

616 Daß die Wurfbewegung überhaupt als Kombination dieser beiden Bewegungen gedacht werden konnte, beruht auf dem dargestellten Umbruch, der die aristotelische Trennung zwischen "natürlicher" Fallbewegung und "erzwungener" Wurfbewegung aufhob.

617 In anderen Fällen hängt die Bewegung durchaus von der Beschaffenheit der bewegten Körper ab. Bei Körpern, die zum Beispiel durch elektrische oder magnetische Kräfte bewegt werden, hängt die Bewegung von der sogenannten spezifischen Ladung (sie entspricht dem Verhältnis von schwerer und träger Masse im Falle der Gravitation) ab. Eine derartige Kinematik kann nicht ohne einen größeren Vorgriff auf die Dynamik begründet werden, da erst diese die Begriffe der spezifischen Ladung einzuführen gestattet.

Mechanik auf Geometrie beruht.[618] Um nun die Bewegung geometrisch erklären zu können, setzte Galilei die aus antiker Sicht "gewaltsamen Bewegungen" (z.B. Wurfbewegungen) aus geradlinigen und aus Kreisbewegungen zusammen, die beide gemäß platonischer und aristotelischer Konzeption als natürliche Bewegungen galten, welche keiner physikalischen Ursache und insofern keiner physikalischen Begründung bedurften. Doch durch die Kombination von geradlinigen und Kreisbewegungen zwecks Konstruktion einer Wurfbewegung ("Wurfparabel") kommen bevorzugt Kurven in die Diskussion, die nachdem die Unterscheidung von natürlichen und gewaltsamen Bewegungen aufgegeben wurde, im Rahmen der Geometrie (selbstredend der euklidischen) nicht ausgezeichnet sind. Hieraus erwächst das Bedürfnis nach einer anderen (eben einer physikalischen) Begründung. Wenn in der ausgearbeiteten Galileischen Bewegungslehre die Wurfparabel dann durch eine Kombination von Trägheits- und Fallbewegung dargestellt wird, so mußte Galilei zusätzliche Größen einführen, nämlich *Geschwindigkeit* und *gleichmäßige Beschleunigung*. Diese werden aus Raum- und Zeitgrößen gebildet.

Archimedes hatte für seine Statik die Geometrie als physikalische Theorie benutzen können, indem er die Bedingungen angab, unter denen Kräftegleichheit herrscht, wozu er der Geometrie eine Zusatzbedingung anfügen mußte, die angab, welchem ausgezeichneten geometrischen Punkt der Schwerpunkt zugeordnet werden kann. Für Galilei stellte sich die Frage, unter welchen Bedingungen man die Geometrie als Theorie der Bewegung verwenden kann. Seine Antwort enthielt implizit die Einsicht, daß dies immer dann der Fall ist, wenn man von der Masse absehen kann – wie es für die Fall- und Wurfgesetze zutrifft. Zu dieser "Vorprägung" des Massebegriffs kam er auch durch Descartes' Überlegungen zu den Stoßgesetzen. Damit sagte er nicht nur, was mit dem Terminus "physikalischer Körper" gemeint ist, sondern zerlegte vor allem den bei Archimedes unaufgelösten Kraftbegriff de facto derart, daß die Bewegung mit den Begriffen *Geschwindigkeit* und *Beschleunigung* faßbar wurde, mit Größen also, die auf räumliche und zeitliche Größen zurückgeführt werden können. Dadurch war für ihn der Anschluß an die Geometrie gegeben, und diese konnte die bei ihm die fehlende physikalische Theorie vertreten.[619]

---

618 Vgl. G. Galilei, Unterredungen und mathematische Demonstrationen über zwei neue Wissenszweige, die Mechanik und die Fallgesetze betreffend, hg. von A. v. Oettingen, Leipzig 1890 und 1891, Erster und Zweiter Tag.

619 Dennoch war ihm bewußt, daß man eine weitergehende physikalische Theorie braucht. So schrieb er vor der Behandlung seiner Bewegungslehre in den "Unterredungen ...": Es "wird die Bahn geebnet zur Errichtung einer sehr weiten außerordentlich wichtigen Wissenschaft, deren Anfangsgründe diese vorliegende Arbeit bringen soll, in deren tiefere Geheimnisse einzudringen Geistern vorbehalten bleibt, die mir überlegen sind". (G. Galilei, ebd., Dritter und Vierter Tag.)

Obwohl Galileis Mechanik sich wie die antike Mechanik nur mit irdischen Gesetzen befaßte und daher der "Kunstaspekt" in ihr hervortrat, wurde sie von seiner Zeit als Naturtheorie verstanden – allerdings als eine, die keine Aussagen über den "Himmelsteil" der Natur machte. Dieses fehlende Stück wurde durch Keplers Astronomie erbracht. Indem Kepler eine raffinierte Beobachtungsanordnung erdachte, um alle bekannten Ergebnisse konsistent vereinen zu können, mußte er das antike Dogma, wonach sich die Himmelskörper auf Kreisen bewegen, verlassen und gelangte zu neuen Bewegungsbahnen. Ihm zufolge bewegt sich der Körper (hier verstanden als Platzhalter für ein sich bewegendes Etwas) längs einer ellipsenförmigen Kurve. Allerdings fehlte bei Kepler die Verbindung zur Statik.[620] Auch für die Planetentheorie kann insofern vom Gewicht bzw. den Massen abgesehen werden, als die Bewegungsbahnen von der Beschaffenheit der sich bewegenden Körper und damit von der Größe ihrer Masse unabhängig sind. Da es um kinematische Regeln für Bewegungsabläufe ging, bedurfte es auch keines Kraftbegriffs. Zwar spielte die Vorstellung einer zwischen der Sonne und den Planeten wirkenden "natürlichen Kraft" in Keplers Überlegungen eine große heuristische Rolle,[621] ein konkreter Vorgriff auf die Dynamik und deren Kraftbegriff war aber nicht vonnöten (wozu Kepler auch nicht in der Lage gewesen wäre). Die Dynamik selbst, also Newtons Himmel und Erde vereinigende Mechanik, aus der irdische wie himmlische Bewegungsbahnen abgeleitet werden können, ist dann allerdings wesentlich eine Theorie der Massen und Kräfte.[622]

Die Vereinigung der Galileischen und Keplerschen Kinematik zur Newtonschen Mechanik war wesentlich auch die Vereinigung von τέχνη und φύσις, und damit hatte die Synthese von τέχνη und φύσις die von irdischer Mechanik und Astronomie zur Bedingung. Diese Synthese

620 Diese Feststellung ist allerdings insofern zu relativieren, als in der Himmelskinematik (ebenso wie in der irdischen Mechanik) die Geometrie, also eine in der praktischen Mechanik wurzelnde Lehre, seit der Antike angewandt wurde.

621 Kepler verglich diese "natürliche Kraft" im wesentlichen mit der magnetischen Wirkung, denn der Magnetismus war zu jener Zeit die einzige bekannte in die Ferne wirkende Kraft. Eine Kurzfassung seiner Vorstellung des Mechanismus der Kraftwirkung auf die Planeten findet sich in einem Brief an seinen Lehrer Mästlin. (Vgl. J. Kepler, Brief an Mästlin vom 5. 3. 1605, in: Johannes Kepler in seinen Briefen, hg. von M. Caspar und W. van Dyck, München–Berlin 1930, Bd. I, S. 222; siehe auch E. Goldbeck, Keplers Lehre von der Gravitation, in: ders., Der Mensch und sein Weltbild, Leipzig 1925.) Zugleich beruft sich Kepler bei seinem Ansatz zu einem Kraftbegriff auf das Beispiel der Statik, indem ihm "die Hebelgesetze das Musterbild sind, an dem er das Gesetz der Abnahme der Kraftwirkung bei wachsender Entfernung vom Zentrum verdeutlicht". (E. Cassirer, Das Erkenntnisproblem in der Philosophie und Wissenschaft der neueren Zeit, a.a.O., Bd. I, S. 359.)

622 Vgl. R. Wahsner, Weltharmonie und Naturgesetz. Zur wissenschaftshistorischen und wissenschaftstheoretischen Bedeutung der Keplerschen Harmonienlehre, Dt. Zs. für Philosophie *29*(1981), 531-545; dies., "Dies Buch ist geschrieben in mathematischer Sprache...". Mystik, Platonismus oder moderne Physik?, in: R. Wahsner und H.-H. v. Borzeszkowski, Zwei Vorträge über Galilei, Preprint des FSP Wissenschaftstheorie und Wissenschaftsgeschichte Nr. 24/94, Berlin 1994; H.-H. v. Borzeszkowski, Galilei als Erfinder der experimentellen Methode, in: ebd., sowie in: Die Sterne *71*(1995), 299-303.

brachte es mit sich, daß die Newtonsche Theorie eine mathematisch gefaßte Experimentalwissenschaft war,[623] denn Galileis und Keplers Gesetze lagen in mathematischer Form vor – und zwar in einer solchen, die auf der Grundlage der analytischen Geometrie verfaßt war.

Galilei wollte die Naturwissenschaft als begriffsgesteuertes konstruktives Lesen des Buches der Natur sowohl von den Theologen als auch von den Philosophen unabhängig machen. Er wollte sie von allen Autoritäten befreien und kam so zu einer Theorie, in der beide Bücher, die Gott für die Erkenntnis des Menschen schrieb, die Bibel und die Natur, gleichrangig nebeneinander stehen, allerdings zwei völlig getrennte Methoden erfordern, um sich dem Menschen zu erschließen, wobei nach seiner Auffassung für Fragen des Naturverhaltens nur die Wissenschaft zuständig ist.[624] Seine schroffe Abweisung der Theologie milderte Galilei mit der Bemerkung, "daß zwei Wahrheiten einander niemals widersprechen können",[625] und er begründete sie damit, daß er es zu glauben nicht für nötig erachte, "daß derselbe Gott, welcher uns mit Sinnen, Urteilskraft und Verstand begabt hat, den Gebrauch selbiger hintansetzend gewollt habe, uns Kenntnisse auf andere als die durch sie zu erlangende Weise zu vermitteln".[626]

Die Unabhängigkeit der Naturwissenschaft (wie der Wissenschaft überhaupt und der Philosophie) von der theologischen und scholastischen Bevormundung wurde hiernach gewonnen durch das Erlernen der Sprache, in der das Buch der Natur geschrieben ist. "Dies Buch ist geschrieben in mathematischer Sprache, und die Schriftzüge sind Dreiecke, Kreise und andere geometrische Figuren, ohne deren Hilfe es unmöglich ist, nur ein Wort davon menschlicherweise zu verstehen."[627] Allen – so Galilei –, die Gott mit Sinnen und Verstand und Urteilskraft ausgerüstet hat, ist es möglich, diese Sprache zu erlernen. Genauer müßte man sagen,

---

623 Die Bezeichnung "Experimentalwissenschaft" charakterisiert Newtons Physik nicht als eine sogenannte empirische Philosophie. Diese ist vielmehr eine messende und rechnende Wissenschaft, die als solche nur "funktionieren" resp. sich bewähren kann, wenn sie gerade nicht die Fehler des für Lockes System typischen "metaphysizierenden Empirismus" begeht. Lockes Philosophie ist eben nicht – wie Hegel meint – die Metaphysik der Newtonschen Mechanik. (Vgl. G.W.F. Hegel, Vorlesungen über die Geschichte der Philosophie III, in: Werke, a.a.O., Bd. 20, S. 209, 223.)

624 G. Galilei, Brief vom 21. 12. 1613 an Benedetto Castelli, in: Galileo Galilei, Schriften. Briefe. Dokumente, hg. von hg. von A. Mudry, Berlin 1987, Bd. I, S. 169-170.

625 Ebd., S. 170.

626 Ebd., S. 172.

627 Galilei faßte die Welt als eine bereits idealisierte Welt auf und kannte dementsprechend auch keinen Unterschied zwischen Philosophie und empirischer Wissenschaft. Deshalb erklärte er: "Die Philosophie ist geschrieben in jenem großen Buche, das uns fortwährend offen vor Augen liegt – ich meine das Universum –, das man aber nicht verstehen kann, wenn man nicht erst die Sprache verstehen lernt und die Züge kennt, in denen es geschrieben ist. Dies Buch ist geschrieben in mathematischer Sprache, und die Schriftzüge sind

daß die Unabhängigkeit der Naturwissenschaft gewonnen wurde durch das Erfinden einer Sprache, in der es möglich ist, mit der Natur zu kommunizieren.

Galileis Berufung auf die Sinne ist zugleich eine Polemik gegen die scholastisch verunstaltete Syllogistik, wobei die Sprache der Dreiecke das Abgleiten in den Empirismus verhindert. Die geometrischen Figuren vermitteln zwischen der Sinnen- und der Verstandeswelt. Diese Rolle spielten sie schon in der griechischen Antike, explizit bei Platon.[628] Doch erst Galilei konnte die Eigenständigkeit des Buches der Natur erklären, indem er eben im Sinne des neuzeitlichen Denkprinzips die aristotelisch-scholastische Regel *operari sequitur esse* umkehrte bzw. die Umkehr dieser Regel vollendete. Statt die Form des Wirkens aus einer Annahme über die Form des Seins zu erschließen, ging er von den empirischen Gesetzen des Wirkens aus, um dadurch mittelbar den Ansatz für die Bestimmung des Seins zu gewinnen. Mit dem Grundsatz *Das Verhalten bestimmt das Sein* ist die Bewegung eines Körpers nicht mehr – wie im peripatetischen Weltbild – durch die Substanz bestimmt, aus der er besteht.

Diese Umkehr implizierte neben der Absage an die metaphysische Suche nach dem inneren Wesen der natürlichen Substanzen[629] ein zuvor nicht denkbares Einheitsprinzip, wie das am Wurfproblem demonstriert werden kann. Zu dessen Lösung war Galilei zunächst von der Forderung ausgegangen, für die beiden in Betracht kommenden Momente, für die gleichförmige Bewegung auf der Horizontalen und dem gleichförmig beschleunigten Fall in der Senkrechten, ein *gemeinsames Maß* zu definieren. So es gefunden wäre, stellte es die gemeinsame Natur dar, die für die Vereinigung der Inhalte zu fordern ist.[630] Nach antiker Art hätte sich die "Schwere" – gedacht als "innerlicher Hang", als Drang zum natürlichen Ort – nicht mit der gewaltsamen Horizontalbewegung vereinbaren lassen. Erst nachdem die "Schwere" als Beschleunigung bestimmt und somit als reine Größe objektiviert worden war, konnte die Trennung zwischen "natürlichen" und "gewaltsamen" Bewegungen aufgehoben werden, die "Schwere" als Komponente in das Gesamtergebnis eingehen, war eine Kombination der Bewegungen widerspruchsfrei möglich.

Zudem löste Galilei das Problem, wonach die sogenannte sinnliche und physische Materie nach antikem und vor allem mittelalterlichem Verständnis der Anwendung der reinen Ma-

---

Dreiecke, Kreise und andere geometrische Figuren, ohne deren Hilfe es unmöglich ist, nur ein Wort davon menschlicherweise zu verstehen." (G. Galilei, Il Saggiatore, in: Le Opere, Padova 1744, Op. II, S. 247.)

628 Vgl. Platon, Der Staat, 526c-527c.

629 Galilei schreibt z.B.: "Entweder wir suchen auf dem Wege der Spekulation in das wahre innerliche *Wesen* der natürlichen Substanzen einzudringen, oder wir begnügen uns mit der Erkenntnis einiger ihrer empirischen 'affezioni'." [G. Galilei, Briefe über die Sonnenflecken, in: Opere, Albèri, Bd. III, S. 462-463 (dt. zit. bei E. Cassirer, Das Erkenntnisproblem in der Philosophie und Wissenschaft der neueren Zeit, a.a.O., Bd. I, S. 403-404).]

thematik auf die empirische Wirklichkeit entgegensteht. Er beseitigte dieses Hemmnis, indem er die Materie quasi als völlig homogenen Stoff faßte, in dem alle qualitativen Unterschiede, wie sie die sinnliche Empfindung darbietet, aufgehoben sind und nur jene Momente zurückbehalten werden, die der quantitativen Vergleichung und Messung unterliegen. Die Materie wird so geometrisch bestimmbar. Galileis Rede von der "Subjektivität der Sinnesqualitäten" ist nur die andere Seite dieser Auffassung.

Die Begründung dieser spezifisch-physikalischen Idealität (durch die Naturbewegungen mathematisch erfaßt werden können und sich ein neues Verhältnis von Mathematik und Sinnenwelt herstellt) vollzog sich also – wie an der Wurfparabel zu sehen – durch den Vorrang des Funktionsbegriffes vor dem Dingbegriff, durch den Übergang zu dem Prinzip, wonach das Verhalten das Sein bestimmt. Dieser Übergang erwies sich zugleich als Übergang vom geometrischen zum naturgesetzlichen Universum. Hatten die alten Griechen den Mut, die Gesetze der Geometrie, der Erdmessung, auf den Himmel anzuwenden, so hatten die Neuzeitlichen das Geschick, die Geometrie auf unterschiedlich dimensionierte Größen anzuwenden und so die naturgesetzliche Einheit von Himmel und Erde zu begründen. Und erst aus dieser Sicht konnte Galilei die Eigenständigkeit des Buches der Natur verkünden resp. erklären, daß es jetzt lesbar geworden sei, wir die Sprache, in der es geschrieben ist, im Prinzip beherrschten. Allerdings traf das insofern nicht ganz zu, als Galileis Mechanik nur eine irdische war und – wie gesagt – erst noch der Synthese mit Keplers Astronomie bedurfte, um zu einer Weltmechanik zu werden.

Auf der Basis der τέχνη-φύσις-Synthese ermöglichte es die analytische Geometrie die Methode der Geometrie für das Denken der Gegenstände einer messenden und rechnenden Naturwissenschaft anwendbar zu machen. Daher ist über ihre erkenntnistheoretische Analyse auch das Verhältnis von Mathematik und Physik zu bestimmen. Wenn die zur Physik gewordene neuzeitliche Mechanik ihre Gegenstände weder als sinnlich-konkrete Naturdinge noch als metaphysische Substanzen nehmen kann, sie hingegen als substantiviertes Verhalten bzw. als substantivierte Verhältnisse begreift, so besteht die Gefahr, den Unterschied zur Mathematik nicht mehr zu sehen. Um das zu verhindern, muß der Unterschied von *Beziehung* und *Verhältnis* beachtet werden.[631]

---

630 Vgl. G. Galilei, Unterredungen und mathematische Demonstrationen über zwei neue Wissenszweige, die Mechanik und die Fallgesetze betreffend, a.a.O., Vierter Tag.

631 Vgl. R. Wahsner, Eigenschaft und Verhalten. Zur Beziehung von Mathematik und Physik, in: Gravitation und Kosmos. Beiträge zu Problemen der Allgemeinen Relativitätstheorie, hg. von R. Wahsner, Berlin 1988; dies., Zur Kritik der Hegelschen Naturphilosophie, a.a.O., S. 42-43, 101-121; R. Wahsner und H.-H. v. Borzeszkowski, Die Wirklichkeit der Physik, a.a.O., S. 125-171.

Die analytische Geometrie hat – wie gesagt – das neue Denkprinzip erfordert; doch es gilt auch das Umgekehrte. Und beides war hinwiederum notwendig, um eine Kraft der Natur, um den neuen Kraftbegriff denken zu können. Genauso gut kann man auch sagen: Der neue Kraftbegriff war nur denkbar als Funktionsbegriff oder –[632] wie an anderer Stelle formuliert – als Prinzip des kollektiven Individuums.[633] Die zahlreichen Versuche, diesen Kraftbegriff mit dem Substanzdenken zu fassen, führten zum Mechanizismus. Sie zeigen aber zugleich die Schwierigkeiten, den Umbruch in der Denkart zu bewältigen.

Der Weg, auf dem Newton zu seinem Gravitationsgesetz gelangt ist, belegt in charakteristischer Weise die Bedeutung der Kräfte der Hand für die Fundierung der neuzeitlichen Mechanik. Dieses gilt es hervorzuheben, weil manchmal behauptet wird, das Newtonsche Gravitationsgesetz könne aus den Keplerschen Planetengesetzen abgeleitet werden.

Um diesen hartnäckigen Irrtum zu widerlegen, sei zunächst bemerkt, daß man aus den Keplerschen Gesetzen überhaupt nur dann etwas über das Gravitationsgesetz, so auch über die Gravitationswirkung der Sonne auf die Planeten, erfahren kann, wenn man die Grundgesetze der Dynamik, d.h. wenn man die Newtonschen Axiome kennt, welche ihrerseits schon das Resultat der Synthese von irdischer und Himmelsmechanik, mithin der Synthese der Kräfte der Hand und der Natur sind. Unter dieser Voraussetzung kann man dann folgendermaßen argumentieren: Die Planeten bewegen sich auf Ellipsen um die Sonne (1. Keplersches Gesetz), wobei der Leitstrahl zwischen Sonne und Planet in gleichen Zeiten gleiche Flächen überstreicht (2. Keplersches Gesetz). Daraus folgt gemäß den ersten drei Propositionen des Buches III, daß die Planeten durch eine auf die Sonne gerichtete Zentripetalkraft auf ihren Bahnen gehalten werden. Setzt man nun die Gültigkeit der Newtonschen Bewegungsaxiome voraus, so folgt aus dem 3. Keplerschen Gesetz, wonach sich die Kuben der großen Halbachsen zu den Quadraten der Umlaufzeiten konstant verhalten, daß die Gravitationskraft den Massen der Körper proportional und dem Quadrat ihrer Abstände umgekehrt proportional ist. Damit ist die Gravitationskraft bis auf einen konstanten Faktor γ deduziert. Dieser Faktor kann aber erst dann bestimmt werden, wenn man nochmals einen Bezug auf die Kräfte der Hand nimmt, denn man muß voraussetzen, daß auch irdische Bewegungen der so deduzierten Kraft genügen. Nun sind zwar die irdischen gravitativen Bewegungen nicht schlechthin Bewegungen, die auf Kräfte der Hand zurückzuführen sind, aber sofern es die Gewichte von

---

632 Siehe H.-H. v. Borzeszkowski und R. Wahsner, Infinitesimalkalkül und neuzeitlicher Bewegungsbegriff oder Prozeß als Größe, a.a.O.

633 Vgl. z.B. R. Wahsner, Zur Kritik der Hegelschen Naturphilosophie, a.a.O., S. 39, 104, 185-189 sowie die dort zitierte Literatur.

Körpern betrifft, stellt sich das anders dar. Diese sind im Sinne der Alten und auch im Sinne Newtons Kräfte der Hand, und gerade sie erlauben es, die Konstante γ mittels der Torsionswaage zu bestimmen. Erst wenn diese Konstante γ (man nennt sie heute die Newtonsche Gravitationskonstante) gemessen werden kann und nachgewiesen wird, daß diese experimentell bestimmte Konstante auch die "Phänomene" der Mond- und der Planetenbewegung quantitativ korrekt zu deduzieren gestattet, ist das Newtonsche Gravitationsgesetz etabliert.

Die Newtonsche Mechanik ist also nicht als äußerliche Kombination der Kräfte der Hand und der Kräfte der Natur, auch nicht als eine einfache Zusammenfügung von irdischer und Himmelsmechanik, sondern als eine organische Synthese der jeweiligen Teile, die zudem auch die antike Statik und die antike Kinematik zusammenführte, entstanden. Diese Synthese reflektiert sich auch darin, daß der von Newton beschrittene Weg ein kompliziertes Wechselspiel zwischen – wie Newton es nennt –[634] analytischem und synthetischem Vorgehen ist, das weder auf die lineare Darstellung einer mathematischen Theorie noch auf eine lineare Darstellung, die sich Wissenschaftstheoretiker oft wünschen,[635] reduziert werden kann.

Die Synthetisierung der Kräfte der Hand mit den Kräften der Natur schlägt sich maßgeblich im Verhältnis von Geometrie und Dynamik nieder. Die Geometrie etabliert nicht einen Raum als Bühne, auf dem das physikalische Geschehen abläuft, sondern der Raum ist insofern ein konstitutives Element der Dynamik, als er nicht vor und unabhängig von ihr bestimmt werden kann.[636]

In der Art, in der mit der Begründung der neuzeitlichen Mechanik die Kräfte der Hand und die Kräfte der Natur synthetisiert wurden, gelang es Newton, die physikalische Objektivität eines *Real-Allgemeinen* zu konzipieren und damit ein neuartiges Allgemeines zu begründen.

Wollte man die in Newtons Synthese von τέχνη und φύσις liegende Leistung vollständig ins philosophische Bewußtsein heben, so müßte man die von Kant und Hegel geführte Diskussion des Verhältnisses von *Mechanismus* und *Organismus* aufnehmen und vom Standpunkt der heutigen Erkenntnis aus fortführen.[637]

---

634 Vgl. I. Newton, Opticks, a.a.O., S. 404-405 (dt.: Optik, a.a.O., S. 147-148).

635 Zur Kritik eines solchen Standpunktes, wie man ihn z.B. bei de Gandt findet (vgl. F. de Gandt, Force and Geometry in Newton's Principia, Princeton 1995) siehe H.- H. v. Borzeszkowski und R. Wahsner, Die Natur technisch denken?, a.a.O.

636 Vgl. H.-H. v. Borzeszkowski und R. Wahsner, Physikalischer Dualismus und dialektischer Widerspruch, a.a.O.; dies., Die Wirklichkeit der Physik, a.a.O., insbes. S. 239-271; vgl. auch den Abschnitt "Die Idealität des Raumes und der Zeit als Lehre der vollkommenen Realität des Raumes und der Zeit – aus der Sicht der heutigen Physik".

637 Vgl. z.B. R. Wahsner, Der Widerstreit von *Mechanismus* und *Organismus*, a.a.O.; H.-H. v. Borzeszkowski, Kann die Physik das Leben wissenschaftlich erfassen?, in: Hegel-Jahtbuch 2006. Das Leben denken. Erster Teil, hg. von A. Arndt, P. Cruyberghs, A. Przylebski, unter Mitwirkung von F. Fischbach, Berlin 2006, S.

Im Sinne von Kants auf seiner bekannten epistemologischen Wende beruhenden Gedanken über die *Natur als Kunst* sowie der *Technik der Natur* muß man die Natur durchaus technisch denken,[638] um eine Wissenschaft von den Kräften der Natur zu haben. Demgemäß ist die Naturwissenschaft weder lediglich eine subjektivistische Konstruktion, die nichts Objektives erfaßt noch eine platte Widerspiegelung einer an sich seienden bzw. an sich gegebenen Welt.

Extensive und intensive Größen - Objektivität

Die Synthese der Kräfte der Hand und der Kräfte der Natur ermöglichte eine physikalische Bewegungslehre, für deren Darstellung die bisher in der Kinematik und Statik benötigten Größen (Längen und Zeiten in der Kinematik, Längen und Gewichte in der Statik) nicht ausreichen. Man bedarf außer der bisherigen extensiven auch sogenannter intensiver Größen. Wie in einer physikalischen Bewegungslehre mittels dieser beiden Arten das Sein und Geschehen objektiv gefaßt wird, sei an der Mechanik demonstriert.[639]

Um die Bewegung eines Etwas zu beschreiben, von dessen Beschaffenheit einschließlich seiner Ausdehnung abstrahiert wird, ist die Veränderung der Position eines geometrischen, dieses Etwas repräsentierenden Punktes längs einer bestimmten Bahnkurve $\vec{s}(t)$ (mithin die Änderung der drei Raumkoordinaten $x(t)$, $y(t)$, $z(t)$ im Verlauf der Zeit t) zu bestimmen. Für diese rein kinematische Beschreibung reichen Raum- und Zeitangaben, also die extensiven Größen *Länge* (bzw. *Raum*) und *Zeit* aus. Die geometrische Kurve gewinnt dadurch eine physikalische Bedeutung, daß man sich der vorgenommenen Abstraktion, mithin daran erinnert, daß der geometrische Punkt Platzhalter für ein nicht nur rein geometrisches Etwas ist. Derartige von einem Punkt durchlaufene und physikalisch interpretierbare Kurven sind z.B. die durch die Keplerschen Gesetze ausgezeichneten Bahnen. Sie bestimmen eindeutig den Ort eines Punktes zu jedem Zeitpunkt. Auf dieser rein kinematischen Ebene der Bewegungsfassung kann man diesen Ort, diesen jeweiligen Punkt auf der Bahnkurve, nur dadurch zu etwas Physikalischem, zu einem Körper machen, daß man ihm etwas Nichtgeometrisches zuordnet,

---

197-201; ders., Inwiefern ist Hegels Begriff *Organismus* Ausdruck der tatsächlichen epistemologischen Verfaßtheit der Naturwissenschaft Mechanik?, a.a.O..

638 Siehe I. Kant, Kritik der Urteilskraft, in: Werke, a.a.O., Bd. X, S. 14, 17-18, 237-238; vgl. auch R. Wahsner, Technizism – Mechanism – Organism. Der epistemologische Status der Physik als Gegenstand von Kants *Kritik der Urteilskraft*, in: Naturphilosophie im Deutschen Idealismus, hg. von K. Gloy und P. Burger, Stuttgart-Bad Cannstatt 1993; dies., Zur Kritik der Hegelschen Naturphilosophie, a.a.O., S. 93.

639 Vgl. auch den Abschnitt "Kants Begriff der Größe".

etwa den Schwerpunkt eines Planeten. Diese Zuordnung ist äußerlich und muß äußerlich sein, denn mit den Größen *Länge* und *Zeit* allein kann man den sich bewegenden Planeten nicht anders einbeziehen. Um sich bewegende Körper physikalisch-gesetzmäßig in die Bewegungsfassung zu integrieren, bedarf es weiterer Größen, die mit dem kontinuierlichen Bewegungsablauf in Zusammenhang gebracht werden. [640]

Wie dargelegt liegt physikalischen Größen das Konzept zugrunde, Verschiedenartiges bezüglich einer Qualität miteinander zu vergleichen, also in dieser Hinsicht gleichzusetzen, um ihre Unterschiedenheit quantitativ fassen zu können. Die Schwierigkeit besteht nun darin, diese Qualität zu finden. In der Mechanik wird sie mit der Größe *Masse* charakterisiert. Die Mechanik macht so aus dem geometrischen Punkt einen Massenpunkt, also ein physikalisches Etwas, das, um zu einem physikalischen Objekt bzw. Körper zu werden, in seiner Bewegung bestimmt werden muß. Es würde also überhaupt nicht weiterführen, dem geometrischen Punkt das Attribut einer Masse nur anzuheften. Um den Massenpunkt als einen sich kontinuierlich bewegenden Körper gesetzmäßig zu erfassen, muß das entsprechende Gesetz die Masse so allgemein und grundsätzlich in seine Formulierung einbeziehen, daß es Bewegungen *aller* als Massenpunkte zu charakterisierenden Körper zu bestimmen erlaubt. Wenn man, um beim obigen Fall zu bleiben, insbesondere davon ausgeht, daß die Planeten durch die Masse größenmäßig charakterisiert werden können, der Planetenmittelpunkt also mit dem Massenmittelpunkt der Planeten identifiziert werden kann, heißt das auch: das Bewegungsgesetz muß neben anderen Bewegungen auch die durch die Planetengesetze angegebenen Bewegungen derart bestimmen, daß diese Planetengesetze aus dem allgemeinen Bewegungsgesetz, dem dynamischen Gesetz der Mechanik, deduziert werden können.

Der Gegenstand der Mechanik sind also die durch das Bewegungsgesetz, mithin durch das Verhalten, konstituierten Körper, die jeweils durch eine Masse und die sich gesetzmäßig mit der Zeit ändernden realen Positionen bestimmt werden.

Zur Formulierung des dynamischen Gesetzes bedarf es in der Mechanik neben der Größe *Masse* der Einführung von Größen, die aus Raum- und Zeitdistanzen gebildet sind, welche die graduelle Veränderung des Bewegungszustandes eines Körpers charakterisieren. Es müssen Größen sein, die aussagen, mit welchem Schwung, Antrieb, mit welcher Intensität (hier kurz "Impetus" genannt) die Bewegung von einem Punkt s_0 zu einem benachbarten Punkt $s_1 = s_0 + \Delta s_0$ verläuft. Da es zudem Meßgrößen sein sollen, muß ihnen zu jedem Zeitpunkt an

640 Ausführlicher hierzu siehe die Einleitung zu dem Kapitel "Die Fassung der Welt unter der Form des Objekts und der philosophische Begriff der Objektivität".

dem jeweils eingenommenen Ort ein endlicher Wert zukommen. Zu derartigen Meßgrößen gelangt man, indem man Differenzen- bzw. Differentialquotienten aus $\vec{s}(t)$ und t bildet. So erhält man mittels des Differentialquotienten aus den infinitesimalen Abständen, d.h. den Differentialen dx, dy, dz und dt, punktuelle, von Punkt zu Punkt graduell verschiedene endliche (also nicht infinitesimale) Größen, nämlich die Geschwindigkeit $\vec{v} = d\vec{s}/dt$ und die Beschleunigung $\vec{b} = d\vec{v}/dt$. Sie sind – anders als die extensiven Größen dx, dy, dz und dt, aus denen sie gebildet sind – punktuelle intensive Größen.

Extensive Größen unterliegen der mathematischen Regel der Addition, d.h. sie addieren sich beim Zusammenfügen gleichartiger, gegebenenfalls verschieden großer physikalischer Systeme. In der Mechanik sind das z.B. Massen und Volumina (bzw. Längen x). Im Falle infinitesimaler Größen (z.B. des Längenelements dx) erfolgt die "Addition" durch Integration (d.h. $x = \int dx$). Intensive Größen unterliegen hingegen nicht der Regel der Additivität; ihr Wert charakterisiert den Zustand (hier den Bewegungszustand), der nicht durch additive Zusammensetzungen (oder durch Zerlegungen), sondern durch Bewegungsgesetze in seiner Veränderung bestimmt wird.[641]

Der Witz der Größen *Geschwindigkeit* und *Beschleunigung* besteht darin, daß sie eine *Veränderung*, den Übergang von einem schwächeren zu einem stärkeren Grad der Bewegung durch ihre sich von Punkt zu Punkt ändernden Werte zu erfassen gestatten und daß sie dennoch – weil sie vermittels der meßbaren extensiven Größen x, y, z und t gebildet werden – Meßgrößen sind.

Die dynamischen Gesetze der Mechanik sind Gleichungen, die mittels der Größen *Masse*, *Länge*, *Zeit*, *Beschleunigung* und gewisser sogenannter Kopplungskonstanten gebildet sind. Aus ihnen kann $\vec{s}$ in Abhängigkeit von der Zeit t in einzelnen speziellen Fällen (so für die Planetenbewegung, den freien Fall usw.) bestimmt werden. Diese Fälle lassen sich aus dem dynamischen Gesetz dadurch berechnen, daß bestimmte, den jeweiligen Fall spezifizierende Zusatzbedingungen für Orte und Geschwindigkeiten angegeben werden.

Um einen Phänomenbereich zu objektivieren, bestimmt die mechanische Bewegungslehre durch den von ihr formulierten Gesetzeszusammenhang zunächst den Begriff des mechani-

---

641 Wenn man verschiedene physikalische Systeme, die jeweils durch gewisse Größen charakterisiert sind, zu einem Gesamtsystem zusammenfügt, dann nennt man diejenigen Größen extensiv, für die der Größenwert des Gesamtsystems gleich der Summe der Werte der Ausgangssysteme ist. Ein Beispiel dafür ist in der Newtonschen Mechanik die Masse. Gleiches gilt für Größen wie die Längen s der während verschiedener Bewegungsabschnitte zurückgelegten Wege: sie werden addiert bzw. (bei einer kontinuierlichen Bewegung) integriert. Intensive Größen hingegen sind nicht in dieser Weise additiv. Bei der Zusammenfügung

schen Objekts als sich bewegenden Körpers. Damit ist eine notwendige Bedingung der Objektivierung insofern erfüllt, als jede Objektivität nur im Begriffsrahmen einer Theorie besteht.

Die Einsicht, daß es zur Begründung der mechanischen Bewegungstheorie intensiver Größen bedarf, ist insofern hodogetisch für die Physik, als jede andere physikalische Theorie ebenfalls wesentlich mittels intensiver Größen gebildet werden muß. An die Stelle der ersten bzw. zweiten Ableitungen der Funktion $\vec{s}(t)$ nach der Zeit treten dann Ableitungen anderer Größen, so z.B. in der Thermodynamik die Ableitung der Temperatur T nach der Zeit t oder in der Elektrodynamik Ableitungen von Feldstärken nach der Zeit und dem Ort. Dabei sind allerdings – anders als in der Mechanik, in der erst die Änderung der extensiven Größen $\vec{s}(t)$ (also die Geschwindigkeit bzw. Beschleunigung) intensive Größen sind – die undifferenzierten Größen (wie z.B. die Temperatur oder die Feldstärken) oft schon intensive Größen.

Die Newtonsche Mechanik ist also prototypisch für die gesamte Physik, da sie das grundlegende Vorgehen einer messenden und rechnenden Wissenschaft begründet hat. Insbesondere fußen alle physikalischen Theorien auf Gesetzen, die die Form von Differentialgleichungen für Größen haben. Aber gerade weil es immer um Meßgrößen geht, die in den Gleichungen auftretenden Größen also auch tatsächlich mittelbar oder unmittelbar meßbar sein müssen, gibt die Mechanik nicht nur ein Muster vor, das dann durch modernere Theorien ausgefüllt wird, die die Mechanik ersetzen, sondern die Mechanik bleibt auch im modernen Theorienkontext ein maßgeblicher Bestandteil. Denn die Möglichkeit der Messung von Größen dieser Theorien erfordert einen Bezug auf die mechanische (in machen Fällen speziell-relativistisch zu korrigierende) Newtonsche Bewegungslehre bzw. einen Anschluß an die mechanische Bewegungslehre via sogenannter Korrespondenzprinzipien. Letztlich verlangt die Messung eine Zurückführung aller Größen auf extensive Größen. Die Basis aller Größen sind die durch die Mechanik bestimmten extensiven Größen *Länge* und *Zeit* und der durch die (in mancher Hinsicht speziell-relativistisch verallgemeinerten) Newtonschen Axiome gegebene Zusammenhang dieser extensiven Größen mit Termen, die physikalische Wechselwirkungen beschreiben.

Um das zu verdeutlichen, muß man sich die Meßgrundlage der Newtonschen Mechanik vergegenwärtigen: Wie schon erwähnt ist die Beschleunigung, welche eine der Grundgrößen im dynamischen Gesetz der Mechanik ist, dadurch Meßgröße, daß sie vermittels der meßba-

---

verschiedener Systeme oder Bewegungsabschnitte ist die Änderung der intensiven Größe nicht einfach durch Summen- bzw. Integralbildung gegeben, sondern wird durch ein "Bewegungsgesetz" bestimmt.

ren extensiven Größen *x, y, z* und *t* definiert ist. Die Länge und deren Messung sind in der Mechanik durch die Maßverhältnisse der euklidischen (analytischen) Geometrie bestimmt, die Zeit und deren Messung durch mechanische Bewegungsabläufe definiert. Da diese Bewegungsabläufe nur unter Bezug auf den euklidischen Raumhintergrund beschrieben werden können, ist die Rolle der euklidischen Geometrie für die Messung letztlich durch die mechanische Theorie bestimmt. Raum und Zeit sind in der Mechanik so eingeführt, daß sie mittels starrer Normalmaßstäbe und Normaluhren einerseits Abstands- und Zeitintervallmessungen ermöglichen und andererseits aus den extensiven Größen der Länge und des Zeitintervalls sich intensive Größen so bilden lassen, daß sie gemessen werden können. Dadurch bilden Raum und Zeit aus Meßgründen einen notwendigen Anteil der Theorie, also einen Anteil, ohne den physikalische Bewegungsgesetze keinen auf die Messung beziehbaren und daher keinen im Sinne obiger Bestimmung objektiven Gehalt hätten. Der Zusammenhang dieses Anteils mit dem dynamischen, dem durch die Bewegungsgesetze gegebenen Anteil ist sehr eng: zum einen wegen des erwähnten Umstandes, daß die Bestimmung von Raum und Zeit nur unter Bezug auf gewisse (kinematische) Bewegungsabläufe erfolgen kann und zum anderen wegen des Charakters der in den Bewegungsgesetzen auftretenden intensiven Größen *Geschwindigkeit* bzw. *Beschleunigung*, die aus Raumabständen und Zeitintervallen gebildet werden. Mathematisch erscheint der Zusammenhang der räumlichen und zeitlichen Maßbestimmungen in der Newtonschen Mechanik darin, daß die Galilei-Gruppe als Darstellung der Symmetrien des Raum-Zeit-Kontinuums der Mechanik die Invarianzgruppe der mechanischen Bewegungsgesetze ist. Die Spezielle Relativitätstheorie ändert nichts an der Rolle der euklidischen Geometrie und des Wirkzusammenhangs für die Messung; sie fordert jedoch eine bezüglich der Newtonschen Mechanik veränderte Beziehung der räumlichen und zeitlichen Maße zueinander. Der Zusammenhang von Raum- und Zeitmaßen zeigt sich in der Speziellen Relativitätstheorie darin, daß nun die Lorentz-Gruppe als Ausdruck der Symmetrien des Raum-Zeit-Kontinuums die Invarianzgruppe der mechanischen Bewegungsgesetze ist.

Dieses fundamentale Verhältnis der Newtonschen bzw. speziell-relativistischen Mechanik zur Messung hat zur Folge, daß alle physikalischen Theorien auf die durch die Mechanik definierten Meßmöglichkeiten angewiesen sind. Wie lang auch immer die Beziehungskette von den spezifischen Meßmethoden einer Theorie zur Messung mit starren Längenmaßen und

Uhren sein mag – die Messung erfordert letztlich immer, daß es diese Kette gibt. Teile dieser Mechanik werden so zu meßtheoretischen Voraussetzungen der gesamten Physik.[642]

Geometrie und Apriorität

In vorgängigen Arbeiten wurde der immer noch verbreiteten Meinung widersprochen, die moderne Physik, vor allem die Relativitätstheorie, habe den Kantschen Raum-Apriorismus widerlegt, und dagegengehalten, daß mit ihm vielmehr die Notwendigkeit einer Vermittlungsinstanz zwischen Verstand und Sinnlichkeit oder eines Erkenntnismittels, das das Erkenntnissubjekt mit dem Erkenntnisobjekt verknüpft, in das philosophische Bewußtsein gehoben wurde.[643] Diese Notwendigkeit ist keinesfalls ein inzwischen hinfälliges Erfordernis. Die moderne Naturwissenschaft hat diese Einsicht vielmehr erst in ihrer Allgemeinheit ermöglicht.[644]

Um die physikalische Erfahrung als wissenschaftliche Erfahrung zu charakterisieren, ist es von grundlegender Bedeutung, den Zusammenhang zwischen der Geometrie und der Physik zu analysieren.[645]

Genau bestimmte, Messung ermöglichende Forderungen müssen an jede, einer physikalischen Theorie zugrunde gelegte raum-zeitliche Geometrie gestellt werden. Insbesondere muß die geochronometrische Struktur so beschaffen sein, daß raum-zeitliche Etalons definiert werden können und ihr Zustand unabhängig ist von dem Weg, den sie bei ihrem für den Fern-

---

642 Bezüglich der Bildung von Größen, ihrer Messung und Dimensionierung siehe z.B.: J. v. Kries, Über die Messung intensiver Größen und über das sogenannte psychophysische Gesetz, in: Die Quantifizierung der Natur. Klassische Texte der Meßtheorie von 1696 bis 1999, hg. von O. Schlaudt, Paderborn 2009, S. 147-172; T. Ehrenfest-Affanassjewa, Über die Willkürlichkeit bei der Dimensionierung physikalischer Größen, in: ebd., S. 234-240.

643 Vgl. z.B. H.-H. v. Borzeszkowski und R. Wahsner, Erkenntnistheoretischer Apriorismus und Einsteins Theorie, a.a.O..; dies., Physikalischer Dualismus und dialektischer Widerspruch, a.a.O.; dies., Die Wirklichkeit der Physik, a.a.O., insbes. die Studie "Physikalische Erfahrung und physikalische Wirklichkeit", S. 239-285; H.-H, v. Borzeszkowski, Kantscher Raumbegriff und Einsteins Theorie, a.a.O.; ders., Kants Raum-Zeit-Apriorismus im Lichte der Relativitätstheorie, in: Immanuel Kants Metaphysik der Natur – Naturphilosophie und das Opus postumum, hg. von E.-O. Onnasch, Berlin–NewYork 2009, S. 203-219; R. Wahsner, Zur Helmholtzschen Kritik des Raum-Apriorismus, a.a.O.; dies., Erkenntnistheoretischer Apriorismus und neuzeitliche Physik, a.a.O.; dies., Apriorische Funktion und aposteriorische Herkunft, a.a.O.; dies., Das notwendige Dritte, a.a.O.

644 Zum Charakter des physikalischen Raumes bezüglich der Kantschen Begrifflichkeit siehe auch den Abschnitt "Die Idealität des Raumes und der Zeit als Lehre von der vollkommenen Realität des Raumes und der Zeit – aus Sicht der heutigen Physik".

645 Eine solche Analyse steht in Zusammenhang mit Fragen, die in der Physik teils seit Jahrhunderten diskutiert werden, teils aber auch speziell mit der Physik der letzten Jahrzehnte entstanden sind. Unter anderem betrifft dies das Problem der Geometrisierung der Physik und damit die Frage nach der Tragfähigkeit bislang konzipierter Ansätze für eine einheitliche geometrische Feldtheorie. Jedoch auch die Kontroverse dar-

vergleich notwendigen Transport durch die Raum-Zeit genommen haben. Anders könnten die untersuchten physikalischen Prozesse nicht reproduzierbar, also nicht objektivierbar sein, und das hieße, man könnte niemals zu wissenschaftlichen Tatsachen gelangen.[646] In der Notwendigkeit dieser Postulierungen äußert sich die physikalische Gegenständlichkeit des Raumes (und der Zeit). Die etablierten Meßmöglichkeiten stellen dann den quasi-apriorischen Anteil der jeweiligen physikalischen Theorie dar.[647] Insofern die Geometrie nirgends völlig "dynamisiert" ist, fungiert sie (ganz im Kantschen Sinne) als apriorische Bestimmung, hier als Bedingung für die Möglichkeit der physikalischen Dynamik.

Wie entsprechende Untersuchungen ergaben,[648] enthält jede physikalische Theorie einen apriorisch-meßtheoretischen Anteil, der die Notwendigkeit eines physikalischen Erkenntnismittels zum Ausdruck bringt und daher niemals ersatzlos gestrichen werden kann. Ein Rückblick auf die bisherige Entwicklung der Physik zeigt, daß diese sehr wohl im wesentlichen darin bestand, den apriorischen Anteil zu reduzieren und den dynamischen zu erweitern. Doch die Beseitigung des apriorischen Anteils ist eine Aufgabe, deren totale Erfüllung der Physik nie gegeben, aber stets aufgegeben ist.

Philosophische Konzeptionen, die die spezifische physikalische Objektivität nicht untersucht hatten, führten zu rationalistischen und empiristisch-mechanizistischen Auswüchsen, als mit dem Nachweis der Existenz und physikalischen Relevanz nicht-euklidischer Geometrien das Kantsche Argument von der Unabdingbarkeit der euklidischen Geometrie zusammenbrach. Aus rationalistischer Sicht wurde aus der Tatsache, daß die Allgemeine Relativitätstheorie nicht nur euklidische Räume, sondern alle Riemannschen Räume (bzw. Raum-Zeiten) physikalisch bedeutsam macht, geschlossen, daß der Raum willkürlich vorgegeben werden könne, daß er lediglich eine rationale Setzung, ein Ordnungsschema, sei.[649] Dagegen wurde von empiristischer Seite der genannte Nachweis schlechthin als Widerlegung des Kantschen

über, ob die in der Mikrophysik eine große Rolle spielenden abstrakten Räume die makroskopische Raum-Zeit einmal ersetzen oder verdrängen könnten, kann nur durch diese Analyse entschieden werden.

646 Vgl. H.-J. Treder, Die Eigenschaften physikalischer Prozesse und die geometrische Struktur von Raum und Zeit, Dt. Zs. für Philosophie *14*(1966), S. 562-565; ders., Die Geometrisierung der Physik und die Physikalisierung der Geometrie, in: ders., Große Physiker und ihre Probleme. Studien zur Geschichte der Physik, Berlin 1983.

647 Vgl. H.-H. v. Borzeszkowski und R. Wahsner, Physikalischer Dualismus und dialektischer Widerspruch, a.a.O.; dies., Die Wirklichkeit der Physik, a.a.O., S. 242-271; R. Wahsner, Erkenntnistheoretischer Apriorismus und neuzeitliche Physik, Dt. Zs. für Philosophie *40*(1992), 24-35; H.-H. v. Borzeszkowski, Kantscher Raumbegriff und Einsteins Theorie, hie *40*(1992), 36-42.

648 Vgl. den Abschnitt "Physikalischer Dualismus und daseiender Widerspruch" und die darin zitierte Literatur.

649 Selbst Cassirer, der nicht der rein rationalistischen Denkweise zuzurechnen ist, zieht diesen Schluß. (Vgl. den Unterabschnitt "Cassirers Argumente".)

Raum-Zeit-Apriorismus aufgefaßt, indem man die Raum-Struktur für völlig aus den dynamischen Gleichungen, das heißt, den Feldgesetzen der Allgemeinen Relativitätstheorie, herleitbar hielt, der physikalischen Raum-Zeit also keinerlei apriorische Funktion mehr zugestand.

Die von beiden Richtungen gezogenen Konsequenzen halten jedoch einer Prüfung nicht stand. Denn indem die Kantsche Erkenntniskritik mit ihrer These von Raum und Zeit als reinen Anschauungsformen die Notwendigkeit eines Erkenntnismittels begriff, überschritt sie die Grenzen sowohl des Rationalismus als auch des Empirismus. Kant subsumierte das Erkenntnismittel weder rationalistisch unter das Erkenntnissubjekt noch empiristisch unter das Erkenntnisobjekt. Er begründete den Raum (und die Zeit) als Anschauungsform a priori, indem er sich auf die Unabdingbarkeit der euklidischen Geometrie berief – auf die Unabdingbarkeit der euklidischen Geometrie, um die Bewegungstheorie begründen zu können. (Es ging im Kern eben nicht um die *Denk*notwendigkeit der für sich genommenen Geometrie.) In dieser Weise wurde der Raum als Voraussetzung der Physik aufgefaßt und fungierte als Vermittler zwischen Verstand und sinnlicher Wahrnehmung. Erst durch diese Vermittlung sind – so Kant – Erfahrung und Wissenschaft möglich. Und obwohl es sich als Mangel der Kantischen Philosophie erwiesen hat, die Herkunft der von der Physik unterstellten Gedankenbestimmungen, mithin die Herkunft der "apriorischen" Anschauungsformen und Verstandesbestimmungen, nicht aufzuklären, charakterisiert der Raum-Zeit-Apriorismus Kants doch insofern den gnoseologischen Status der Physik, mithin deren Stellung zur Objektivität, als auch die moderne Physik (d.i. dieselbe, die die physikalische Relevanz nicht-euklidischer Geometrien bewies) klar bestimmte Eigenschaften der euklidische Geometrie aus Meßgründen für die Physik als unabdingbar (da meßnotwendig) erwies.

Um den Begriff *Apriorität* besser zu verstehen, sei auf Helmholtz Bezug genommen: Unzufrieden mit der Apriorität des physikalischen Raumes strebte er eine empirische Geometrie an, die die sogenannte transzendentale Geometrie (womit er die axiomatisierte euklidische Geometrie meinte) ersetzen sollte. Analysiert man seine diesbezüglichen Arbeiten,[650] erweist sich, daß eine rein empirische Geometrie als physikalische Raumstruktur, als eine Struktur, die die Dynamik ermöglicht, nicht zu begründen ist. Gewiß ist es richtig, daß die geometrischen Sätze nur deshalb gelten, weil bestimmte Naturverhältnisse vorliegen (die auch empi-

---

650 Vgl. H. v. Helmholtz, Ueber den Ursprung und die Bedeutung der geometrischen Axiome, in: ders.: Populäre wissenschaftliche Vorträge, Drittes Heft. Braunschweig 1876, 21-54; ders., Ueber die thatsächlichen Grundlagen der Geometrie, in: ders., Wissenschaftliche Abhandlungen, Zweiter Band, Leipzig 1883, S. 618-639; ders., Ueber den Ursprung und Sinn der geometrischen Sätze; Antwort gegen Herrn Professor Land, in: ebd, S. 640-660; ders., Zählen und Messen, erkenntnistheoretisch betrachtet, a.a.O.; ders., Die Thatsachen in der Wahrnehmung, in: ders., Vorträge und Reden, Zweiter Band. Braunschweig 1903, S. 213-247.

risch, aber nicht ohne Mittel, also nicht nach empiristischer Vorstellung, erfahren werden können), aber dennoch muß man transzendentale Schlüsse ziehen, vom Endlichen auf das Unendliche schließen, vom Unvollkommenen auf das Vollkommene oder vom Sinnlich-Konkreten auf das Ideale, um eine allgemeingültige Theorie und um ein Mittel zu haben, das die angestrebte physikalische Erkenntnis ermöglicht.

Kant brauchte die apriorische Anschauung, um Erfahrungsgegenstände konstruieren zu können, um das Wirkliche nicht aus dem Begriff ableiten zu müssen. Denn er hatte erkannt, daß es nicht gelingt, von der Idealität unvermittelt in die Realität überzugehen. Etwas physikalischer gesprochen heißt dies: Ein lediglich logisch widerspruchsfreies System von potentiellen Bewegungsgleichungen ist noch keine Mechanik, keine Physik. Damit es zu einer solchen wird, muß man messen können, muß man also die euklidische (oder eine geeignete andere) Geometrie unterstellen und kann deshalb nicht mit diesem gedacht-mechanischen System wiederum eine empirische Geometrie modellieren (durch die man die sogenannte transzendentale dann ersetzen könnte). Und auch nachdem heute die Denkmöglichkeit und sogar physikalische Bedeutsamkeit nicht-euklidischer Geometrien nachgewiesen ist, behält der Kantsche Gedanke seine Berechtigung. Diese Berechtigung drückt sich in der genannten (gerade durch die Relativitätstheorie und Quantenmechanik ermöglichten) Erkenntnis aus, daß jede physikalische Theorie einen meßtheoretischen Anteil enthält, den sie nicht "physikalisieren", nicht aus der Dynamik ableiten kann. Dieser meßtheoretische Anteil fungiert – wie gesagt – als Mittel der Erkenntnis. Dabei sind die Mittel, soll die Untersuchung erfolgreich sein, selbstredend durch den beabsichtigten Zweck, also indirekt auch durch das Objekt (mit)bedingt. Daraus folgt jedoch nicht, daß die Zwecksetzung bzw. das Objekt das Mittel erzeugt.[651] Technisch gesprochen besagt dies, daß in der Poincaréschen Summe nicht der eine Summand auf den anderen reduziert werden bzw. der eine nicht aus dem anderen abgeleitet werden kann. Einstein hatte – wie gesagt – in einer Diskussion über den Wirklichkeitsbezug der Geometrie die Bezeichnung "Poincarésche Summe" erfunden, um zu sagen: "Die Geometrie (G) sagt nichts über das Verhalten der wirklichen Dinge aus, sondern nur die Geometrie zusammen mit dem Inbegriff (P) der physikalischen Gesetze. Symbolisch können wir sagen,

---

651 Ein Vergleich: Heißt der Zweck "Hände waschen", so ist das Mittel "Messer" ausgeschlossen, das Mittel "Seife" jedoch bedingt - ohne daß die Seife dadurch erzeugt werden könnte. – Hierzu siehe: H.-H. v. Borzeszkowski und R. Wahsner, Zur Beziehung von experimenteller Methode und Raumbegriff, a.a.O.; dies., Physikalischer Dualismus und dialektischer Widerspruch, a.a.O.; dies., Die Wirklichkeit der Physik, a.a.O., insbes. S. 239-285); R. Wahsner, Erkenntnistheoretischer Apriorismus und neuzeitliche Physik, Dt. Zs. für Philosophie *40* (1992), 24-35.

daß nur die Summe (G) + (P) der Kontrolle der Erfahrung unterliegt."[652] Dieser "Summenstandpunkt" widerspricht nicht der Notwendigkeit, meßtheoretische Mittel voraussetzen zu müssen (voraussetzen in dem erklärten Sinne genommen).

Diese Notwendigkeit bedeutet freilich nicht, daß die meßtheoretischen Mittel in jeder Hinsicht apriorisch sind. Kant jedoch verstand seinen Apriorismus als absolut.[653] Aber diese Differenz liquidiert nicht Kants nach wie vor gültigen im Raum-Zeit-Apriorismus liegenden Hauptgedanken von der Notwendigkeit eines Dritten,[654] das das Erkenntnissubjekt mit dem Erkenntnisobjekt verknüpft. Nähme man diese Einsicht ernst, ermöglichte sie es, viele epistemologische Probleme der Physik aufzulösen bzw. adäquat zu formulieren.

Kants Begriff der Apriorität, der unmittelbar mit seinem Kausalitätsbegriff verknüpft ist, stützt sich auf das Konzept des Verhältnisses. Dies entspricht dem neuzeitlichen Denkprinzip. Aber darin, wie Kant *Verhältnis* denkt,[655] liegt auch die Ambivalenz seines Apriorismuskonzepts.[656]

Kant erklärt gegen Hume, daß wir genötigt sind, die Welt so anzusehen, *als ob* sie das Werk eines höchsten Verstandes wäre, damit aber nichts anderes gemeint sei als das Verhältnis zwischen der Welt und diesem höchsten Verstand mit dem einer Uhr, eines Schiffes zum jeweiligen Baumeister zu vergleichen; wodurch man zwar nicht erkenne, was die Uhr, das Schiff an sich selbst ist, aber doch, was es für den Baumeister ist. "Eine solche Erkenntnis" – fährt er fort "ist die *nach der Analogie*, welche nicht etwa, wie man das Wort gemeiniglich nimmt, eine unvollkommene Ähnlichkeit zweener Dinge, sondern eine vollkommene Ähnlichkeit zweener Verhältnisse zwischen ganz unähnlichen Dingen bedeutet. Vermittelst dieser Analogie bleibt doch ein *vor uns* hinlänglich bestimmter Begriff von dem höchsten Wesen übrig, ob wir gleich alles weggelassen haben, was ihn schlechthin und *an sich selbst bestimmen* könnte; denn wir bestimmen ihn doch respektiv auf die Welt und mithin auf uns, und mehr ist uns auch nicht nötig. Die Angriffe, welche *Hume* auf diejenigen tut, welche diesen Begriff absolut bestimmen wollen, indem sie die Materialien dazu von sich selbst und der Welt entlehnen, treffen uns nicht; auch kann er uns nicht vorwerfen, es bleibe uns gar nichts

---

652 A. Einstein, Geometrie und Erfahrung, a.a.O. vgl. auch H. Poincaré, Wissenschaft und Hypothese, a.a.O. sowie Einsteins diesbezügliche Diskussion mit Reichenbach. (A. Einstein, Bemerkungen zu den in diesem Bande vereinigten Arbeiten, in: Albert Einstein als Philosoph und Naturforscher, hg. von P.A. Schilpp, Braunschweig–Wiesbaden 1979, S. 493-511.) Vgl. auch den Unterabschnitt "Reichenbachs Argumente".

653 Siehe R. Wahsner, Das notwendige Dritte, a.a.O.; dies., Apriorische Funktion und aposteriorische Herkunft, a.a.O.

654 Zur Notwendigkeit eines Dritten bei Kant siehe auch: M. Baum, Deduktion und Beweis in Kants Transzendentalphilosophie. Untersuchungen zur Kritik der reinen Vernunft, Königstein/Ts. 1986, S. 175-210.

655 Vgl. I. Kant, Prolegomena, a.a.O., S. 233 f. (§§ 57, 58); siehe auch: R. Wahsner, Das notwendige Dritte

übrig, wenn man uns den objektiven Anthropomorphism von dem Begriffe des höchsten Wesens wegnähme."[657]

Schon in der *Kritik der reinen Vernunft* hatte Kant im Zusammenhang mit seinem Begriff der Anschauung diese Grundhaltung dokumentiert und erklärt, daß die Anschauung, die apriorisch ist (und etwas Apriorisches sein muß), nichts als bloße Verhältnisse enthalte, durch bloße Verhältnisse aber eine Sache nicht an sich erkannt werden könne. Daher sei "das, was als Vorstellung, vor aller Handlung, irgend etwas zu denken, vorhergehen kann, die Anschauung, und, wenn sie nichts als Verhältnisse enthält, die Form der Anschauung, welche, da sie nichts vorstellt, außer so fern etwas im Gemüte gesetzt wird, nichts anders sein kann, als die Art, wie das Gemüt *durch eigene Tätigkeit*, ... mithin durch sich selbst affiziert wird, d.i. ein innerer Sinn seiner Form nach."[658]

Die hierin enthaltene Problematik hatte Kant bekanntlich darauf zurückgeführt, daß Sinnlichkeit und Verstand zwei völlig verschiedene Erkenntnisvermögen sind, Erkenntnis aber nur aus ihrer Synthese entspringt. Und er hatte auf die hiermit implizierte Frage, wie diese Synthese möglich sei, geantwortet, daß es ein Drittes im transzendentalen Schema gesehen.[659]

Der denkbare Einwand, daß apriorischer Raum und transzendentales Schema nicht dasselbe sind, widerlegt nicht die Notwendigkeit einer Vermittlung und negiert nicht die Aufgabe, die Beziehung der zu vermittelnden Seiten genauer zu besehen.

Kant fand jedenfalls die Lösung in der *Form*, verstanden als Art und Weise der Verarbeitung von etwas, als Prinzip einer Ordnung oder Zusammenordnung. Über die Art und Weise des Anschauens und die Art und Weise des Denkens (im Unterschied zu dem, was zur Anschauung und zum Gedachtsein gebracht werden kann) kann das Ungleichartige, ohne es als solches zu leugnen, miteinander verknüpft werden. Die Formen der Erfahrung sind im Gegensatz zu ihrem Inhalt nichts Gegebenes, sondern vom Subjekt gestiftete *Prinzipien der Ordnung* des Erfahrungsmaterials, Weisen des Anschauens. Die *Formen* der Sinnlichkeit, Raum und Zeit, und die *Formen* des Verstandes, die Kategorien, gestatten es, Raum und Zeit mit den Kategorien zu verknüpfen.

Dieses aus der Diskussion der Begrifflichkeit des Kantischen Systems folgende Ergebnis entspricht (mehr sei hier vorerst nicht behauptet) dem, was aus einer epistemologischen Ana-

---

656 Ausführlicher hierzu: R. Wahsner, Der Widerstreit von *Mechanismus* und *Organismus*, a.a.O., S. 11-191.

657 I. Kant, Prolegomena, a.a.O., S. 233 f. (§ 58). Nach dem ersten Satz erläutert Kant in einer Fußnote, wie er die Gleichheit von Verhältnissen unbekannter Dinge versteht.

658 Ebd., S. 92 f. (B 67-69) [Hervorhebung – d.V.].

659 Vgl. ebd., S. 187 f. (B 177, A 138).; siehe auch den Abschnitt "Was besagt Kants Begriff *Anschauung*?".

lyse der Physik (sowohl der klassischen als auch der modernen) resultiert, wonach es ein Aufeinanderbezogensein von Geometrie und Dynamik gibt, das als notwendiger Dualismus zwischen den meßtheoretischen Voraussetzungen einer physikalischen Theorie und ihrer Dynamik erscheint.[660] Die Untersuchungen zeigen, daß dem Raum quasi-apriorisch Eigenschaften zugeschrieben werden müssen, durch die die Messung und damit die Physik als empirische mathematisierte Wissenschaft überhaupt erst möglich wird.[661] Dabei sind die beiden Komponenten nicht unabhängig voneinander, so daß die Dynamik mit darüber entscheidet, was als Meßgröße anzusehen ist.

Im maßgeblichen Unterschied zu den erwähnten wissenschaftstheoretischen Versuchen, eine Meßtheorie *vor* der sogenannten empirischen Physik zu begründen, durch die das Empirische erst theoretisch fundiert werden würde, wird so nicht nur der Aspekt der Vorausgesetztheit reflektiert, sondern eben auch die Erkenntnis gewonnen, daß die Apriorität des physikalischen Raumes bedeutet, die Existenz von Meßmitteln (gegenständlichen wie geistigen) als notwendige Bedingung der Physik zu begreifen. [662]

Mittel sind für Kant Zwischenursachen, die der Mensch in seiner Gewalt hat, um dadurch eine gewisse Absicht zu bewirken.[663] Der Raum-Zeit-Apriorismus nun ist ein Mittel, um Sinnlichkeit und Verstand zu verbinden und so Erkenntnis zu ermöglichen. Die jeweilige Verfaßtheit von Raum und Zeit ist natürlich in gewisser Weise auch ein Erkenntnisresultat. Aber im jeweiligen Zusammenhang (z.B. bezüglich der Newtonschen Mechanik) ist der Mittelcharakter deutlich. Die Theorie der Mechanik muß so konstruiert werden, daß sie Erkenntnis ermöglicht.

Es kann mithin Kants Apriorismuskonzept in bezug auf den physikalischen Raum nach wie vor nicht zurückgenommen werden, wobei mit dem physikalischen Raum stets die der jeweiligen physikalischen Dynamik vorausgesetzte Geochronometrie gemeint ist.[664] Denn der physikalische Raum ist ohne Korrelation mit der physikalischen Zeit nicht denkbar – und zwar schon in der klassischen Mechanik nicht. Die von der Speziellen Relativitätstheorie begründete Raum-Zeit-Union ist "nur" eine spezifische, besonders enge, Korrelation. Doch ist

---

660 Vgl. den Abschnitt "Physikalischer Dualismus und daseiender Widerspruch".

661 Vgl. H.-H. v. Borzeszkowski und R. Wahsner, Physikalischer Dualismus und dialektischer Widerspruch, a.a.O.

662 Vgl. H.-H. v. Borzeszkowski und R. Wahsner, Physikalischer Dualismus und dialektischer Widerspruch, a.a.O., S. 64-81; dies., Messung als Begründung oder Vermittlung?, a.a.O.

663 Vgl. I. Kant, Metaphysik der Sitten, in: Werke, a.a.O., Bd. VIII, S. 867.

664 Vgl. den Abschnitt "Die Idealität des Raumes und der Zeit als Lehre der vollkommenen Realität des Raumes und der Zeit – aus der Sicht der heutigen Physik". – "Vorausgesetzte Geochronometrie" bedeutet

die Raum-Zeit-Korrelation selbst durchaus nichts Triviales –[665] wie auch d'Alembert erkannte, was heute aber weitgehend übersehen wird. Denn der Raum für sich genommen (was dann kein *physikalischer* Raum ist) ist reine Geometrie. Und ob die "gültig" ist, "auf die Wirklichkeit paßt", kann unabhängig von der Dynamik nicht entschieden werden. Genau dies erfaßte Einstein mit dem Begriff der Poincaréschen Summe.

Bei der Frage, ob Kants Raum-Apriorismus durch die moderne Wissenschaftsentwicklung widerlegt wurde oder nicht, geht es also nicht so sehr um die Entscheidung zwischen euklidischer und nicht-euklidischer Geometrie, sondern mehr um die *Funktion* der Geometrie (eigentlich der Geochronometrie) bei der Erkenntnis von Naturgesetzen. In erster Linie geht es um die Frage, ob die der Geometrie von Kant zugeschriebene Vermittlungsfunktion aufgehoben wurde. Und hierauf kann man mit einem klaren *Nein* antworten.[666] Im Gegenteil läßt sich zeigen, daß die sich seit der Mitte des 19. Jahrhunderts vollziehende Entwicklung der Naturwissenschaft den eigentlichen Gehalt des Kantischen Konzepts klarer zu erkennen gibt.

Man könnte einwenden, daß doch die von Kant implizit unterstellte *rigorose* Apriorität der euklidischen Geometrie als nicht haltbar bewiesen wurde, diese Apriorität für Kants System, für die Lösung der "höchsten Aufgabe der Transzendentalphilosophie", für die Beantwortung der Frage "Wie ist Erfahrung möglich?"[667] aber fundamental ist.

Auf die Frage: Wie ist empirische mathematisierte Naturwissenschaft möglich? oder: Wie sind notwendige allgemeingültige Gesetzesaussagen möglich?, also: Wie ist neuzeitliche Naturwissenschaft möglich? gibt Kant eine konstruktive Antwort. Sie beruht maßgeblich auf der Apriorität des Raumes als Form der Anschauung, die an der vermeintlichen apriorischen und absoluten Gültigkeit der Geometrie (womit seinerzeit natürlich nur die euklidische gemeint sein konnte) ihren festen Halt hatte. Fällt diese, bricht Kants System zusammen oder bricht zumindest an dieser Stelle ein – es sei denn, man kann die Apriorität des Raumes als Form des äußeren Sinns und die absolute Gültigkeit *aller* Elemente der euklidischen Geometrie entkoppeln. Und das kann man – wie gezeigt wurde. Allerdings muß man eben zwischen der apriorischen *Funktion* der Geometrie und ihrer aposteriorischen *Herkunft* unterscheiden.[668]

---

nicht, daß man diese vor oder unabhängig von der jeweiligen physikalischen Dynamik konstruieren kann. Sie ist nur die Bedingung für die Möglichkeit dieser Dynamik.

665 Vgl. I. Kant, Prolegomena, a.a.O., S. 233-236 (§ 58).

666 Vgl. R. Wahsner und H.-H. v. Borzeszkowski, Die Wirklichkeit der Physik, a.a.O., S. 74-81, 239-285.

667 I. Kant, Welches sind die wirklichen Fortschritte, die die Metaphysik seit Leibnizens und Wolffs Zeiten in Deutschland gemacht hat?, a.a.O., S. 607.

668 Vgl. R. Wahsner, Apriorische Funktion und aposteriorische Herkunft, a.a.O.

Dieser Unterschied läßt sich treffend in den Worten Ausdrücken: "Die Transzendentalphilosophie aber hat es nicht in erster Linie mit der Realität des Raumes oder der Zeit – werde diese nun im metaphysischen oder physikalischen Sinne genommen – zu tun, sondern fragt nach der objektiven *Bedeutung* für den Gesamtaufbau unserer empirischen Erkenntnis. Sie betrachtet Raum und Zeit nicht mehr als Dinge, sondern als 'Erkenntnisquellen'. Sie sieht in ihnen nicht selbständige Gegenstände, die irgendwie vorhanden sind und deren wir durch Experiment und Beobachtung habhaft werden können, sondern 'Bedingungen der Möglichkeit der Erfahrung', des Experiments und der Beobachtung selbst, die ihrerseits nicht wieder in dinglicher Art angeschaut werden können. *Was – wie der Raum und die Zeit – die Setzung von Gegenständen erst ermöglicht, das kann uns niemals selbst als einzelner Gegenstand, im Unterschied zu andern, gegeben sein.* Denn die *'Formen'* der möglichen Erfahrung – die Formen der Anschauung wie der reinen Verstandesbegriffe – treten uns nicht noch einmal als *Inhalte* der wirklichen Erfahrung entgegen."[669]

Diese *Modifikation des Aprioritätsbegriffs* erfordert eine Untersuchung des Verhältnisses von wissenschaftlicher und Alltagserfahrung in Kants System.[670] Dabei kann man schon vorab sagen, daß Kant beide Komponenten meint; doch ist offen, wie deren Verhältnis aus der Sicht der nach-Kantischen Philosophie zu bestimmen ist.[671]

Mit anderen Worten: Man muß Kants Frage "Was und wie viel kann Verstand und Vernunft, frei von aller Erfahrung, erkennen?"[672] neu beantworten, nicht aber kann man ihm bestreiten, daß dies die immer bleibende Hauptfrage ist "und nicht, wie ist das Vermögen zu Denken selbst möglich?"[673] Die verbreitete Auffassung, durch die moderne Wissenschaft sei Kants Aprioritätskonzept widerlegt, beruht auf der Verwechselung der erstgenannten Aufgabe mit der zweiten (die natürlich – wie Kant selbst sagt – auch gelöst werden muß).

Um ein in diesem Zusammenhang immer wieder auftretendes Mißverständnis zu vermeiden, sei nochmals gesagt, daß Kant mit *a priori* nicht *angeboren* meint, sondern das, was als angeboren gedeutet wird, von Kant als *Fähigkeit* gefaßt ist, als Fähigkeit, etwas in bestimmter

669 E. Cassirer, Zur Einsteinschen Relativitätstheorie, a.a.O., S. 70-76 (zweite Hervorhebung – d.V.)

670 Zur Problematik und Herkunft des Kantschen Erfahrungsbegriffs vgl. H. Holzhey, Kants Erfahrungsbegriff, Basel–Stuttgart 1970.

671 Ein Schritt zu dieser Aufklärung findet sich z.B. in dem Aufsatz: K. Bayertz, Zum Verhältnis von erkenntnistheoretischen und ontologischen Aspekten der materialistischen Naturdialektik, in: Theorie und Labor. Dialektik als Programm der Naturwissenschaft, hg. von P. Plath und H.J. Sandkühler, Köln 1978, S. 36-74.

672 I. Kant, Kritik der reinen Vernunft, a.a.O., S. 16 (A XVII).

673 Ebd.

Weise zu tun, z.B. anzuschauen. Die Produkte der betreffenden noch auszuführenden Tätigkeit (Kategorien, Raum und Zeit) sind nicht angeboren, sondern erworben.[674]

Anders gesagt: Kants letzte Realität ist keine Substanz im alten metaphysischen Sinne (dann könnte sein Aprioritätskonzept die beabsichtigte Synthese von Empirie und Theoretizität oder von Anschauung und Verstand nicht leisten), sondern ein *Vermögen*, die Möglichkeit zu einem bestimmten Verhalten, die Fähigkeit zu einer bestimmten Handlungsweise.[675] "Kants transzendentale Wendung besteht darin, daß er den Grund für die Wahrheit des Gedachten nicht in den Inhalten des Denkens, sondern in dem transzendentalen Ich sucht, das als Vermögen diese Inhalte denkbar sein läßt. Die Handlung des Denkens läßt seine eigene Wahrheit aus sich entspringen."[676] Von dem jeweiligen *Logos* darf nicht abgesehen werden.

Das Vermögen (von dem hier die Rede ist) betrifft also das transzendentale Ich (konstituiert es), nicht das individuelle, genauer gesagt, es betrifft das Verhältnis von individuellem Selbstbewußtsein und dem Selbstbewußtsein der Gattung *Mensch*. Und deshalb ist die Frage nach der Gültigkeit von Kants Apriorismuskonzept, mithin auch nach der Notwendigkeit und Möglichkeit eines Dritten, nicht unabhängig von der Bestimmung dieses Verhältnisses zu diskutieren.[677]

Resümierend sei festgestellt: 1. *Apriori* bedeutet (weiter nichts als) Prinzipien, die die *Erfahrung* erst *möglich machen*. 2. Es geht um die *apriorische Funktion* der zugrundeliegenden Prinzipien. Diese bleibt erhalten, auch wenn die *aposteriorische Herkunft* der Prinzipien aufgeklärt ist.[678] 3. Die apriorischen Bestimmungen erweisen sich als *reine Möglichkeiten*, genauer: als Mittel. Kant erklärt: "Nun heißt etwas a priori erkennen es aus seiner bloßen Möglichkeit erkennen. Die Möglichkeit bestimmter Naturdinge kann aber nicht aus ihren bloßen

674 Natürlich darf man fragen, woher diese Fähigkeit stammt, aber das erübrigt nicht Kants Untersuchung der Erkenntnis unter Voraussetzung dieser Fähigkeit. Oder: Die berechtigte Frage nach der Herkunft der menschlichen Vernunft macht Kants Satz nicht falsch, daß mit der menschlichen Vernunft die Formen der Anschauung gegeben sind.

675 In Hegels Naturphilosophie wird dies später getreu dem epistemologischen Status der neuzeitlichen Physik so reflektiert, daß die Bewegung selbst der Gegenstand (das Subjekt) ist. (Vgl. R. Wahsner, "Der Natur ist die Äußerlichkeit eigentümlich ...". Zur epistemologischen Position der Naturphilosophie Hegels, in: Hegels enzyklopädisches System der Philosophie. Von der "Wissenschaft der Logik" zur Philosophie des absoluten Geistes, hg. von H.-Ch. Lucas, B. Tuschling und U. Vogel, Stuttgart-Bad Cannstatt 2004, S. 169-196.)

676 G. Picht, Kants Religionsphilosophie, Stuttgart 1985, S. 199. Diesen Gedanken fortführend schreibt Picht dann: "Auch bei Kant ist es nicht möglich, daß das empirische Subjekt allein durch die Tatsache, daß es irgend etwas denkt, die Wahrheit dieses Denkens begründen könnte. ... Das 'Ich denke' ... hat einen Gehalt, zu dem das einzelne Subjekt von sich aus niemals gelangen könnte. ... Es ist also dasjenige Selbstbewußtsein, das im empirischen Bewußtsein die Vorstellung 'Ich denke' hervorbringt, aber gleichwohl ihm nicht als sein Eigentum angehört ... ." (Ebd.)

677 Ausführlicher dazu R. Wahsner, Die Macht des Begriffs als Tätigkeit (§ 208), a.a.O..; dies., Von der metaphysikfreien Wissenschaft zur metaphysikfreien Philosophie?, Unser Zeitalter – ein postmetaphysisches?, hg. von K. Gloy, Würzburg 2004, S. 155-173.

678 Siehe R. Wahsner, Apriorische Funktion und aposteriorische Herkunft, a.a.O.

Begriffen erkannt werden; denn aus diesen kann zwar die Möglichkeit des Gedankens (daß er sich selbst nicht widerspreche), aber nicht des Objekts, als Naturdinges erkannt werden, welches außer dem Gedanken (als existierend) gegeben werden kann. Also wird, um die Möglichkeit bestimmter Naturdinge, mithin um diese a priori zu erkennen, noch erfordert, daß die dem Begriff korrespondierende *Anschauung* a priori gegeben werde, d.i. daß der Begriff konstruiert werde"[679] Aus diesem Grund ist für Kant reine Naturwissenschaft – anders als Naturphilosophie – nur mathematisch möglich (womit nicht gesagt ist, daß Kant reine Naturwissenschaft mit Mathematik identifiziert; seine Bestimmung fixiert nur eine notwendige, keine hinreichende Bedingung). 4. Die Möglichkeit der Messung vorauszusetzen ist übrigens nicht identisch damit, theoretische Vorleistungen überhaupt, auf denen die jeweilige Theorie beruht, anzuerkennen. Gewiß stützt sich jede Theorie auf theoretische Erkenntnisse, die ihr vorausgegangen sind. Aber sie erklären nicht den Zusammenschluß von Subjekt und Objekt der Erkenntnis, vermitteln nicht zwischen diesen (es sei denn, sie würden sich meßtheoretisch niederschlagen). 5. Apriorisch bedeutet nicht angeboren.

Bezüglich der Physik heißt Raum-Zeit-Apriorität wie gesagt: Den physikalischen Raum als apriorisch anzusehen bedeutet, die Existenz von meßtheoretisch begründeten Mitteln als notwendige Bedingung der Physik zu begreifen.

Der Aprioriät, durch die Kant zufolge die *allgemeinen* Naturgesetze charakterisiert sind, ist mithin der Gedanke inhärent, daß es stets (nicht nur für die Physik) bestimmter Mittel bedarf, um erkennen zu können, diese aber nur durch das Auffinden von Verhältnis- bzw. Ordnungsgleichheiten zu konstituieren sind.

Der hier dargestellte Sachverhalt, daß meßtheoretische Bestimmungen der Dynamik vorausgesetzt werden (wobei diese vor der Begründung der Dynamik nicht gewußt werden können), und zugleich an die Dynamik angeschlossen werden müssen, hat für die Physik zur Folge, daß sie ihren Gegenstand, die Bewegung, in einer spezifischen Dualität faßt, daß sie sie – begreift man die Bewegung philosophisch als daseienden Widerspruch – als *Dualismus* faßt,[680] als Dualismus von Raum-Zeit und physikalischer Wechselwirkung resp. von Geometrie und Dynamik oder von passiven und aktiven Prinzipien. Die Spezifik des (physikalischen) Dualismus gegenüber dem (dialektischen) Widerspruch ergibt sich aus der genannten Notwendigkeit, die Momente eines Konkretums nicht nur zu unterscheiden, sondern zu trennen, wenn man messen will. Daher die Zweiteilung. Doch es fallen die beiden Seiten des

679 I. Kant, Metaphysische Anfangsgründe der Naturwissenschaft, in: Werke, a.a.O., Bd. IX, S. 14 f.

680 Siehe den Abschnitt "Physikalischer Dualismus und daseiender Widerspruch" sowie die dort zitierte Literatur.

Dualismus auch nicht auseinander, da sie durch die Zwänge der Messung aufeinander bezogen sind, derart, daß sie außerhalb dieser Beziehung keine Bedeutung haben. Dabei sind die beiden Seiten der Dualismen im Rahmen einer bestimmten physikalischen Theorie durchaus nicht gleichrangig, sondern die erstgenannte hat, bezogen auf die zweitgenannte, jeweils den Charakter einer Voraussetzung, die im wesentlichen meßtheoretisch bestimmt ist. Das Verhältnis der beiden Seiten eines Dualismus ist – so könnte man es ansehen – das zweier gegensätzlicher Bestimmungen eines Widerspruchs, von denen die eine gewissermaßen als Etalon festgeschrieben wird, während die andere das darstellt, was an diesem Etalon gemessen wird. So legt die klassische Mechanik den Schnitt zwischen geradlinig gleichförmige und beschleunigte Bewegung, wobei sie erstere als Bewegungsetalon bestimmt. Damit vollzieht die Physik, selbst in ihrer elementarsten Form als klassische Mechanik, die notwendige Aufspaltung nicht – wie oft angenommen wird – zwischen Ruhe und Bewegung bzw. zwischen bewegungslosem Gegenstand und ungegenständlicher Bewegung.[681]

Die physikalische Fassung der Bewegung, des daseienden Widerspruchs als Dualismus ist die naturwissenschaftlich-produktive Verwendung dessen, was Hegel als äußerliche Dialektik beschreibt.[682]

Der berechenbare und meßbare Widerspruch kann seinem Wesen nach niemals der philosophisch-konkrete, der dialektische Widerspruch sein. Aber umgekehrt ist auch der dialektische Widerspruch nicht voll zu begreifen, hat der Gedanke nicht den Weg über diesen berechen- und meßbaren Widerspruch, etwa über die physikalischen Dualismen, genommen und auf diese Weise der Philosophie den Stoff entgegengearbeitet.[683]

Das, was "Anschauung" genannt wird, ist in seiner Funktion zu untersuchen – weder in seiner ontogenetischen noch in seiner phylogenetischen Herkunft.[684] Diese funktionale Bestimmung ist der Kern des Begriffs *Apriorität*,[685] und der *Begriff* der Apriorität entscheidet, ob es aus heutiger Sicht noch ein Apriori gibt.

---

681 Ausführlich dazu siehe: R. Wahsner und H.-H. v. Borzeszkowski, Anmerkungen und Nachwort der Herausgeber zu: E. Mach, Die Mechanik in ihrer Entwicklung. Historisch-kritisch dargestellt, Berlin 1988, S. 533-536, 598-604; dies., Physikalischer Dualismus und dialektischer Widerspruch, a.a.O., S. 31-39, 64-81; dies., Action and Reaction. Studies on Motion and Contradiction in Physics, Berlin 2001, S. 27-53.

682 Vgl. G.W.F. Hegel, Vorlesungen über die Geschichte der Philosophie I, a.a.O., S. 303..

683 Vgl. H.-H. v. Borzeszkowski und R. Wahsner, Physikalischer Dualismus und dialektischer Widerspruch, a.a.O., S. 168-172.

684 Die Evolutionäre Erkenntnistheorie verkennt den Status des Apriori, wenn sie seine Aufklärung in folgendem sieht: "Viele unserer Erkenntnisstrukturen (unserer 'notwendigen Ideen') sind zwar genetisch bedingt, also ontogenetisch *a priori*; sie sind jedoch stammesgeschichtlich erworben, also phylogenetisch *a posteriori*." (G. Vollmer, Was können wir wissen?, Bd. 1. Die Natur der Erkenntnis, a.a.O., S. XXII.)

685 Vgl. hierzu I. Kant, Kritik der reinen Vernunft, a.a.O., S. 165-169 (B 305-315; A 104-110); siehe auch R. Wahsner, Der Widerstreit von Mechanismus und Organismus, a.a.O., S. 144.

Daß dem Raum vor jeder Dynamik Eigenschaften zugeschrieben werden müssen, durch die die Messung und damit die Physik als empirische Wissenschaft überhaupt erst möglich wird, hat die konstruktive Wissenschaftstheorie, insbesondere ihr Begründer Paul Lorenzen, verdienstvoll verbreitet. Aber das Programm der konstruktivistischen Protophysik, die Geometrie so umzuformulieren, daß das Parallelenaxiom darin nicht vorkommt (da es eine Aussage über Unendliches enthält, die konstruktivistisch nicht zu erhalten ist) um dann in der Reihenfolge: Geometrie, Kinematik, empirisches Stoßgesetz, Definition von Inertialsystem, Definition von Kraft usw. die heutige Physik zu konstruieren,[686] ist nicht realisierbar. Die Geometrie wird hier zwar (was sehr wichtig ist) als meßtheoretisches Apriori erkannt, dieses jedoch verstanden als schrittweise Konstruktion der theoretischen Grundlage der Physik, somit als Fundierung der "messenden Physik".

Es soll also eine vorphysikalische Raum-Zeit-Lehre als meßtheoretische Voraussetzung der Physik konstruiert werden, auf deren Basis dann die eigentliche Physik, verstanden als Meßdaten verknüpfende Disziplin, errichtet werden. Im einzelnen wurde technisch gezeigt, daß dies nicht gelingt, und begründet, worin dabei das philosophische Problem liegt.[687]

Zugleich enthält das konstruktivistische Programm die Einsicht, daß es nicht möglich ist, die Physik rein rationalistisch zu fundieren oder zu erklären, sondern daß man für ihre Grundlegung sozusagen etwas Gegenständliches benötigt, dieses Gegenständliche aber auch nicht einfach in der Natur vorgefunden wird, sondern nach bestimmten Vorschriften, künstlich, hergestellt werden muß, daß also zum Zwecke der erkenntnistheoretischen Fundierung der Physik der Rückgriff auf die gegenständliche Tätigkeit des Menschen erforderlich ist. Diese Einsicht geht mit der – aus der nicht-konstruktivistischen philosophischen Analyse der modernen Physik ebenfalls gewonnenen – Erkenntnis einher, daß Messung und damit jede messende Wissenschaft quasi-apriorische Voraussetzungen, ein gegenständliches und theoretisches Meßinstrumentarium benötigt, daß also die Physik nicht – wie der Empirist glaubt – durch bloße Sinneswahrnehmung Erfahrungen sammeln und diese dann zu Begriffen und Hypothesen verallgemeinern kann.

Das protophysikalische Konzept explizierte manches, was Kants Synthese im Keim enthält. So zeigt es, daß das, was Kant als reine Form der Sinnlichkeit, als apriorische Anschau-

686 Auf diesem Gedanken beruht Lorenzens Programm der formentheoretischen Begründung der euklidischen Geometrie.

687 Ausführlicher hierzu: H.-H. v. Borzeszkowski und R. Wahsner, Physikalischer Dualismus und dialektischer Widerspruch, a.a.O., S. 64-81; dies., Messung als Begründung oder Vermittlung?, a.a.O.

ungsform angibt, die "Meßfunktion" der Geometrie betrifft. In diesem Sinne erklärte es Paul Lorenzen als philosophische Aufgabe zu verstehen, wie Geometrie möglich ist, möglich ist als Lehre der Längenmessung, die der messenden Physik vorausgeht – da man ihm zufolge Meßverfahren erlernen muß, ehe man Meßergebnisse erhält.[688] Dabei hob er – was philosophisch bei weitem noch nicht hinreichend gewürdigt und ausgestaltet wurde – hervor, daß die Geometrie im Unterschied zur Arithmetik ihre Begriffe durch *Ideation* gewinnt, in der Ideation aber im Unterschied zur Abstraktion auch Handlungsnormen stecken.[689] Hiernach ist die Geometrie die "Theorie von (idealen) Punkten, Geraden, Ebenen und Körpern, wie sie durch ideale Normen für Bearbeitungsverfahren von Dingen (mit ihren Seiten, Kanten und Ecken) bestimmt werden".[690]

Das protophysikalische Konzept ist in mancherlei Hinsicht kritikwürdig. Zwar gab es eine axiomatisierte Geometrie, also eine eigenständige Disziplin, vor der Physik. Aber es gab sie nicht *als* Meßtheorie einer Bewegungslehre. Das *Vor*, vor der Dynamik, ist anders zu nehmen. Zudem ist weder die Beschränkung auf Ziegelsteine noch auf die Handwerkererfahrung akzeptabel. Stärker noch fällt ins Gewicht, daß die Notwendigkeit von Denkprinzipien und des Denkens von Unendlichem verkannt werden.[691] Dieses Verkennen resultiert aus der Ablehnung einer rationalistischen oder einer analytischen Fundierung der Naturwissenschaft, die die konstruktive Wissenschaftstheorie dazu verführt, Denkprinzipien in letztlich empiristischer Manier nur als Ausdruck rationaler Willkür oder als metaphysische Gespenster aufzufassen. Denkprinzipien werden nicht als philosophische Reflexion gesamtgesellschaftlicher Erfahrung begriffen, und sie können es nicht, da gesellschaftliche Erfahrung auf Handwerkererfahrung reduziert wird.[692] Wahrhaft objektiv soll daher nur sein, was sich aus der (vorwissenschaftlichen) Handwerkererfahrung ableiten läßt. Die Besonderheit *wissenschaftlicher* Erfahrung und damit des gnoseologischen Status der experimentellen Methode der Physik

---

688 Vgl. P. Lorenzen, Theorie des technischen Wissens, in: Protophysik. Für und wider eine konstruktive Wissenschaftstheorie der Physik, hg. von G. Böhme, Frankfurt a. M. 1976, S. 57.

689 Vgl. ebenda, S. 63.

690 Ebd., S. 61.

691 Vgl. H.-H. v. Borzeszkowski und R. Wahsner, Physikalischer Dualismus und dialektischer Widerspruch, a.a.O., dies., Messung als Begründung oder Vermittlung?, a.a.O.

692 Es ist dies ein ähnlicher Fehler, wie der, den Ernst Mach beging. Würden Wissenschaft und Produktion wirklich miteinander vermittelt werden, so erwiese sich recht bald, daß das Handwerk keine hinreichende Produktionsbasis für die Naturwissenschaft der Neuzeit darstellt. Welche Schwierigkeiten das handwerkliche Zunftwesen beispielsweise dem wissenschaftlichen Instrumentenbau bereitete, dazu siehe u.a. G. Adams, Geometrische und graphische Versuche oder Beschreibung der mathematischen Instrumente, deren man sich in der Geometrie, der Zivil. und Militärvermessung, beim Nivellieren und in der Perspektive bedient, ausgew., bearb. und erl. von P. Damerow und W. Lefèvre, Darmstadt 1985, S. 291-369 (Nachwort). Auf die Notwendigkeit, über die Kräfte der Hand hinauszugehen, wenn Wissenschaft betrieben werden soll, wies schon Newton hin.

wird somit verkannt. Von diesem Ausgangspunkt her wird geglaubt, daß Denken und Sinnlichkeit in der Physik erst noch in gültiger Weise miteinander – und zwar konstruktiv-wissenschaftstheoretisch – verknüpft werden müßten.

Daher kann man auch nicht die konstruktiv-wissenschaftstheoretische Protophysik als Darstellung der allgemeinen Naturgesetze im Kantschen Sinne ansehen. Denn diese versteht sich als das Allgemeine, das das schon vorhandene Besondere, die "empirische Physik" (womit die vermeintlich noch nicht fundierte klassische Mechanik gemeint ist), auf ein erkenntnistheoretisch sicheres Fundament stellt. Es ist eben ein Unterschied, ob man Messung als Begründung oder als Vermittlung versteht. Eine Rekonstruktion der neuzeitlichen Physik nur aus den Kräften der Hand ist nicht möglich.

Protophysik jedoch, wonach die klassische Mechanik als Prinzipientheorie gefaßt wird, kann partiell im Sinne Kants als Darstellung der *allgemeinen* Naturgesetze genommen werden – nur partiell, weil die grundsätzliche, Kausalitätsdenken ermöglichende, Weltsicht, systematisch noch davor liegt.

Die philosophische Fundierung des naturwissenschaftlichen Objektivitätsbegriffs

In dem hier skizzierten Abriß ergab sich, daß die Physik, daß die Naturwissenschaft reale Verhältnisse erfaßt, dies aber nur dadurch kann, daß sie die Welt unter der Form des Objekts betrachtet. Sie unterstellt eine objektive Außenwelt, sie unterstellt, *daß* es etwas gibt, etwas außerhalb und unabhängig von unserem Bewußtsein, das aber im Prinzip erkannt werden kann, wenn auch niemals total erkannt *ist*. Sie setzt also ein Etwas voraus, aber – wie gesagt – nicht den Planeten, das Elektron usw., über das die Theorie dann dies oder jenes sagt, vielmehr *ist* der Planet, das Elektron usw. nur das, was die Theorie darüber sagt, der Begriff dieser Etwase ist also erst mit der jeweiligen ausgebildeten Theorie gewonnen.

Dabei untersuchen die Naturwissenschaften weder die Bedingungen für die *Möglichkeit* der Erfahrung noch für die Existenz einer *objektiven Außenwelt*, sondern unterstellen beides.[693] Sie betrachten die Welt eben unter der *Form des Objekts.* Und diese Form muß aus philosophischer Sicht natürlich aufgehoben werden. Das heißt, es müssen die unterstellte Möglichkeit der Erfahrung und die angenommene objektive Außenwelt begründet werden.

Ohne diese Aufhebung gelangt man nicht zur Fassung der Welt unter der *Form des Subjekts* als Subjekt-Objekt-Einheit, erreicht man mithin nicht die *absolute Idee*, in der keine vom Erkennen unabhängige Existenz irgendeines Etwas mehr vorausgesetzt wird.[694]

Die Fassung der Welt unter der *Form des Objekts* aufzuheben geht aber nicht darin auf, ihre Unzulänglichkeit aus philosophischer Sicht nachzuweisen. Um die für die Einzelwissenschaft typische Weltfassung aufheben zu können, muß die Philosophie diese Fassung begreifen. Sie kann von sich aus nicht wissen, nicht erdenken, wie diese Form beschaffen ist, sie auch nicht von der Alltagsrezeption wissenschaftlicher Theorien übernehmen. Die aufzuhebende Form muß erforscht werden. Das gelingt nicht mit naturwissenschaftlichen Mitteln. Es müssen die *Bedingtheit* und die *Bedingungen* der Weltfassung unter der *Form des Objekts* entwickelt werden. Um dies zu können, ist ein erneuter Rückgriff auf Kant unabdingbar.

Objektivität = Natur = Möglichkeit der Erfahrung?

Kant setzt *Objektivität, Natur* und die *Möglichkeit der Erfahrung* gleich. Die *allgemeinen Gesetze der Natur* bestimmen nach Kant die Möglichkeit der Erfahrung überhaupt.[695] Die Grundsätze der Erfahrung sind hiernach selbst die Gesetze der Natur, weil wir sonst *Natur* gar nicht denken können. Bezüglich der allgemeinen und reinen Naturgesetze – die von den empirischen, den besonderen Gesetzen der Natur unterschieden werden müssen – ist Natur und *mögliche* Erfahrung ganz und gar einerlei. "Und da in dieser die Gesetzmäßigkeit auf der notwendigen Verknüpfung der Erscheinungen in einer Erfahrung (ohne welche wir ganz und gar keinen Gegenstand der Sinnenwelt erkennen können), mithin auf den ursprünglichen Gesetzen des Verstandes beruht, so klingt es anfangs befremdlich, ist aber nichts desto weniger gewiß, wenn ich in Ansehung der letztern sage: der *Verstand schöpft seine Gesetze (a priori) nicht aus der Natur, sondern schreibt sie dieser vor.*"[696]

---

693 Das war in der Einleitung mit der These gemeint, daß sich die Naturwissenschaften nicht selbst erkennen.

694 Vgl. G.W:F. Hegel, Wissenschaft der Logik. Zweiter Teil, a.a.O., S. 548-573.

695 Ausführlicher dazu siehe: R. Wahsner, Der Widerstreit zwischen *Mechanismus* und *Organismus*, a.a.O., S. 40-95.

696 I. Kant, Prolegomena, a.a.O., S. 189 (§ 36), siehe auch 159-163 (§§ 15-17). Das "Befremdliche" des Kantschen Gedankens entfremdet sich schon, macht man sich bewußt, daß der Begriff *Natur* nichts Selbstverständliches ist, sondern erst auf einer bestimmten Stufe der menschlichen Entwicklung gefaßt werden konnte. [Vgl. hierzu: F. Jürß, Die materielle und naturgesetzliche Einheit des Kosmos in der antiken Philosophie, Philologus. Zs. für klassische Philologie *118*(1974), 185.] Der Begriff *Natur* ist alles andere als trivial. Im mythischen Weltbild der alten Griechen gab es einen solchen Begriff nicht. Wurde all das gemeint, was den Menschen umgibt, so zählte man nacheinander auf: Erde, τάρταρος (= Unterwelt, Schattenreich),

Kant gelangte zu dieser Sicht aufgrund der Humeschen Kritik, die er akzeptierte und aus deren Anerkennung er seine Transzendentalphilosophie entwickelte. Wenn mitunter behauptet wird,[697] Kant könne auf die von ihm gewählte Weise Hume nicht widerlegen oder man könne heute, nachdem sich die Naturwissenschaft, vor allem die Physik so grundlegend gegenüber der Kantschen Zeit entwickelt habe, Hume auf der Grundlage des Kantschen Konzepts nicht widerlegen, so ist zunächst zu bemerken, daß Kant Hume überhaupt nicht widerlegen wollte. Vielmehr schreibt er: "*Hume* ging hauptsächlich von einem einzigen, aber wichtigen Begriffe der Metaphysik, nämlich dem der *Verknüpfung der Ursache und Wirkung*, (mithin auch dessen Folgebegriffe der Kraft und Handlung etc.) aus, und forderte die Vernunft, die da vorgibt, ihn in ihrem Schoße erzeugt zu haben, auf, ihm Rede und Antwort zu geben, mit welchem Rechte sie sich denkt: daß etwas so beschaffen sein könne, daß, wenn es gesetzt ist, dadurch auch etwas anderes notwendig gesetzt werden müsse; denn das sagt der Begriff der Ursache. Er bewies unwidersprechlich: daß es der Vernunft gänzlich unmöglich sei, a priori und aus Begriffen eine solche Verbindung zu denken, denn diese enthält Notwendigkeit; es ist aber gar nicht abzusehen, wie darum, weil etwas ist, etwas anderes notwendiger Weise auch sein müsse, und wie sich also der Begriff von einer solchen Verknüpfung a priori einführen lasse."[698]

Kant wendet ein, daß Hume das metaphysische Grundproblem nicht in seinem ganzen Ausmaße erkannte, sondern nur bezüglich *einer* Kategorie, der Kausalität, während alle Kategorien betroffen sind, und er bestritt gegen Hume, daß der erkannte Mangel nicht zu beheben sei, daß es keinen Weg zu apodiktisch-gewissen metaphysischen Aussagen gibt, man daher mit der skeptizistischen Lösung vorlieb nehmen müsse. Wenn dies so wäre, Hume recht hätte, gäbe es nach Kant gar keine Metaphysik.[699]

Inwieweit Kants Deduktion der Kategorien hinreichend oder ob sie stichhaltig ist, bedarf gewiß der Diskussion. Das ändert aber nichts an der prinzipiellen Richtigkeit seiner Einsicht, daß eine metaphysische Grundlegung unserer Erkenntnis erforderlich ist. So diese gewissen-

---

Meer, Himmel. Diese Sphären wurden so grundsätzlich voneinander getrennt, daß der Übergang von einer zur anderen unter normalen Umständen nicht möglich war. Einen alle Sphären umfassenden Begriff hatte man noch nicht. (Vgl. H.-H. v. Borzeszkowski und R. Wahsner, Stichwörter "Kosmos" und "Kosmologie", in: Europäische Enzyklopädie zu Philosophie und Wissenschaften, hg. von H. J. Sandkühler, Hamburg 1990; R. Wahsner, Naturwissenschaft, a.a.O., S. 12-15.)

697 Vgl. z.B. P.F. Strawson, Die Grenzen des Sinns. Ein Kommentar zu Kants Kritik der reinen Vernunft, Frankfurt a.M. 1992; M. Friedman, Kant on Science and Experience, in: Kant und die Berliner Aufklärung, Akten des IX. Internationalen Kant-Kongresses, Bd. 1, hg. von V. Gerhardt, R.-P. Horstmann, R. Schumacher, Berlin–New York, 2001, S. 233-245.

698 I. Kant, Prolegomena, a.a.O., S. 115 f. (Vorwort).

699 Vgl. z.B. I. Kant, Prolegomena, a.a.O., S. 119.

haft erfolgt ist, kann sie auch durch keinerlei spezifische Wissenschaftsentwicklung hinfällig werden.

Die gängige Behauptung, man verfehle Kants Transzendentalphilosophie, wenn man sie an die Mechanik Newtons binde,[700] ist genauso unzutreffend wie die, daß Kants metaphysische Begründung überlebt sei oder zumindest modifiziert werden müsse,[701] weil Newtons Mechanik spätestens seit dem 20. Jahrhundert antiquiert sei. Beide Auffassungen verkennen die Art und Weise, in der sich Kant auf Newton bezog sowie den Grund, weshalb er dies tat.[702]

Kants "Verknüpfung" der Newtonschen Mechanik mit der Metaphysik beruht nicht auf spezifischen wissenschaftlichen Erkenntnissen, sondern auf einem bestimmten Prinzip, dem neuzeitlichen *Denkprinzip*. Die Newtonsche Mechanik war die erste nach diesem Prinzip voll ausgestaltete Naturwissenschaft. Hierin liegt ihre von Kant voll erkannte Bedeutung. Sie begründete ein neuartiges *Allgemeines*, eine neue Art von *Gesetz*, eine kategorial neue Fassung von *Bewegung*.[703] Begreift man die Newtonsche Mechanik als naturwissenschaftliche Verwirklichung des neuzeitlichen Denkprinzips, dann erhellt, daß die behauptete Verknüpfung von Newton und Kant die Kantsche Philosophie nicht – wie oftmals behauptet – auf Wissenschaftstheorie reduziert. Vielmehr ist zu erkennen, daß die neue Weltsicht, die dem neuzeitlichen Umbruch inhärent ist, eine Basis bot, auf der sich die wissenschaftlichen Theorien von Galilei, Kepler und Newton ausbilden konnten. Nach deren Begründung war es möglich, diese naturwissenschaftlichen Theorien philosophisch auf den Begriff zu bringen (genauer gesagt, damit zu beginnen).[704] Wer eine jede Kopplung dieser Physik mit jener Metaphysik als analytizistische Kant-Rezeption deutet, hat einen inadäquaten Begriff von Naturwissenschaft und insofern auch einen falschen Begriff von Kants Philosophie.

Kant nahm die Newtonsche Mechanik *in diesem Sinne* als Wissenschaftsmodell. Ihre

---

700 Vgl. z.B. P. Baumanns, Kants Philosophie der Erkenntnis. Durchgehender Kommentar zu den Hauptkapiteln der "Kritik der reinen Vernunft". Würzburg 1997. Zur Auseinandersetzung mit diesem Standpunkt siehe: R. Wahsner, Der Widerstreit von *Mechanismus* und *Organismus*, a.a.O., S. 24-54.

701 Vgl. M. Friedman, Kant on Science and Experience, a.a.O.

702 Zusätzlich zu den hier gegebenen Argumenten siehe auch: R. Wahsner, Der Widerstreit von *Mechanismus* und *Organismus*, a.a.O., S. 9-191; dies., Die philosophische Position J. H. Lamberts, in: Sternzeiten, Heft 6, Berlin 1977, S. 27-41; dies., Über den "Ungrund der neutonischen Begriffe und Sätze". Eine metaphysische Diskussion über eine neue Physik, in: Pierre Louis Moreau de Maupertuis. Eine Bilanz nach 300 Jahren, hg. von H. Hecht, Schriftenreihe des Frankreich-Zentrums der Technischen Universität Berlin, hg. von G. Abel und T. Gil, Bd. 3, Berlin 1999, S. 261-276; H.-H. v. Borzeszkowski, Der epistemologische Gehalt des Maupertuisschen Aktionsprinzips, in: ebd., S. 419-435.

703 Vgl. den Abschnitt "Kräfte der Hand und Kräfte der Natur: Konsequenzen der Synthese von τέχνη und φύσις für die Objektivität der Mechanik"; R. Wahsner, Die Macht des Begriffs als Tätigkeit (§ 208), a.a.O., insbes. S. 106-117, sowie die jeweils zitierte Literatur.

Grundsätze sind das, was er als *allgemeine Naturgesetze* bezeichnet. Diese Grundsätze sind der gefundene Weg, um stabile notwendige Zusammenhänge aufzufinden. Sie sind das, was Kant "Mechanismus" nennt.[705] Die Entwicklung der Physik ab dem 19. Jahrhundert, die Ausbildung der Wissenschaften Chemie, Biologie, Neurologie und anderer hat diese Grundsätze nicht geändert.

Vor allem hat sie die durch Hume initiierte Einsicht nicht zurückgenommen, daß Kausalität weder rein durch Begriffe gewonnen werden kann noch ein Erfahrungsergebnis ist, daß *Kausalität* vielmehr Erfahrung erst ermöglicht, Kausalität *insofern* denknotwendig ist. Allgemeiner: Kants Erwachen aus dem dogmatischen Schlummer ist die Einsicht, daß wir mittellos gar nichts erkennen. Seine Arbeit bestand dann darin zu untersuchen, worin die notwendigen Mittel bestehen.[706]

Kant hatte also gezeigt, daß wir, um erkennen zu können, bestimmter Mittel bedürfen, unsere Erkenntnis, mithin unser Wissen, daher von diesen Mitteln abhängt, diese es überhaupt erst ermöglichen, aber auch begrenzen. Erfahrung ist nur möglich aufgrund der hier knapp skizzierten Vorbedingungen, die aber nicht einfach Setzungen oder Konventionen sind, sondern Weltsichten, Lebenskulturen, zu denen eine Zivilisation durch objektive Entwicklungen gedrängt wurde, Vorbedingungen, die im Seienden verankert sind.[707] Sie sind die *Gestalt der Idee des Ganzen*, der jeweilige *Logos.*

Bei diesem Begriff des Logos geht es darum, den Entwurf eines Horizonts zu begreifen, zu sehen, wie das umgrenzende, quasi definierende Prinzip ins Spiel kommt, aus dem ein "Gegebenes" in seinem Wesen begriffen wird. Das geschieht, wenn der Mensch, das "Gegebene" seines Daseins wie seiner Welt überschreitend den umfassenden Zusammenhang zu erringen sucht, kraft dessen er das Vereinzelte und Zerstreute bindet und mit Sinn erfüllt.[708] Es ist eine Verhaltensweise, in der der Mensch in der Entdeckung jenes Umfassenderen sich selbst und

---

704 Zweifelsfrei war die Ausbildung der genannten naturwissenschaftlichen Theorien stets von philosophischen Diskussionen begleitet, um aber ihre Vorgehensweise auf den Begriff zu bringen, war die volle Ausbildung der Newtonschen Mechanik erforderlich. Denn die Tat geht dem Bewußtsein der Tat voran.

705 Ausführlicher siehe: R. Wahsner, Der Widerstreit von *Mechanismus* und *Organismus*, a.a.O., S. 71-77.

706 Vgl. I. Kant, Prolegomena, a.a.O., S. 115 (Vorrede).

707 Zu letzterer Formulierung siehe: E. Angehrn, Der endlose Streit der Vernunft. Metaphysik im Spiegel ihrer Kritik, in: Vom Ersten und Letzten. Positionen der Metaphysik in der Gegenwartsphilossophie, hg. von U.J. Wenzel, Frankfurt a.M. 1999, S. 75.

708 Es ist nach Kant das durch die praktische Philosophie Fixierte. (Vgl. I. Kant, Kritik der praktischen Philosophie, a.a.O.; ders., Über den Gebrauch teleologischer Prinzipien in der Philosophie, in: Werke, a.a.O., Bd. IX.)

die Welt zu gewinnen oder zu überwinden sucht.[709] "Die Idee des Ganzen ist das Richtmaß, nach dem das 'Gegebene' sich richtet, durch das es in einen adäquaten Zusammenhang gebracht und damit in seinem selbsteigenen Wert und Wesen offenbar wird. ... Der menschlichen Daseinshaltung ... erschließt sich ... der Logos als das Dasein und Welt auslegende Prinzip."[710] Durch die Idee des Logos sucht und entdeckt der Mensch sowohl sich selbst als auch die Welt in den beiden bindenden Bezügen des Kosmos. Das fragende oder Erfahrung machende Ich ist immer in einer bestimmten, vom individuellen wie vom Gattungswillen unabhängigen, Weise verfaßt, einer Weise, die aber sehr wohl durch den Menschen als Gattung bestimmt ist. Diese Bestimmtheit erscheint als das Apriorische.[711]

Nicht die einzelnen Erkenntnisinhalte, sondern nur die Kraft, sie zu erwerben, ist der Seele eingeboren. Daher ist das empirische Weltbild, in dem uns die Gegenstände bereits als einzelne gesondert entgegentreten, schon ein Produkt aus dem Zusammenwirken von Wahrnehmung und Begriffsleistung der Idee innerhalb des Gebiets der Erfahrung.

Der griechische Kosmos war geprägt durch die πόλις. Der heutige ist es natürlich nicht. Aber wodurch ist er geprägt? *Wie ist der Logos der heutigen Welt bestimmt?* Die Antwort hierauf zu finden ist das Grundproblem, will man den Kantschen Apriorismus weder empiristisch verwerfen noch psychologistisch mißdeuten, sondern auf der heutigen Erkenntnisstufe begreifen und so akzeptieren. Doch die Antwort auf die Frage, wie der Logos der heutigen Welt bestimmt ist, setzt die Lösung vieler verschiedener Probleme voraus (von welchselbiger wir noch weit entfernt sind).[712]

Kants Konzept, wonach allgemeine Naturgesetze nichts Empirisches sind, der Verstand der Natur die Gesetze vorschreibt, diese resp. die Verstandeskategorien Erfahrung erst ermöglichen, die Existenz allgemeiner Naturgesetze, d.h. die Fähigkeit, allgemeine Naturgesetze ausfindig zu machen, identisch damit ist, die *Natur als Mechanismus* zu fassen, läßt sich durch Erwin Schrödingers Analyse der antiken Wurzeln heutigen naturwissenschaftlichen Denkens, die natürlich um die Untersuchung der hinzukommenden neuzeitlichen Wurzeln erweitert werden müßte, "entmystifizieren".[713] Das heißt, es läßt sich begreifen, daß die metaphysische Bedingtheit der Erkenntnis weder als angeborene Eigenschaft noch als idealisti-

---

709 Vgl. H. Heyse, Unser Verhältnis zum Griechentum als metaphysisches Problem, Kant-Studien *43*(1943), 227-262.

710 Ebd., S. 228.

711 Vgl. das Zitat von Anm. 668.

712 Zur Problematik des Logos der heutigen Welt siehe: R. Wahsner, Von der metaphysikfreien Wissenschaft zur metaphysikfreien Philosophie?, a.a.O., insbes. S. 23-26.

713 Vgl. R. Wahsner, Der Widerstreit von *Mechanismus* und *Organismus*, a.a.O., S. 54-81.

sche Setzung, als Konvention oder als willkürliche Entscheidung aufzufassen ist. Dies ermöglicht es, die Apriorität nicht als *Natur*anlage zu bestimmen, sondern ihren Ursprung zu erkennen.

Kant spricht von der veränderten Methode der Denkungsart, wonach wir von den Dingen nur das a priori erkennen, was wir selbst in sie legen, und betont explizit, daß dies eine dem Naturforscher nachgeahmte Methode sei, eine Methode, die darin besteht, die Elemente der reinen Vernunft in dem zu suchen, was sich durch ein Experiment prüfen läßt.[714] Hierbei ist die Natur nicht die Wirklichkeit, wie sie an sich besteht, sondern der systematische Zusammenhang der Erscheinungen unter einheitlichen, ihren Ablauf regelnden Gesetzen. Natur ist hiernach der Inbegriff der Gegenstände der Erfahrung. Nur nach dieser Veränderung der Denkungsart kann man die Möglichkeit einer Erkenntnis a priori erklären, was "nach der bisherigen Verfahrungsart unmöglich war".[715] Denn wenn das Wirken das Sein bestimmt, wenn *die Vergleichungsart auch die Elemente bestimmt, die verglichen werden sollen,*[716] dann ist die Ordnung nichts dem Sein Fremdes oder Aufgesetztes und bedarf zugleich der Angabe ihrer Bestimmung, welchselbige auch möglich ist. Erkenntnis a priori heißt: Der Verstand leitet die allgemeinen Gesetze nicht aus der Natur ab, sondern bestimmt sie als Erkenntnisprinzipien.[717]

Die Newtonsche Mechanik in dem hier erklärten Sinne als Wissenschaftsmodell aufzufassen erfordert, daß – wie oben dargelegt – zwischen zwischen der physikalischen Theorie *Mechanik* und dem mechanizistischen Weltbild klar unterschieden wird. Dies war Kant zu seiner Zeit nicht konsequent möglich. Denn weder konnte er die *physikalischen* Besonderheiten dieser Theorie im Vergleich zu anderen physikalischen Theorien untersuchen noch die ideologisch bedingten philosophischen Verzerrungen präzise von den experimentalwissenschaftlichen Charakteristika klar unterscheiden. Daher enthalten seine Darlegungen auch verwirrende Aussagen (die man ihm nicht vorwerfen kann, die man aber heute klar bestimmen kann, und die man heute, eben weil man es kann, auch klar zu fixieren verpflichtet ist). Desgleichen ist zu bedenken, daß die Mechanik von der modernen Physik nicht einfach als falsch nachgewiesen wurde.[718]

---

714 Vgl. I. Kant, Kritik der reinen Vernunft, a.a.O., S. 26, auch 27, 28 (Vorrede zur zweiten Auflage). "Experiment" im übertragenen Sinne.

715 Vgl. ebd., S. 27.

716 Vgl. z.B.: H. Cohen, Jubiläums-Betrachtungen (Rezension des Eduard Zeller zu seinem 50jährigen Doctorjubiläum gewidmeten Bandes, der auch den Aufsatz von H. v. Helmholtz "Zählen und Messen, erkenntnistheoretisch betrachtet" enthält), Philosophische Monatshefte, *24*(1888), 257-291.

717 Vgl. z.B. I. Kant, Prolegomena, a.a.O., S. 189 (§ 36).

718 Zur Stellung der Mechanik im System der Physik siehe z.B.: M. Planck, Die Stellung der neueren Physik

Unter diesem Aspekt ist auch der Version zu widersprechen, wonach die enge Bindung der Kantschen Metaphysik an die Newtonsche Physik insofern gerechtfertigt sei, als Newtons Mechanik noch weitgehend auf einer vor-wissenschaftlichen Erfahrung beruhe.[719] Mit dieser Argumentation soll einer scientistischen Kant-Interpretation entgegengetreten werden, der zufolge Kants Erfahrungsbegriff nur auf wissenschaftliche Erfahrung bezogen sei, Kants Erfahrung aber allgemein-menschliche Erfahrung meine. Deshalb – so dieser Standpunkt – müsse die Metaphysik für heutige Bedürfnisse geändert werden. Da die Mechanik jedoch noch nicht stark von der vor-wisenschaftlichen Erfahrung abweiche, sie mit der Alltagserfahrung noch sehr eng verbunden sei, laufe sie nicht Gefahr, Kants Metaphysik scientistisch zu verfälschen.

Dieses Urteil über Newtons Mechanik trifft keineswegs zu. Um die Behauptung, die Grundlage der Mechanik beruhe auf vorwissenschaftlicher (bzw. weitgehend vorwissenschaftlicher) Erfahrung, aufrechterhalten zu können, müßte der Unterschied zwischen einem Gegenstand der Naturwissenschaft und einem sinnlich-konkreten Gegenstand erst einmal widerlegt werden.

Um eine scientistische Kant-Interpretation abzuwehren, um Kants Philosophie in ihrem ganzen metaphysischen Gewicht aufzufassen, ist es notwendig (obzwar nicht hinreichend), die kategorialen Grundlagen dieser Mechanik zu verstehen, deren Unterschied zu der vorwissenschaftlichen Erfahrung zu erkennen (ebenso wie natürlich deren Zusammenhang). Und es ist notwendig, Kants Erfahrungsbegriff in seiner Unterscheidung zu dem des Alltagsbewußtseins zu erkennen. Hierzu ist die Fassung der Welt unter der Form des Objekts und deren Aufhebung zur philosophischen Subjekt-Objekt-Einheit erforderlich. Der bloße Rückfall in das vor-wissenschaftliche Stadium löst das Problem nicht.

Für Kant sind zuverlässige Erfahrungsurteile nur wissenschaftliche Urteile, also Urteile im System einer Wissenschaft. Bloße Wahrnehmungsurteile sind eben nicht allgemeingültig,

---

zur mechanischen Naturanschauung, Physikalische Zs. *11*(1910), 922-932; ders., Das Weltbild der neuen Physik, Leipzig 1958, insbes. S. 20; A. Einstein und L. Infeld, Die Evolution der Physik, Hamburg 1987, S. 114, 138 f.; A. Einstein, Newtons Mechanik und ihr Einfluß auf die Gestaltung der theoretischen Physik, in: Mein Weltbild, hg. von C. Seelig, Frankfurt a.M 1989, S. 151-158; ders. Zur Methodik der theoretischen Physik, in: ebd., S. 113-117; ders., Isaac Newton, in: Aus meinen späten Jahren, Stuttgart 1953; W. Heisenberg, Prinzipielle Fragen der modernen Physik, in: ders., Wandlungen in den Grundlagen der Naturwissenschaft, Leipzig 1942. – Vgl. auch: H.-H. v. Borzeszkowski und R. Wahsner, Physikalischer Dualismus und dialektischer Widerspruch, a.a.O., insbes. S. 64-81; dies., Did the Nonlinear Irreversible Thermodynamics Revolutionize the Classical Time Conception of Physics?, Foundations of Physics *14*(1984), 653-670.

719 Diesen Standpunkt vertritt z.B. M. Friedman in: Kant on Science and Experience, a.a.O.

fixieren keine notwendigen Zusammenhänge. Zugleich schließt Kant die Alltagserfahrung nicht explizit aus. Weder kann man Erfahrung auf Wissenschaftsaussagen reduzieren noch ohne diese und ohne Aufdeckung ihrer Basis zur Philosophie gelangen. Es gibt keine Metaphysik ohne Physik (ebensowenig wie Physik ohne Metaphysik). – Es gibt nicht Erfahrungsurteile zum einen philosophischer und zum anderen naturwissenschaftlicher Art.

Der Begriff der Kausalität

Kants Objektivitätsbegriff ist nicht die Begründung für die Betrachtung der Welt unter der Form des Objekts, sondern er spricht gerade über die Rolle des Subjekts. Er spricht über das Objekt überhaupt, wie ein solches begrifflich gefaßt werden kann. Nicht aus jedem Subjekt-Objekt-Verhältnis kann man die Fassung der Welt unter der Form des Objekts entwickeln. Kant zeigt die Bedingung, unter der sie möglich wird.

Die These, daß der Verstand die Gesetze vorschreibt, ist keine Fürsprache für Willkür, Rationalismus oder Verfälschung. Denn – es sei wiederholt – man hat nur die Wahl: so oder gar nicht. Die Vorstellung, man müsse, um ein objektives Bild der Wirklichkeit zu erhalten, ohne jede Vorbedingung an ihre Erkenntnis herangehen, ist illusionär. In dem Moment, in dem die Aufgabe, die Welt zu erkennen, gesetzt wird, hat man ein Erkenntnissubjekt, und dieses ist immer irgendwie beschaffen und hat immer irgendein Verhältnis zu dem, was es erkennen will. – Anderenfalls ist es ist kein Erkenntnissubjekt. Dann gibt es aber auch die Aufgabe nicht.

Und wenn das Erkenntnissubjekt in seiner Verfaßtheit eine Rolle spielt, dann ist die Fragestellung nicht mehr bedingungslos, mithin auch nicht die Antwort. Doch was kann objektiver sein, als den Standpunkt zu untersuchen, von dem aus die Welt betrachtet wird? Ist das möglich oder inwieweit ist es möglich, diesen Standpunkt zu untersuchen? Nikolaus von Kues erkannte hierin sogar die Lösung des Erkenntnisproblems, darin nämlich, daß der Forschende, das, was er sucht, voraussetzt und sogleich, insofern er es sucht, nicht voraussetzt.[720]

Zudem heißt "Erkenntnis der Erscheinungen und nur der Erscheinungen" nicht: es wird nur Unwesentliches erkannt (wie Hegel an vielen Stellen seines Werkes Kant unterstellt),[721] son-

---

720 Vgl. Anm. 240, 242.

721 Kant betont explizit, daß mit *Erscheinung* nicht *Schein* gemeint ist, daß er nicht sagen wolle, "daß diese Gegenstände ein bloßer Schein wären". "Denn in der Erscheinung werden" – so begründet er – "jederzeit die Objekte, ja selbst die Beschaffenheiten, die wir ihnen beilegen, als etwas wirklich Gegebenes angesehen, nur daß, sofern diese Beschaffenheiten von der Anschauungsart des Subjekts in der Relation des gegebenen Gegenstandes zu ihm abhängt, dieser Gegenstand *als Erscheinung* von ihm selber als Objekt *an sich* unterschieden wird. ... Es wäre meine eigene Schuld, wenn ich aus dem, was ich zur Erscheinung zäh-

dern dem neuzeitlichen Denkprinzip gemäß: das Wirken, also das Verhalten eines Etwas zu einem Anderen erschließt sein Sein.

Bestimmte Weltsichten, Lebenshaltungen bzw. Setzungen – wie etwa die, daß die Welt verstanden werden kann oder die, daß die Welt als Objekt gefaßt wird – sind die allgemeinen Bedingungen, unter denen allein etwas Objekt der Erfahrung überhaupt werden kann. Als *Bedingungen* der Erfahrung sind sie selbstredend apriorisch. *Apriorität der Kategorien* bedeutet nichts anderes als: Gesamtheit der Bedingungen, die Erfahrung ermöglichen. Dabei ist nichts darüber gesagt, ob die von Kant bestimmten Bedingungen vollständig und richtig sind. Kant war auch nicht verpflichtet, die Herkunft dieser Bedingungen zu untersuchen. Diese Aufgabe hat er abgeschnitten, das menschliche Erkenntnisvermögen so genommen, wie es vorlag, und bewiesen, *daß* es derartiger Bedingungen bedarf.[722] Auffassungen, wonach evolutionäre Theorien Kants Apriorismus widerlegen, verkennen völlig dessen philosophischen Kern.[723]

Die im Zusammenhang mit diesem Aprioritätskonzept oft diskutierte Denknotwendigkeit der Kausalität bedeutet nichts anderes als die Einsicht in die *Notwendigkeit bestimmter Mittel oder Bedingungen.* Dieses Erfordernis ist vergleichbar mit der angenommenen Denknotwendigkeit der euklidischen Geometrie.[724]. Die Denknotwendigkeit, sei es der Kausalität, sei es der Geometrie, wird so nicht als ein absolutes (oder unerklärliches) Nicht-anders-können ge-

---

len sollte, bloßen Schein machte." [I. Kant, Kritik der reinen Vernunft, a.a.O., S. 93 f. (B 69-71); siehe auch: S. 156 f. (B 164-165), 176-181 (A 120-128), 220-246 (B 225-265; A 182-215).]

722 Man kann durchaus fragen, woher der Verstand kommt. Aber das war nicht Kants Problem und mußte es nicht sein. Denn keiner seiner Vorgänger hatte je den Menschen als etwas anderes angenommen denn als *denkenden* Menschen. Deshalb sagt Kant auch: Es geht nicht darum zu fragen, wie ist Denken möglich? Im Prinzip gibt es zwei Fragen: 1. Wie lernte der Mensch denken? 2. Was heißt es, denken zu können? Letzteres ist Kants Frage. Oder anders gesagt: Die *Existenz* des Verstandes zu unterstellen heißt apriorische Kategorien zu unterstellen. Beides ist identisch. Welche Kategorien das sein müssen ist dann ein anderes, ein weiteres Problem. – Man muß Kants Frage "Was und wieviel kann Verstand und Vernunft, frei von aller Erfahrung, erkennen?" (I. Kant, Kritik der reinen Vernunft, a.a.O., S. 16 (A XVII); ders., Welches sind die wirklichen Fortschritte, die die Metaphysik seit Leibnizens und Wolffs Zeiten in Deutschland gemacht hat?, in: Werke, a.a.O., Bd, VI, S. 605-615) neu beantworten, nicht aber kann man ihm bestreiten, daß dies die immer bleibende Hauptfrage ist "und nicht, wie ist das Vermögen zu denken selbst möglich?" Die verbreitete Auffassung, durch die moderne Wissenschaft sei Kants Aprioritätskonzept widerlegt, beruht auf der Verwechselung der erstgenannten Aufgabe mit der zweiten (die natürlich, wie Kant selbst sagt, auch gelöst werden muß).

723 Vgl. auch die zitierten Arbeiten, die Helmholtz' Anliegen kritisch untersuchen sowie Anm. 672, 675.

724 Ausführlich hierzu: H.-H. v. Borzeszkowski und R. Wahsner, Erkenntnistheoretischer Apriorismus und Einsteins Theorie. Einstein in seiner Beziehung zu Newton und Kant, Dt. Zs. für Philosophie *27*(1979), 213-221; dies., Physikalischer Dualismus und dialektischer Widerspruch, a.a.O.; dies., Die Wirklichkeit der Physik, a.a.O., S. 239-285; R. Wahsner, Das notwendige Dritte, a.a.O.; dies., Apriorische Funktion und aposteriorische Herkunft, a.a.O.; dies., Erkenntnistheoretischer Apriorismus und neuzeitliche Physik, Dt. Zs. für Philosophie *40*(1992), 24-35; H.-H. v. Borzeszkowski, Kantscher Raumbegriff und Einsteins Theorie, Dt. Zs. für Philosophie *40*(1992), 36-41; ders., Kants Raum-Zeit-Apriorismus im Lichte der Relativi-

faßt, sondern als notwendige Vorbedingung, die ihrerseits durchaus historisch bedingt ist – deshalb ja die verschiedenen Kulturen, in denen zum einen nach dem Sinn, zum anderen nach dem Gesetz gesucht wird.[725]

Kant führte dieser Zusammenhang zu seinem Begriff des Mechanismus. Der hohe Wert, den er dem *Mechanismus* beimißt, liegt – wie gesagt – darin, Erfahrung resp. die Naturwissenschaft zu ermöglichen, wobei der Begriff *Mechanismus* in einem *Objektivität* und *allgemeingültige Notwendigkeit, Gesetzmäßigkeit* bedeutet (und nichts mit Mechanizismus zu tun hat und auch nichts mit einer Beschränkung auf die Wissenschaft *Mechanik*).[726] In Kants Worten: "Alle unsere Urteile sind zuerst bloße Wahrnehmungsurteile: sie gelten bloß vor uns, d.i. vor unser Subjekt, und nur hinten nach geben wir ihnen eine neue Beziehung, nämlich auf ein Objekt, und wollen, daß es auch vor uns jederzeit und eben so vor jedermann gültig sein solle; denn wenn ein Urteil mit einem Gegenstande übereinstimmt, so müssen alle Urteile über denselben Gegenstand auch unter einander übereinstimmen, und so bedeutet die objektive Gültigkeit des Erfahrungsurteils nichts anders, als die notwendige Allgemeingültigkeit desselben. Aber auch umgekehrt, wenn wir Ursache finden, ein Urteil vor notwendig allgemeingültig zu halten (welches niemals auf der Wahrnehmung, sondern dem reinen Verstandesbegriffe beruht, unter dem die Wahrnehmung subsumiert ist), so müssen wir es auch vor objektiv halten, d.i. daß es nicht bloß eine Beziehung der Wahrnehmung auf ein Subjekt, sondern eine Beschaffenheit des Gegenstandes ausdrücke; denn es wäre kein Grund, warum anderer Urteile notwendig mit dem meinigen übereinstimmen müßten, wenn es nicht die Einheit des Gegenstandes wäre, auf den sie sich alle beziehen, mit dem sie übereinstimmen und daher auch alle unter einander zusammenstimmen müssen."[727] Diese Begründung ist mit dem analytischen Argument "Es ist Erfahrung deshalb möglich, weil wir wirkliche Erfahrung machen" nicht adäquat erfaßt, sondern sie liegt in Kants Begriff der Kausalität resp. in seinem

---

tätstheorie, a.a.O. – Siehe auch den Abschnitt "Die Idealität des Raumes und der Zeit als Lehre der vollkommenen Realität des Raumes und der Zeit – aus der Sicht der heutigen Physik".

725 In seiner durch die Problematik der Quantenmechanik veranlaßten Studie des antiken Atomismus zeigt Schrödinger, daß die moderne Naturwissenschaft auf der antiken atomistischen Methode, das Kontinuum über Diskretheiten zu fassen, beruht und dieser Methode außer der Verständlichkeitshypothese der Grundsatz inhärent ist, das erkennende Subjekt aus dem angestrebten Weltbild auszuschalten und es in die Rolle eines außenstehenden Beobachters zurücktreten zu lassen. Dies sei der Grund, weshalb es im modernen Weltbild fehlt. Schrödinger hält das Fortlassen des Erkenntnissubjekts zwar für einen Kunstgriff, aber für einen Kunstgriff, auf den nur ein Narr verzichten würde. (Vgl. E. Schrödinger, Die Natur und die Griechen, Wien 1955, insbes. S. 155-169; ders., Die Besonderheit des Weltbildes der Naturwissenschaft, in: ders., in. Gesammelte Abhandlungen, Wien 1984, Bd. IV, S. 409-453; siehe auch ausführlich darüber: R. Wahsner und H.-H. v. Borzeszkowski, Die Wirklichkeit der Physik, a.a.O., S. 82-95, sowie die darin zitierte Literatu; R. Wahsner, Der Widerstreit von *Mechanismus* und *Organismus*, a.a.O., S. 54-81.

726 R. Wahsner, Der Widerstreit von *Mechanismus* und *Organismus*, a.a.O., S. 11-98.

transzendentalen Konzept.[728] Daß wir wirklich Erfahrung machen wurde von Kant ja nicht in Frage gestellt; er schloß nicht von der Wirklichkeit auf die Möglichkeit, sondern fragte, was getan wurde, welche Bedingungen erforderlich sind, damit Erfahrung möglich ist.

Kausalität ist nicht als lineare Kette von Ursache und Wirkung aufzufassen, sondern – wie sich im Ergebnis einer langen und intensiven Diskussion im Zusammenhang mit der Entwicklung der Physik seit dem Ende des 19. Jahrhunderts und der Möglichkeit von Gesetzen in Geistes- und Sozialwissenschaften ergeben hat und bei Kant angelegt ist – als eine Synthese, die besagt: "Immer, wenn das und das vorliegt, dann liegt auch das und das vor."[729]

Mechanismus heißt nach Kant etwas, weil es kausal-gesetzlich bestimmt oder bestimmend ist: "Eben um deswillen kann man auch alle Notwendigkeit der Begebenheiten in der Zeit, nach dem Naturgesetze der Kausalität, den *Mechanismus* der Natur nennen, ob man gleich darunter nicht versteht, daß Dinge, die ihm unterworfen sind, wirkliche materielle *Maschinen* sein müßten. Hier wird *nur auf die Notwendigkeit der Verknüpfung* der Begebenheiten ..., so wie sie sich nach dem Naturgesetze entwickelt, gesehen, ..." [730] Es ist hierbei gleichgültig, zwischen welchen Objekten diese Verknüpfung besteht. Dieser Aspekt ist so wichtig, daß selbst ein moralisches Gesetz, also eine Verknüpfung zwischen willensbegabten Wesen, dem *Mechanismus* keinen Abbruch tut, so es ein Gesetz ist.[731]

Nach Gründen zu fragen ist eine der großen Errungenschaften der antiken Philosophie – eine Haltung, die mehr mit dem Kausalprinzip zu tun hat als eine zeitliche Aufeinanderfolge.

Es wird klar, daß bei Kant *Mechanismus* kein mechanizistisches Prinzip bedeutet, sondern das Verbot, Gründe außerhalb der Natur für ihre Bewegungen verantwortlich zu machen. Im Sinne von Kant handelt es sich mithin dann um *Mechanismus*, wenn (kausale) Gesetzlichkeit (die für sich ja noch nicht spezifisch bestimmt ist) gewährleistet ist.[732]

Da nach Kant "Natur im allgemeinsten Verstande die Existenz der Dinge unter Gesetzen" ist, gibt es moralische Gesetze. Denn "die Allgemeinheit des Gesetzes, wornach Wirkungen

---

727 I. Kant, Prolegomena, a.a.O., S. 163 f. (§ 18), siehe auch S. 164-168 (§§ 19-21).

728 Ausführlicher hierzu: M. Baum, Deduktion und Beweis in Kants Transzendentalphilosophie, a.a.O. S, a.a.O., S. 189 f., siehe auch S. 175-210.

729 Vgl. die Argumentation von Kant und Schrödinger – dargelegt in : R. Wahsner, Der Widerstreit von *Mechanismus* und *Organismus*, a.a.O., S. 72-81.

730 I. Kant, Kritik der praktischen Vernunft, in: Werke, a.a.O., Bd. VII, S. 222 (Hervorhebung – d.V.).

731 Vgl. ebd., S. 156.

732 Zum Beleg bzw. zwecks Prüfung siehe: Kant, Kritik der reinen Vernunft, a.a.O., S. 34 (B XXXII, B XXXIII), 171 f. (A 112-114), 179-181 (A 125-129), 246 (B 262-263, A 215-216), 408 (B 446-447, A 418-419), 597-605 (B 719-732, A 691-704); ders. Prolegomena, a.a.O, S. 159-163 (§§ 14-17), 186-189 (§ 36), 233-236 (§ 58); ders., Kritik der praktischen Vernunft, a.a.O., S. 51 (BA 52), 70 (BA 81), 156 (A 74), 163 (A 84-85), 222 (A 174).

geschehen", macht das aus, "was eigentlich *Natur* im allgemeinsten Verstande (der Form nach), d.i. das Dasein der Dinge, heißt, ...".[733] Oder in etwas anderer Formulierung: "Alle Erscheinungen sind unter einander zu gewissen Gesetzen bestimmet, und eben die Bestimmung aller Begebenheiten in der Natur unter allgemeinen Gesetzen macht den *Mechanismus der Natur* aus."[734] Anders gesprochen: Alles hat seinen Grund. Denn alles Benannte ist ein Bestimmtes, und kein Bestimmtes existiert allein durch sich. Alle Bestimmungen hängen in bestimmter Weise zusammen, d.h. alle Bestimmungen sind ein Bedingtes. Und die Bedingung geht dem Bedingten voraus (wenn auch nicht im schlichten Sinne zeitlich).

Dennoch (trotz dieser an sich klaren Sicht) wird Kants Kausalitätsbegriff oftmals trivial gedeutet, derart, daß er meinte, Natur sei das Reich linearer Ursache-Wirkung-Folgen, in dem Sinne, daß etwa eine angestoßene Kugel ihrerseits einen anderen Körper in Bewegung bringt. Es finden sich bei ihm Formulierungen, die dies nahelegen, z.B. wenn "mechanisch" als "äußerlich bewegt" oder "Mechanismus" als "Zwangsmäßiges" benutzt wird bzw. als das pure Gegenteil von Freiheit bzw. als seelenlose Nachahmung.[735] Doch sieht man sich Kants *Begriff* der Ursache, mithin den des gesetzmäßigen Zusammenhangs genauer an, rechtfertigt sich die vorgetragene Interpretation. Kant schreibt: "Alle Versuche, jene reine Verstandesbegriffe von der Erfahrung abzuleiten, und ihnen einen bloß empirischen Ursprung zuzuschreiben, sind also ganz eitel und vergeblich. Ich will davon nichts erwähnen, daß z.E. der Begriff einer Ursache den Zug von Notwendigkeit bei sich führt, welche gar keine Erfahrung geben kann, die uns zwar lehrt, daß auf eine Erscheinung gewöhnlicher Maßen etwas andres folge, aber nicht, daß es notwendig darauf folgen müsse, noch, daß a priori, und ganz allgemein daraus als einer Bedingung auf die Folge könne geschlossen werden. Aber jene empirische Regel der *Assoziation*, die man doch, durchgängig annehmen muß, wenn man sagt: daß alles in der Reihenfolge der Begebenheiten dermaßen unter Regeln stehe, daß *niemals etwas geschieht, vor welchem nicht etwas vorhergehe, darauf es jederzeit folge*: dieses, als ein Gesetz der Natur."[736] Und er fragt, worauf ein solches Gesetz beruht und wie man sich die durchgängige Affinität der Erscheinungen, dadurch sie unter beständigen Gesetzen stehen, und darunter gehören *müssen*, begreiflich machen kann.

---

733 I. Kant, Kritik der praktischen Vernunft, a.a.O., Bd. VII, S. 51.

734 I. Kant, Vorlesungen über philosophische Religionslehre (Pölitz), 1. Teil, 3. Abschnitt (PR 130, auch PR 123-137).

735 Vgl. z.B.: I. Kant, Kritik der Urteilskraft, a.a.O., S. 238 (§ 43); ders., Kritik der reinen Vernunft, a.a.O., S. 34 (B XXXIII); ders., Kritik der praktischen Vernunft, a.a.O., S. 282; ders., Über Pädagogik, in: Werke, a.a.O., Bd. XII, S. 703 f., 712 (Einleitung). An letztgenannter Stelle spricht Kant vom blinden Mechanismus der Erziehungskunst, der in Wissenschaft verwandelt werden muß.

736 I. Kant, Kritik der reinen Vernunft, a.a.O., S. 171 (A 112, 113) (Zweite Hervorhebung – d.V.).

Eine Ursache ist hiernach die Bedingung von dem, was geschieht.[737] Natur ist somit die synthetische Einheit des Mannigfaltigen.[738] Unter *Natur* wird verstanden der "Zusammenhang der Erscheinungen ihrem Dasein nach, nach notwendigen Regeln, d.i. nach Gesetzen."[739] Erst die apriorischen oder die allgemeinen Naturgesetze machen die Natur möglich, weil sie die Natur als Ganzes, als Zusammenhängendes zu denken gestatten. Oder: "... Natur ist das innere *principium causale* nach beständigen Gesetzen: ..."[740] "Wir nennen Natur das object möglicher Erfahrung. Also geht alle unsere Erkenntnis a priori doch nur auf Natur. – Grundlage des Verstandes sind Regeln a priori, welche die Bedingungen der synthetischen Einheit möglicher Erfahrung enthalten."[741] "Alle mogliche Gegenstande der Erfahrung haben ihre Natur, theils ihre besondere, theils die gemeinschaftliche mit andern Dingen. ... Natur beruht auf Kräften (Grundkraften) und ist im Allgemeinen die Gesetzmaßigkeit der Erscheinungen. – Natur wird dem ohngefehr, der freyheit, dem Schicksale entgegengesetzt." "Dinge sind nicht an sich selbst Erscheinungen, sondern blos darum, weil es wesen giebt, die Sinne haben; eben so gehören sie zu einer Natur, weil wir Verstand haben. Denn das Wort natur bedeutet auch nicht etwas an Dingen an sich selbst, sondern nur die Ordnung der Erscheinungen derselben durch die Einheit der Verstandesbegriffe oder die Einheit des Bewußtseyns, in der sie verbunden werden können."[742]

Kants Kausalitätsbegriff hängt unmittelbar mit seinem Naturbegriff zusammen. Sein Naturbegriff schließt so implizit einen engstirnigen, linear-mechanizistischen Kausalbegriff aus. Für Kant bedeutet der *Begriff der Ursache eine besondere Art der Synthese.*[743] "So ist der Begriff einer Ursache nichts anders, als eine Synthesis ... nach Begriffen, und ohne dergleichen Einheit, die ihre Regel a priori hat, und die Erscheinungen sich unterwirft, würde durch-

737 Vgl. I. Kant, Kritik der reinen Vernunft, a.a.O., S. 408 f. (A 419; B 447). Zu Kants Begriff der Ursache bzw. der Kausalität siehe auch: ders., Kritik der reinen Vernunft, a.a.O., S. 226-248 (B 233-B 265), 263-267 (B 288-B 294); ders., Prolegomena, a.a.O., S. 215-220 (§ 53), 233-236 (§ 58); ders., Kritik der praktischen Vernunft, a.a.O., S. 165-173.

738 Vgl. I. Kant, Kritik der reinen Vernunft, a.a.O., S. 180 (A 126, 127).

739 Ebd., S. 246 (B 263; A 216).

740 I. Kant, N 5409, in: Kant's handschriftlicher Nachlaß, Bd. 5, in. Kant's Schriften, hg. von der Preuß. Akad. Wissenschaften, Bd. 5, Berlin und Leipzig 1928, S. 175.

741 I. Kant, N 5600, in: Kant's handschriftlicher Nachlaß, hg. von der Preuß. Akad. Wissenschaften, Bd. V, Berlin und Leipzig 1928, S. 247.

742 I. Kant, N 5607, in: Kant's handschriftlicher Nachlaß, Bd. 5, a.a.O., S. 248; siehe auch: I. Kant, N 5608, ebd., S. 249-251; ders., N 5904, ebd., S. 380; ders., N 4097, in: Kant's handschriftlicher Nachlaß, Bd. 4, in: Kant's Schriften, hg. von der Preuß. Akad. Wissenschaften, Bd. 17, Berlin und Leipzig 1926, S. 414.

743 Vgl. I. Kant, Kritik der reinen Vernunft, a.a.O., S. 129 f. (B 122-123/ A 90-91).

gängige und allgemeine, mithin notwendige Einheit des Bewußtseins, in dem Mannigfaltigen der Wahrnehmungen, nicht angetroffen werden."[744]

Die These, "daß niemals etwas geschieht, vor welchem nicht etwas vorhergehe, darauf es jederzeit, darauf es jederzeit folge" kann so gelesen werden, daß alles, was geschieht, durch anderes bedingt ist und seinerseits anderes bedingt. Dabei muß die Bedingtheit nicht zwangsläufig eine zeitliche Reihe bilden – obwohl dies in Kants Vorstellung (vielleicht gar in seinem Konzept) unabdingbar ist. Aber insofern sein Kausalitätsbegriff auf Gesetze geht, müßte dieser Zusammenhang in den Hintergrund treten. Da es aber in der Physik um Bewegung geht, die Bewegung ihr Gegenstand ist, spielt die Zeit in ihr natürlich eine notwendige Rolle.[745] Allerdings wird Zeit dann nicht lediglich als innerer Sinn verstanden, sondern in der Physik erscheint die Zeit ebenso wie der Raum als eine objektivierte und damit meßbare Bestimmung.

In der Physik tritt die Zeitordnung in den Vordergrund, betrachtet man nicht das Gleichungssystem, sondern eine Lösung desselben.[746] Das zu tun ist insofern unverzichtbar, als das Gleichungssystem letztlich in der Absicht aufgestellt worden ist, ein Ergebnis der Form $\vec{x}(t)$ (um bei der Mechanik zu bleiben) berechnen zu können, das den Ort $\vec{x}$ eines Körpers in Abhängigkeit von der Zeit t angibt. Daß die Grundgesetze der Mechanik, die Newtonschen Axiome, allgemeine dynamische Beziehungen sind, die genau diesem Zweck dienen, sieht man den Axiomen direkt an. Der im zweiten Axiom stehende Term, der die Beschleunigung, d.h. die zweite zeitliche Ableitung des Ortes enthält, verweist darauf, daß dieses Axiom dazu bestimmt ist.

Die Zeitfolge, also die Kurve $\vec{x}(t)$ zeigt nun zwar ein Geschehen an, sie enthüllt aber für sich genommen nichts von der Bedingtheit des Geschehens. Dazu bedarf es eines Blicks auf die "Herkunft" dieser Kurve. Durch Spezifizierung des in ihm auftretenden Kraftterms wird das zweite Newtonsche Axiom zu der Bewegungsgleichung, die die jeweils untersuchte physikalische Situation (z.B. den freien Fall von Körpern) charakterisiert. Diese Bewegungsgleichung ist die grundlegende Bedingung dafür, daß sich ein Körper zu einer bestimmten Zeit an einem bestimmten Ort befindet bzw. eine Folge von Orten $\vec{x}(t)$ im Laufe der Zeit durchläuft. Die Zeitfolge ist dabei eine Konsequenz des Bewegungsgesetzes, aus dem unter Hinzunah-

---

744 Ebd., S. 171 (A 112).

745 Doch selbst dann, wenn man das Augenmerk auf eine zeitliche Reihenfolge, wie z.B. auf die zeitliche Aufeinanderfolge der Orte eines frei fallenden Körpers, richtet, ist zu beachten, daß dies nur Ausdruck bzw. Konsequenz der Bedingtheit ist, kein Zusammenhang, der für sich selbst als Kausalitätsverhältnis betrachtet werden kann.

men bestimmter Zusatzbedingungen (in diesem Fall sind es sogenannte Anfangsbedingungen) der Bewegungsablauf zu berechnen ist.[747]

Physikalische Kausalität hat in der Mechanik ersichtlicherweise etwas mit der Bewegung zwischen verschiedenen Orten, also mit zeitlichen Abläufen, zu tun, sie ist aber keineswegs hierauf zu reduzieren. Die in diesem Kontext einzige sinnvolle Zuweisung zu dem Begriff *Kausalität* ist die, die Gesamtheit von Gesetzen und Zusatzbedingungen, die eine physikalische Situation charakterisieren, als Ursache dafür zu bezeichnen, daß z.B. der fallende Körper zu einem bestimmten Zeitpunkt an einem bestimmten Ort ist. Man kommt damit zu dem Schluß, daß ursächlich als *gesetzmäßig* zu bestimmen ist. Somit sollte man eigentlich nicht von *Ursache*, sondern von *Grund* reden. Alles hat seinen Grund. Und das heißt, nichts Bestimmtes (außer der Welt als Ganzes) besteht nur aus sich selbst heraus, sondern ist durch Anderes bedingt und bedingt seinerseits Anderes.

Um den Zusammenhang von *Kausalität* und *Zeit* aufzuzeigen, bedarf es der Einsicht in den Gesetzes- und Bedingungszusammenhang, wie er im Fall der Mechanik aufgezeigt wurde, und nicht – wie es oft geschieht – der mechanizistischen Sicht auf Stoßvorgänge, durch die der Begriff der Kausalität trivialisiert wird. Eine genaue physikalische Analyse von Stoßvorgängen führt vielmehr zu denselben Ergebnissen. Der Zusammenhang von Kausalität und Zeit findet sich auch in modernen physikalischen Theorien. Er ergibt sich aus dem Grundmerkmal der Physik als Bewegungstheorie.[748] Besonders augenfällig wird das im Hamilton-Lagrange-Formalismus, der bestimmte Einsichten der Newtonschen Mechanik formalisiert.[749]

Es sei dies nochmals kurz erläutert: Gemäß dieser Mechanik sind die Bewegungsgleichungen Differentialgleichungen, die – wie schon vermerkt – die zweite Ableitung des Ortes nach der Zeit (d.h. $d^2\vec{x}/dt^2$) bzw. – was das gleiche ist – die erste Ableitung der Geschwindigkeit bzw. des Impulses nach der Zeit (d.h. $d\vec{u}/dt$ bzw. $d\vec{p}/dt$) enthalten. Um den Bewegungszu-

---

746 Zu dem Zusammenhang von Zeitordnung und Schematismus, wie er von Cassirer gesehen wird, siehe den Unterabschnitt "Cassirers Argumente".

747 Bedingtheit heißt in diesem Kontext also, daß die Bewegung gesetzmäßig erfolgt, d.h. daß unter den gleichen Bedingungen immer das Gleiche folgt. "Gleiche Bedingungen" heißt im Detail: (1) Es handelt sich immer um eine mechanische Bewegung, so daß die Newtonschen Axiome die Berechnungsgrundlage bilden, (2) die Bewegung erfolgt unter demselben Krafteinfluß, etwa – wenn es sich um fallende Körper handelt – dem der Gravitationswirkung der Erde, was den entsprechenden Termen des zweiten Axioms eine bestimmte Gestalt gibt, (3) es werden die gleichen Anfangsbedingungen gewählt, d.h. in unserem Beispiel: der Körper wird von einer immer gleichen Höhe mit der gleichen Geschwindigkeit herabfallen gelassen. Und daß "das Gleiche folgt" heißt, daß unter den Bedingungen (1)-(3) jeder Körper nach einer bestimmten Zeit t den gleichen Weg längs derselben Kurve $\vec{x}(t)$ zurückgelegt hat.

748 Dieser Zusammenhang wird auch nicht durch die Relativitätstheorie, die ja eine weitgehende, aber eben nicht völlige Gleichstellung von Raum- und Zeitvariablen bewiesen hat, aufgehoben. – Siehe das Kapitel "Erkenntniskritische Betrachtungen zur Physik".

749 Vgl. den Abschnitt "Der Hamilton-Lagrange-Formalismus als Modell einer Logik der Physik?".

stand eines Körpers zu einem Zeitpunkt zu charakterisieren, müssen demgemäß der Ort und die Geschwindigkeit, die der Körper zu einem bestimmten Zeitpunkt hat, gegeben sein. Die Bewegungsgleichungen erlauben es dann, die Änderung dieses Zustandes, mithin die Bewegung, dadurch zu bestimmen, daß sie die Beschleunigung, also die Änderung der Geschwindigkeit angeben, indem sie diese mit den Kraftwirkungen in Beziehung setzen. Die Grundlage der mechanischen Bewegungsfassung ist die Bestimmung des Bewegungszustandes durch das Tupel "Ort, Geschwindigkeit". Sie macht es möglich,[750] ohne in logische Widersprüche zu geraten, den Sachverhalt, daß ein bewegter Körper zu ein und demselben Zeitpunkt an einem Ort ist und nicht an ihm ist, zu erfassen. Der Zustand wird also nicht nur durch den Ort, an dem sich ein Körper befindet, beschrieben, sondern auch durch seine Geschwindigkeit, welche schon auf einen infinitesimal benachbarten Ort Bezug nimmt. Es ist eben ein *Bewegungszustand*, es ist der Zustand eines als bewegt unterstellten Körpers, und die Bewegungsgleichungen geben die Änderung dieses Zustandes an.[751]

Genau diese der Mechanik zugrunde liegende Fassung des Bewegungszustandes und der Änderung desselben wird, insbesondere im Hamilton-Kalkül, formalisiert. Hier bildet dann das Tupel ($\vec{p},\vec{q}$), d.h. das Tupel von verallgemeinerten Koordinaten des Ortes und verallgemeinerten Impulsen, die Grundlage der Bewegungstheorie. Die Bewegungsgleichungen, die die Änderungen des Bewegungszustandes bestimmen, sind dergestalt, daß sie erste Ableitungen der Impulse nach der Zeit enthalten und damit wiederum auf die Rolle der Zeit für den kausalen Zusammenhang hinweisen. Solange dieser Formalismus in der Mechanik verwandt wird, ist das nicht anders zu erwarten, da er als formale Umgestaltung der Newtonschen Mechanik entstanden ist. Er bildet aber auch den Rahmen für die moderne Physik, einschließlich der Relativitäts- und Quantentheorie. Hier handelt es sich nicht um Orte und Impulse der mechanischen Ortsbewegung, sondern um Größen von anderer Dimension, um Größen, die z.B. auch physikalische Felder wie etwa das elektromagnetische Feld charakterisieren. Diese Größen genügen aber dennoch den formalen Bedingungen der entsprechenden Größen der Mechanik. Wegen der Bedeutung dieses Formalismus für die gesamte Physik folgt, daß das über Kausalität und Zeit für die Mechanik Festgestellte für die Physik schlechthin gültig ist.

Allerdings formalisiert der Hamilton-Lagrange-Formalismus nicht alle Einsichten der Mechanik – so nicht diejenigen, die mit dem ersten und dritten Axiom bestimmt werden. Gerade

750 Vgl. H.-H. v. Borzeszkowski und R. Wahsner, Infinitesimalkalkül und neuzeitlicher Bewegungsbegriff oder Prozeß als Größe, a.a.O.

751 Die Formulierung "Folge von Bewegungszuständen" ist nicht mit der (falschen) Bestimmung der Bewegung als Folge von Ruhezuständen zu verwechseln.

durch diese "Lockerung" der Newtonschen Axiomatik wurde das mit diesem Formalismus gegebene Gerüst allgemein genug, um auch andere als rein mechanische Prozesse erfassen zu können. Die Kunstgegenstände der Mechanik, die durch Idealisierung geschaffen wurden, werden beim Fortschreiten von der Mechanik in der Newtonschen Form zu der in der Hamilton-Lagrangeschen Form gewissermaßen weiter idealisiert.

Wenn also die Kausalität, das Kausalprinzip bzw. das Kausalgesetz nicht als lineare Ursache-Wirkung-Kette, nicht als Aussage "*A* bewirkt stets *B*" oder "Das Ereignis *A* hat stets das Ereignis *B* zur Folge" bestimmt wird, sondern als Bedingungszusammenhang der Art "Immer wenn die und die Bedingungen resp. Zusammenhänge vorliegen, dann liegen auch die und die Bedingungen resp. Zusammenhänge vor", ist der Haupteinwand gegen das Kausalitätsgesetz, wie er vorgeblich als Konsequenz der modernen Physik angegeben wird, beseitigt.

*

Das "immer-wenn"-Prinzip ermöglicht es, einen Bedingungszusammenhang zu konstruieren. Dies aber bedarf der Erklärung. Angenommen der Satz "Wenn es regnet, wird die Straße naß" sei wahr, so kann man selbstredend vom Vorhandensein einer nassen Straße nicht darauf schließen, daß es regnet. Dies wäre ein in der Kant-Rezeption häufig begangener Fehler, und ein solches Vorgehen führte auch niemals auf Gesetze. Diese fixieren Zusammenhänge in der Form einer funktionalen (nicht unbedingt symmetrischen) Abhängigkeit. Diese *Abhängigkeit* ist konstant. Insofern gilt: *Immer dann, wenn.* Dieser Zusammenhang ist nicht, nicht unbedingt, als linearer Zusammenhang gedacht, sondern als vielgliedrige, vielstufige komplizierte gegenseitige Abhängigkeit – ein Zusammenhang, wie er z.B. in der Physik durch ein System von Differentialgleichungen dargestellt wird. Es handelt sich mithin um eine ganze Theorie. Bei wissenschaftlicher Kausalität geht es nicht um einen Satz oder eine "Tatsache".

Alles in allem kann man zusammenfassen: Unbedingt Kausalität! Diese ist geradezu kennzeichnend für das naturwissenschaftliche Weltbild, besser: für die naturwissenschaftliche Grundhaltung. Kausalität ist für sie so unabdingbar wie für Kant, wobei weder Kant noch die Naturwissenschaft darunter Fatalismus oder einen Laplaceschen Dämon versteht. Das Problem dieses Dämons ist vielmehr die fehlende Einsicht in den notwenig artifiziellen Charakter der naturwissenschaftlichen Objekte (die als solche immer nur gewisse Verhalten erfassen, nie alles). Wissenschaftliche Kausalität bedeutet – wie gesagt – gesetzmäßiger Zusammenhang (nicht unbedingt Zeitfolge). Dabei sind die verknüpften Entitäten zum einen keine konkreten Naturgegenstände und zum anderen nicht gleich für alle Gebiete.

Veranlaßt durch die der Quantenmechanik entspringenden Schwierigkeiten mit dem Kausalitätsbegriff untersuchte Erwin Schrödinger – wie schon gesagt – die Geburt des grundlegenden, später die Naturwissenschaft ermöglichenden, Gedankens in der Antike. Er fand, daß die eine objektive Darstellung der Natur implizierende und die Natur als *Mechanismus* erscheinen lassende Betrachtungsweise der antiken Naturphilosophie der erste in der Geschichte der Erkenntnis unternommene Versuch war, die *Natur aus sich selbst heraus* zu verstehen – ohne Mystik, ohne ihr eine Seele zuzuschreiben, ohne das Eingreifen übermenschlicher Persönlichkeiten. Mit der Überwindung des mythologischen Weltbildes durch die ionische Naturphilosophie kam erstmals der Gedanke auf, daß es möglich sein müsse, die Mannigfaltigkeit des Erscheinenden auf einige *Grundprinzipe* zurückzuführen (Wasser, Feuer, Atome), also im Wechsel der Erscheinungen *etwas Konstantes* zu bestimmen, etwas Konstantes, das man später als Naturgesetze verstand, wobei es zunächst um den Gedanken des *Konstanten im allgemeinen Wechsel* geht, unabhängig davon, ob man dieses Konstante als konstantes Substrat oder als konstante Beziehung denkt. Es war die Geburt der Grundhaltung, des erkenntnistheoretischen Ausgangspunktes der Naturwissenschaft (Erhaltung bestimmter Größen bzw. Entitäten, personelle Unabhängigkeit, *Mechanismus als Objektivität* der Natur).

Naturgesetze im Sinne dieser *Grundhaltung*, dieses Ausgangspunktes, sind das, was Kant später "allgemeine Naturgesetze" nennt, allgemeine Gesetze des *Objekts* resp. dessen, was man als Objekt betrachten kann. Gesetzmäßigkeit bedeutet hier: Dauerhaftigkeit von bestimmten Zusammenhängen, und zwar von Zusammenhängen zwischen ideierten Entitäten. Von der Dauerhaftigkeit einer Substanz ist hier nicht die Rede. Der Begriff ἀρχή bedeutet etwas Elementareres, er ist offen für: Substrat, Zusammenhang, Verhältnis, Grund.

Sich von der Beseeltheit der Natur zu lösen ist mithin für die Begründung der Naturwissenschaft unabdingbar. Eine organismische Weltsicht ist nicht per se ein Progreß, sondern ein solcher ist sie nur dann, wenn sie anti-animistisch begründet ist.

Insofern – wie mehrfach betont – die Objekte der Physik nicht die sinnlich-konkreten Naturgegenstände sind, sondern durch Idealisierung gewonnene meßtheoretisch bestimmte Verstandesgegenstände, sagt uns die Physik nicht, wie die Natur an sich beschaffen ist, sondern wie wir sie mit dem Ziel, oder zu dem Zweck, sie meßbar und berechenbar zu machen, denken können. Insofern erfaßt die Physik die Natur als Kunst. Die Spezifik dieser Kunst ist natürlich zu bestimmen (was hier angestrebt wurde). Die Kantische und Hegelsche Debatte um den Zweckmäßigkeitsgedanken bzw. das Organismusproblem enthält implizit auch dieses Anliegen bzw. die Hoffnung, aus dem Studium der Physik ein Modell für ein vermittelndes

Prinzip zu finden, für ein Prinzip, das es gestattet, das Besondere als enthalten unter dem Allgemeinen zu denken.[752]

Die Natur als durch eigenes Vermögen technisch denken hieß für Kant und kann in diesem Verständnis für die heutige Diskussion übernommen werden: sich die *Möglichkeiten der Gegenstände* vorstellen.[753] Das heißt: Denkt man die Natur nicht nur ihrer Wirklichkeit, sondern auch *ihrer Möglichkeit nach*, so hat man (vielleicht) einen Weg gefunden, die Allgemeinheit des Gesetzes mit der Besonderheit der Natur zu verknüpfen. Man löst also die Differenz zwischen den unendlich vielen Möglichkeiten, die das Gesetz enthält, und der einmaligen Natur, indem man diese in der Vielfalt ihrer Möglichkeiten denkt.

Ohne Reflexion der τέχνη – φύσις-Synthese kann somit die naturwissenschaftliche Objektivität nicht begriffen werden. Wird sie nicht bedacht, bleibt das sogenannte Praxiskriterium immer äußerlich. Denn erst auf der Grundlage der Einheit vom Wissen des Tuns mit dem Wissen des Seins ist die Objektivität der Naturerkenntnis möglich.

In diesem Zusammenhang sei daran erinnert, daß Kants Begriff *Anschauung* der Revision bedarf. Es gibt zwar – wie Kant zu Recht meint – keine *intellektuelle Anschauung*. Dennoch ist der von ihm angenommene Begriff *Anschauung* zu eng. Dies resultiert maßgeblich aus einem zu engen Begriff von Sinnlichkeit.[754] Denn die Sinnlichkeit ist nicht nur rezeptiv und passiv. Kant faßt seinen Begriff *Sinnlichkeit* aber auch, um hervorzuheben, daß etwas außer uns notwendig ist, das sein eigenes Bestehen hat und Objektivität gewährleistet bzw. ermöglicht.[755]

---

752 R. Wahsner, Der Widerstreit von *Mechanismus* und *Organismus*, a.a.O., S. 117.

753 Vgl. I. Kant, Kritik der Urteilskraft, in: Werke, a.a.O., Bd. X, S. 306 f. (§ 61).

754 Über die Fortentwicklung dieses Begriffs siehe: K. Holzkamp, Sinnliche Erkenntnis. Historischer Ursprung und gesellschaftliche Funktion der Wahrnehmung, Frankfurt a.M. 1973, insbes. S. 105-158; P. Beurton, Biologische Evolution und Subjekt-Objekt-Dialektik, in: Dt. Zs. für Philosophie *27*(1979), 558-570; ders., Werkzeugproduktion im Tierreich und menschliche Werkzeugproduktion, in: Dt. Zs. für Philosophie *38*(1990), 1168-1182.) R. Wahsner, "An seinen Werkzeugen besitzt der Mensch die Macht über die äußere Natur ...". Hegels Rezeption des τέχνη-Begriffs in seiner Logik, in: Jahrbuch für Hegelforschung 2002/03, hg. von H. Schneider, Sankt Augustin 2004, S. 173-195.

755 Vgl. I. Kant, Kritik der reinen Vernunft, S. 254-256 (B275. 276, 461-463, A 377); ders., Prolegomena, a.a.O., S. 208, 209, 214 (§§ 49, 52c); ders., Lose Bl. D 11, a.a.O.; Zur Erläuterung siehe: R. Wahsner, Zur Kritik der Hegelschen Naturphilosophie, a.a.O., S. 189-195 (Anhang); dies., Die Macht des Begriffs als Tätigkeit (§ 208), a.a.O.; dies., Der Widerstreit von *Mechanismus* und *Organismus*, a.a.O., S. 269-295.

Der Doppelcharakter der Meßgrößen

Aus der Unterscheidung von Naturgegenstand und Gegenstand der Naturwissenschaft folgt, verbunden mit dem Sachverhalt, daß die Naturwissenschaft die Welt unter der Form des Objekts betrachtet, der Doppelcharakter der Meßgrößen.

Wenn man sich dessen bewußt ist, daß die physikalische Welt nicht die Welt der sinnlich konkreten Naturgegenstände, sondern eine Kunstwelt ist, eine Kunstwelt, die dennoch oder gerade vermittels dieser Kunst Wirkliches erfaßt, wenn man erkennt, daß die *Objekte der Physik unter philosophischem Aspekt gesehen Mittel der Erkenntnis* sind, nicht die eigentlichen Erkenntnisobjekte, also nicht die aus epistemologischer Sicht bestimmten Erkenntnisobjekte, so wird die Relevanz des Kantisch bestimmten Zweckmäßigkeitsbegriffs bzw. Begriffs von der Natur als Kunst oder einer Technik der Natur verständlich.

Konstruktiv aufgehoben kann man Kants regulative Formel "Die Natur technisch denken" übersetzen als Forderung, die Natur naturwissenschaftlich, d.i. vermittels des Zusammenhangs meßtheoretisch bestimmter Verstandesgegenstände, zu denken. Anders gesagt: *Die Natur technisch denken heißt, die Objekte der Naturwissenschaft als Erkenntnismittel zu bestimmen.*

Die Struktur dieses Erkenntnismittels spiegelt sich in der Dualität der Grundlagen bisher diskutierter physikalischer Theorien wider. Dies zeigte sich in der Quantenmechanik in geradezu unverhüllter Form. Doch das ungenügende Bewußtsein der philosophisch-erkenntnistheoretischen Voraussetzungen der Physik hat dazu geführt, daß durch die Quantenmechanik die Einsicht in den Erkenntnisgang der Physik nicht spontan gefördert wurde, vielmehr von ihr aufgeworfene Fragen verschiedentlich einen Skeptizismus bezüglich der Möglichkeiten physikalischer Erkenntnis erzeugt. Letztlich gründet dies im unerkannten Doppelcharakter der physikalischen Größe als erkenntnistheoretisches Mittel und als physikalisches Objekt. Der Physiker verhält sich als Physiker korrekt, wenn er dieses Objekt zum Gegenstand schlechthin erklärt. Beteiligt er sich jedoch an erkenntnistheoretischen Diskussionen, so muß diese Gleichsetzung aufgehoben und der Doppelcharakter ins Auge gefaßt werden. Sieht man nur den Mittelaspekt, so führt dies zu subjektivistischen Auslegungen; sieht man nur den Objektaspekt, so gelangt man zu ontologistischen Interpretationen. In beiden Fällen wird jedoch versucht, die drei Momente des Erkenntnisprozesses (Erkenntnissubjekt, Erkenntnismittel, Erkenntnisobjekt) wieder auf zwei zu reduzieren. Hat man jedoch die Notwendigkeit eines Erkenntnismittels für die Physik (wie für jeden Erkenntnisprozeß) und seinen epistemologischen

Status begriffen, kann man die Ergebnisse der Quantenmechanik positiv lesen, sie als Auseinandersetzung um eine Neukonstruktion physikalischer Objekte und um die Einsicht in ihren epistemologischen Status begreifen. Und erst dieses Begreifen kann das Befremden über die Quantenmechanik beenden.[756]

Begreift man diesen Doppelcharakter der physikalischen *Objekte*, dann verfällt man nicht auf die Idee, daß die physikalischen Gesetze lügen, wenn sie nur über den Zusammenhang von sogenannten Verstandesgegenständen, nicht über das Verhalten konkreter Gegenstände sprechen. Dieses Begreifen eröffnet zudem einen Zugang, um die gängige Gleichsetzung der empirischen Wissenschaften mit dem Empirismus konstruktiv aufzuheben. Empirische Naturwissenschaft und Empirismus zu identifizieren[757] impliziert, die Naturwissenschaft wie ein Philosophem zu beurteilen, eines, das zwar wichtige Aspekte im Gang der Erkenntnis realisiert, nicht jedoch das notwendige Vorgehen der Philosophie richtig erfaßt.

Der *Empirismus*, diese "Stellung des Gedankens zur Objektivität" beschränkt sich auf das Endliche, leugnet daher das Übersinnliche oder zumindest die Erkenntnis und Bestimmtheit des Übersinnlichen, stellt Gesetze auf, die ein Jenseits des Sinnlichen, der Erfahrung sind, und läßt dem Denken nur die Abstraktion und formelle Allgemeinheit, doch setzt er auch Gedankenbestimmungen, metaphysische Kategorien voraus und schließt an ihrem Faden fort. Er ist also nicht so gedanken- und voraussetzungslos, als man gemeinhin meint, und er bringt den Realitätskontakt in die Philosophie ein. Indem Hegel den Empirismus mit dieser Bestimmung aus seiner vermeintlichen erkenntnistheoretischen Trivialität riß, konnte er die Naturwissenschaft als Voraussetzung und Bedingung der Philosophie sowie als *denkende* Betrachtung bestimmen.[758] Er lastete ihr mit seiner Identifizierung von Empirismus und Naturwissenschaft letzterer aber auch unberechtigterweise alle Mängel des Empirismus an. So entstand die Meinung, es sei typisch für die Naturwissenschaft als Einzelwissenschaft, von den Teilen zum Ganzen zu gehen, nicht vom Ganzen zu den Teilen, woraus die Verstandesansicht der Naturwissenschaft folge, deren vermeintliche Beschränkung auf das Endliche bzw. bei Hegel die Auffassung, daß es Gesetze des Organischen nicht geben könne.[759]

---

756 H.-H. v. Borzeszkowski und R. Wahsner, Physikalischer Dualismus und dialektischer Widerspruch, a.a.O., S. 91-108; dies., Die Wirklichkeit der Physik, a.a.O., S. 74-81, 259-271; dies., Non-locality versus Locality: The Epistemological Background of the Einstein-Bohr Debate, in: Classical and Quantum Nonlocality, hg. von P.G. Bergmann, V. de Sabbata, J.N. Goldberg, Singapore–NewJersey–London–HonKong 2000, S. 21-50.

757 Vgl. z.B. G.W.F. Hegel, Enzyklopädie I. Die Wissenschaft der Logik, a.a.O., S. 67-168 (§§ 19-78), 382-385 (§ 231).

758 Vgl. ebd., S. 41–62 (§§7–16), 106–112 (§§ 37–39).

759 Diese Sicht wurde in mehreren Arbeiten widerlegt. (Siehe z.B. die in Anm. 484 zitierte Literatur.)

Um aber das Objektivitätsproblem zu lösen, mußte man die zwischen naturwissenschaftlichem Erkenntnissubjekt und naturwissenschaftlichem Erkenntnisobjekt vermittelnde Rolle der Messung erkennen und adäquat bestimmen (was aber aufgrund der falschen Identifizierung nicht möglich war).

Der Empirismus vermochte nicht, das Meßmittel als objektiviertes Erkenntnissubjekt zu bestimmen, sondern subsumierte es unter die reale Außenwelt, die ihrerseits – in der genannten Weise – die objektivierte Subjekt-Objekt-Beziehung darstellt. Der Rationalismus hingegen subsumierte das eigentliche Erkenntnismittel unter das Erkenntnissubjekt. Das Meßmittel oder das Erkenntnismittel wurde so nicht – anders als *im Prinzip* bei Kant – als notwendiges, als das vermittelnde Dritte zwischen Erkenntnissubjekt und Erkenntnisobjekt erkannt.

Messung in dem hier konzipierten Sinne verstanden macht deutlich, daß sie weit mehr als ein abstrakiver oder analytischer Vergleich ist. Im Unterschied zu diesen werden beim messenden Vergleich die Dinge oder Gegenstände nicht auf das Moment ihrer reinen Existenz reduziert, nicht nur als Träger von Wirkungsmöglichkeiten, als "Stellen im System" gefaßt. Zwar werden bei der Vergleichsart, die in der Physik als Messung praktiziert wird, die Gegenstände auch nicht in Einheit mit der Totalität ihrer Wirkungen genommen, aber eben in Einheit mit einem Verhalten, einem das gemessen werden und insofern als vergegenständlichtes Verhalten oder als wirkliche Wirkung angesehen werden kann. Dieses eine Verhalten wird als Meßgröße substantiviert. Daher ist die Physik, deren gesamte Begriffs- und Theorienbildung auf der Messung beruht, im Gegensatz zur Mathematik keine analytische, sondern eine meßtheoretisch bestimmte Wissenschaft. Eine solche kann in dem Gegensatz von Analytik und Dialektik weder dem einen noch dem anderen Pol zugerechnet werden, sondern ihr kommt ein eigener epistemologischer, zwischen beiden vermittelnder Status zu. Und erst dann, wenn man nicht mehr in dem Gegensatz von Analytik und Dialektik hin und her pendelt, kann die Unersetzbarkeit der Erfahrung für die Erkenntnis behauptet werden, ohne letztlich doch in den Empirismus zu verfallen.

Daß sich der Empirismus immer wieder einschleicht, obwohl er im Kern schon durch Kant und Hegel widerlegt wurde (wenn auch nicht konsequent), gründet wesentlich darin, daß in ungenügender Weise die Spezifik wissenschaftlicher Erfahrung im Vergleich zur Alltagserfahrung philosophisch analysiert wird. Ist die Erfahrung Gegenstand epistemologischer Untersuchungen, so wird entweder unterstellt, sie sei als solche gegeben, oder sie wird auf Alltagserfahrung reduziert bzw. aus dem Gesamtorganismus der Gattung *Mensch* herausgerissen und formalisiert als vermeintliche wissenschaftliche Erfahrung ausgegeben.

Wegen der hiermit implizierten nicht hinreichenden Unterscheidung von Naturwissenschaft und Philosophie – Unterscheidung ihrem gnoseologischen Status nach – wird bei dem Versuch, die aus der Spezifik der Naturwissenschaft entspringenden "Mängel" zu überwinden, oft zu illusionären Lösungen gegriffen, wie beispielsweise zu dem Vorschlag, zu mythologischen Lehren oder zum gesunden Menschenverstand zurückzukehren.[760] Doch diese Weltsichten sind nicht über das Dilemma der Naturwissenschaft hinaus, sondern stehen davor; sie sind ein Denken *vor* der Spaltung in die beiden erkenntnistheoretischen Ausgangspunkte, den der Philosophie und den der Naturwissenschaft, nicht ihre Synthese.

Die Notwendigkeit, die Naturwissenschaft als Mittel zu bestimmen, setzt voraus – das sei hier wiederholt – Naturwissenschaft und naturwissenschaftlichem Weltbild zu unterscheiden,[761] und zwar im Einklang mit der Erkenntnis, daß die naturwissenschaftliche bzw. die physikalische Welt nicht die sinnlich-konkrete, sondern eine ideale oder ideierte Welt ist, gefaßt unter der Form des Objekts. Die physikalischen Idealitäten verwandelt die Technik – wie übrigens auch jedes Experiment – in gegenständliche Realitäten. Sie schafft eine bestimmte Wirklichkeit, eine Wirklichkeit, die "von Natur aus" nicht da ist. Jedoch ist die Technik nur die Realisierung *bestimmter* Lösungen der das physikalische Gesetz bildenden physikalischen Gleichungen, mithin des Physikalisch-Allgemeinen. Das heißt auch, man kann und soll nicht alles tun, was möglich ist. Die übliche Diskriminierung der wissenschaftlichen Rationalität oder auch des rechnenden Verstandes beruht auf einem unaufgeklärten Denken, einem, das den epistemologischen Status der Naturwissenschaft, insonderheit den der Physik, nicht analysiert hat – es sei denn es wäre ein Ablenkungsmanöver.

Wird das Verhältnis der Naturwissenschaft zur heutigen Umwelt- und Technikproblematik analysiert, dann ist offensichtlich, daß jene Problematik mit der Industrialisierung wesentlich verknüpft ist, die ihrerseits ohne die Naturwissenschaft nicht gedacht werden kann. Zugleich trifft es zu, daß der Übergang zur industriellen Produktion eine grundlegende Bedingung für die Herausbildung der Naturwissenschaft im neuzeitlichen Sinne darstellt, daß die industrielle

---

760 Vgl. z.B. E. Schrödinger, Was ist wirklich?, in: ders., Meine Weltansicht, Frankfurt a.M. 1963, S. 127-142; ders., Die Besonderheit des Weltbildes der Naturwissenschaft, a.a.O., S. 445.

761 Zu der analogen notwendigen Unterscheidung zwischen der physikalischen Theorie der klassischen Mechanik und ihrer philosophischen Rezeption im mechanizistischen Weltbild siehe: H.-H. v. Borzeszkowski und R. Wahsner, Einleitung zu: Voltaire, Elemente der Philosophie Newtons/ Verteidigung des Newtonianismus/ Die Metaphysik des Neuton, a.a.O., sowie die darin zitierte einschlägige Literatur; dies., Not Even Classical Mechanics Is Mechanistic, in: Worldviews and the Problems of Synthesis, vol 4: The Yellow Book of "Einstein Meets Magritte", hg. von D. Aerts, J. van der Veken, H. van Belle, Dordrecht–Boston–London 1999; dies., Voltaire's Newtonianism as a Bridge from English Empiricism to Cartesian Rationalism and Its Implications for the Concept of Mechanics in German Idealism, in: Action and Reaction, a.a.O., S. 81-105; dies., Christian Wolff's Mechanical Philosophy: A Comparison with Isaac Newton's Mechanics. in: Action and Reaction, a.a.O., S. 107-132; R. Wahsner, Mechanism-Technizism-Organism. Der epistemologische Status der Physik als Gegenstand von Kants Kritik der Urteilskraft, in: Naturphilosophie im Deutschen Idealismus, hg. von K. Gloy und P. Burger, Stuttgart 1993.

Produktionsweise die naturwissenschaftliche Denkweise erst ermöglichte: Erst die industrielle Serienproduktion erzeugt (nahezu) identische Gegenstände, die (nahezu) vollständig einem vorgegebenen Muster entsprechen und insofern ideale Gegenstände verkörpern – im Unterschied zu den zufälligen Variationen reiner Naturprodukte. Der Unterschied der industriellen (und als Vorstufe der handwerklichen) Produktion zu der der agrarischen Produktion eigentümlichnen Identifizierung mit der natürlichen Genese der Naturdinge ist die Voraussetzung, um die der Naturwissenschaft gemäßen meßtheoretisch bestimmten Verstandesgegenstände denken zu können.[762]

Doch folgt hieraus nicht – wie die Kritische Theorie behauptet –[763], daß durch die von der Aufklärung beförderten Naturwissenschaft Denken und Mathematik in eins gesetzt, der Begriff durch die Formel ersetzt worden ist, das Denken sich zu einem selbsttätig ablaufenden, der Maschine nacheifernden automatischen Prozeß verdinglicht hat, einer Maschine, die der Mensch selber hervorbringt, damit sie ihn schließlich ersetzen könne.

Der zu Recht kritisierte gegenwärtige Zustand der Gesellschaft gründet nicht in der Struktur des naturwissenschaftlichen Denkens. Es zeigt sich hier wieder, daß die Analyse des epistemologischen Status der Naturwissenschaft unabdingbar für die Philosophie als solche ist, daß das naturwissenschaftliche Denken ein wesentliches Charakteristikum der Moderne darstellt, nicht aber ihre Dekadenz begründet.[764]

Gibt es – so muß man fragen – einen unabdingbaren Zwang dafür, daß eine industrielle Produktion nur in den bislang bekannten Formen existieren kann? Und ist die Naturwissenschaft in ihrem epistemologischen Status untrennbar auf die konkrete Gesamtheit der Bedingungen festgelegt, unter denen sie entstanden ist? Vergleichsweise kann man an die formale Logik erinnern, die ja auch nicht mit der sie begründenden aristotelischen Metaphysik hinfällig wurde, sondern erhalten blieb, da diese Metaphysik trotz ihrer Vergänglichkeit als Gesamtsystem das auch heute noch erforderliche Denken der Substanz begründete. Analog könnte es sich mit dem Zusammenhang von industrieller Produktion und dem Denken meßtheoretisch fundierter Verstandesgegenstände verhalten. Und daß dieses Denken beseitigt

762 Vgl. P. Damerow, P. Furth, B. Heidtmann und W. Lefèvre, Probleme der materialistischen Dialektik, in: SOPO 9(1977), H. 4, S. 37.

763 Vgl. M. Horkheimer und Th.W. Adorno, Dialektik der Aufklärung, Leipzig 1989, S. 38 f.

764 Vgl. R. Wahsner, Verstand – Vernunft – Verantwortung. Ist die Naturwissenschaft schuld an der inhumanen Gestaltung und Anwendung der Technik?, in: dies., Zur Kritik der Hegelschen Naturphilosophie, Frankfurt a.M. et al. 1996 (Anhang); dies., Hegels Logik und die Struktur des naturwissenschaftlichen Denkens in der Moderne, in: Hegel-Jahrbuch 2011. Geist? Zweiter Teil, hg. von A. Arndt, P. Cruysberghs, A. Przylebski, in Verbindung mit L. De Vos und P. Jonkers, Berlin 2011.

werden müßte, soll die Herrschaft des Menschen über den Menschen beseitigt werden, das müßte erst noch bewiesen werden.

Bisher kann man sagen: Ohne den artifiziellen Charakter der physikalischen Objekte und ohne den Doppelcharakter der physikalischen Meßgrößen zu erkennen, ist die Gefahr, in eine inadäquate Reflexion der Physik, also in eines der Extreme, den Empirismus oder den Rationalismus, zu verfallen, nicht gebannt.

Die wechselseitige Bedingtheit von naturwissenschaftlicher und philosophischer Objektivität

Die wechselseitige Bedingtheit von naturwissenschaftlicher und philosophischer Objektivität gründet im Ansatz in der von Kant formulierten Einsicht: "Ich bin mir meiner selbst bewußt, ist ein Gedanke, der schon ein zweifaches Ich enthält, das Ich als Subjekt, und das Ich als Objekt. Wie es möglich sei, daß ich, der ich denke, mir selber ein Gegenstand (der Anschauung) sein, und so mich von mir selbst unterscheiden könne, ist schlechterdings unmöglich zu erklären, obwohl es ein unbezweifeltes Faktum ist; es zeigt aber ein über alle Sinnesanschauung so weit erhabenes Vermögen an, daß es, als der Grund der Möglichkeit eines Verstandes, die gänzliche Absonderung von allem Vieh, dem wir das Vermögen, zu sich selbst Ich zu sagen, nicht Ursache haben beizulegen, zur Folge hat, und in eine Unendlichkeit von selbstgemachten Vorstellungen und Begriffen hinaussieht. Es wird dadurch aber nicht eine doppelte Persönlichkeit gemeint, sondern nur Ich, der ich denke und anschaue, ist die Person, das Ich aber des Objekts, was von mir angeschaut wird, ist, gleich andern Gegenständen außer mir, die Sache."[765]

Wie aus der bisherigen Darlegung hervorgeht, gibt es keine Philosophie (also keine, die nicht hinter Kant und Hegel zurückfällt), "keine Metaphysik, die als Wissenschaft wird auftreten können", ohne Naturwissenschaft, ohne deren epistemologische Bestimmung, natürlich umgekehrt auch keine Naturwissenschaft ohne Philosophie.[766] Gerade deshalb muß man sie sehr klar unterscheiden. Die – von Kant initiierte und von Hegel in einer bestimmten Richtung ausgearbeitete – tiefe Erkenntnis, daß keine Philosophie (auch keine, die sich als Mate-

---

765 I. Kant, Welches sind die wirklichen Fortschritte, die die Metaphysik seit Leibnizens und Wolffs Zeiten in Deutschland gemacht hat, a.a.O., S. 601.

766 Vgl. hierzu: Vgl. H.-H. v. Borzeszkowski und R. Wahsner, Über die Notwendigkeit der Philosophie für die Naturwissenschaft, a.a.O.; dies., Noch einmal über das Bedürfnis der Naturwissenschaften nach Philosophie, a.a.O.

rialismus versteht) die Welt unter der Form des Objekts fassen darf,[767] muß durch die Erkenntnis ergänzt werden, daß die Naturwissenschaft die Welt unter der Form des Objekts fassen *muß*.[768] Die Philosophie muß die Notwendigkeit beider Perspektiven begreifen und begründen. Hierfür genügt es nicht zu erkennen, daß die Perspektive der "natürlichen und der wissenschaftlichen Sicht auf die Welt" von der der Subjektivität *verschieden* ist,[769] sondern man muß diese Perspektive auch analysieren und bestimmen.[770] Es ist dies notwendig, um den *philosophischen* Begriff der Subjektivität fassen zu können (um entscheiden zu können, ob er vom Standpunkt der Gattung, des Individuums, einer moralischen oder religiösen Gemeinschaft bzw. einer vernünftigen Einheit dieser Standpunkte zu fassen ist).

Die Unabdingbarkeit *beider* Lösungen, der philosophischen und der einzelwissenschaftlichen, ihre *Zusammengehörigkeit* (in dem Sinne, daß sie sich gegenseitig abstützen) erweist sich auch daran, daß seinerzeit in der Antike als *Gegenstück* zu der atomistischen Begründung des *physikalischen Denkprinzips* das Konzept Platons als *philosophische Lösung* des sich herausgebildet habenden Denk- Realitäts- und Bewegungsproblems begründet wurde.[771] Seit der Überwindung der mythologischen Weltsucht, mithin seit der Begründung des rationalen Weltbildes, war das Subjekt Gegenstand der Überlegung, wenn auch mit unterschiedlichen Lösungen.[772] Diese Überwindung war eben die Geburt sowohl der Naturwissenschaft (genauer: des naturwissenschaftlichen Grundgedankens resp. Denkprinzips)[773] als auch der Philoso-

767 Explizit ausgesprochen von K. Marx, Thesen über Feuerbach, in: MEW, Bd. 3, Berlin 1958, S. 5.

768 Die Naturwissenschaft muß die Welt unter der Form des Objekts, aber nicht etwa unter der des Bildes fassen – wie man heutzutage mitunter den Eindruck gewinnen kann. Wenn Plessner zwecks Vermittlung von Subjekt und Objekt, die durch die notwendige Eigenheit des naturwissenschaftlichen Denkens voneinander entfernt wurden, vom Bild der Natur spricht, so ist dies nicht mit dem heutigen maßlosen Trieb nach Bildern zu verwechseln. Er fordert die "Ausbildung einer von der Naturwissenschaft und Psychologie unabhängigen Theorie der die Natur in ihrem Bildgehalt charakterisierenden Elemente." (H. Plessner, Das Problem der Natur in der gegenwärtigen Philosophie [1940], in: ders., Gesammelte Schriften, Frankfurt a.M. 1985, Bd. IX, S. 71.) Durch eine solche Theorie soll die Reduktion des Subjekts auf den Meßapparat, sollen die Folgen dieser Reduktion für das Objekt aufgehoben werden. Der "Bildgehalt der Natur" soll mithin zwischen Subjekt und Objekt vermitteln. Diese sinnvolle Vermittlungsabsicht ist allerdings illusionär. Die Fassung der Welt unter der Form des Objekts kann nur durch das Denken, das philosophische Denken, aufgehoben werden. (Vgl. dazu: H.-H. v. Borzeszkowski, Erkenntnis statt Erbauung: Hegels Begriff des naturwissenschaftlichen Gesetzes, in: Geist? Hegel-Jahrbuch 2011, Zweiter Teil, hg. von A. Arndt, P. Cruysberghs und A. Przylebski, Berlin 2011.)

769 Vgl. D. Henrich, Denken und Selbstsein, Frankfurt a.M. 2007, insbes. S. 15-48, 152-247.

770 Die Philosophie als Philosophie muß das tun. Man kann es selbstredend nicht von jedem einzelnen Philosophen fordern.

771 Vgl. R. Wahsner, Das Aktive und das Passive, a.a.O., insbes. S. 4-46.

772 Durch die atomistische Lösung des Bewegungsproblems, die ganze Welt nur aus Atomen und dem Leeren bestehend zu betrachten, wurde das erkennende Subjekt als reines Naturobjekt angesehen und so *als* Subjekt ausgeschaltet, war aber als Problem existent. Die Frage war, *wie* von ihm abgesehen wurde – wie schon die unterschiedlichen Antworten von Demokrit und Epikur demonstrierten. (Vgl. hierzu unter anderem: R. Wahsner, Nicht die Einzelheit herrscht in der Natur der Dinge, a.a.O.)

773 Bis zur Begründung der Naturwissenschaft selbst bedurfte es noch zahlreicher weiterer Bedingungen.

phie. *Deshalb sollte keines der beiden Konzepte ohne Blick auf sein Anderes genommen werden.*

Erzwingt die mit den Naturgesetzen gegebene Objektivität – wird oftmals gefragt, so man Naturwissenschaft und Empirismus gleichsetzt – ein subjektfreies Weltbild, genauer: erzwingt sie die Darstellung des Ganzen, das nach Hegel das Wahre ist, ohne Subjekt? Muß man den Verlust des Subjekts hinnehmen, weil die Objektivität der Naturgesetze seinen Rückzug erforderte? Aus dem Bisherigen geht hervor, daß echte Objektivität nicht Subjektfreiheit bedeutet.

Es ist unbestreitbar, daß das Zurückziehen des Erkenntnissubjekts aus der Weltbetrachtung eine notwendige Konsequenz des Grundsatzes, daß die Welt verstanden werden kann, darstellt, des Grundsatzes, daß man nach Gründen, nach Gesetzen und z.B. nicht nach dem Sinn des Geschehens fragt.[774] Hiermit ist ein Grundzug des erkenntnistheoretischen Ausgangspunktes der Naturwissenschaft bestimmt. Die im Gegensatz zur Subjektivität gefaßte Objektivität ist für die Naturwissenschaft das Merkmal wahrer Erkenntnis, eben weil die Welt von ihr unter der Form des Objekts gefaßt wird. Sie untersucht nicht, wie das Subjekt sich selbst gegeben ist, nicht wie das Subjekt sich seiner selbst bewußt wird und ist. Das Subjekt reflektiert sich jedoch implizit darin, daß die objektive Außenwelt als gegeben gesetzt wird. Diese wissenschaftliche Weltsicht ist nicht schlechthin subjektfrei, vielmehr ist das Subjekt nirgendwo *in* dem von dieser Sicht erzeugten Bild anzutreffen, weil es selbst dieses Bild *ist.* "Es ist identisch mit dem Ganzen und kann darum nicht als Teil darin enthalten sein."[775] In der naturwissenschaftlichen Theorie selbst (jedenfalls in einer physikalischen Theorie) erscheint es zudem im Erkenntnismittel. Es tritt objektiviert als Meßmittel auf.[776] Das Erkenntnissubjekt ist also nicht schlechthin ausgelassen.

Der Grund für die unzureichende Unterscheidung von Naturwissenschaft und Philosophie bzw. der Gleichsetzung von rationalem Weltbild und naturwissenschaftlichem Denken ist letztlich in dem unterstellten Subjektbegriff zu suchen.[777] Mit dem Zurückziehen des Subjekts meint man zumeist das Zurückziehen des denkenden und wahrnehmenden Individuums (eines

774 Vgl. E. Schrödinger, Die Besonderheit des Weltbildes der Naturwissenschaft, a.a.O.

775 Ebd., S. 443.

776 Vgl. z.B. H.-H. v. Borzeszkowski und R. Wahsner, Physikalisches Erkenntnismittel und physikalische Realität. Zur Diskussion zwischen Albert Einstein und Niels Bohr um den Status der Quantenmechanik, Dt. Zs. für Philosophie *34*(1986), 1098-1106; R. Wahsner, Naturwissenschaft zwischen Verstand und Vernunft, a.a.O., S. 199-203.

777 Vgl. z.B. H.-H. v. Borzeszkowski und R. Wahsner, Erwin Schrödingers Subjekt- und Realitätsbegriff, Dt. Zs. für Philosophie *35*(1987), 1109-1118; R. Wahsner, Der Widerstreit von Mechanismus und Organismus, a.a.O,

jeden Individuums).[778] Wenn man *dieses* wieder hereinnehmen will, dann ist es schon richtig, nicht an die Philosophie, sondern an die Psychologie oder gar an mythologische Weisheitslehren zu denken. Man denkt dann nicht das Subjekt als seine Zwecke mittels Werkzeugen realisierendes Kollektivum, nicht den Menschen als Gattung. Aber nur in dieser durch den neuzeitlichen Umbruch begründeten Bedeutung bekommt es Sinn, die Stellung des Subjekts im erkenntnistheoretischen Ausgangspunkt der Naturwissenschaft zu bestimmen.[779] Der Anerkennung der objektiven Außenwelt liegt dann auch nicht lediglich eine Konvention zugrunde. Der Mensch als Gattung geht in die Naturwissenschaft ein unter dem Aspekt seiner (durch das neuzeitliche Denkprinzip etablierten) Gleichheit mit der Natur.[780] Diese Gleichheit ist objektiver Art, keine Konvention.

Es gibt stets, im physikalischen wie im philosophischen Falle, ein Subjekt-Objekt-Verhältnis. Aber bei der Fassung der Welt unter der Form des Objekts ist das Subjekt in das Objekt integriert, im Objekt versteckt, während es sich bei der Philosophie im Prinzip um ein "gleichberechtigtes", subjektdominiertes, aber die Objektivität in sich aufgehoben habendes Subjekt-Objekt-System handelt. [781]

Die Fassung der Welt unter der Form des Objekts und deren Aufhebung in einer philosophischen Subjekt-Objekt-Einheit, die dann sowohl den philosophischen Objektivitätsbegriff als auch den philosophischen Begriff *Subjekt* bestimmt, sind zwei einander gegenseitig bedingende Lösungen. Sie entsprangen – um das zu wiederholen – einst dem gleichen Problem.

Mit Blick hierauf kann man von den zwei sich durch die gesamte Geschichte der Philosophie hindurchziehende Linien, der Linie Demokrits und der Linie Platons, sprechen. Sie markieren allerdings nicht, wie oftmals gemeint, die Unterscheidung zwischen den philosophischen Systemen des Materialismus und denen des Idealismus, sondern die zwischen dem erkenntnistheoretischen Status der Einzelwissenschaft und dem der Philosophie.[782]

---

778 Vgl. E. Schrödinger, Über Indeterminismus in der Physik, in: Zwei Vorträge zur Kritik der naturwissenschaftlichen Erkenntnis, Leipzig 1932, S. 26; ders., Suche nach dem Weg, in: ders., Meine Weltansicht, Frankfurt a.M.–Hamburg 1963, S. 13-85

779 Als Subjekt bezeichnete Individuen oder sogenannte Beobachter kommen in der Physik nicht vor. Wenn z.B. Einstein von Beobachtern spricht, dann meint er verschieden zueinander bewegte Bezugssysteme, einschließlich der darin definierten Meßgeräte.

780 Diese Gleichheit denken zu können setzt – wie gesagt – die mit der Neuzeit verknüpfte Wende der Denkart voraus.

781 *Wie* die naturwissenschaftliche Weltfassung aufgehoben wird, entscheidet über den grundsätzlichen Charakter des philosophischen Systems, z.B. darüber, ob alles in Geist aufgelöst oder prinzipiell ein Zweites akzeptiert wird, ohne einen Monismus zu verhindern.

782 Vgl. hierzu R. Wahsner, Gott arbeitet nicht. Zur Notwendigkeit, Karl Marx einer optimalen Messung zu unterziehen, in: R. Wahsner, Zur Kritik der Hegelschen Naturphilosophie, a.a.O., S. 175-202 (Anhang); dies., Naturwissenschaft, a.a.O.

Die erwähnte,[783] für die Begründung der Newtonschen Mechanik notwendige Modifizierung des antiken Atomismus beruht auf dem neuzeitlichen Verhältnis von *innen* und *außen*, was auch die Basis für die Fassung der Welt unter der Form des Objekts bzw. die philosophische Subjekt-Objekt-Einheit bildet.

Dieses veränderte Verhältnis bietet die Voraussetzung dafür, das philosophische Grundproblem zu lösen. Für Hermann Cohen fordert das Prinzip der Natur "die Korrelation eines Äußeren zu diesem Innern". Im Raum geschieht die Projektion des Innern nach außen: "Ohne dieses Außen gibt es keine Natur. Das Sein muß dem Denken zu einem Außen werden. Das ist keine Verletzung der Identität [der Identität von Denken und Sein – d.V.]; denn das Denken selbst erzeugt dieses Außen."[784]

Vergleicht man die physikalische und die philosophische Weltfassung miteinander, so sei zunächst daran erinnert, daß eine Rückführung des Subjekts auf das Objekt oder des Objekts auf das Subjekt nicht möglich ist. Anderenfalls wäre es kein echtes Verhältnis, kein Gegeneinander. Es gibt weder ein Subjekt an sich noch ein Objekt an sich.[785] Daß dies zumeist anders gesehen, die Qualität, Subjekt zu sein, einem Gegenstand voreilig zugesprochen wird, gründet in der nach wie vor verbreiteten mechanizistischen Weltsicht, wonach ein mechanisches Objekt des Anstoßes von außen bedarf, um sich zu bewegen. Alles, was sich selbst bewegt (je nach Weltsicht oder Fachgebiet: ein Lebewesen, der Mensch), wird daher als Subjekt bezeichnet.

Wird dieser Fehler vermieden, dann bleibt als Frage: Welches Subjekt-Objekt-Verhältnis bildet eine Einheit, die ein selbstbestimmtes Allgemeines zu sein vermag? Ein selbstbestimmtes Allgemeines wäre eines, das es erlaubt, eine Gesetzmäßigkeit der menschlichen Gattung zu bestimmen, eine Einheit, in der der Mensch als sich selbst bestimmendes Wesen erscheint. Insofern mithin herausgefunden werden muß, in welcher Subjekt-Objekt-Einheit das Subjekt eine bestimmende Rolle hat, frei ist, ist das Subjektproblem letztlich auch das Problem des *Allgemeinen*, des *Gesetzes*, der *Kausalität*, des *Determinismus* und der *Freiheit*.

Die Frage nach der *philosophischen* Bestimmung des Subjekts enthält – wie erwähnt – die Frage nach dem Verhältnis von Individuum und Gattung, Einzelnem und Allgemeinen. Wel-

---

783 Vgl. Anm. 85, 490.

784 H. Cohen, Logik der Erkenntnis, a.a.O., S. 188. Vgl. dazu vorrangig Kants Argumentation z.B. in: Welches sind die Fortschritte, a.a.O., S. 599-602.

785 Die Diskussion dieses Problems und seine Lösung führte zur Ausbildung der klassischen deutschen Philosophie. So schreibt Henrich, die eine Seite des Problems darstellend: "Das absolute Ich ist ohne Objekt, wenn nichts außerhalb seiner ist. Dann aber ist es auch ohne Bewußtsein." Es ist dann also kein Ich. [D. Henrich, Hölderlin über Urteil und Sein. Eine Studie zur Entstehungsgeschichte des Idealismus, in: Hölderlin-Jahrbuch *14*(1967), 73-96, S, 91.]

ches Verhältnis von Einzelnem und Allgemeinem liegt einem (im philosophischem Sinne) wirklichen Subjekt zugrunde bzw. ist einem solchen inhärent? Der Mensch als Gattung hat die Kultur, im Sinne einer zweiten Natur hervorgebracht. In einem damit wurde auch die Sinnlichkeit allgemein und gegenständlich.[786] Die wahrhafte Realisierung als Subjekt erfordert die Einheit von Individuum und Gattung, von Einzelnem und Allgemeinem. Aber das Einzelne ist nicht von vornherein gegeben. Sowohl, damit es sich herausbilden kann, als auch um es begrifflich fassen zu können, bedarf es gewisser Entwicklungen der Gattung *Mensch* ebenso wie gewisser Vereinzelungsprinzipien. Man kann nicht – wie es als Lösung gesehen wurde –[787] vom Individuum ausgehend den Menschen als Subjekt bestimmen und dann seine Verwurzelung im "Mit-sein" untersuchen. Es wäre dies so, als könne man zuerst die mechanische *Masse* bestimmen und dann die mechanische Bewegungstheorie aufstellen bzw. untersuchen. Vor allem kann der Begriff der schweren Masse so nicht gefaßt werden. Es besteht die Gefahr, die physikalische Erkenntnis, daß die Körper nur *gegeneinander* schwer sind, auf zwei entgegengesetzte Kraftrichtungen (bzw. Stoß- oder Zugrichtungen) zurückzuführen. Doch der "gravitative Organismus" kann nicht in zwei gegenläufige Kraftrichtungen aufgelöst werden, ohne die entscheidende Idee zu verlieren. Newtons Begründung des Begriffs der aktiven Prinzipien, sein Abgehen von dem Konzept der verborgenen Eigenschaften implizierte einen kategorialen Wandel im wissenschaftlichen und philosophischen Denken,[788] drückt die Begründung des neuzeitlichen Denkprinzips aus.

Ein Einzelnes als Einzelnes kann nicht Subjekt sein. Es muß das Verhältnis der Individuen *gegeneinander* bestimmt werden. Deren Charakteristikum erschließt sich aber nicht, versucht man, sie zunächst als Einzelne als Subjekte zu bestimmen, um sie dann in ein (als an sich vorhanden gedachtes?) Allgemeines einzuordnen.

Hegel untersucht das für das wahrhafte Subjekt-sein notwendige Verhältnis von Individuum und Gattung detailliert anhand des Übergangs vom Tierreich zur Welt des Geistes.[789]

---

786 Vgl. z.B. K. Holzkamp, Sinnliche Erkenntnis, a.a.O., S. 105-158.

787 Vgl. D. Henrich, Denken und Selbstsein. Vorlesungen über Subjektivität, Frankfurt a.M. 2007.

788 Siehe hierzu R. Wahsner und H.-H. v. Borzeszkowski, Einleitung der Herausgeber zu Voltaire: Elemente der Philosophie Newtons/ Verteidigung des Newtonianismus/ Die Metaphysik des Neuton, a.a.O., S. 29-76.

789 Vgl. G.W.F. Hegel, Jenaer Systementwürfe I. Das System der spekulativen Philosophie, neu hg. von K. Düsing und H. Kimmerle, Hamburg 1986, S. 208-232; ders., Jenaer Systementwürfe III. Naturphilosophie und Philosophie des Geistes, hg. von R.-P. Horstmann, Hamburg 1987, S. 177, 189, 205, 207, 222, 246; ders., System der Sittlichkeit, in: Hegels Schriften zur Politik und Rechtsphilosophie, hg. von G. Lasson, Leipzig 1913, S. 430-434; ders., Phänomenologie des Geistes, a.a.O, S. 153, 170-172, 225; ders., Wissenschaft der Logik. Zweiter Teil, a.a.O., S. 445-461; ders., Grundlinien der Philosophie des Rechts, a.a.O., S. 46-49 (§ 4), 346-353 (§§ 189-198), 389-391 (§§ 243-256); ders., Enzyklopädie I. Die Wissenschaft der Logik, a.a.O., S. 359-367 (§§ 204-212); ders., Enzyklopädie II. Die Naturphilosophie, a.a.O., S. 468-539

Er erkent, daß sich das Tier im Übergang zu wahrhafter Subjektivität befindet, diese Stufe aber nicht erreicht, weil es sich seine Gattung, weil es sich sein Allgemeines nicht zum Gegenstand zu machen vermag, weil im tierischen Individuum die Gattung noch nicht erscheint.[790]

Erst das menschliche Individuum produziert in seiner Gattungstätigkeit etwas, in dem sich die Individuen als solche erhalten, recht eigentlich überhaupt erst Individuen sein können. Denn sie sind verschieden gerade *in* der Einheit des Gattungsprozesses, jener Einheit, die die wahrhafte Wirklichkeit ist

Dieses Subjekt ist es, das bei der einzelwissenschaftlichen Weltfassung nicht Gegenstand ist, das den Gegenpol zu dem Objekt bildet, unter dessen Form die Welt gefaßt wird.

Nur der Mensch als ein so gefaßtes Subjekt hat eine Geschichte resp. eine unsterbliche Seele; nur ein so begriffenes Subjekt hat einen Zugang zu einem *Unbedingten*, das eine "Metaphysik ermöglicht, die als Wissenschaft wird auftreten können".[791]

Der Übergang von der Naturwissenschaft zur Naturphilosophie

Eine solche, den genannten Bedingungen gerecht werdende, Metaphysik bedarf (aus naturphilosophischer Sicht gesehen) als einen ersten Schritt der Analyse des epistemologischen Status der Naturwissenschaft, der Erkundung von deren kategorialer, weltanschaulicher und sozialer Grundlage. Sie geht aber darin nicht auf. Der Übergang von der Naturwissenschaft zur Naturphilosophie muß noch vollzogen werden, um bestimmen zu können, *was Natur ist.*

Die Naturwissenschaft sagt uns dies nicht. Deshalb ist es auch unzutreffend, vom Naturbegriff der Mechanik, der Quantenmechanik usw. zu sprechen. Sie haben keinen. Allerdings arbeiten sie mit einem jeweiligen Begriff von Realität. Um die Frage, was die Natur ist, zu beantworten, muß man von der Fassung der Welt unter der Form des Objekts zur Darstellung

---

(§§ 359-376); ders., Vorlesungen über die Philosophie der Natur. Berlin 1819/20. Nachgeschrieben von Johann Rudolf Ringier, hg. von M. Bondeli und H.N. Seelmann, Hamburg 2002, S. 139-141, 160-162, 179-189; ders., Vorlesungen über die Philosophie der Religion, Bd. II, in: Werke, a.a.O., Bd. 17, S. 259; kommentierend dazu: R. Wahsner, Der Widerstreit von *Mechanismus* und *Organismus*, a.a.O., S. 231-252 sowie die hierin zitierte Literatur.

790 Über diesen nach Hegel charakteristischen Unterschied siehe z.B.: G.W.F. Hegel, Vorlesungen über die Philosophie der Geschichte, in: Werke, a.a.O., Bd. 12, S. 20; ders., Enzyklopädie III. Die Philosophie des Geistes, in: Werke, a.a.O., Bd. 20, S. 93 (§ 398 Z); ders. Enzyklopädie I. Die Wissenschaft der Logik, a.a.O., S. 41 f. (§ 2), 52 (§ 8 A); ders., Wissenschaft der Logik. Erster Teil, a.a.O., S. 20; ders., Grundlinien der Philosophie des Rechts, a.a.O., S. 46 (§ 4), 473 (§ 360 Z), 474 f. (§ 361 Z); ders., Vorlesungen über die Philosophie der Religion, Bd. II, in: Werke, a.a.O., Bd. 17, S. 259; vgl. auch ders., Vorlesungen über die Geschichte der Philosophie II, in: Werke, a.a.O., Bd. 19, S. 525.

791 Kommentierend hierzu: R. Wahsner, "An seinen Werkzeugen besitzt der Mensch die Macht über die äußere Natur ...", a.a.O. S. 174-195; dies., Die Macht des Begriffs als Tätigkeit, a.a.O.

des Mensch-Natur-Verhältnisses übergehen. Denn außerhalb dieses Verhältnisses läßt sich nicht sagen, was die Natur ist, auch nicht, was der Mensch ist.

Doch wie eingangs gesagt und wie aus der Betrachtung des genannten Verhältnisses folgt, gibt es keine isolierte Naturphilosophie, sondern diese nur als Moment eines philosophischen Systems.[792] Basis der Naturphilosophie können mithin nicht allein die naturwissenschaftlichen Erkenntnisse sein. Schon gar nicht bedeutet Naturphilosophie, nach der Phase der naturwissenschaftlichen Fassung beispielshalber der Begriffe *Trägheit*, *Kraft*, *Fall*, *Molekül* diese philosophisch zu deuten. *Trägheit*, *Kraft*, *Fall*, *Molekül* sind nur das, was die jeweilige Theorie darüber sagt. Dies folgt aus dem Charakter der naturwissenschaftlichen Begriffsbildung.

Wenn es ein wesentliches Moment der neuzeitlichen Naturwissenschaft ist, künstlich oder kunstvoll eineindeutige Gegenstand-Verhalten-Beziehungen herzustellen (die auch echte Trennungen involvieren), dann ist die jeweilige in dem meßtheoretisch bestimmten Verstandesgegenstand substantivierte Verhaltensweise von den in ihm nicht substantivierten Verhaltensweisen insofern getrennt, als diese in ihm nicht vorkommen, dieser "Verstandesgegenstand" daher nur das ist, als das er in der jeweiligen Theorie bestimmt wurde. Mit ausgewählten anderen, nämlich mit den nach demselben Prinzip in anderen Meßgrößen der Theorie substantivierten Verhaltensweisen ist er über die Gesetze der jeweiligen Theorie verknüpft. Aufgabe der Philosophie ist es nun, als erste Stufe, die Notwendigkeit dieser naturwissenschaftlich resp. physikalisch bedingten Auseinanderlegung des Konkreten zu begründen und zu bestimmen; sie *insofern* aufzuheben. Somit ist schon offenbar, daß die Natur nicht an sich so beschaffen ist, wie die Naturwissenschaft sie denkt.

Wie schon Kant entgegen der mechanizistischen Identifizierung von Begriff und Wirklichkeit erkannte, beruht die Naturwissenschaft auf Gedankenbestimmungen, die sie selbst nicht begründet, nicht begründen kann und (um als Naturwissenschaft zu arbeiten) nicht begründen muß. Zudem können die Aussagen der Naturwissenschaft aufgrund der Eigenart ihrer Begriffsbildung noch keine über die Welt als Ganzes sein, weshalb von der Naturwissenschaft zur Philosophie übergegangen werden muß.

Oftmals wird geglaubt, daß eine Synthese aller naturwissenschaftlichen Erkenntnisse die Frage nach dem Wesen der Natur beantwortet. Doch welcher Art sollte die Synthese sein? Auf welcher Grundlage sollte sie vollzogen werden? Ein solches Vorgehen führte höchstens

---

792 Aus diesem Grunde gibt es keinen rein linearen Aufbau eines philosophischen Systems, und müssen stets mehrere Anfänge "durchgespielt" werden. (Vgl. H. Glockner, Hegel. Schwierigkeiten und Voraussetzungen der Hegelschen Philosophie, Stuttgart 1954, S. 6-30.)

zu einem naturwissenschaftlichen Weltbild. Dieses aber ist eine "Zusammenfassung" ohne Subjekt. Eine solche aber kann keine Aufhebung der Fassung der Welt unter der Form des Objekts sein, kann nicht zu einem philosophischen Begriff *Natur* führen.

Man gelangt auch nicht durch eine sogenannte philosophische Interpretation naturwissenschaftlicher Theorien oder gar einzelner naturwissenschaftlicher Begriffe zum Ziel. Denn auf welcher Basis sollte die Interpretation erfolgen? Auf welcher Grundlage sollte es möglich sein, die in den Meßgrößen substantivierten ausgewählten Verhalten mit den ausgelassenen und somit unbestimmten zu einem Konkretum zu synthetisieren?

Bei Hegel basiert der Übergang, der keine schlichte Interpretation ist, auf der der Naturphilosophie vorangestellten begriffslogischen Entwicklung. Aber insofern Hegels Logik der Kritik bedarf,[793] ist dies auch keine zuverlässige Leitlinie.[794]

Akzeptiert man die Hegelsche Logik, hat man eine Leitschranke, doch es stellen sich andere Probleme ein. Die vermeintliche Möglichkeit, naturwissenschaftliche Begriffe philosophisch zu gebrauchen, um sie auf das ganze Feld empirischer Naturforschung auszudehnen, indem man davon absieht, wie die "theoretischen Begriffe der Naturwissenschaften zu operationalisieren und in Einzelfällen zu applizieren sind" sowie davon, ob und wie sich die aus den Wissenschaften aufzunehmenden Begriffe mit mathematischen Mitteln in Modellen konstruieren lassen,[795] ist nicht gegeben. Sie ist es deshalb nicht, weil ein naturwissenschaftlicher Begriff eben nur im Rahmen der ihn bestimmenden Theorie ein Begriff ist, weil ein physikalischer Begriff weder von seiner mathematischen Formulierung noch von seiner "Anwendung" getrennt werden kann, weil – wie dargestellt – die naturwissenschaftlichen Objekte

---

793 Vgl. z.B. H.-H. v. Borzeszkowski und R. Wahsner, Infinitesimalkalkül und neuzeitlicher Bewegungsbegriff oder Prozeß als Größe, a.a.O.; dies., Gibt es eine Logik der Physik als Vorstufe zur Hegelschen Begriffslogik?, a.a.O.; R. Wahsner, Zur Kritik der Hegelschen Naturphilosophie, a.a.O.; dies., "Das Bedürfnis einer Umgestaltung der Logik ist längst gefühlt". Hegels Anliegen und der Mißbrauch einer dialektischen Methode, in: Mit und gegen Hegel. Von der Gegenstandslosigkeit der absoluten Reflexion zur Begriffslosigkeit der Gegenwart, hg. von A. Knahl, J. Müller und M. Städtler, Lüneburg 2000, S. 205-235, dies., Die Macht des Begriffs als Tätigkeit (§ 208), a.a.O., 101-142, sowie die in diesen Arbeiten zitierte Literatur.

794 Auf der unproblematisierten Aufnahme des Hegelschen Verfahrens scheint die Idee zu beruhen, die Dialektik der Natur, also Naturphilosophie, aufgrund des Widerspiegelungstheorems im Rückschluß aus der Dialektik des Denkens zu gewinnen – ohne dabei in eine subjektiv-idealistische Konstitutionstheorie verfallen zu müssen. (Vgl. H.H. Holz, Weltentwurf und Reflexion. Versuch einer Grundlegung der Dialektik, Stuttgart–Weimar 2005, S. 561.) Wie die Dialektik des Denkens erschlossen wird, bleibt dabei offen. Zudem mag man aber bezweifeln, daß diese Vorgehensweise Erfolg hat, wenn der genannte Rückschluß z.B. dazu führt, das Verhältnis von Newtonscher Mechanik und Einsteinscher Relativitätstheorie als Unterschied von äußerer und innerer Weltbetrachtung zu bestimmen. [Vgl. dazu R. Wahsner, "Die Materie der Erkenntnis kann nicht gedichtet werden". Zu den Bedingungen einer materialistischen Spekulation bzw. Dialektik und zur Unmöglichkeit einer monistischen Abbildtheorie, Z. *20*(2009), 138-157, insbes. S. 151-157; dies., Noch einmal zu den Bedingungen einer materialistischen Spekulation, Z. *21*(2010), 122-133, insbes. S. 127.]

795 H.F. Fulda, Georg Wilhelm Friedrich Hegel, a.a.O., S. 142 f.

Etwase sind, die erst durch die die Theorie etablierenden Relationen bzw. Gleichungssysteme zu physikalischen Gegenständen werden, weil die in Größen gefaßten physikalischen Objekte keine Konkreta sind, sondern jeweils nur eine Qualität substantivieren und ohne Willkür nicht mit abstrakten logischen Bestimmungen identifiziert werden können – es sei denn die (philosophische) Begriffslogik hätte sich adäquat an der physikalischen bzw. einzelwissenschaftlichen Begriffsentwicklung gebildet. Doch das *setzte* eine epistemologische Analyse der naturwissenschaftlichen jener Begriffsbildung *voraus* – eine Notwendigkeit, die Hegel durchaus erkannt hatte, durch seine kritische Rezeption der ihm vorgängigen Philosopheme aber als geleistet ansah (was nicht zutrifft).

Die andere vorgetragene Überlegung, daß naturwissenschaftliche Begriffe ebenso Bestimmungen des Allgemeinen sind wie begriffslogische Bestimmungen und man deshalb auf der Basis des Allgemeinen den Übergang vollziehen könnte,[796] ist nicht angemessen. Denn obzwar die naturwissenschaftlichen Begriffe durchaus Bestimmungen des Allgemeinen sind, so ist es doch ein spezifisches Allgemeines, eines, das durch den Status der Naturwissenschaft geprägt, mithin ein anderes als das der Philosophie ist,[797] weshalb "das" Allgemeine nicht zur Basis für aufzufindende "Entsprechungen" von naturwissenschaftlichen und naturphilosophischen Begriffen (die dann auch nur noch Termini sind) genommen werden kann.[798]

Den hier kritisierten Wegen, von der Naturwissenschaft zur Naturphilosophie überzugehen, liegt der Glaube zugrunde, es gäbe eigenständige empirische Daten, die man theoretisch – sei es naturwissenschaftlich, sei es naturphilosophisch – verschieden zusammenfassen resp. interpretieren kann. Diese vermeintlichen Wege gründen auf der Vorstellung, "daß nicht nur der spekulative Begriff, sondern auch die *Erfahrung* zugunsten einer anderen [einer anderen als der naturwissenschaftlichen – d.V.] Beschreibung der Wirklichkeit spricht",[799] sowie auf der Auffassung, den Naturwissenschaften sei eine falsche Verstandesmetaphysik inhärent. Anderenfalls hätte eine Formulierung der Art, daß die Naturphilosophie sich polemisch zur

---

796 Vgl. ebd.

797 Zum Begriff des Naturwisssenschafttlich-Allgemeinen siehe z.B. R. Wahsner, Das naturwissenschaftliche Gesetz. Hegels Rezeption der neuzeitlichen Naturbetrachtung in der *Phänomenologie des Geistes* und sein Konzept von Philosophie als Wissenschaft, in: Hegel-Jahrbuch 2001, S. 172-178. Phänomenologie des Geistes. Erster Teil, hg. von A. Arndt, K. Bal, H. Ottmann, in Verbindung mit Davor Rodin, Berlin 2002, S. 17-37; dies., Formelle und konkrete Einheit. Hegels Begriff des physikalischen Gesetzes, in: Die Natur in den Begriff übersetzen. Zu Hegels Kritik des naturwissenschaftlichen Allgemeinen, hg. von G. Marmasse und Th. Posch, Frankfurt a.M.–Berlin–Bern–Bruxelles–NewYork–Oxford–Wien 2005, S. 17-37.

798 Wenn dieser Weg, der auf einem philosophisch eingebetteten Begriff des Allgemeinen basiert, nicht zum Ziele führt, dann ist die Idee, Naturphilosophie durch Verallgemeinerung naturwissenschaftlicher Begriffe (ohne zu bestimmen, was das Allgemeine ist) zu erzeugen, ganz indiskutabel. Ein kluger Physiker bemerkte einmal, daß Verallgemeinerung sowohl durch Verdichtung als auch durch Verdünnung entsteht.

799 Vgl. H.F. Fulda, Georg Wilhelm Friedrich Hegel, a.a.O., S.145.

"Verstandesmetaphysik in den Naturwissenschaften" verhalten muß, wodurch sie die empirischen Daten besser zu begreifen erlaubt,[800] keinen Sinn.[801]

Da das Kriterium fehlt, das es erlaubt, eine sogenannte Entsprechung von naturwissenschaftlichen mit naturphilosophischen Bestimmungen zu fixieren, gibt es auch keine Basis für eine Kritik der Naturwissenschaft durch die Naturphilosophie. Letztere kann immer wieder nur daran erinnern, daß die Gegenstände der Wissenschaften von uns gemachte Begriffe sind, die auch zerreißen, was "in Wahrheit" zusammengehört, und begründen, warum diese Begriffe anders als die philosophischen sein müssen. Darüber hinaus kann sie lediglich etwas erstellen, das einem Wunschkatalog gleichkommt (z.B. fordern, die Physik möge mit einer ausgezeichneten Zeitrichtung arbeiten, weil die "wirkliche" Zeit ja gerichtet ist, oder sie möge Entwicklungsphysik sein, weil die "wirkliche" Welt in ständiger Entwicklung begriffen ist).

Meint man, der Übergang von der Naturwissenschaft zur Naturphilosophie ließe sich vollziehen, wenn man von dem mathematischen Aspekt der naturwissenschaftlichen Begriffe abstrahiert, weil die Philosophie nicht mit mathematischen Mitteln arbeitet, glaubt man, daß die Naturphilosophie sich davon befreien kann und darf, "metaphysische Voraussetzungen aufzudecken, deren die mathematischen Physiker nicht entbehren können", so beseitigt man die Grundlage, von der man auszugehen dachte. Es bleibt nämlich von den naturwissenschaftlichen Begriffen nichts, wenn man von ihrer Erfahrungsgrundlage und ihrer mathematischen Form absieht. Dieser Verzicht ist eben kein Gewinn.

Die kritisierte Art, von der Naturwissenschaft zur Naturphilosophie überzugehen, wird mit dem Argument verteidigt, daß man den Naturwissenschaften nicht ins Handwerk pfuschen, sondern "nur eine falsche Metaphysik daraus entfernen und dadurch eine neue Kontinuität zwischen der Gedankenarbeit der Einzelwissenschaften und der Philosophie ermöglichen" wolle.[802] Aber woher weiß man von der falschen Metaphysik in der Naturwissenschaft? Wird dies aus dem (nicht zu beseitigenden) Unterschied von Philosophie und Einzelwissenschaft geschlossen? Verwechselt man eine Wissenschaft mit einer bestimmten ihrer populären Rezeptionen (z.B. die Mechanik mit dem mechanistischen Weltbild)? Oder ist es der Wunsch, daß die Wissenschaften anders sein sollten? Zudem ist es ein Irrtum (der vielleicht dahinter steht), davon auszugehen, daß Naturwissenschaft schlechthin Verstandeserkenntnis ist – es sei

---

800 Vgl. ebd., S. 144 f.

801 Diese zugrunde liegenden Auffassungen sind reine subjektive Vorstellungen. Sie basieren auf keinerlei Untersuchungen der epistemologischen Verfaßtheit der Naturwissenschaften und geben den Kantschen Begriff *Erfahrung* argumentationslos auf. Das heißt: Sie nehmen diesen Begriff sowie ihre eigene philosophische Auffassung von ihm nicht ernst.

802 H.F. Fulda, Georg Wilhelm Friedrich Hegel, a.a.O., S.145.

denn, man begründet einen neuen Begriff von Verstand, neu gegenüber dem im Kantschen und im Hegelschen System gefaßten.[803]

Sowohl nach Kant als auch nach Hegel gibt es Wissenschaft nur im System, in bezug auf ein Ganzes.[804] Deshalb wird mitunter gemeint, eine Einzelwissenschaft bedürfe der metaphysischen Hilfe, um überhaupt Wissenschaft sein zu können. Aber ein Ganzes ist nicht nur die Welt, sondern ein Ganzes ist auch das Ganze der Theorie (bzw. ein nach Prinzipien geordnetes Ganzes der Erkenntnis).[805] Deshalb benötigt die Naturwissenschaft, um dieses System-Kriterium zu erfüllen, keine metaphysische Beihilfe. *Universelle Vergleichbarkeit, naturgesetzliche Einheit,* ist geradezu eine unabdingbare Forderung für eine naturwissenschaftliche Theorie – anderenfalls wäre eine Fassung der Welt unter der Form des Objekts nicht möglich. Das widerspricht jedoch nicht Kants Einsicht, daß das Ganze nicht Gegenstand der Erfahrung sein kann. Denn die universelle Vergleichbarkeit bzw. die naturgesetzliche Einheit gilt nur bezüglich der in den jeweiligen Größen gefaßten bzw. substantivierten Qualitäten, deren Zusammenhang die Theorie darstellt.

Alle Wissenschaft ist Erfahrungserkenntnis. Erfahrung ist nicht nur ein partieller Aspekt einer Naturwissenschaft, was nicht heißt, daß in ihr nicht gedacht wird, sie nicht auch Theorie wäre. Aber die Theorie ist durch die Bedingungen der Erfahrung geprägt. Man kann sie nicht in einen empirischen und einen theoretischen Teil zerlegen. Die mitunter gestellte Frage nach der Beziehung zwischen einer naturwissenschaftlichen Theorie und den Experimenten, mittels derer sie überprüft wird, ist unsachgemäß gestellt.

Der Glaube, die Naturwissenschaften bedürften der metaphysischen Hilfe, ist auch den Auffassungen inhärent, die die Naturwissenschaft dialektisieren bzw. dialektisch durchdringen wollen. Die Naturwissenschaft dialektisch verarbeiten zu wollen, wäre eine legitime Auf-

---

803 Vgl. zu diesem Nachweis: R. Wahsner, Naturwissenschaft zwischen Vernunft und Verstand, a.a.O.; H.-H. v. Borzeszkowski und R. Wahsner, Infinitesimalkalkül und neuzeitlicher Bewegungsbegriff oder Prozeß als Größe, a.a.O.

804 Vgl. G. W. F. Hegel, Enzyklopädie I Die Wissenschaft der Logik, a.a.O., S. 59 f. (§ 14); ders., Enzyklopädie IIII. Die Philosophie des Geistes, a.a.O. S. 390 (§ 573 A); ders. Phänomenologie des Geistes, a.a.O., S. 14, 28.

805 Kant schreibt: "Eine jede Lehre, wenn sie ein System der Erkenntnis sein soll, heißt Wissenschaft, und, da jene Prinzipien entweder Grundsätzre der *empirischen* oder der *rationalen* Verknüpfung der Erkenntnisse in einem Ganzen sein können, so würde auch die Naturwissenschaft, sie mag nun Körpertlehre oder Seelenlehre sein, in *historische* oder *rationale* eingeteilt werden müssen, wenn nur nicht das Wort *Natur* (weil dieses eine Ableitung des Mannigfaltigen zum Dasein der Dinge Gehörigen aus ihrem inneren *Prinzip* bezeichnet) eine Erkenntnis durch Vernunft von ihrem Zusammenhange notwendig machte, wofern sie den Namen von Naturwissenschaft verdienen soll. ... *Eigentliche* Wissenschaft kann nur diejenige genannt werden, deren Gewißheit apodiktisch ist; Erkenntnis, die nur empirische Gewißheit enthalten kann ist nur uneigentlich so genanntes *Wissen*. Dasjenige Ganze der Erkenntnis, was systematisch ist, kann schon darum *Wissenschaft* heißen, und, wenn die Verknüpfung der Erkenntnis in diesem System ein Zusammenhang

gabe, so sie meinte, die Naturwissenschaft philosophisch verarbeiten zu wollen – was nur heißen kann, ihren epistemologischen Status, die Fassung der Welt unter der Form des Objekts, philosophisch aufzuheben. Hingegen unterstellt der Hang, naturwissenschaftliche "Sachverhalte" dialektisch zu interpretieren, eine falschen Begriff von Dialektik. Dialektik ist im Sinne von Hegel eine Bewegungslehre von Begriffsbestimmungen, nicht eine Lehre über Sachverhalte oder von Sätzen über diese.[806] Eine begriffsberichtigende Funktion kann die Philosophie gegenüber der Naturwissenschaft nicht haben – es sei denn, es handelt sich um eine philosophische Kritik einer unzutreffenden philosophischen Rezeption der Naturwissenschaft, z.B. um eine philosophische Kritik des mechanistischen Weltbildes.

Der Übergang von der Naturwissenschaft zur Naturphilosophie führt, wenn er nicht gegen die naturwissenschaftliche Begrifflichkeit verstößt und die Aufgabe löst zu bestimmen, was Natur ist, nicht zu einer Konvergenz dieser beiden Disziplinen. Sie bleiben auch dann Gebiete eigenen Rechts. Wie das Verhältnis von physikalischer und philosophischer Begrifflichkeit gefaßt werden kann, läßt sich an einem Vergleich von physikalischem Dualismus und philosophisch-dialektischem Widerspruch ablesen. [807]

Wenn im Vergleich zwischen Kants und Hegels Konzept von Naturphilosophie konstatiert wird, "Hegel handelt sich allerdings mit seinem gegenüber Kants Erkenntnistheorie veränderten Objektivitätskriterium die Schwierigkeit ein, aus ihm keine Vorschriften ableiten zu können, wie sich naturphilosophische Begriffe auf empirische Sachverhalte beziehen müssen",[808] so sei nochmals bemerkt, daß sich philosophische Begriffe überhaupt nicht auf empirische Sachverhalte beziehen können – jedenfalls nicht unmittelbar. Das können sie nur über die Wissenschaften, die Kunst, das Recht usw. Das ist ja eben das Problem, aufgrund dessen es für die Philosophie *als* Philosophie unabdingbar ist, sich die Wissenschaften zum Gegenstand zu machen.[809]

Wenn es aber zuträfe, daß Hegels Objektivitätskriterium das genannte Defizit aufweist, dann ist der Verzicht auf Kants Kriterien vielleicht doch nicht schlechthin eine Befreiung, sondern erfordert eine neu zu erarbeitende Synthese von Kant und Hegel.

Um die tatsächliche Aufgabe der Naturphilosophie zu lösen, also herauszufinden, was Na-

---

von Gründen und Folgen ist, so gar *rationale* Wissenschaft."(I. Kant, Metaphysische Anfangsgründe der Naturwissenschaft, a.a.O., S. 11 f.)

806 Vgl. H.F. Fulda, Hegels Dialektik als Begriffsbewegung und Darstellungsweise, in: Seminar: Dialektik in der Philosophie Hegels, hg. von R.-P. Horstmann, Frankfurt a.M. 1978, S. 124-174.

807 Vgl hierzu die Abschnitte "Die formal-logisch widerspruchsfreie Fassung des als Bewegung daseienden Widerspruchs" und "Physikalischer Dualismus und daseiender Widerspruch".

808 B. Falkenburg, Die Form der Materie, a.a.O., S. 229.

tur ist,[810] müssen auch wesentliche Wandlungen im Mensch-Natur-Verhältnis berücksichtigt werden, Wandlungen von der Art des neuzeitlichen Umbruchs, dem – wie skizziert – sowohl soziale, weltanschauliche, kategoriale als auch logische Änderungen prinzipieller Art inhärent sind. Diese Aufgabe der Naturphilosophie schließt ein, die Natur als das Andere des Menschen, als sein Anderes aufzuzeigen und zu bestimmen. Das zu untersuchende Mensch-Natur-Verhältnis ist nach Hegel dadurch charakterisiert, daß der Mensch im Gegensatz zum Tier die ganze Natur, die Natur *als* Natur zum Gegenstand hat (im Prinzip, nie aktuell), was seinerseits auf der menschlichen Zweckrealisation oder Arbeit beruht –[811] sich kristallisierend im Werkzeug. "Im Werkzeug" – erkennt Hegel – "macht das Subjekt eine Mitte, zwischen sich und das Objekt, und diese Mitte ist die reale Vernünftigkeit der Arbeit. ... Im Werkzeug trennt das Subjekt sein Stumpfwerden, und die Objektivität von sich ab, es gibt ein anderes der Vernichtung hin, und wälzt es auf den subjektiven Teil derselben; zugleich hört seine Arbeit [d.i. seine Art der Bedürfnisbefriedigung – d.V.] auf etwas Einzelnes zu sein;[812] die Subjektivität der Arbeit ist im Werkzeug zu einem Allgemeinen erhoben; jeder kann es nachmachen, und ebenso arbeiten; ... ."[813] Insofern sich im Werkzeug – als einem im Verhältnis zum subjektiven Zweck äußerlichen Anderem – der Zweck erhält, ist es höher als der subjektive Zweck.[814]

Die unmittelbare Befriedigung des Bedürfnisses beim Tier führt zu keiner, etwas Neues erzeugenden Veränderung des Objekts, sondern nur zu dessen bloßer einfachen Vernichtung. Deshalb bleibt die tierische Begierde so, wie sie ist, sie bleibt in der Gattung festgelegt. Das Werkzeug, das Mittel, steht höher als der Zweck, weil es neue Zwecke, neue Bedürfnisse

---

809 Vgl. E. Cassirer, Hermann Cohen und die Erneuerung der Kantischen Philosophie, a.a.O., insbes. S. 257.

810 Vgl. G.W.F. Hegel, Bd. 9, S. 11 (Einleitung).

811 Daß der Mensch (im Prinzip, nie aktuell) die ganze Natur, die Natur als solche zum Gegenstand hat, gründet nach Hegel in der menschlichen Zweckrealisation oder Arbeit. "Das Tier arbeitet nicht, nur gezwungen, nicht von Natur" erklärt er in den *Vorlesungen über die Philosophie der Religion*: "Es ißt nicht sein Brot im Schweiß des Angesichts, bringt sein Brot sich nicht selbst hervor: von allen Bedürfnissen, die es hat, findet es unmittelbar in der Natur Befriedigung. Der Mensch findet auch das Material dazu, aber, kann man sagen, das Material, ist das wenigste für den Menschen, – die unendliche Vermittlung der Befriedigung seiner Bedürfnisse geschieht nur durch Arbeit. Die Arbeit im Schweiß des Angesichts, die körperliche und die Arbeit des Geistes, bei der es saurer wird als bei jener, ist in unmittelbarem Zusammenhang mit der Erkenntnis des Guten und des Bösen. Daß der Mensch sich zu dem machen muß, was er ist, daß er im Schweiße seines Angesichts sein Brot ißt, hervorbringen muß, was er ist, das gehört zum Wesentlichen, zum Ausgezeichneten des Menschen und hängt notwendig zusammen mit der Erkenntnis des Guten und Bösen." G.W.F. Hegel, Vorlesungen über die Philosophie der Religion, Bd. II, in: Werke, a.a.O., Bd. 17, S. 259; vgl. auch ders., Vorlesungen über die Geschichte der Philosophie II, a.a.O., S. 525.

812 Durch die der Arbeit inhärente Arbeitsteilung bildet sich ein untrennbarer Zusammenhang von Element und Ordnung, von Individuum und Gattung. Deren Einheit konstituiert das Subjekt und erzeugt ein nichtverschwindendes Neues, das als Kultur erscheint.

813 G.W.F. Hegel, System der Sittlichkeit, a.a.O., S. 432.

814 Vgl. G.W.F. Hegel, Wissenschaft der Logik. Zweiter Teil, a.a.O., S. 453; ders., Phänomenologie des Geistes, a.a.O., S. 153-155.

schafft, weil es bewirkt, daß nicht immer wieder von vorn angefangen werden muß. Hierin gründet der Unterschied zwischen der biologischen Entwicklung und der menschlichen Geschichte. Daher ist die menschliche Entwicklung eine Entwicklung der Gattung *als* Gattung.

Notwendiger Bestandteil dieses Konzepts ist die Einsicht, daß die menschliche Werkzeugproduktion per se Gattungscharakter hat, daß nicht erst einzelne menschliche Individuen produziert und sich später (durch den erforderlichen Warentausch) zur Gesellschaft zusammengeschlossen haben. Vielmehr erfolgte die menschliche Werkzeugproduktion von jeher in Arbeitsteilung, war ihr Subjekt von Beginn an der *Mensch als Gattung*. Diese notwendige "Geselligkeit" bahnt sich zwar schon im Tierreich an,[815] die menschliche Geselligkeit zeichnet sich jedoch dadurch aus, daß sie eben eine zweite Natur, eine Kultur, zu produzieren vermag – eine Kultur, zu der auch die Wissenschaft gehört. Naturwissenschaft ist ein Gattungsprodukt.

Hegels Begriff des Mittels, des Werkzeugs und dessen Implikationen, bieten einen Ansatz, um das philosophische Grundproblem des Zusammenschlusses von Subjektivität und Objektivität zu lösen. Im besonderen enthält Hegels Entwicklung der die Formen des Verhältnisses der Gegenstände zueinander und der Gegenstände zum Subjekt bestimmenden Momente *Mechanismus, Chemismus, Teleologie* die – wenn auch verdrillte – Rezeption der Tatsache, daß der Mechanik, der Newtonschen Mechanik, der Zweckgedanke inhärent ist, und zwar – um auch das zu wiederholen – insofern, als diese Mechanik die Synthese von τέχνη und φύσις darstellt, die Synthese von antiker Mechanik, verstanden als Kunst, als Technik, als das Allgemeine des Wissens vom Tun, und antiker Naturphilosophie, als dem Allgemeinen des Wissens vom Sein, also eine Synthese, die gerade unter dem hier behandelten Problem der Objektivität maßgeblich ist, eine Synthese, die das praktische Verhalten des Menschen zur Natur in sein theoretisches Verhalten bindet (und umgekehrt), es nicht als äußerliche Zutat nimmt.

Der Naturphilosophie kommt bei der Suche der Philosophie nach einem wissenschaftlichen Status eine unverzichtbare Rolle zu –[816] eine unverzichtbare Rolle für die *Objektivierung* ihres Gegenstandes. Genauer müßte man sagen: für das *Begreifen des neuzeitlichen Ob-*

---

815 Das kommt z.B. durch die Erkenntnis zum Ausdruck, daß *ein* Affe kein Affe ist (weil er ohne seine soziale Gemeinschaft eingehen würde). Vgl. auch: K. Holzkamp, Sinnliche Erkenntnis, a.a.O., insbes. S. 105-158; P. Beurton, Biologische Evolution und Subjekt-Objekt-Dialektik, a.a.O.; ders., Werkzeugproduktion im Tierreich und menschliche Werkzeugproduktion, a.a.O.; R. Wahsner, "An seinen Werkzeugen besitzt der Mensch die Macht über die äußere Natur ...". Hegels Rezeption des τέχνη-Begriffs in seiner Logik, a.a.O.

816 "Wissenschaftlicher Status der Philosophie" heißt nicht, daß Philosophie wie eine Einzelwissenschaft verfaßt sein soll, sondern bedeutet, daß sie sich die Einzelwissenschaft zu ihrem Gegenstand machen soll, daß sie den kategorialen Status der Einzelwissenschaft aufklärt, daß sie nicht subjektivistisch erdacte Fantastereien als Philosophie ausgibt.

jektivierungsprinzips,[817] auf dem die Naturwissenschaften im modernen Sinne sämtlich beruhen und dessen Begreifen unabdingbar ist, damit die Philosophie ihre eigentliche Aufgabe, das Subjekt als Subjekt zu denken,[818] einlösen kann. Deshalb bezeichnet Hegel die Naturphilosophie auch als die Wissenschaft der Idee in ihrem Anderssein – welchselbige Stufe Voraussetzung der nächsten ist, auf der in der Philosophie des Geistes die Idee aus ihrem Anderssein in sich zurückkehrt.[819] Die Phase des Sich-sich-selbst-gegenständlich-Machens kann auf dem Weg zum Selbstbewußtsein weder in der Individual- noch in der Gattungsentwicklung ausgelassen werden, mithin muß sie auch gedacht werden.[820] Hieraus entspringt die Notwendigkeit der Naturphilosophie, die nicht unbedingt so genannt werden muß. Notwendig ist aber, das Andere des Menschen und das Andere des Subjekts philosophisch zu denken, mithin sich in diesem Anderen zu erkennen. Die Frage ist also nicht unmittelbar die, ob heute eine Naturphilosophie noch sinnvoll ist, sondern die, ob aus heutiger Sicht das Denken der Objektivität, die Phase des Sich-sich-selbst-zum-Gegenstand-Machens ausgelassen werden kann und wenn nicht, wie dann aus heutiger Sicht *Objektivität* gedacht werden muß bzw. kann. Um das zu prüfen, kann die philosophische Analyse der Naturwissenschaft nicht ausgelassen werden, also nicht die Analyse dessen, wie in der konzipierten Einheit von Subjekt und Objekt *Objekt* und *Objektivität* gedacht werden. Und eine Frage unter anderen ist dabei die nach der philosophischen Rezeption der Naturwissenschaft. Hierbei ergibt sich im neuzeitlichen Denken der Zwang zur Objektivierung auf eine besonders dringliche Weise, insofern als ihm im Unterschied zum antiken Denken das Problem der Außenwelt und des Ich inhärent ist.

Mit seinem Gedanken der Realisierung menschlicher Zwecke durch Arbeit und die hierauf gründende Erlangung menschlichen Selbstbewußtseins fand Hegel einen maßgeblichen Ansatz für die *philosophische Aufhebung* der Weltfassung unter der Form des Objekts.

Natur als Natur hat mithin Sinn und Bedeutung nur als Gegenpol des Menschen, der Gattung *Mensch*. Sie ist *das Andere* des Menschen. Das heißt nun nicht – was kurioserweise mitunter so verstanden wird –, daß es die Welt erst gibt, seitdem der Mensch existiert bzw. sie erkennt. Doch ist Natur *als* Natur nicht schlechthin da. Man muß Hegels Überlegung ernst nehmen, daß das Tier nur einen beschränkten Kreis zu seiner eigenen unorganischen Natur

---

817 Vgl. z.B. K. Lasswitz, Geschichte der Atomistik, a.a.O.; E. Cassirer, Substanzbegriff und Funktionsbegriff, a.a.O.; ders., Das Erkenntnisproblem in der Philosophie und Wissenschaft der neueren Zeit, a.a.O.; R. Wahsner, Mensch und Kosmos, a.a.O.

818 Vgl. H.-H. v. Borzeszkowski und R. Wahsner, Noch einmal über das Bedürfnis der Naturwissenschaften nach Philosophie, a.a.O.

819 Vgl. G.W.F. Hegel, Enzyklopädie I. Die Wissenschaft der Logik, a.a.O., S. 63 f. (§ 18).

820 Vgl. z.B. G.W.F. Hegel, Enzyklopädie III. Die Philosophie des Geistes, a.a.O., S. 9-37 (§§ 377-386).

hat, die allein für es ist und die es sich aus vielem, und zwar vermöge des Instinkts, heraussuchen muß, daß nur der Mensch, als das allgemeine, denkende Tier, sich (im Prinzip, im Laufe der Zeit) alle Gegenstände zu seiner unorganischen Natur macht. "Das Tier kann nur durch *seine* unorganische Natur erregt werden, denn das Entgegengesetzte ist nur *sein* Entgegengesetztes; nicht das Andere überhaupt soll erkannt werden, sondern eines jeden sein Anderes, das eben ein wesentliches Moment der eigenen Natur eines jeden ist."[821] Und – wie eingangs erwähnt – wird auch für den Menschen erst mit der Antike beginnend, mit der Überwindung des mythologischen Weltbildes, die nicht-menschliche Welt zu einem Ganzen, zur Natur.[822] Daß irgend etwas außer einem selbst ist, ergibt noch keinen Naturbegriff.

Doch ist man, wenn man erkennt, daß *Mensch* und *Natur* nur als Gegensatzpaar etwas Bestimmtes sind, gezwungen zu denken, daß die Natur darin *aufgeht*, das Andere des Menschen zu sein? Oder kommt es vielmehr darauf an, wie das Andere gedacht, bestimmt wird? Folgt daraus, daß wir den Weg über die Naturwissenschaft nehmen müssen, mithin über notwendige Auseinanderlegungen, um zu erfahren, was die Natur ist, daß sie als das Andere des Menschen nicht als das sich mit sich selbst Vermittelnde begriffen werden kann? Versteht man Arbeit nicht als Zweckrealisation in dem Sinne, daß der Mensch der Natur seine Zwecke aufzwingt, sondern so, daß er Möglichkeiten der Natur verwirklicht, die momentan nicht verwirklicht sind (oder es noch nie waren), so müßte dies möglich sein.[823] Um dies konsistent denken zu können, ist es allerdings erforderlich die Begriffe *Teleologie*, *Zweck*, *Beziehung*, *Verhältnis* noch genauer zu untersuchen.[824]

Insofern die unendliche Welt vom Menschen niemals total erkannt und angeeignet ist, bleibt beim Zusammenschluß von Objekt und Subjekt, von Mensch und Natur, immer ein "Rest". Über diesen Rest kann man nichts sagen, aber man muß ihn akzeptieren und mitdenken, daß er existiert. Der Mensch muß sich, um Mensch sein zu können, die Natur aneignen, aber er wird nie Eigentümer oder Beherrscher der Natur sein. Und dies muß die Philosophie mitdenken, dies muß in dem philosophisch gefaßten Subjekt-Objekt-Verhältnis enthalten sein.

---

821 G.W.F. Hegel, Enzyklopädie II. Die Naturphilosophie, a.a.O., S. 474 f. (§ 361 Z).

822 Vgl. die in Anm. 694 zitierte Literatur.

823 Siehe dazu: R. Wahsner, Zur Kritik der Hegelschen Naturphilosophie, a.a.O., insbes. S.119-123, 189-192.

824 Zur Erläuterung dieser Notwendigkeit siehe: H.-H. v. Borzeszkowski und R. Wahsner, Infinitesimalkalkül und neuzeitlicher Bewegungsbegriff oder Prozeß als Größe, a.a.O.; R. Wahsner, Zur Kritik der Hegelschen Naturphilosophie, a.a.O.; dies. Der Materialismusbegriff in der Mitte des 19. Jahrhundert, in: Weltanschauung, Philosophie und Naturwissenschaft im 19. Jh., Bd. 1. Der Materialismus-Streit, hg. von K. Bayertz, M. Gerhard und W. Jaeschke, Hamburg 2007, S. 71-101; dies., Der Widerstreit von *Mechanismus* und *Organismus*, a.a.O.; dies., Die entäußerte Rippe. in: Geist. Erkundungen zu einem Begriff, hg. von A. Arndt und J. Zovko, Hannover 2009, S. 99-103P; H.-H. v. Borzeszkowski, Kann die Physik das Leben wissenschaftlich erfassen?, a.a.O., S. 197-201.

EPILOG

Abschließend sei daran erinnert, daß die Naturphilosophie die Gestalt ist, in der die Philosophie überhaupt geboren wurde, setzt man ihre Geburt mit der Frage der ionischen Denker nach der ἀρχή an. Und auch späterhin hatte jedes große philosophische System der Weltgeschichte eine Naturphilosophie – und wenn nicht explizit, dann implizit, insofern seine vermeintlich ausschließliche Beschäftigung mit dem Menschen, dem Erkenntnisvermögen oder der Ethik ein bestimmtes Mensch-Natur-Verhältnis unterstellte, mithin einen bestimmten Begriff von Natur. Und eines Naturbegriffs bedarf jede Philosophie als Bestimmung des allgemeinsten bzw. des grundlegenden Objekts, eben des Anderen des Subjekts oder des Menschen schlechthin. Dennoch gibt es heute Argumente, die dafür sprechen, die Naturphilosophie für eine abgelegte Gestalt des modernen Geistes zu halten. Eines der häufigsten ist der Verweis auf die Existenz einer Naturwissenschaft, die die Naturspekulation überwunden und damit die Naturphilosophie überflüssig gemacht habe – sei es, daß man dies als Progreß versteht von der diffusen Naturspekulation zur exakten Berechnung und Bemessung, sei es, daß man bedauernd erklärt, die Naturwissenschaft habe die Naturphilosophie verdrängt, mithin die Betrachtung des Verhältnisses von Mensch und Natur, da durch die Naturwissenschaft die Natur nur noch als reines Objekt angesehen worden sei. Sieht man hierin die Trennung zwischen den "harten", "kalten" Wissenschaften und der "ethischen Wärme", resultiert die Forderung nach einer Humanisierung (oder Feminisierung) der Naturwissenschaft.

Der Eindruck, daß die exakte Naturwissenschaft die Naturphilosophie ersetzt hat, wird befördert durch gewisse Indizien, insofern nämlich, als Aktivitäten, die unter dem Namen "Naturphilosophie" auftreten, sich in den meisten Fällen als nichts anderes denn als Wissenschaftspopularisierung erweisen. Wenn z.B. in Philosophielehrbüchern und Lexika unter dem Stichwort "Raum-Zeit-Begriff" lediglich relativitätstheoretische oder thermodynamische Erkenntnisse vereinfacht dargestellt und als Überwindung des Newtonschen absoluten Raumes und der Newtonschen absoluten Zeit bewertet werden, so ist dies nur die begrifflose populärwissenschaftliche Darstellung eines naturwissenschaftlichen Progresses. Philosophie ist das nicht.

Oftmals wird eine ernsthafte metatheoretische Beschäftigung mit naturwissenschaftlichen Fragen in der Wissenschaftstheorie gesehen. Aber kaum jemand behauptet, daß dies Naturphilosophie sei. So meinen die einen, es handele sich dabei nicht um die Beschäftigung mit der Natur, sondern mit der Wissenschaft, die anderen, es sei dies nicht Philosophie. Philosophie ist es nicht – wie man in Analogie zu einem Schellingschen Argument zeigen kann.[825] Doch der Einwand, daß eine Theorie, die die Naturwissenschaft zum Gegenstand habe, keine über die Natur sein könne, ist nicht akzeptabel, es sei denn, man würde einen Weg kennen, auf dem man unabhängig von der Wissenschaft herausfinden kann, wie die Natur beschaffen ist, was sie "im Innersten zusammenhält". Doch das ist eben nicht möglich.

Denn spätestens Hegel bewies (sieht man einmal großzügig über die philosophischen Erkenntnisse der Antike, denen Kants und die dazwischen liegenden hinweg), daß man sich auf die unmittelbare Wahrnehmung nicht verlassen kann, daß die sogenannte sinnliche Gewißheit die abstrakteste und ärmste Wahrheit ist. Und "so ist es gar nicht möglich, daß wir ein sinnliches Sein, das wir meinen, je sagen können", "weil das sinnliche Diese, das gemeint wird, der Sprache, die dem Bewußtsein, dem an sich Allgemeinen angehört, unerreichbar ist".[826]

Da die sinnliche Wahrnehmung von sich aus uns also nicht sagt, was etwas wirklich ist, bedarf es einer List. Nur durch eine solche kann die Sprache mit dem sinnlichen Sein, kann das Gesagte mit dem Gemeinten (angenähert) in Übereinstimmung gebracht werden. Diese List ist der Umweg über die Wissenschaft zur Philosophie. Mit der Erfindung dieser List aber wird – wie bereits Kant lehrte – der Verstand zum Gegenstand der Vernunft, ergibt sich als Gegenstand der Philosophie die Wissenschaft, nicht, nicht (unmittelbar) die Wirklichkeit bzw. die Natur als Inbegriff aller möglichen Gegenstände der Erfahrung.

Hieraus folgt die notwendige Unterscheidung von konkretem Naturgegenstand und Gegenstand der Naturwissenschaft – und die verschiedenartigen Reflexionen dieser Unterscheidung.

Zu dem Standpunkt, der die Notwendigkeit einer solchen Unterscheidung nicht erkennt, gehört die Meinung, daß das eigentlich Wirkliche, die wirkliche Natur, das Physikalische sei, alles andere sei nur Schein oder bestenfalls Erscheinung. Diejenigen, die diesen Standpunkt vertreten, extrapolieren den Gültigkeitsbereich der Physik, ohne nach deren Voraussetzungen zu fragen, auf das Ganze. Sie stützen sich dabei wesentlich auf das Konzept von den primären

825 Vgl. die zutreffenden Bemerkungen Schellings: "Ihr könnt die einzelne Potenz herausheben aus dem Ganzen und für sich behandeln; aber nur insofern ihr wirklich das Absolute in ihr darstellt, ist diese Darstellung selbst Philosophie, in jedem andern Fall, wo ihr sie als besondere behandelt und für sie, als besondere, Gesetze oder Regeln aufstellt, kann sie nur Theorie eines bestimmten Gegenstandes, wie Theorie der Natur, Theorie der Kunst, heißen. Ihr könnt, um dies allgemein zu fassen, überhaupt bemerken, daß alle Gegensätze und Differenzen nur verschiedene Formen sind, die in ihrer Verschiedenheit wesenlos, nur in ihrer Einheit, und da die Einheit aller nicht wieder ein Besonderes sein kann, nur insofern reell sind, als jede in sich das absolute Ganze, das Universum repräsentiert. Wenn ihr nun die Gesetze auf das Besondere als Besondere gründet, so entfernet ihr eben dadurch euren Gegenstand von dem Absoluten, eure Wissenschaft von der Philosophie. – Die Naturphilosophie ist also, als solche, die Philosophie ganz und ungeteilt." (F. W. J. Schelling, Über das Verhältnis der Naturphilosophie zur Philosophie überhaupt, in: F.W.J. Schelling und G.W.F. Hegel, Kritisches Journal der Philosophie, in einer Auswahl mit Anmerkungen und einem Nachwort hg. von S. Dietzsch, Leipzig 1981, S. 165.)

826 Vgl. G.W.F. Hegel, Phänomenologie des Geistes, a.a.O., S. 82-92.

und den sekundären Qualitäten. In diesem Konnex werden unter den primären Qualitäten seit Demokrit eben jene verstanden, die die Physik erforscht, die den Atomen resp. den physikalischen Körpern an sich zukommen, während die sekundären diejenigen sind, die – verursacht durch die primären Qualitäten – den Sinnen erscheinen. Daher wird auch die Bezeichnung "objektive" und "subjektive" Qualitäten verwandt. Dieser radikale Standpunkt (der zu Recht als physikalischer Reduktionismus bezeichnet wird) kann sehr leicht in sein Gegenteil umschlagen. Es hängt dieses nur davon ab, ob man das Objektive oder das Subjektive höher schätzt. Ist letzteres der Fall, erhebt man gegen die Physik den Vorwurf, sie würde das Sinnliche, das Schöne und das Poetische, mithin die eigentliche Natur, zeranalysieren.

Obzwar weniger radikal, aber im Prinzip auf derselben erkenntnistheoretischen Basis errichtet ist die Auffassung, der gemäß das Physikalische nur einen Teil der Wirklichkeit oder der Natur ausmacht, einen Teil neben dem Chemischen, Biologischen, Psychologischen usw., jeder Teil aber einen Ausschnitt aus der Natur darstellt. Die wirkliche Natur bildet hiernach die schlichte Summe der genannten Teile, allerdings eine Summe, zu der uns immer einige Summanden fehlen.

Einig sind sich beide Varianten dieses Standpunktes in dem Glauben, daß die Objekte z.B. der Physik, also Längen, Dauern, Massen, Energien und andere Größen bzw. die Objekte der Chemie, Biologie usw., als solche in der Natur an sich vorhanden seien und vom Menschen nur *aufgefunden* werden müssen. (Mitunter schlägt sich diese Annahme dann in der Meinung nieder, daß in der Geisteswissenschaft nicht gerechnet und gemessen werden könne, da es Zahl und Maß eben nur in der Natur gäbe.) Diese Grundthese kennzeichnet den *ontologistischen* Charakter des erstgenannten Standpunktes.

Der zweite, der *rationalistische,* Standpunkt faßt alle naturwissenschaftlichen Theorien nur als Denkschemata auf, die durch freie rationale Entscheidung erzeugt sind, deren Akzeptanz einzig und allein von dem jeweils erreichten Erfolg abhinge, ohne im eigentlichen Sinne etwas darüber anzusagen, wie es objektiv, also wie es wirklich ist.

Bei genauerer Betrachtung zeigt sich, daß sowohl die Auffassung, die als Gegenstand der Naturwissenschaft die Welt als solche nimmt, als auch diejenige, der zufolge die Naturwissenschaft eine rein rational konstruierte Welt ist, jeweils einen Aspekt des wirklichen Sachverhalts verabsolutiert und einen anderen demzufolge unbeachtet läßt.

Das "ontologistisch" genannte Konzept abstrahiert von der notwendigen Aktivität des Erkenntnissubjekts; es unterstellt in der Konsequenz die Identität von Theorie und Wirklichkeit, weshalb ihm auch der begriffliche Unterschied gleicher Termini, die in verschiedenen Gebieten gebraucht werden, aus dem Blick gerät. Erinnert sei z.B. an den nicht beachteten Unterschied zwischen dem physikalischen und dem philosophischen Materiebegriff oder an den zwischen dem physikalischen Zeitbegriff und dem des Alltagsbewußtseins. Gleiche Termini werden für gleiche Begriffe gehalten. Dieses Konzept übersieht – wie mehrfach erwähnt –, daß Begriffe außerhalb der Theorie, in deren Rahmen sie definiert sind, weder Sinn noch Bedeutung haben (also unklar ist, welche Seite der Wirklichkeit sie erfassen bzw. ob sie Wirkliches erfassen). Es interpretiert daher kritiklos naturwissenschaftliche Erkenntnisse – wie es meint – "philosophisch", indem es den naturwissenschaftlichen Termini die entsprechenden gleichlautenden philosophischen Termini zuordnet (und so "philosophisch verallgemeinert") bzw. alle Erkenntnisse sammelt, die verschiedene Wissenschaften z.B. über "die" Zeit gewonnen haben, und miteinander verrührt, ohne nach dem jeweiligen Zeit-*Begriff* zu fragen, d.h. nach den Theorien und deren Charakter, in denen er bestimmt ist.

Das rationalistische Konzept hingegen achtet nur auf das Kind, das von dem anderen Konzept mit dem Bade ausgeschüttet wird, und vergißt darüber, daß eine empirische Naturwissenschaft weder auf Mathematik noch auf reine Logik reduziert werden kann. Das heißt, daß eine messende und rechnende Naturwissenschaft nicht lediglich *abstrakte* Möglichkeiten darstellt, sondern (obzwar nur Möglichkeiten) reale, daß sie – bedingt durch den erkenntnistheoretischen Status der Meßgrößen, in denen *eine* Wirkung substantiviert wird – über das Experiment zwischen (naturwissenschaftlicher) Theorie und Realität vermitteln kann, daß sie zwar nicht die Natur unmittelbar so zu erfassen vermag, wie sie an sich selbst ist, dennoch aber etwas "real Vorhandenes" erfaßt, nicht nur eine subjektivistische Konstruktion ist.

Die verbreitete, vor allem mit der Begründung der Newtonschen Mechanik etablierte, Überzeugung, daß eine ausgeprägte Naturwissenschaft die Naturphilosophie überflüssig macht, mißachtet einen maßgeblichen Sachverhalt, die Tatsache, daß die Naturwissenschaft die Welt unter der *Form des Objekts* faßt und daß sie dies tun muß. Sie übersieht, daß die ihr zugrunde liegende List diese Fassung bedingt, hingegen die Philosophie ihre Aufgabe darin hat, diese Objekt-Form aufzuheben (will sie nicht zum Mechanizismus entarten), die Objekt-Form aufzuheben, die sie, die Philosophie aber auch als unabdingbare Vorbedingung braucht. Das heißt: Diese Überzeugung verkennt, daß Naturwissenschaft und Naturphilosophie sich in ihrem epistemologischen Status grundsätzlich unterscheiden. Wird dies aber verkannt, so führt dies zum *Mechanizismus*, eine keineswegs ausgestorbene Weltauffassung. Bis heute ist der Irrtum nicht ausgerottet, daß Mechanik und mechanistisches Weltbild dasselbe seien. Doch um diesen Fehler zu begehen, bedarf es nicht der Mechanik. Auch moderne naturwissenschaftliche Theorien (nichtlineare Thermodynamik, Quantenmechanik, Genetik, ...) können zur Weltanschauung extrapoliert werden, können beanspruchen, die Welt als Ganzes zu fassen, ohne ihren epistemologischen Status zu analysieren und ohne ihr kulturhistorisches Fundament zu erkennen. Das, was im allgemeinen "naturwissenschaftliches Weltbild" genannt wird, ist, wenn es seine Grenzen nicht sieht, von dieser Art. Dieses Weltbild sollte keinesfalls mit einer modernen Naturphilosophie verwechselt werden. Es sollte nicht, aber es steht in Blüte. Kosmologie und "naturwissenschaftliche" Spekulationen fungieren als Philosophie-Ersatz.

Die philosophische Arbeit, die eben darin besteht, die Objekt-Form der Wissenschaft aufzuheben, hat zu begründen, warum die Einzelwissenschaft im Unterschied zur Philosophie diese Welt-Form braucht, hat das von der Naturwissenschaft Erkundete kategorial auf den Begriff zu bringen und durch die Lösung der philosophischen Aufgabe das Subjekt als Subjekt zu denken, Subjekt und Objekt als Einheit zu fassen. Dies ist das Objektivste, was der Mensch tun kann; oder: es ist dies die adäquateste Fassung der Wirklichkeit bzw. Natur.

Die naturwissenschaftliche Weltbetrachtung ist vom philosophischen Standpunkt aus gesehen ein Umweg. Doch der Weg über die "zerreißende" Wissenschaft ist notwendig, auch wenn man sich durch ihn zunächst von der wirklichen Natur entfernt. Es muß einem – sagt Hegel – Hören und Sehen vergangen sein, um zur Wahrheit, zur Philosophie zu gelangen. Und er ermahnte seine Studenten: "Der Geist [oder der die wirkliche Natur suchende Mensch] darf nicht fürchten, etwas zu verlieren, was *wahrhaftes* Interesse für ihn hat." Die Philosophie "wird ihm alles wiedergeben, was Wahres in den Vorstellungen ist".[827] Man kann die Notwendigkeit des Umwegs auch (etwas frei) mit Brecht formulieren: Nicht nahe kommen sollten sich der erkennende Mensch und die Natur, sondern entfernen sollten sie sich voneinander. Jeder sollte sich von sich selber entfernen, sonst fällt der Schrecken weg, der zur Erkenntnis nötig ist.[828]

Wer sich vor dem Umweg fürchtet, verwechselt die angestrebte Einheit mit der ursprünglichen Unbestimmtheit, die Synthese (3. Stufe) mit der These (1. Stufe). Er mißachtet – mit Hegel gesprochen – den Ernst, den Schmerz, die Geduld und die Arbeit des Negativen.[829]

Eine solche Mißachtung bleibt übrigens nicht ohne Folge für die Stufe der Synthese. Denn wenn diese gefaßt wird als Aufhebung des Außereinander, so wird sie selbst verschieden ausfallen, je nach Beschaffenheit des Außereinander, das sie aufhebt. *Insofern* liegt die kategoria-

---

827 G.W.F. Hegel, Konzept der Rede beim Antritt des philosophischen Lehramtes an der Universität Berlin, in: Werke, a.a.O., Bd. 10, S. 415.

828 Brecht wörtlich: "Nicht nahe kommen sollten sich die Zuschauer und der Schauspieler, sondern entfernen sollten sie sich voneinander. Jeder sollte sich von sich selber entfernen, sonst fällt der Schrecken weg, der zum Erkennen nötig ist." (Zitiert nach: Forum für Brecht. Zum zehnjährigen Bestehen des Brecht-Zentrums, Berlin 1988, S. 36.)

le Charakterisierung der Naturwissenschaft vorrangig im Interesse der Philosophie, weniger der Naturwissenschaft.

Aufgrund dieser Theoriebestimmtheit naturwissenschaftlicher Begriffe gibt es keine philosophische Interpretation einzelner naturwissenschaftlicher Tatsachen. Philosophische Interpretation physikalischer bzw. naturwissenschaftlicher Tatsachen kann sinnvoll nur bedeuten, das erkenntnistheoretische Fundament der jeweiligen Theorie, in deren Rahmen die betreffenden Tatsachen gewonnen wurden, philosophisch aufzuklären, um dann diese Fundamente zu vergleichen und ins Verhältnis zu setzen. (Wer meint, hiermit sei behauptet, Naturphilosophie reduziere sich auf eine Sammlung der erkenntnistheoretischen Grundlagen verschiedener Naturwissenschaften, verkennt das Gesagte).

Bedenkt man den hier geschilderten Status der Naturwissenschaften und die daraus gefolgerte Aufgabe der Philosophie, so ist ebenfalls klar, daß es keine Philosophien einzelner Wissenschaften geben kann. Es gibt im strengen Sinne keine Physik-, Mathematik-, Chemie- oder Biologiephilosophie. Es gibt nur eine Philosophie, deren Gegenstand letztlich die Welt als Ganzes ist. Um aber eine über Kant und Hegel hinausgehende Antwort auf die Frage, wie Wissenschaft möglich ist, zu finden, genügt es nicht, die Wissenschaft als Totum zu thematisieren, sondern es ist erforderlich, die Vorgehensweise, das erkenntnistheoretische Fundament der einzelnen Wissenschaften mit dem Rüstzeug des modernen philosophischen Geistes zu untersuchen. (Und hier ist wirklich *untersuchen* gemeint; man weiß es nicht schon.)

Bei diesen Untersuchungen geht es darum, Antworten auf Fragen zu finden wie: Warum funktioniert die Physik? Warum kann man mit einer Wissenschaft, deren Gegenstände "Gedankendinge", also keine Konkreta, sind, die Welt erkennen. Wie ist eine solche Wissenschaft begrifflich aufgebaut? Was hat sie – erkenntnistheoretisch und kategorial – getan, welches Verhältnis *Mensch – (Gott–) Natur* mußte sie zugrunde legen, um die ihr Gegenstand seiende Bewegung messen und berechnen zu können?

Die genannten Fragen zu beantworten erfordert, die kategoriale und erkenntnistheoretische Verfaßtheit der einzelnen Naturwissenschaften zu erforschen. Diese Verfaßtheit jeweils für sich dargestellt könnte den Eindruck erwecken, als gäbe es eine Physik-, Biologie- oder Chemiephilosophie. Aber es ist dies nur ein Schein. Der Sinn (und die Möglichkeit) dieser Forschungen ist stets *gesamtphilosophisch*. Das Ergebnis dieser Untersuchungen sind zwar – mit

---

829 Vgl. G.W.F. Hegel, Phänomenologie des Geistes, a.a.O., S. 24 f.

Kant gesprochen – noch keine metaphysischen Urteile, aber zur Metaphysik gehörige Urteile.[830]

Hieraus folgt, daß die philosophische Beschäftigung mit einzelnen Disziplinen der Naturwissenschaft unabdingbar ist, daß sie aber sinnvoll nur dann sein kann, wenn sie in wissenschaftshistorische, philosophiegeschichtliche und philosophisch-systematische Fragestellungen eingeordnet ist, wenn das Ganze der Philosophie nicht aus dem Auge gelassen wird.[831]

Dieser Einordnung bedarf auch – es sei dies wiederholt – die Naturphilosophie. Als eigenständige Disziplin außerhalb eines philosophischen Gesamtsystems hebt sie sich selbst auf. Selbstredend muß sie – hegelsch gesprochen – mit der Naturwissenschaft in Übereinstimmung sein, ohne hierin ihre einzige Bestimmung zu sehen. Ihr "Nutzen" besteht darin, *vermittels* der Bestimmung des epistemologischen Status der Naturwissenschaften die Kunstwelt der Naturwissenschaften zu objektivieren, diese Welt aufzuheben, indem man sie begreift. Den epistemologischen Status der Naturwissenschaften zu bestimmen bedeutet aber nicht, fertige Theorien, fertige erkenntnistheoretische Konzepte, auf die Analyse der Naturwissenschaften anzuwenden (oder gar diese Konzepte nur auf diese Weise zu illustrieren). Es soll sich hingegen in einer Art Bootstrap-Verfahren bei der "vorurteilsfreien", durch das Studium der Philosophiegeschichte geläuterten, philosophischen Analyse der Naturwissenschaften das erkenntnistheoretische Konzept mit ausbilden. Wichtig ist, die jeweilige Naturwissenschaft vom philosophischen Standpunkt aus gesehen quasi als objektive Realität, als Gegebenes zu behandeln, das man nicht verbessern, sondern das man erkennen möchte. Es geht auch nicht darum, tradierte Denkmodelle (z.B. das Kausalgesetz) sozusagen unter Denkmalschutz zu stellen und mit dem Begriffssystem moderner naturwissenschaftlicher Theorien zu interpretieren. Die großen philosophischen Systeme der Geschichte müssen immanent kritisiert und die von ihnen gewonnenen Erkenntnisse zur philosophischen Analyse der modernen naturwissenschaftlichen Theorien kritisch genutzt werden. Als repräsentatives Beispiel für ein solches Verfah-

---

830 "Es ist noch lange die Zeit nicht, in der Metaphysik synthetisch zu verfahren, nur wenn die Analysis uns wird zu deutlich und ausführlich verstandenen Begriffen verholfen haben, wird die Synthesis den einfachsten Erkenntnissen die zusammengesetzte, wie in der Mathematik, unterordnen können." (I. Kant, Untersuchung über die Deutlichkeit der Grundsätze der natürlichen Theologie und der Moral, a.a.O., S. 761.) – So ist es z.B. erforderlich, zunächst erst einmal die physikalischen Begriffe von Raum, Zeit, Materie und Bewegung von den entsprechenden in den verschiedenen philosophischen Systemen gebrauchten zu unterscheiden, bevor man eine philosophische Raum- oder Zeittheorie (falls eine solche möglich sein sollte) begründen kann. Umgekehrt gelesen: "Das Stadium der *Abgrenzung* verschiedener philosophischer Ebenen, der *Abgrenzung* verschiedener Begriffe, die durch dasselbe Wort bezeichnet werden, der *Abgrenzung* von Physik, Mathematik und Philosophie kann nur als eine *Vorstufe* der philosophischen Behandlung betrachtet werden, die gerade darin besteht, das Abgegrenzte aufeinander zu beziehen. Dazu muß diese Vorstufe aber durchlaufen werden." (A. Griese und R. Wahsner, Zur Ausarbeitung einer philosophischen Raum-Zeit-Theorie, a.a.O., S. 704.)

831 Vgl. Anm. 824.

ren kann die Erkenntnis der Bedeutung des Kantschen Apriorismus für eine philosophische Rezeption der Einzelwissenschaften dienen.[832]

Die Naturphilosophie erscheint heute mitunter als eine abgelegte Gestalt des modernen Geistes. Doch dies scheint nur dann so zu sein, wenn die erkenntnistheoretischen Ausgangspunkte von Naturwissenschaft und Philosophie identifiziert werden, wenn nicht erkannt wird, daß die Gegenstände der Naturwissenschaft nicht die Naturgegenstände sind, dennoch aber nur über die Gegenstände der Naturwissenschaft die Naturgegenstände erkannt werden können – ganz im (konstruktiv aufgehobenen) Sinne Hegels, wonach es darum geht, zuerst zu betrachten, wie das Denken in der Physik ist, um hierauf zweitens zu sagen, was die Natur ist.[833]

832 Siehe hierzu den Abschnitt "Geometrie und Apriorität".

833 Vgl. G.W.F. Hegel, Enzyklopädie. Zweiter Teil. Die Naturphilosophie, a.a O., S. 11 (Einleitung).

LITERATUR

Adams, Georg: Geometrische und graphische Versuche oder Beschreibung der mathematischen Instrumente, deren man sich in der Geometrie, der Zivil- und Militärvermessung, beim Nivellieren und in der Perspektive bedient, ausgew., bearb. und erl. von P. Damerow und W. Lefèvre, Darmstadt 1985.

Alembert, Jean le Rond d': Abhandlung über Dynamik, Leipzig 1899.

Angehrn, Emil: Der endlose Streit der Vernunft. Metaphysik im Spiegel ihrer Kritik, in: Vom Ersten und Letzten. Positionen der Metaphysik in der Gegenwartsphilosophie, hg. von U.J. Wenzel, Frankfurt a.M. 1999.

Aristoteles, Mechanik 847a20.

Aristoteles, Metaphysik, übers. und hg. von F. Bassenge, Berlin 1960.

Aster, Ernst v.: Neukantianismus und Hegelianismus. Eine philosophie-geschichtliche Parallele, in: Münchener Philosophische Abhandlungen. Theodor Lipps zu seinem sechzigsten Geburtstag, Leipzig 1911.

Bacon, Francis: De Augmentis Scientarum, Liber Sec., Cap. II, in: The Works of Francis Bacon, zusammengestellt und hg. von J. Spedding, R. L. Ellis und D. D. Heath, Bd. I, London 1858.

Bacon, Francis: Neues Organon, hg. und mit einer Einleitung von W. Krohn, Hamburg 1990.

Barrow, John David.:Theorien über Alles. Die Suche nach der Weltformel, Heidelberg–Berlin–NewYork 1994.

Barrow, John David: New Theories of Everything, Oxford 2007.

Bartels, Karl: Der Begriff Techne bei Aristoteles, in: Synusia, hg. von H. Flashar und K. Gaiser, Pfullingen 1965.

Bartuschat, Wolfgang: Zum systematischen Ort von Kants Kritik der Urteilskraft, Frankfurt a.M. 1972.

Baum, Manfred: Deduktion und Beweis in Kants Transzendentalphilosophie. Untersuchungen zur Kritik der reinen Vernunft, Königstein/Ts. 1986.

Bayertz, Kurt: Zum Verhältnis von erkenntnistheoretischen und ontologischen Aspekten der materialistischen Naturdialektik, in: Theorie und Labor. Dialektik als Programm der Naturwissenschaft, hg. von P. Plath und H.J. Sandkühler, Köln 1978.

Bayertz, Kurt, Myriam Gerhard, Walter Jaeschke (Hg.): Weltanschauung, Philosophie und Naturwissenschaft im 19. Jahrhundert, 3 Bde., Hamburg 2007.

Becker, Oskar: Frühgriechische Mathematik und Musiklehre, Archiv für Musikwissenschaft *14*(1957), 157.

Beurton, Peter: Biologische Evolution und Subjekt-Objekt-Dialektik, in: Dt. Zs. für Philosophie *27*(1979), 558-570

Beurton, Peter: Werkzeugproduktion im Tierreich und menschliche Werkzeigproduktion, Dt. Zs. für Philosophie *38*(1990), 1168-1182.

Bird, Alexander: Nature's Metaphysics. Laws and Properties, Oxford 2007.

Bloch, Ernst: Subjekt – Objekt. Erläuterungen zu Hegel (erweiterte Ausgabe), in: Ernst Bloch Gesamtausgabe in 16, Bden., Frankfurt a.M. 1977, Bd. 8.

Böhme, Gernot: Über Kants Unterscheidung von extensiven und intensiven Größen, Kant-Studien *65*(1974), 239-258.

Bollert, Karl: Einsteins Relativitätstheorie und ihre Stellung im System der Gesamterfahrung, Dresden–Leipzig 1921.

Bondi, Hermann: Cosmology, Cambridge 1960 (2nd edition).

Bonsiepen, Wolfgang: Rezension von Antonio Moretto, Hegel e la "mathematica dell'infinito", Trento 1984, in: Berichte zur Wissenschaftsgeschichte *8*(1985), 58-61.

Bonsiepen, Wolfgang: Hegels Theorie des qualitativen Quantitätsverhältnisses, in: Konzepte des mathematisch Unendlichen im 19. Jahrhundert, hg. von G. König, Göttingen 1990.

Born, Max: Vorhersagbarkeit in der klassischen Mechanik, Zs. für Physik *153*(1958), 372-388.

Brecht, Bertold: Bemerkung zu einer Fatzer-Aufführung in Wien, zitiert nach: Forum für Brecht. Zum zehnjährigen Bestehen des Brecht-Zentrums, Berlin 1988.

Breuer, Reinhard: Auszug aus dem Elfenbeinturm, Spektrum der Wissenschaft, März 2011.

Bridgman, Percy Williams:The nature of physical "knowledge", in: The Nature of Physical Knowledge, hg. von L.W. Friedrich, Edinburgh and London 1960, S. 13-24.

Cartwright, Nancy: How the Laws of Physics Lie, Oxford 1983.

Cassirer, Ernst: Der kritische Idealismus und die Philosophie des gesunden Menschenverstandes, in: Philosophische Arbeiten, hg. von H. Cohen und P. Natorp, Gießen 1906.

Cassirer, Ernst: Kant und das Problem der Metaphysik. Bemerkungen zu Martin Heideggers Kant-Interpretation, Kant-Studien *36*(1931). 1-26.

Cassirer, Ernst: Zur modernen Physik, Darmstadt 1957.

Cassirer, Ernst: Newton und Leibniz, in: ders., Philosophie und exakte Wissenschaft. Kleine Schriften, eingeleitet und erläutert von W. Krampf, Frankfurt a.M. 1969.

Cassirer, Ernst: Die Philosophie der Aufklärung, Tübingen 1973.

Cassirer, Ernst: Substanzbegriff und Funktionsbegriff. Untersuchungen über die Grundfragen der Erkenntniskritik, Darmstadt 1990.

Cassirer, Ernst: Das Erkenntnisproblem in der Philosophie und Wissenschaft der neueren Zeit, Darmstadt 1994, Bd. I-IV.

Cassirer, Ernst: Die Grundprobleme der Kantischen Methodik und ihr Verhältnis zur nachkantischen Spekulation, in: ders., Gesammelte Werke, Bd. 9, Hamburg 2001.

Cassirer, Ernst: Erkenntnistheorie nebst den Grenzfragen der Logik, in: Ges. Werke, Bd. 9, Hamburg 2001.

Clausius, Rudolf: Die Potentialfunction und das Potential. Ein Beitrag zur mathematischen Physik, Leipzig 1859.

Cohen, Hermann: Logik der reinen Erkenntnis, Berlin 1902.

für Völkerpsychologie und Sprachwissenschaft *7*(1871), 249-296.

Cohen, Hermann: Das Princip der Infinitesimal-Methode und seine Geschichte. Ein Kapitel zur Grundlegung der Erkenntniskritik, Berlin, 1883.

Cohen, Hermann: Kants Theorie der Erfahrung, Vorrede zur ersten Auflage (1871), Berlin 1918.

Cohen, Hermann: Grundsatz der Antizipation der Wahrnehmung, in: Materialien zu Kants "Kritik der reinen Vernunft", hg. von J. Kopper und R. Malter, Frankfurt a.M 1975.

Cohen, Hermann: Jubiläums-Betrachtungen (Rezension des Eduard Zeller zu seinem 50jährigen Doctorjubiläum gewidmeten Bandes), Philosophische Monatshefte, *24*(1888), 257-291.

Curtius, Ernst Robert: Das Schematismuskapitel in der Kritik der reinen Vernunft. Philologische Untersuchung, Kant-Studien *19*(1914), 338-366.

Damerow, Peter, Peter Furth, Bernhard Heidtmann und Wolfgang Lefèvre, Probleme der materialistischen Dialektik, in: SOPO *9*(1977), H. 4, S. 37.

Daston, Lorraine, and Peter Galison: Objectivity, New York 2007.

de Gandt, Francois: Force and Geometry in Newton's Principia, Princeton 1995.

Descartes, René: Die Prinzipien der Philosophie, übersetzt und erläutert von A. Buchenau, Hamburg 1955.

Descartes, René: Abhandlung über die Methode, seine Vernunft richtig zu leiten und die Wahrheit in den Wissenschaften zu suchen, Leipzig 1962.

Descartes, René: Regeln zur Ausrichtung der Erkenntniskraft, übersetzt und hg. von L. Gäbe, Berlin 1972.

d'Espagnat, Bernard: Auf der Suche nach dem Wirklichen, Berlin–Heidelberg–NewYork 1983.

d'Espagnat, Bernarrd: On Physics and Philosophy, Princeton–Oxford 2006.

Detel, Wolfgang: Zur Funktion des Schematismuskapitels in Kants Kritik der reinen Vernunft, Kant-Studien *69*(1978), 17-45.

Dialectica *2*(1947), 307-422 (Beiträge von Pauli, Bohr, Einstein, de Broglie, Heisenberg, Reichenbach u.a. zu epistemologischen Problemen der Quantenmechanik).

Dijksterhuis, Eduard Jan: Die Mechanisierung des Weltbilds, Berlin–Göttingen–Heidelberg 1956.

Düsing, Klaus: Teleologie der Natur. Eine Kant-Interpretation mit Ausblick auf Schelling, in: Natur und Subjektivität. Zur Auseinandersetzung mit der Naturphilosophie des jungen Schelling, hg. von R. Heckmann, H. Krings und R.W. Meyer, Stuttgart-Bad Cannstatt 1985.

Edel, Geert: Einleitung, in: H. Cohen, Kants Theorie der Erfahrung, in: Hermann Cohen, Werke, hg. vom Hermann-Cohen-Archiv unter der Leitung von Helmut Holzhey, Hildesheim 1987, Bd. 1.1, S. 30*.

Ehrenfest-Affanassjewa, Tatjana: Über die Willkürlichkeit bei der Dimensionierung physikalischer Größen, in: Die Quantifizierung der Natur. Klassische Texte der Meßtheorie von 1696 bis 1999, hg. von O. Schlaudt, Paderborn 2009.

Einstein, Albert: Nachtrag zu der Arbeit von H. Weyl "Gravitation und Elektrizität". Sitzungsberichte der Preußischen Akademie der Wissenschaften, 6. Juni 1918.

Einstein, Albert: Antwort auf vorstehende Betrachtung (von Ernst Reichenbächer), Die Naturwissenschaften *27*(1920), 1010-1011.

Einstein, Albert: Äther und Relativitätstheorie, Berlin 1920.

Einstein, Albert: Isaac Newton, in: Aus meinen späten Jahren, Stuttgart 1953.

Einstein, Albert: Bemerkungen zu den in diesem Bande vereinigten Arbeiten, in: Albert Einstein als Philosoph und Naturforscher, hg. von P. A. Schilpp, Braunschweig–Wiesbaden 1979.

Einstein, Albert: Geometrie und Erfahrung, in: Sitzungsberichte der Preußischen Akademie der Wissenschaften, 27. Januar 1921, auch in: Wiederabdruck der Akademievorträge Albert Einsteins Nr. 64951/1 bis Nr. 6495/46. Berlin 1979.

Einstein, Albert: Zur Methodik der theoretischen Physik, in: Mein Weltbild, hg. von C. Seelig, Frankfurt a.M 1989.

Einstein, Albert: Das Raum-, Äther- und Feldproblem der Physik, in: Mein Weltbild, hg. von C. Seelig, Frankfurt a.M.–Berlin 1989.

Einstein, Albert: Newtons Mechanik und ihr Einfluß auf die Gestaltung der theoretischen Physik, in: Mein Weltbild, hg. von C. Seelig, Frankfurt a.M–Berlin 1989.

Einstein, Albert: Newtons Mechanik und ihr Einfluß auf die Gestaltung der theoretischen Physik, in: Mein Weltbild, Berlin 1998.

Einstein, Albert, und Leopold Infeld, Die Evolution der Physik, Hamburg 1987.

Erdmann, Johann Eduard: Versuch einer wissenschaftlichen Darstellung der Geschichte der neueren Philosophie, Leipzig 1834-1853, Bde. V, VII.

Esfeld, Michael: Metaphysik der Natur, Frankfurt a.M. 2009.

Falkenburg, Brigitte: Die Form der Materie. Zur Metaphysik der Natur bei Kant und Hegel, Frankfurt a.M. 1987.

Feuerbach, Ludwig: Grundsätze der Philosophie der Zukunft, in: Ludwig Feuerbach, Gesammelte Werke, hg. von W. Schuffenhauer, Bd. 9, Berlin 1970.

Förster, Eckart: Die Bedeutung der §§ 76, 77 der *Kritik der Urteilskraft* für die Entwicklung der nachkantischen Philosophie, Zs. für philosophische Forschung, *56*(2002), 169-190.

Frank, Philipp: Das Kausalgesetz und seine Grenzen, Wien 1932.

Frantz, Constantin: Die Philosophie der Mathematik, Leipzig 1842.

Frege, Gottlob: Über das Trägheitsgesetz, Zs. für Philosophie und philosophische Kritik, *98*(1890), 145-16.

Friedman, Michael: Kant on Science and Experience, in: Kant und die Berliner Aufklärung, Akten des IX. Internationalen Kant-Kongresses, Bd. 1, hg. von V. Gerhardt, R.-P. Horstmann, R. Schumacher, Berlin–New York, 2001.

Frischeisen-Köhler, Max: Über die Grenzen der naturwissenschaftlichen Begriffsbildung, Archiv für systematische Philosophie, *XII*(1906), 225-66.

Fritz, Kurt v.: Die ἀρχαί in der griechischen Mathematik, Archiv für Begriffsgeschichte *1*(1955), 13.

Fulda, Hans Friedrich: Hegels Dialektik als Begriffsbewegung und Darstellungsweise, in: Seminar: Dialektik in der Philosophie Hegels, hg. von R.-P. Horstmann, Frankfurt a.M. 1978.

Fulda, Hans Friedrich: Georg Wilhelm Friedrich Hegel, München 2003.

Gadamer, Hans Georg: Die verkehrte Welt, in: Materialien zu Hegels "Phänomenologie des Geistes", hg. von H. F. Fulda und D. Henrich, Frankfurt a.M. 1973.

Galilei, Galileo: Unterredungen und mathematische Demonstrationen über zwei neue Wissenszweige, die Mechanik und die Fallgesetze betreffend, hg. von A. v. Oettingen, Leipzig 1890 und 1891, Erster bis Vierter Tag.

Galilei, Galileo: Brief vom 21. 12. 1613 an Benedetto Castelli, in: Galileo Galilei, Schriften. Briefe. Dokumente, hg. von A. Mudry, Berlin 1987, Bd. I.

Gloy, Karen: Die Kantische Differenz von Begriff und Anschauung und ihre Begründung, Kant-Studien *75*(1984), 1-37.

Goenner, Hubert: Einführung in die Kosmologie, Heidelberg–Berlin,–Oxford 1994.

Goethe, Johann Wolfgang v.: Principes de Philosophie Zoologique, in: ders., Ausgewählte Schriften über die Natur, Weimar 1961.

Goldstein, Herbert: Klassische Mechanik, Frankfurt a.M. 1963.

Görland, Albert: Hermann Cohens systematische Arbeit im Dienste des kritiischen Idealismus, Kant-Studien *17*(1912), 223-251.

Goldbeck, Ernst: Keplers Lehre von der Gravitation, in: ders., Der Mensch und sein Weltbild, Leipzig 1925.

Groos, Karl : Beiträge zum Problem des "Gegebenen", Zs. für Philosophie und philosophische Kritik *130*(1907), 75-92.

Grünbaum, Adolf: Modern Science and Zeno's Paradoxes, London 1968.

Grünbaum, Adolf: Philosophical Problems of Space and Time, Dordrecht–Boston 1973.

Hahn, Hans: Die Krise der Anschauung, in: Krise und Neuaufbau in den exakten Wissenschaften. Fünf Wiener Vorträge, Leipzig und Wien 1933.

Hegel, Georg Wilhelm Friedrich: System der Sittlichkeit, in: Hegels Schriften zur Politik und Rechtsphilosophie, hg. von G. Lasson, Leipzig 1913.

Hegel, Georg Wilhelm Friedrich: Werke in 20 Bänden, auf der Grundlage der Werke von 1832-1845 neu edierte Ausgabe, Red. E. Moldenhauer und K.M. Michel, Frankfurt a.M. 1986.

Hegel, Georg Wilhelm Friedrich: Jenaer Systementwürfe I. Das System der spekulativen Philosophie, neu hg. von K. Düsing und H. Kimmerle, Hamburg 1986.

Hegel, Georg Wilhelm Friedrich: Jenaer Systementwürfe III. Naturphilosophie und Philosophie des Geistes, hg. von R.-P. Horstmann, Hamburg 1987.

Hegel, Georg Wilhelm Friedrich: Naturphilosophie. Bd. I. Die Vorlesung von 1819/20, Nachschrift von Bernhardy, in Verbindung mit K.-H. Ilting hg. von M. Gies, Napoli 1982.

Hegel, Georg Wilhelm Friedrich: Vorlesung über Naturphilosophie Berlin 1823/24, Nachschrift von K.G.J. v. Griesheim, hg. und eingeleitet von G. Marmasse, Frankfurt a.M–Berlin–Bern–Bruxelles–NewYork–Oxford–Wien 2000.

Hegel, Georg Wilhelm Friedrich: Vorlesung über Naturphilosophie. Berlin 1821/22. Nachschrift von Boris von Uexküll, hg. von G. Marmasse und Th. Posch, Frankfurt a.M.–Berlin–Bern–Bruxelles–NewYork–Oxford–Wien 2002.

Hegel, Georg Wilhelm Friedrich: Vorlesungen über die Philosophie der Natur. Berlin 1819/20. Nachgeschrieben von Johann Rudolf Ringier, hg. von M. Bondeli und H.N. Seelmann, Hamburg 2002.

Heidegger, Martin: Davoser Disputation zwischen Ernst Cassirer und Martin Heidegger, in: ders., Kant und das Problem der Metaphysik (Anhang), Gesamtausgabe, Bd. 3, Frankfurt a.M. 1991.

Heidtmann, Bernhard: Die sich selbst bewegende Substanz. Zu Voraussetzungen und Konsequenzen des philosophischen Grundsatzprogramms Hegels, in: Arbeit und Reflexion. Zur materialistischen Theorie der Dialektik – Perspektiven der Hegelschen Logik, hg. von P. Furth, Köln 1980.

Heisenberg, Werner: Wandlungen in den Grundlagen der Naturwissenschaft, Leipzig 1942.

Heisenberg, Werner: Der Teil und das Ganze. Gespräche im Umkreis der Atomphysik, München 1969.

Helmholtz, Hermann v.: Ueber den Ursprung und die Bedeutung der geometrischen Axiome, in: ders.: Populäre wissenschaftliche Vorträge, Drittes Heft. Braunschweig 1876.

Helmholtz, Hermann v.: Ueber die thatsächlichen Grundlagen der Geometrie, in: ders., Wissenschaftliche Abhandlungen, Zweiter Band. Leipzig 1883.

Helmholtz, Hermann v.: Ueber den Ursprung und Sinn der geometrischen Sätze; Antwort gegen Herrn Professor Land, in: ders., Wissenschaftliche Abhandlungen, Zweiter Band. Leipzig 1883.

Helmholtz, Hermann v.: Ursprung und Bedeutung der geometrischen Axiome, in: ders., Vorträge und Reden, hg. von L. Königsberger, Braunschweig 1884.

Helmholtz, Hermann v.: Zählen und Messen, erkenntnistheoretisch betrachtet, in: ders.: Wissenschaftliche Abhandlungen, Dritter Band. Leipzig 1895.

Helmholtz, Hermann v.: Die Thatsachen in der Wahrnehmung, in: ders., Vorträge und Reden, Zweiter Band. Braunschweig 1903.

Helmholtz, Hermann v.: Einleitung zu den Vorlesungen über theoretische Physik, hg. von A. König und C. Runge, Leipzig 1903.

Henrich, Dieter: Hölderlin über Urteil und Sein. Eine Studie zur Entstehungsgeschichte des Idealismus, in: Hölderlin-Jahrbuch *14*(1967), 73-96.

Henrich, Dieter: Fichtes ursprüngliche Einsicht, Frankfurt a.M. 1967.

Henrich, Dieter: Grundlegung aus dem Ich. Untersuchungen zur Vorgeschichte des Idealismus. Tübingen – Jena 1790-1794, Erster und Zweiter Band, Frankfurt a.M. 2004.

Henrich, Dieter: Denken und Selbstsein Vorlesungen über Subjektivität, Frankfurt a.M. 2007.

Henricus Monantholius, Aristotelis Mechanica, ..., Paris 1599 (Prefatio ad lectorem).

Heymans, Gerard: Zur Cassirerschen Reform der Begriffslehre, Kant-Studien *33*(1928), 109-128.

Heyse, Hans: Unser Verhältnis zum Griechentum als metaphysisches Problem, Kant-Studien *43*(1943), 227-262.

Hogemann, Friedrich, und Walter Jaeschke, Einleitung zu: Georg Wilhelm Friedrich Hegel, Wissenschaft der Logik. Erster Teil. Die objektive Logik. Erster Band. Die Lehre vom Sein (1832), Berlin 1990.

Holz, Hans Heinz: Weltentwurf und Reflexion. Versuch einer Grundlegung der Dialektik, Stattgart–Weimar 2005.

Holzhey, Helmut: Die Marburger Schule des Neukantianismus. Einführung, in: Seminar-Textbücher 1. Philosophie, Erkenntnistheorie, Logik im Neukantianismus, hg. und eingeleitet von W. Flach und H. Holzhey, Hildesheim 1980.

Holzhey, Helmut: Einleitung des Herausgebers, in: Hermann Cohen, Werke, Bd. 6, Hildesheim und NewYork 1997, S. VII*-XXV*.

Holzkamp, Klaus: Sinnliche Erkenntnis. Historischer Ursprung und gesellschaftliche Funktion der Wahrnehmung, Frankfurt a.M. 1973.

Hönigswald, Richard: Substanzbegriff und Funktionsbegriff. Kritische Betrachtungen zu Ernst Cassirers gleichnamigen Werk, Dt. Literaturzeitung *XXXIII* (1912), 2821-2902.

Hooykaas, Reijer: Das Verhältnis von Physik und Mechanik in historischer Sicht, Wiesbaden 1963.

Hoppe, Hansgeorg: Synthesis bei Kant. Das Problem der Verbindung von Vorstellungen und ihrer Gegenstandsbeziehung in der "Kritik der reinen Vernunft", Berlin–NewYork 1983.

Hoppe, Hansgeorg: Begriff und Anschauung: Gibt es ein Schematismusproblem? In: Akten des Siebenten Internationalen Kant-Kongresses 1990, hg. von G. Funke, Bonn 1991.

Horkheimer, Max, und Theodor W. Adorno: Dialektik der Aufklärung, Leipzig 1989.

Horstmann, Rolf-Peter (Hg.): Seminar: Dialektik in der Philosophie Hegels, Frankfurt a.M. 1978.

Horstmann, Rolf-Peter: Die Grenzen der Vernunft. Eine Untersuchung zu Zielen und Motiven des Deutschen Idealismus, Frankfurt a.M. 1991.

Hösle, Vittorio: Hegels System. Der Idealismus der Subjektivität und das Problem der Intersubjektivität, Hamburg 1988.

Jacobi, Friedrich Heinrich: Werke, hg. Von F. Roth und F. Köppen, 3. Bd, Leipzig 1816; 4. Bd., Leipzig 1819.

Jaeglé, Pierre: Raum und Zeit. Grundfragen naturwissenschaftlicher und philosophischer Erkenntnis, Köln 1980.

Jürß, Fritz: Die materielle und naturgesetzliche Einheit des Kosmos in der antiken Philosophie, Philologus. Zs. für klassische Philologie 118(1974), 185.

Kaku, Michio: Hyperspace. Die Reise durch den Hyperraum und die zehnte Dimension, Oxford 1994.

Kanitscheider, Bernulf: Die Materie und ihre Schatten. Naturalistische Wissenschaftsphilosophie, Aschaffenburg 2007.

Kant, Immanuel: Reflexionen Kants zur Kritik der reinen Vernunft, hg. von B. Erdmann, Bd. II, Leipzig 1884.

Kant, Immanuel: Kant's handschriftlicher Nachlaß, Bde. 4 und 5, in: Kant's gesammelte Schriften, hg. von der Preuß. Akad. Wissenschaften, Bd. 17, Berlin und Leipzig 1926, Bd. 18, Berlin und Berlin und Leipzig 1928.

Kant, Immanuel: Opus postumum, in: Kant's gesammelte Schriften, hg. von der Königlichen Preußischen Akademie der Wissenschaften, Teil I, Bd. 21, Berlin–Leipzig 1936, Teil II, Bd. 22, Leipzig–Berlin 1937.

Kant, Immanuel: Werkausgabe in 12 Bdn., hg. von W. Weischedel, Frankfurt a.M. 1974.

Kepler, Johannes: Brief an Mästlin vom 5. 3. 1605, in: Johannes Kepler in seinen Briefen, hg. von M. Caspar und W. van Dyck, München–Berlin 1930, Bd. I.

Klaucke, Andreas: Hegels Lagrange-Rezeption, in: Konzepte des mathematisch Unendlichen im 19. Jahrhundert, hg. von G. König, Göttingen 1990.

Klein, Felix: Vorlesungen über die Entwicklung der Mathematik im 19. Jahrhundert, für den Druck bearbeitet von R. Courant und St. Cohn-Vossen, New York 1950.

Krafft, Fritz: Die Anfänge einer theoretischen Mechanik und die Wandlung ihrer Stellung zur Wissenschaft von der Natur, in: Beiträge zur Methodik der Wissenschaftsgeschichte, hg. von W. Baron, Wiesbaden 1967.

Krafft, Fritz: Dynamische und statische Betrachtungsweise in der antiken Mechanik, Wiesbaden 1970.

Kries, Johannes v.: Über die Messung intensiver Größen und über das sogenannte psychophysische Gesetz, in: Die Quantifizierung der Natur. Klassische Texte der Meßtheorie von 1696 bis 1999, hg. von O. Schlaudt, Paderborn 2009.

La Rocca, Claudio: Schematismus und Anwendung, Kant-Studien *80*(1989), 129-154.

Lange, Friedrich Albert: Geschichte des Materialismus und Kritik seiner Bedeutung in der Gegenwart, Bd. I-II, Leipzig 1907.

Lasswitz, Kurd: Zum Problem der Continuität, in: Philosophische Monatshefte, *24*(1888), 9-36.

Lasswitz, Kurd: Geschichte der Atomistik, Hamburg–Berlin 1890.

Lenard, Johannes: Kants Philosophie der Mathematik und die umstrittene Rolle der Anschauung, Kant-Studien *97*(2006), 301-317.

Löbl, Rudolf: TECNH – TECHNE. Untersuchungen zur Bedeutung dieses Wortes in der Zeit von Homer bis Aristoteles, Bd. I. Von Homer bis zu den Sophisten, Würzburg 1997; Bd. II. Von den Sophisten bis zu Aristoteles, Würzburg 2003.

Lorenzen, Paul: Theorie des technischen Wissens, in: Protophysik. Für und wider eine konstruktive Wissenschaftstheorie der Physik, hg. von G. Böhme, Frankfurt a. M. 1976.

Lorenzen, Paul: Die Eindeutigkeit der Zeitmessung; wiederabgedruckt in: Protophysik und Relativitätstheorie. Beiträge zur Diskussion über eine konstruktive Wissenschaftstheorie der Physik, hg. von J. Pfarr, Mannheim 1981.

Lorenzen, Paul: Relativistische Mechanik mit klassischer Geometrie und Kinematik, wiederabgedruckt in: Protophysik und Relativitätstheorie. Beiträge zur Diskussion über eine konstruktive Wissenschaftstheorie der Physik, hg. von J. Pfarr, Mannheim 1981.

Lorenzen, Paul: Eine Revision der Einsteinschen Revision, wiederabgedruckt in: Protophysik und Relativitätstheorie. Beiträge zur Diskussion über eine konstruktive Wissenschaftstheorie der Physik, hg. von J. Pfarr, Mannheim 1981

Lorenzen, Paul: Die allgemeine Relativitätstheorie als eine Revision der Newtonschen Gravitationstheorie, wiederabgedruckt in: Protophysik und Relativitätstheorie. Beiträge zur Diskussion über eine konstruktive Wissenschaftstheorie der Physik, hg. von J. Pfarr, Mannheim 1981

Lorenzen, Paul: Geometrie als meßtheoretisches Apriori, wiederabgedruckt in: Protophysik und Relativitätstheorie. Beiträge zur Diskussion über eine konstruktive Wissenschaftstheorie der Physik, hg. von J. Pfarr, Mannheim 1981,

Lorenzen, Paul: Das technische Fundament der Geometrie, Philosophia Naturalis *22*(1985), 22-30;

Lorenzen, Paul: Lehrbuch der konstruktiven Wissenschaftstheorie, Mannheim–Wien–Zürich 1987.

Maier, Anneliese: Kants Qualitätskategorien, in: Kant-Studien. Ergänzungsheft 65, Berlin 1930.

Maier, Anneliese: Die Impetustheorie der Scholastik, Wien 1940.

Margenau, Henry: Does physical "knowledge" require for undemonstrable presuppositions, in: The Nature of Physical Knowledge, ed. by L.W. Friedrich, Edinburgh and London 1960, S. 47-68.

Marx, Karl: Die Wertform, in: K. Marx und F. Engels, Kleine ökonomische Schriften, Berlin 1955.

Marx, Karl: Thesen über Feuerbach, in: MEW, Bd. 3, Berlin 1958.

Marx, Karl: Theorien über den Mehrwert, in: K. Marx und F. Engels, Werke, Bd. 26.3, Berlin 1962.

Meinecke, Wilhelm: Die Bedeutung der Nicht-Euklidischen Geometrie in ihrem Verhältnis zu Kants Theorie der mathematischen Erkenntnis, Kant-Studien *11*(1906), 209-232.

Monantholius, Henricus: Aristotelis Mechanica, ..., Paris 1599.

Moretto, Antonio: Hegels Auseinandersetzung mit Cavalieri und ihre Bedeutung für seine Philosophie der Mathematik, in: Konzepte des mathematisch Unendlichen im 19. Jahrhundert, hg. von G. König, Göttingen 1990.

Natorp, Paul: Allgemeine Logik, erstmals veröffentlicht in: Seminar-Textbücher 1. Philosophie, Erkenntnistheorie, Logik im Neukantianismus, hg. und eingeleitet von W. Flach und H. Holzhey, Hildesheim 1980.

Natorp, Paul: Über objective und subjective Begründung der Erkenntnis, Philosophische Monatshefte *XXIII*(1887), 257-286.

Natorp, Paul: Kant und die Marburger Schule, Kant-Studien *17*(1912), 193-221.

Neukantianismus, in: Historisches Wörterbuch der Philosophie, Darmstadt 1984, Bd. 6, Sp. 749.

Neuser. Wolfgang: Natur und Begriff. Zur Theorienkonstitution und Begrriffsgeschichte von Newton bis Hegel, Stuttgart–Weimar 1995.

Neuser, Wolfgang: Licht-Konzepte, in: Hegels Lichtkonzepte. Zur Verwendung eines metaphysischen Begriffs in Naturbetrachtungen, hg. von W. Neuser und J. Kohne, Würzburg 2008.

Newen, Albert: Wer bin ich?, Spektrum der Wissenschaft, März 2011.

Newen, Albert: Das Verhältnis von Mensch und Tier, Spektrum der Wissenschaft, April 2011, S. 70 -75.

Newton, Isaac: Mathematische Prinzipien der Naturlehre, hg. von J.Ph. Wolfers, Berlin 1872.

Newton, Isaac: Opticks, with a foreword by A. Einstein, an introduction by Sir Edmund Whittaker, a preface by I. B. Cohen, Dover 1952.

Newton, Isaac: Über die Gravitation ..., hg. von G. Böhme, Frankfurt a. M. 1988.

Nida-Rümelin, Julian: Uns bleiben die unlösbaren Probleme, Spektrum der Wissenschaft, März 2011.

Nordheim, Lothar: Handbuch der Physik, Bd. V. Die Prinzipien der Dynamik, Berlin 1927.

Pemberton, Henry: Anfangsgründe der Newtonischen Philosophie, aus dem Englischen mit Anmerkungen und einer Vorrede von S. Maimonides, Berlin 1793.

Penrose, Roger: The Road to Reality. A Complete Guide to the Laws of the Universe, London 2004.

Picht, Georg: Kants Religionsphilosophie, Stuttgart 1985.

Pippin, Robert B.: The Schematism and Empirical Concepts, Kant-Studien *67*(1976), 156-171.

Planck, Max: Die Einheit des physikalischen Weltbildes, Phys. Zs. *10*(1909), 62-75.

Planck, Max: Zur Machschen Theorie der physikalischen Erkenntnis, Phys. Zs. *11*(1910), 1180-1190.

Planck, Max: Die Stellung der neueren Physik zur mechanischen Naturanschauung, Physikalische Zs. *11*(1910), 922-932

Planck, Max: Physikalische Gesetzlichkeit im Lichte neuerer Forschung, Die Naturwissenschaften *14*(1926), 249-261.

Planck, Max: Die physikalische Realität der Lichtquanten, Die Naturwissenschaften, *15*(1927), 529-531.

Planck, Max: Determinismus oder Indeterminismus, in: ders., Vorträge und Erinnerungen, Stuttgart 1949.

Planck, Max: Die Kausalität in der Natur, in: ders., Vorträge und Erinnerungen, Stuttgart 1949.

Planck, Max: Das Weltbild der neuen Physik, Leipzig 1958.

Platon: Der Staat, übersetzt von O. Apelt, eingeleitet von H.-M. Gerlach, Leipzig 1978.

Plessner, Helmuth: Das Problem der Natur in der gegenwärtigen Philosophie [1940], in: ders., Gesammelte Schriften, Frankfurt a.M. 1985, Bd. IX.

Poincaré, Henri: Wissenschaft und Hypothese, Leipzig 1906.

Proclus Diodochus: Kommentar zum ersten Buch von Euklids *Elementen*, hg. von M. Steck, Halle/Saale 1945.

Putnam, Hilary: Why reason can't be naturalized, Synthese *52*(1982), 3-33.

Rehm, Margarete: Hegels spekulative Deutung der Infinitesimalrechnung, Diss. Köln 1963.

Reichenbach, Hans: Die Philosophie der Raum-Zeit-Lehre, in: Hans Reichenbach. Gesammelte Werke in neun Bdn., hg. von A. Kamlah und M. Reichenbach, Bd. 2. Die Philosophie der Raum-Zeit-Lehre, Braunschweig 1977.

Reichenbach, Hans: Relativitätstheorie und Erkenntnis a priori, in: Hans Reichenbach, Gesammelte Werke in neun Bänden, hg. von A. Kamlah und M. Reichenbach. Band 3. Die philosophische Bedeutung der Relativitätstheorie, Braunschweig 1979.

Reininger, Robert: Kants Lehre vom inneren Sinn und seine Theorie der Erfahrung, Wien und Leipzig 1900.

Rickert, Heinrich: Das Eine, die Einheit und die Eins, Logos *2*(1911/12), 26-78.

Rickert, Heinrich: Die Grenzen der naturwissenschaftlichen Begriffsbildung. Eine logische Einleitung in die historischen Wissenschaften, Tübingen 1929.

Ruben, Peter: Mechanik und Dialektik, untersucht am Streit zwischen Cartesianern und Leibnizianern über das wahre Maß der bewegenden Kraft, in: Mikrokosmos - Makrokosmos, hg. von H. Ley und R. Löther, Bd. II. Berlin 1967.

Ruben, Peter, und Camilla Warnke: Telosrealisation oder Selbsterzeugung der menschlichen Gattung, Dt. Zs. für Philosophie *27*(1979), 20-30.

Russell, Bertrand: Die Mathematik und die Metaphysiker, in: Kursbuch 8 [1968], hg. von H. Enzensberger. Die originale Version findet sich unter dem Titel "Recent Works on the Principles of Mathematics" (1901) in: Collected Papers of Bertrand Russell, vol. 3, London and NewYork 1993, S. 363-379 bzw. unter dem Titel "Mathematics and the Metaphysicans" in: B. Russell, Mysticism and Logic and other Essays, London 1918, S. 74-96.

Sachsse, Hans: Geleitwort zu: Gerhard Vollmer, Was können wir wissen?, Bd. 2. Die Erkenntnis der Natur, Stuttgart 1986.

Schapp, Wilhelm: Metaphysik der Naturwissenschaft, Den Haag 1965.

Schelling, Friedrich Wilhelm Joseph: Über das Verhältnis der Naturphilosophie zur Philosophie überhaupt, in: F.W.J. Schelling und G.W.F. Hegel, Kritisches Journal der Philosophie, in einer Auswahl mit Anmerkungen und einem Nachwort hg. von S. Dietzsch, Leipzig 1981.

Schlaudt, Oliver: Messung als konkrete Handlung: eine kritische Untersuchung über die Grundlagen der Bildung quantitativer Begriffe in den Naturwissenschaften, Würzburg 2009.

Schlick, Moritz: Raum und Zeit in der gegenwärtigen Physik. Zur Einführung in das Verständnis der allgemeinen Relativitätstheorie, Berlin 1917.

Schöpf, Hans-Georg: Newton zwischen Physik und Theologie, Neue Zeitschrift für Systematische Theologie und Religionsphilosophie, *33*(1991), 262-281.

Schrödinger, Erwin: Über Indeterminismus in der Physik, in: Zwei Vorträge zur Kritik der naturwissenschaftlichen Erkenntnis, Leipzig 1932.

Schrödinger, Erwin: Naturwissenschaft und Humanismus, Wien 1951.

Schrödinger, Erwin: Die Natur und die Griechen, Wien 1955.

Schrödinger, Erwin: Was ist wirklich?, in: ders., Meine Weltansicht, Frankfurt a.M. 1963.

Schrödinger, Erwin: Suche nach dem Weg, in: ders., Meine Weltansicht, Frankfurt a.M.–Hamburg 1963.

Schrödinger, Erwin: Die Besonderheit des Weltbildes der Naturwissenschaft, in: ders., Gesammelte Abhandlungen, Wien 1984, Bd. IV, S. 409-453.

Schrödinger, Erwin: Geist und Materie, Wien–Hamburg 1986.

Schürmann, Astrid: Griechische Mechanik und antike Gesellschaft. Studien zur staatlichen Förderung einer technischen Wissenschaft, Stuttgart 1991.

Seidel, Helmut: Aufklärung und Gegenwart. Zur Kritik der "Dialektik der Aufklärung" von Adorno und Horkheimer, in: UTOPIE kreativ, H. 109/110, November/ Dezember 1999, S. 101-110.

Siemens, Stephan: Nichts – Negation – Anderes. Eine Kritik an Henrichs "Formen der Negation in Hegels Logik", in: Jahrbuch für Hegelforschung, Bd. 12-14, hg. von H. Schneider, Sankt Augustin 2010, S. 225-266.

Sommerfeld, Arnold: Vorlesungen über theoretische Physik, Bd. I. Mechanik, Wiesbaden 1949.

Stadler, August: Kants Teleologie und ihre erkenntnistheoretische Bedeutung, Berlin 1874.

Staudinger, Franz: Cohens Logik der reinen Erkenntnis und die Logik der Wahrnehmung, Kant-Studien *8*(1903), 1-29.

Stegmüller, Wolfgang: Evolutionäre Erkenntnistheorie, Realismus und Wissenschaftstheorie, in: Evolutionstheorie und menschliches Selbstverständnis, hg. von R. Spaemann, P. Koslowski und R. Löw, Weinheim 1984.

Stepelevich, Lawrence: Hegel's Geometric Theory, in: Hegel and the Philosophy of Nature, hg. von S. Houlgate, Albany–NewYork 1998.

Strawson, Peter Frederick: The Bounds of Sense. An Essay on Kant's *Critique of Pure Reason*, London 1968.

Strawson, Peter Frederick: Die Grenzen des Sinns. Ein Kommentar zu Kants Kritik der reinen Vernunft, Frankfurt a.M. 1992.

Szabó, Árpad: Zur Geschichte der Dialektik des Denkens, Acta Antiqua Academiae Scientiarum Hungaricae II (1954) Fasc. 1-2, 17-62.

Szabó, Árpad: Anfänge der griechischen Mathematik, München–Wien 1969.

Treder, Hans-Jürgen: Die Eigenschaften physikalischer Prozesse und die geometrische Struktur von Raum und Zeit, Dt. Zs. f. Philosophie *14*(1966), S. 562-565.

Treder, Hans-Jürgen: Relativität und Kosmos, Berlin 1968.

Treder, Hans-Jürgen: Philosophische Probleme des physikalischen Raumes, Berlin 1974.

Treder, Hans-Jürgen: Newton und die heutige Physik, in: Newton-Studien, Berlin 1978.

Treder, Hans-Jürgen: Große Physiker und ihre Probleme. Studien zur Geschichte der Physik, Berlin 1983.

Treder, Hans-Jürgen: Galilei Invariance, Action-Reaction Principle, and Center of Mass Theorem, in: Quantum, Space and Time – The Quest Continues, ed. by A.O. Barut, A. van der Merwe and J.-P. Vigier, Cambridge 1984.

Vollmer, Gerhard: Was können wir wissen?, Bd. 1. Die Natur der Erkenntnis, Stuttgart 1985.

Voltaire: Sammlung verschiedener Briefe des Herrn von *Voltaire* die Engländer und andere Sachen betreffend, Jena 1747.

Voltaire: Elemente der Philosophie Newtons/ Verteidigung des Newtonianismus/ Die Metaphysik des Neuton, hg, eingeleitet und mit einem Anhang versehen von Renate Wahsner und Horst-Heino v. Borzeszkowski, Berlin–NewYork 1997.

Wandschneider, Dieter: Raum, Zeit, Relativität. Grundbestimmungen der Physik in der Perspektive der Hegelschen Naturphilosophie, Frankfurt a.M. 1982.

Warnke, Camilla: Systemdenken und Dialektik in Schellings Naturphilosophie, in: H. Bergmann, U. Hedtke, P. Ruben, C. Warnke, Dialektik und Systemdenken. Historische Aspekte. Nikolaus von Kues, Französische Aufklärung, Schelling, Berlin 1977.

Weber, Max: Die Objektivität sozialwissenschaftlicher und sozialpolitischer Erkenntnis (1904), z.B. in: ders., Gesammelte Aufsätze zur Wissenschaftslehre, Tübingen 1922.

Weyl, Hermann: Philosophie der Mathematik und Naturwissenschaft, München–Wien 1966.

Whittaker, Edmund Taylor: Encyklopädie der mathematischen Wissenschaften, Bde. IV_1 und IV_2: Mechanik, Leipzig 1901-35 und Handbuch der Physik, Bd. V. Grundlagen der Mechanik der Punkte und starrer Körper, Berlin 1927.

Windelband, Wilhelm: Geschichte und Naturwissenschaft (Rede zum Antritt des Rektorats der Kaiser-Wilhelms-Universität Straßburg, gehalten am 1. Mai 1894), Straßburg 1904.

Wolff, Michael: Geschichte der Impetustheorie. Untersuchungen zum Ursprung der klassischen Mechanik, Frankfurt a.M. 1978.

Wolff, Michael: Hegel und Cauchy. Eine Untersuchung zur Philosophie und Geschichte der Mathematik, in: Hegels Philosophie der Natur, hg. von M.J. Petry, Stuttgart 1986.

Wolff, Michael: Geometrie und Erfahrung. Kant und das Problem der objektiven Geltung der Euklidischen Geometrie, in: Kant und die Berliner Aufklärung. in: Akten des IX. Internationalen Kant-Kongresses, hg. von V. Gerhardt, R.-P. Horstmann und R. Schumacher, Berlin–NewYork 2001, Bd. 1.

Zschocke, W: Über Kants Lehre vom Schematismus der reinen Vernunft, Kant-Studien *12*(1907), 157-212.

Im Text zitierte eigene Arbeiten

Borzeszkowski, Horst-Heino: Bemerkungen zum ökonomischen Reproduktionsprozeß unter dem Aspekt der Meßbarkeit und Berechenbarkeit von Bewegung, in: Beiträge zur wissenschaftlichen Weltanschauung, Schriftenreihe der Humboldt-Universität zu Berlin, Heft 6, Berlin 1984.

Borzeszkowski, Horst-Heino v.: Kantscher Raumbegriff und Einsteins Theorie, Dt Zs. für Philosophie *40*(1992), 36-41.

Borzeszkowski, Horst-Heino v.: Hegel's Interpretation of Classical Mechanics, in: Hegel and Newtonianism, hg. von M. J. Petry, International Archives of the History of Ideas, Vol. 136, Dordrecht 1993.

Borzeszkowski, Horst-Heino v.: Galilei als Erfinder der physikalischen Tatsache, in: Die Sterne *71*(1995), 299-303.

Borzeszkowski, Horst-Heino v.: Der epistemologische Gehalt des Maupertuisschen Wirkungsprinzips, in: Pierre Louis Moreau de Maupertuis. Eine Bilanz nach 300 Jahren, hg. von H. Hecht, Berlin 1999.

Borzeszkowski, Horst-Heino v.: Erzeugt die naturwissenschaftliche Erkenntnis nur Wissen vom Endlichen, während das wahrhaft Unendliche nur geglaubt werden kann?, in: Hegel-Jahrbuch 2003. Glauben und Wissen. Erster Teil, hg. von A. Arndt, K. Bal, H. Ottmann, in Verbindung mit K.-M. Kodalle und K. Vieweg, Berlin 2003.

Borzeszkowski, Horst-Heino v.: Kann die Physik das Leben wissenschaftlich erfassen?, in: Hegel-Jahtbuch 2006. Das Leben denken. Erster Teil, hg. von A. Arndt, P. Cruyberghs, A. Przylebski, unter Mitwirkung von F. Fischbach, Berlin 2006.

Borzeszkowski, Horst-Heino v.: Inwiefern ist Hegels Begriff *Organismus* Ausdruck der tatsächlichen epistemologischen Verfaßtheit der Naturwissenschaft Mechanik?, in: Naturwissenschaft und Methode in Hegels Naturphilosophie, hg. von W. Neuser, Würzburg 2009,

Borzeszkowski, Horst-Heino v.: Kants Raum-Zeit-Apriorismus im Lichte der Relativitätstheorie, in: Immanuel Kants Metaphysik der Natur – Naturphilosophie und das Opus postumum, hg. von E.-O. Onnasch, Berlin–NewYork 2009.

Borzeszkowski, Horst-Heino v.: Antizipierte Hegels Naturphilosophie Aspekte der modernen Physik?, in: Hegels Naturphilosophie in der Dritten Moderne. Bestimmungen, Probleme, Perspektiven, hg. von O. Breidbach und W. Neuser (Ernst-Haeckel-Haus-Studien. Monographien zur Geschichte der Biowissenschaften und Medizin, Bd. 13), Berlin 2010.

Borzeszkowski, Horst-Heino v.: Erkenntnis statt Erbauung: Hegels Begriff des naturwissenschaftlichen Gesetzes, in: Geist? Hegel-Jahrbuch 2011, Zweiter Teil, hg. von A. Arndt, P. Cruysberghs und A. Przylebski, Berlin 2011.

Borzeszkowski, Horst-Heino v., und Hans-Jürgen Treder: The Physical Meaning of Canonical Quantization in Terms of Reference Systems, General Relativity and Gravitation *25*(1993), 291-306.

Borzeszkowski, Horst-Heino v., und Renate Wahsner: Die Mechanisierung der Mechanik. Rezeption und Popularisierung der klassischen Mechanik durch Voltaire, in: Newton-Studien, Berlin 1978.

Borzeszkowski, Horst-Heino v., und Renate Wahsner: Kosmologie – Physik oder Metaphysik, Dt. Zs. für Philosophie, *26*(1978), 242-246.

Borzeszkowski, Horst-Heino v., und Renate Wahsner: Erkenntnistheoretischer Apriorismus und Einsteins Theorie. Einstein in seiner Beziehung zu Newton und Kant, Dt. Zs. für Philosophie *27*(1979), 213-221.

Borzeszkowski, Horst-Heino v., und Renate Wahsner: Newton und Voltaire. Zur Begründung und Interpretation der klassischen Mechanik, Berlin 1980.

Borzeszkowski, Horst-Heino v., und Renate Wahsner: Zur Beziehung von experimenteller Methode und Raumbegriff, Dt. Zs. für Philosophie *28*(1980), 685-696.

Borzeszkowski, Horst-Heino v., und Renate Wahsner: Über die Notwendigkeit der Philosophie für die Naturwissenschaft, in: Dialektik 1. Beiträge zu Philosophie und Wissenschaften. Orientierungen der Philosophie, hg. von B. Heidtmann, Köln 1980.

Borzeszkowski, Horst-Heino v., und Renate Wahsner: Erkenntnistheoretische Bemerkungen zur Größenbildung in Physik und Ökonomie, in: Beiträge zur wissenschaftlichen Weltanschauung, Schriftenreihe der Humboldt-Universität zu Berlin, Heft 2, Berlin 1981.

Borzeszkowski, Horst-Heino v., und Renate Wahsner: Noch einmal über das Bedürfnis der Naturwissenschaften nach Philosophie, in: Dialektik 5. Beiträge zu Philosophie und Wissenschaften. Darwin und die Evolutionstheorie, hg. von K. Bayertz, B. Heidtmann und H.-J. Rheinberger, Köln 1982.

Borzeszkowski, Horst-Heino v., und Renate Wahsner: Did the Nonlinear Irreversible Thermodynamics Revolutionize the Classical Time Conception of Physics?, Foundations of Physics *14*(1984), 653-670.

Borzeszkowski, Horst-Heino v., und Renate Wahsner: Physikalisches Erkenntnismittel und physikalische Realität. Zur Diskussion zwischen Albert Einstein und Niels Bohr um den Status der Quantenmechanik, Dt. Zs. für Philosophie *34*(1986), 1098-1106.

Borzeszkowski, Horst-Heino v., und Renate Wahsner: Erwin Schrödingers Subjekt- und Realitätsbegriff, Dt. Zs. für Philosophie *35*(1987), 1109-1118.

Borzeszkowski, Horst-Heino v., und Renate Wahsner: Heisenberg's Cut and the Limitations of its Movability, Annalen der Physik *45*(1988), 522-528;

Borzeszkowski, Horst-Heino v., und Renate Wahsner: Evolutionism as a Modern Form of Mechanicism, Science in Context *2*(1988), 287-306.

Borzeszkowski, Horst-Heino v., und Renate Wahsner: Physikalischer Dualismus und dialektischer Widerspruch. Studien zum physikalischen Bewegungsbegriff, Darmstadt 1989.

Borzeszkowski, Horst-Heino v., und Renate Wahsner: Stichwörter "Kosmologie" und "Kosmos", in: Europäische Enzyklopädie zu Philosophie und Wissenschaften, hg. von H.-J. Sandkühler, Hamburg 1990, Bd. 2.

Borzeszkowski, Horst-Heino v., und Renate Wahsner: Messung als Begründung oder Vermittlung? Ein Briefwechsel mit Paul Lorenzen über Protophysik und ein paar andere Dinge, herausgegeben und geführt von H.-H. v. Borzeszkowski und R. Wahsner, Sankt Augustin 1995.

Borzeszkowski, Horst-Heino v., und Renate Wahsner: Not Even Classical Mechanics Is Mechanistic, in: Worldviews and the Problems of Synthesis, Vol. 4: The Yellow Book of "Einstein Meets Magritte", hg. von D. Aerts, H. van Belle, and J. van der Veken, Dordrecht–Boston–London 1999.

Borzeszkowski, Horst-Heino v., und Renate Wahsner: Non-locality versus Locality: The Epistemological Background of the Einstein-Bohr Debate, in: Classical and Quantum Nonlocality, hg. von P.G. Bergmann, V. de Sabbata, J.N. Goldberg, Singapore–NewJersey–London–Hon Kong 2000.

Borzeszkowski, Horst-Heino v., und Renate Wahsner: Action and Reaction. Studies on Motion and Contradiction in Physics, Berlin 2001.

Borzeszkowski, Horst-Heino v., und Renate Wahsner: Voltaire's Newtonianism as a Bridge from English Empiricism to Cartesian Rationalism and Its Implications for the Concept of Mechanics in German Idealism, in: dies., Action and Reaction, Berlin 2001.

Borzeszkowski, Horst-Heino v., und Renate Wahsner: Die Natur technisch denken? Zur Synthese von τέχνη und φύσις in der Newtonschen Mechanik oder das Verhältnis von praktischer und theoretischer Mechanik in Newtons Physik, in: Wiener Jahrbuch für Philosophie XXXV/ 2003, Wien 2004, S. 135-168.

Borzeszkowski, Horst-Heino v., und Renate Wahsner: Infinitesimalkalkül und neuzeitlicher Bewegungsbegriff oder Prozeß als Größe, in: Jahrbuch für Hegelforschung 2002/2003, hg. von H. Schneider, Sankt Augustin 2004.

Borzeszkowski, Horst-Heino v., und Renate Wahsner: Gibt es eine Logik der Physik als Vorstufe zur Hegelschen Begriffslogik?, in: Logik, Mathematik und Natur im objektiven Idealismus, hg. von W. Neuser und V. Hösle unter Mitarbeit von B. Braßel, Würzburg 2004.

Griese, Anneliese, und Renate Wahsner: Zur Ausarbeitung einer philosophischen Raum-Zeit-Theorie, Dt. Zs. für Philosophie *15*(1967), 691-704.

Griese, Anneliese, und Renate Wahsner: Raum, Zeit und Gesetz, in: Gesetz - Erkenntnis - Handeln, hg. von A. Griese und H. Laitko, Berlin 1972.

Wahsner, Renate: Über die Beziehung von Kausalstruktur und Raum-Zeit-Struktur, Wissenschaftliche Zs. der Humboldt-Universität. Math.-Naturwiss. Reihe *XVI*(1967).

Wahsner, Renate: Die philosophische Position J. H. Lamberts, in: Sternzeiten. Veröffentlichungen des Forschungsbereichs Geo- und Kosmoswissenschaften, Heft 6, Berlin 1977.

Wahsner, Renate: Mensch und Kosmos – die copernicanische Wende, Berlin 1978.

Wahsner, Renate: Das Aktive und das Passive. Zur erkenntnistheoretischen Begründung der Physik durch den Atomismus – dargestellt an Newton und Kant, Berlin 1981.

Wahsner, Renate: Naturwissenschaft zwischen Verstand und Vernunft, in: Vom Mute des Erkennens. Beiträge zur Philosophie G.W.F. Hegels, hg. von M. Buhr u. T.I. Oiserman, Berlin 1981.

Wahsner, Renate: Marxscher Wertbegriff und physikalische Meßgrößen. Bemerkungen zur erkenntnistheoretischen Grundlegung des ökonomischen Bewegungsbegriffs, in: Beiträge zur wissenschaftlichen Weltanschauung, Schriftenreihe der Humboldt-Universität zu Berlin, Heft 6, Berlin 1984.

Wahsner, Renate: Eigenschaft und Verhalten – Zur Beziehung von Mathematik und Physik, in: Gravitation und Kosmos. Beiträge zu Problemen der Allgemeinen Relativitätstheorie, hg. von R. Wahsner, Berlin 1988.

Wahsner, Renate: Schrödinger's Reception of the Greek Atomism, in: The Concept of Probability, hg. von E. I. Bitsakis and C.A. Nicolaides, Dordrecht 1989.

Wahsner, Renate: Zur Auswirkung des Hegelschen Physikrezeption auf die Naturphilosophie der Folgezeit, in: Hegel-Jahrbuch 1991, hg. von H. Kimmerle, W. Lefèvre und R. W. Meyer, Fernwald (Annerod) 1991.

Wahsner, Renate: Ist die Naturphilosophie eine abgelegte Gestalt des modernen Geistes?, Man and World. An International Philosophical Review, *24*(1991), 199-218.

Wahsner, Renate: Erkenntnistheoretischer Apriorismus und neuzeitliche Physik, Dt. Zs. für Philosophie *40*(1992), 24-35.

Wahsner, Renate: Prämissen physikalischer Erfahrung. Zur Helmholtzschen Kritik des Raum-Apriorismus und zur Newton-Marxschen Kritik des antiken Atomismus, Berlin 1992.

Wahsner, Renate: Erkenntnistheoretischer Apriorismus und neuzeitliche Physik, Dt. Zs. für Philosophie *40*(1992), 24-35.

Wahsner, Renate: The Philosophical Background to Hegel's Criticism of Newton, in: Hegel and Newtonianism, hg. von M. J. Petry, International Archives of the History of Ideas, Vol. 136, Dordrecht 1993.

Wahsner, Renate: Messender Vergleich und das physikalische Erfassen von Entwicklungsprozessen, in: Theorie und Geschichte des Vergleichs in den Biowissenschaften, hg. von M. Weingarten und W. F. Gutmann, Aufsätze und Reden der Senckenbergischnen Naturforschenden Gesellschaft, Nr. 40, Frankfurt a.M. 1993, S. 29-44.

Wahsner, Renate: Mechanism-Technizism-Organism. Der epistemologische Status der Physik als Gegenstand von Kants *Kritik der Urteilskraft*, in: Naturphilosophie im Deutschen Idealismus, hg. von K. Gloy und P. Burger, Stuttgart- Bad Cannstatt 1993.

Wahsner, Renate: Apriorische Funktion und aposteriorische Herkunft. Hermann von Helmholtz' Untersuchungen zum Erfahrungsstatus der Geometrie, in: Universalgenie Helmholtz. Rückblick nach 100 Jahren, hg. von L Krüger, Berlin 1994.

Wahsner, Renate: Hans Reichenbachs wissenschaftsanalytische Bestimmung des Raum-Zeit-Begriffs und ihre Kritik, in: Hans Reichbach und die Berliner Gruppe, hg. von L. Danneberg, A. Kamlah und L. Schäfer, Braunschweig–Wiesbaden 1994.

Wahsner, Renate: Das notwendige Dritte, in: Proceedings of the Eighth International Kant Congress. Memphis, 1995, Volume II, Part 1, hg. von H. Robinson, Milwaukee 1995.

Wahsner, Renate: Die Newtonsche Vernunft und ihre Hegelsche Kritik, Dt. Zs. für Philosophie *43*(1995), 789-800.

Wahsner, Renate: Zur Kritik der Hegelschen Naturphilosophie. Über ihren Sinn im Lichte der heutigen Naturerkenntnis, Frankfurt a.M.–Berlin–Bern–NewYork–Paris–Wien 1996.

Wahsner, Renate: Naturwissenschaft (Bibliothek dialektischer Grundbegriffe, hg. von A. Hüllinghorst), Bielefeld 1998 und 2002.

Wahsner, Renate: "Die Materie ist nicht ein seiendes Ding, sondern das Sein in der Weise des Begriffs". Hegels Konzept der Materie, Preprint 95 des MPI für Wissenschaftsgeschichte, Berlin 1998.

Wahsner, Renate: It is Not Singularity that Governs the Nature of Things. The Principle of Isolated Individual and its Negation by Marx in his Doctoral Thesis "Difference Between the Democritean and Epicurean Philosophy of Nature", Poznan Studies in the Philosophy of Science and the Humanities, Vol. 60. Marx's Theories Today, hg. von R. Panasiuk und L. Nowak, Amsterdam-Atlanta 1998.

Wahsner, Renate: Stichwort "Messung", in: Enzyklopädie Philosophie, hg. von H. J. Sandkühler, Hamburg 1999.

Wahsner, Renate: Philosophie als System und Ungeschichtlichkeit der Natur – ein antiquiertes Konzept?, in: Hegel-Jahrbuch 1998. Hegel und die Geschichte der Philosophie. Zweiter Teil, hg. von A. Arndt, K. Bal und H. Ottmann, Berlin 1999.

Wahsner, Renate: Über den "Ungrund der neutonischen Begriffe und Sätze". Eine metaphysische Diskussion über eine neue Physik, in: Pierre Louis Moreau de Maupertuis. Eine Bilanz nach 300 Jahren, hg. von H. Hecht, Berlin 1999.

Wahsner, Renate: Demokrit und die Quantenmechanik oder Erwin Schrödingers Rezeption des griechischen Atomismus, in: Wiener Beiträge zur Geschichte der Neuzeit, *23*(1999), 35-49.

Wahsner, Renate: Die fehlende Kategorie. Das Prinzip der kollektiven Einheit und der philosophische Systembegriff, in: Wiener Jahrbuch für Philosophie XXXI (1999), Wien 2000.

Wahsner, Renate: "Das Bedürfnis einer Umgestaltung der Logik ist längst gefühlt". Hegels Anliegen und der Mißbrauch einer dialektischen Methode, in: Mit und gegen Hegel. Von der Gegenstandslosigkeit der absoluten Reflexion zur Begriffslosigkeit der Gegenwart, hg. von A. Knahl, J. Müller und M. Städtler, Lüneburg 2000 und 2011.

Wahsner, Renate: "Der Gedanke kann nicht richtiger bestimmt werden, als Newton ihn gegeben hat." Das mathematisch Unendliche und der Newtonsche Bewegungsbegriff im Lichte des begriffslogischen Zusammenhangs von Quantität und Qualität, in: Hegels Seinslogik – Interpretationen und Perspektiven, hg. von A. Arndt und Ch. Iber, Berlin 2000.

Wahsner, Renate: Die Suche nach der objektiven Sinnlichkeit. Über den Zusammenhang von Feuerbachs Sensualismus und Helmholtzens Programm einer empirischen Geometrie, in: Materialismus und Spiritualismus. Philosophie und Wissenschaften nach 1848, hg. von A. Arndt und W. Jaeschke, Hamburg 2000.

Wahsner, Renate: Die Kantsche Synthese von Leibniz und Newton und deren Konsequenzen für den Mechanik-Begriff des deutschen Idealismus, in: Kant und die Berliner Aufklärung. Akten des IX. Internationalen Kant-Kongresses, hg. von V. Gerhardt, R.-P. Horstmann und R. Schumacher, Berlin–NewYork 2001, Bd. 5.

Wahsner, Renate: Konzeptionen der Naturtheorie: D'Alembert und Diderot", in: Schriftenreihe für Philosophie und Kulturtheorie, Bd. 1. Französische Aufklärung, hg. von I. D'Aprile, Th. Gil und H. Hecht, Berlin 2001.

Wahsner, Renate: Das naturwissenschaftliche Gesetz. Hegels Rezeption der neuzeitlichen Naturbetrachtung in der *Phänomenologie des Geistes* und sein Konzept von Philosophie als Wissenschaft, in: Hegel-Jahrbuch 2001. Phänomenologie des Geistes. Erster Teil, hg. von A. Arndt, K. Bal, H. Ottmann, in Verbindung mit D. Rodin, Berlin 2002.

Wahsner, Renate: Die Macht des Begriffs als Tätigkeit (§ 208). Zu Hegels Bestimmung der Betrachtungsweisen der Natur, Wiener Jahrbuch für Philosophie XXXIV/ 2002, Wien 2003.

Wahsner, Renate: Weiß die Philosophie etwas oder glaubt sie nur? Eine Bemerkung zu Hegels Kritik der kritischen Philosophie, in: Hegel-Jahrbuch 2003, Glauben und Wissen. Erster Teil, hg. von A. Arndt, K. Bal, H. Ottmann, in Verbindung mit K.-M. Kodalle und K. Vieweg, Berlin 2003.

Wahsner, Renate: Von der metaphysikfreien Wissenschaft zur metaphysikfreien Philosophie?, in: Unser Zeitalter – ein postmetaphysisches?", hg. von K. Gloy, Würzburg 2004.

Wahsner, Renate: Newton's concept of gravity – a categorial change in physics and philosophy (Lecture on the Conference "Historical Review of Gravitational Theories and Experiments", Erice, 2.-12. 5. 2004), Preprint 267 des MPI für Wissenschaftsgeschichte, Berlin 2004; auch in: Scientific Research. ELECTRONIC, Vol. V (2007-01-17), South-West University, Neofit Rilsky, Blagoevgrad, Bulgaria.

Wahsner, Renate: "Der Natur ist die Äußerlichkeit eigentümlich ...". Zur epistemologischen Position der Naturphilosophie Hegels, in: Hegels enzyklopädisches System der Philosophie. Von der "Wissenschaft der Logik" zur Philosophie des absoluten Geistes, hg. von H.-Ch. Lucas, B. Tuschling und U. Vogel, Stuttgart-Bad Cannstatt 2004.

Wahsner, Renate: "An seinen Werkzeugen besitzt der Mensch die Macht über die äußere Natur ...". Hegels Rezeption des τέχνη-Begriffs in seiner Logik, in: Jahrbuch für Hegelforschung 2002/03, hg. von H. Schneider, Sankt Augustin 2004.

Wahsner, Renate: Formelle und konkrete Einheit. Hegels Begriff des physikalischen Gesetzes, in: Die Natur in den Begriff übersetzen. Zu Hegels Kritik des naturwissenschaftlichen Allgemeinen, hg. von G. Marmasse und Th. Posch, Frankfurt a.M.–Berlin–Bern–Bruxelles–NewYork–Oxford–Wien 2005.

Wahsner, Renate: Der Widerstreit von *Mechanismus* und *Organismus*. Kant und Hegel im Widerstreit um das neuzeitliche Denkprinzip und den Status der Naturwissenschaft, Hürtgenwald 2006.

Wahsner, Renate: Hegels ambivalenter Begriff *Organismus*, in: Hegel-Jahtbuch 2006. Das Leben denken. Erster Teil, hg. von A. Arndt, P. Cruyberghs, A. Przylebski, unter Mitwirkung von F. Fischbach, Berlin 2006.

Wahsner, Renate: "Die Aufklärung, diese Eitelkeit des Verstandes, ist die heftigste Gegnerin der Philosophie" . Aufklärung und Naturwissenschaft in ihrem Verhältnis zum wahren Wissen, in: Wissen und Bildung. Zur Aktualität von Hegels *Phänomenologie des Geistes* anlässlich ihres 200jährigen Jubiläums, hg. von Th. Auinger und F. Grimmlinger, Frankfurt a.M.–Berlin–Bern–Bruxelles–NewYork–Oxford–Wien 2007.

Wahsner, Renate: Die entäußerte Rippe. in: Geist. Erkundungen zu einem Begriff, hg. von A. Arndt und J. Zovko, Hannover 2009.

Wahsner, Renate: "Die Materie der Erkenntnis kann nicht gedichtet werden." Zu den Bedingungen einer materialistischen Spekulation bzw. Dialektik und zur Unmöglichkeit einer monistischen Abbildtheorie, Z. *20*(2009), 138-157.

Wahsner, Renate: Inwieweit ist Hegels Rückgriff auf die Anschauung ein Rückgriff auf eine inadäquate oder rudimentäre Rezeption der Naturwissenschaft?, in: Naturwissenschaft und Methode in Hegels Naturphilosophie, hg. von W. Neuser, Würzburg 2009.

Wahsner, Renate: Noch einmal zu den Bedingungen einer materialistischen Spekulation. Bemerkungen zu den Beiträgen von A. Hüllinghorst und Th. Metscher in Z. 81, Z. *21*(2010), 122-133.

Wahsner, Renate: Hegels Logik und die Struktur des naturwissenschaftlichen Denkens in der Moderne, in: Hegel-Jahrbuch 2011. Geist? Zweiter Teil, hg. von A. Arndt, P. Cruysberghs, A. Przylebski, in Verbindung mit L. De Vos und P. Jonkers, Berlin 2011.

Wahsner, Renate: Kants Begründung der Ethik – nach Cohen und deren Kritik, in: Ethik die prima philosophia?, hg. von H.-D. Klein, Würzburg 2011,

Wahsner, Renate, und Horst-Heino v. Borzeszkowski: Nachwort zu: E. Mach, Die Mechanik in ihrer Entwicklung. Historisch-kritisch dargestellt, hg. und mit einem Anhang versehen von R. Wahsner und H.-H. v. Borzeszkowski, Berlin 1988, S. 529-647.

Wahsner, Renate, und Horst-Heino v. Borzeszkowski: Die Wirklichkeit der Physik. Studien zu Idealität und Realität in einer messenden Wissenschaft, Frankfurt a.M.–Berlin–Bern–NewYork–Paris–Wien 1992.

Wahsner, Renate, und Horst-Heino v. Borzeszkowski: Einleitung der Herausgeber zu: Voltaire, Elemente der Philosophie Newtons/ Verteidigung des Newtonianismus/ Die Metaphysik des Neuton, hg, eingeleitet und mit einem Anhang versehen von Renate Wahsner und Horst-Heino v. Borzeszkowski, Berlin 1997, S. 1-77.